Jens Soentgen

Wie man mit dem Feuer philosophiert

Jens Soentgen

Wie man mit dem Feuer philosophiert

CHEMIE UND ALCHEMIE FÜR FURCHTLOSE

Illustriert von Vitali Konstantinov

impian

Den Träumern am Feuer

Inhalt

Goldmachen!

»Alchemie ist die Kunst zu finden, was dem Feuer möglich ist und was durch das Feuer geschehen kann, dem Menschen zum Besten, durch wunderbare Verwandlung und Zubereitung der natürlichen Dinge.«

So lehrt der große Arzt und Alchemist Paracelsus, der die Medizin seiner Zeit erneuerte und den seine Zeitgenossen aufgrund seiner unerklärlichen Heilungserfolge für einen großen Zauberer hielten. In der Alchemie sieht Paracelsus nicht nur die Kunst, Gold herzustellen, obwohl er auch das, wie er sagt, konnte. Alchemie bedeutet für ihn, mit dem Feuer zu denken und durch das Feuer zu verwandeln. Feuer ist also bei ihm nicht nur Gefahr und Zerstörung, sondern in erster Linie eine schöpferische Kraft. Mit dem Feuer erkennt der Alchemist die Natur und setzt ihre Werke fort: »Da die Alchemie allein das innere Wesen der Naturdinge aufschließt: So folgt nothwendig, daß, wer die Alchemie nicht kennt, auch die Geheimnisse der Natur nicht weiß.«

Wenn man die Alchemie so versteht, wird sofort klar, dass sie mit dem Aufkommen der modernen Chemie keineswegs verschwunden ist, sondern sich nur verwandelt hat. Zwar sind die qualmenden Kohleöfen ersetzt durch Bunsenbrenner, Mikrowelle und Heizpilz. Dennoch steht das Feuer, wenn auch in stark technisierter Gestalt, immer noch im Zentrum des chemischen Labors. Auch in der modernen Chemie geht es nach wie vor darum, Stoffe und ihre Wandlungen zu verstehen, Stoffe zu transformieren und für praktische Zwecke zu verbessern. Die gedanklichen und technischen Hilfsmittel, mit denen das geschieht, sind heute allerdings andere als in der Antike, im Mittelalter und in der Renaissance.

Die moderne Chemie hat das Goldmachen nie aufgegeben.Sie hat es nur verallgemeinert. Statt um das Schaffen von Edelmetallen geht es ihr um das Veredeln von Stoffen allgemein. Die Idee, aus relativ wertlosen Stoffen wertvolle Substanzen herzustellen, ist heute lebendiger denn je. *Diese* Art des Goldmachens funktioniert! Aus Luft stellt man Kunstdünger her, der für bessere Ernten sorgt, aus Kohle Diamanten, aus unansehnlichem Teer teure Farben und Medikamente, aus Sand künstliche Edelsteine. Die modernen Chemiker* können dabei auf den Leistungen der Alchemisten aufbauen. Schon allein die starken Säuren, die Salzsäure, die Schwefelsäure oder die Salpetersäure, ohne die kaum ein Prozess der modernen Chemie funktioniert, sind allesamt alchemistische Erfindungen.

Die Idee des Goldmachens erscheint uns heute absurd. In diesem Buch werden wir immer wieder sehen, dass sie in Wirklichkeit sehr logisch ist. Viel von der lebendigen Essenz auch der modernen Chemie steckt in der Idee. Wir wissen zwar: Dieses Kunststück ist den Alchemisten nicht geglückt. Niemand hat es geschafft, Gold direkt aus anderen Stoffen herzustellen. Aber andere, vielleicht wichtigere Prozesse haben sie eben doch auf die Beine gestellt. Damit haben sie Geld und Gold verdient und Reichtümer geschaffen, mal private, oft aber kollektive. Und sie haben immer wieder in den Lauf der Geschichte eingegriffen. Die Erfindung des europäischen Porzellans machte Sachsen reich und die niederländischen und englischen Handelsgesellschaften, die zuvor am

* Um der besseren Lesbarkeit willen verwende ich in diesem Buch das grammatische Maskulinum »Chemiker«, »Alchemist« und so weiter. Chemikerinnen und Alchemistinnen sind stets mitgemeint.

Import chinesischen Porzellans verdient hatten, arm. Das geschah im 17. Jahrhundert, zur Blütezeit der Alchemie, wir kommen darauf zurück.

Im 19. Jahrhundert wurde in Deutschland ein Verfahren erfunden, das einen wichtigen Pflanzenfarbstoff, den blauen Indigo, aus billigen Materialien chemisch herstellt. Auch diese Erfindung führte zu wirtschaftlichen und politischen Umbrüchen. Riesige Indigoplantagen in Indien wurden über Nacht unrentabel, ein ganzer Handelszweig, dominiert von Engländern, brach zusammen, während ein anderer, ausgehend von Ludwigshafen am Rhein, dem Sitz der BASF, aufwuchs und sich verzweigte. Kein Wunder, dass man in England von »that damned German invention« sprach. Die Ammoniaksynthese, von der später noch eingehender gesprochen werden wird, führte dazu, dass die Haupteinkommensquelle des chilenischen Staates, der Abbau des Chilesalpeters, in kürzester Zeit zusammenbrach.

Solche Prozesse wirken sich keineswegs nur auf wirtschaftliche Entwicklungen aus. Sie haben immer auch mit politischer Macht zu tun. Alchemisten und Chemiker sind in der Lage, Ohnmächtige mächtig zu machen und Mächtige zu entmachten, und das ist in der Geschichte sehr oft der Fall gewesen. Deshalb haben die Alchemisten immer in so hohem Maße die ethische Verantwortung betont, die mit ihrem Tun einhergeht. Es gibt kaum ein alchemistisches Buch, in dem der Leser nicht aufgefordert wird, ebenso ernsthaft an sich selbst zu arbeiten wie an seinen chemischen Prozessen. Er soll meditieren, beten, fasten und die Armen unterstützen. Mit diesem hohen ethischen Anspruch, den die moderne Chemie zu ihrem Schaden vergessen hat, hängt auch die geheimnisvolle Sprache der Alchemisten zusammen, waren sie doch davon überzeugt, dass gefährliche Erkenntnisse keinesfalls in die Hände beliebiger Menschen geraten dürften.

Nun sollte der Stein der Weisen nicht nur Quecksilber in Gold verwandeln. Gleichzeitig sollte er ein wirksames Heilmittel sein, dessen Genuss es erlaubt, sehr alt oder gar, wie die chinesischen Alchemisten hofften, unsterblich zu werden. Auch dieses Maximalziel wurde bekanntlich nicht erreicht; und doch: Im Heilen von Krankheiten waren die Alchemisten und die Chemiker ungeheuer erfolgreich. Schon Paracelsus bezeichnete die Suche nach Heilmitteln als wichtigstes Ziel alchemistischer

Forschung, wobei er das Spektrum weit öffnete und neben den traditionellen Heilmitteln aus Pflanzen und Tieren auch Heilmittel aus der Retorte und dem Alchemistenofen einbezog. Er bereicherte den Arzneimittelschatz trotz mancher Fehlgriffe nachhaltig. Bis heute wegweisend ist seine Lehre vom Gift, das der Alchemist nicht nur meiden, sondern kennen und nutzen soll, weil Gifte in richtiger Dosierung und Indikation oft heilende Wirkung haben. Das alchemistische Projekt der Heilmittelsuche wird seither ungebrochen fortgesetzt. Viele Krankheiten konnten besiegt oder doch gezähmt werden. Fast alle Fortschritte der Medizin seit den Tagen des Paracelsus sind untrennbar mit der Chemie verknüpft. Viele dieser Fortschritte in unserer modernen Welt kommen allerdings nicht allen, sondern vor allem den reichen Menschen der Industrieländer zugute. Das widerspricht vehement der Absicht der Alchemisten, insbesondere der des Paracelsus, der zwar auch Fürsten behandelte, aber ebenso gut Bettler und der seine gesamte Habe testamentarisch den Armen vermachte.

Für die Alchemisten konnte die Suche nach dem Stein der Weisen nur erfolgreich verlaufen, wenn der ganze Kosmos mitspielte. Deshalb interessierten sie sich in so hohem Maße für den Lauf der Planeten und deren Konstellationen. Es war nicht gleichgültig, ob ein Experiment an einem heißen Sommertag oder im Winter durchgeführt wurde. Um die Stoffe richtig anzuwenden, war es ihrer Meinung nach unerlässlich, ihre Rolle in der gesamten Natur bis hinauf zu den Sternen zu begreifen. Dabei rechneten sie ihre Materialien zur belebten Natur, sie glaubten, dass die Metalle in der Erde ähnlich reifen wie guter Wein, der mit den Jahren immer edler wird. Blei reift zu Silber, Silber zu Gold. Nur dass die Reifung bei den Metallen viel langsamer vor sich geht als beim Wein und nicht nach Jahren zählt, sondern nach Jahrhunderten. Durch die Feuerkunst kann sie aber beschleunigt werden. Diese Vorstellungen verbanden ihr Labor mit dem Kosmos. Sie arbeiteten nicht mit toter Materie, vielmehr mit einem Stück Leben, das dem gleichen großen Zusammenhang angehörte wie die Alchemisten selbst. In dieser Denkweise sind ihnen ihre Nachfahren, die modernen Chemiker, nicht gefolgt. Ein moderner Chemiker ist nicht mehr ein universaler Geist, er sieht sich als Spezialist. Ethik spielt in den modernen Chemielehrbüchern keine Rolle mehr.

Diese Selbstbeschränkung macht die moderne Chemie passender für die moderne kapitalistische Gesellschaft, die auf der Arbeitsteilung beruht, also auf dem Prinzip, dass die eine Hand nicht weiß, was die andere tut. Sie führt aber zu einer enormen Kurzsichtigkeit. Die Chemieskandale der letzten Jahrzehnte hängen mit dieser Kurzsichtigkeit zusammen. Gut, dass die moderne Chemie durch die Biogeochemie und die ökologische Chemie wieder an das alchemistische Ganzheitsdenken anknüpft. Denn man muss immer das Ganze im Blick haben, auch wenn man gerade in einem Labor steht und nichts Bedeutenderes tut, als eine Spatelspitze weißen Pulvers in einem Lösungsmittel aufzulösen.

Die Chemie ist eine uralte Kunst. Nicht nur in den Laboratorien der Universitäten und chemischen Industrie, sondern auch in den Wäldern, unter freiem Himmel, in Küchen und in Schmieden wurden und werden Substanzen transformiert. Ja, die Natur selbst ist eine Alchemistin, wie schon Paracelsus lehrte, denn auch sie wandelt Stoffe, hat dabei jedoch andere Feuer zu Gebote und produziert in viel längeren Zeiträumen. Das ist der Grund, weshalb Alchemisten und Chemiker einen besonderen Schlüssel zur Natur haben.

In diesem Buch geht es um Alchemie und Chemie; in kleinen Geschichten erzähle ich von Stoffen, von Alchemisten und Chemikern. Wir suchen aber nicht nur die üblichen Schauplätze auf. Wir betreten nicht nur die blitzblank geputzten Labore mit ihren feingeblasenen Geräten und rätselhaften Formeln. Vielmehr wandern wir auch zu den Feuerstellen am Amazonas, in die Berge Südchinas und betreten Hindutempel in Indien. Warum diese exotischen Orte? Wie eben gesagt, hat die Chemie die Alchemie nicht abgeschafft, sie stattdessen mit neuen Mitteln fortgesetzt. Doch selbst die Alchemie ist nicht der älteste Urgrund der Chemie. Sie ist die Fortsetzung von Träumen und Projekten, die älter sind. Von Träumen, die Menschen am Feuer träumten.

Nicht die Alchemisten haben als Erste das Feuer für die Verwandlung von Substanzen eingesetzt. Diese Kunst ist vielmehr so alt wie die Menschheit selbst, und von Anfang an wurden mit dem Feuer sowohl Nahrungsmittel zubereitet als auch Farben hergestellt, Werkstoffe produziert oder verbessert. Alchemie und Chemie werden in Städten betrieben, doch daneben gibt es auch eine Chemie der Wälder. Zu Unrecht beschränken sich moderne Chemiegeschichten einzig und allein auf Europa, mit kurzen Seitenblicken auf China und Ägypten. Sind denn an den Feuerstellen in den Dörfern und Wäldern rund um den Erdball niemals Entdeckungen gemacht worden? Haben die Indianer Amerikas zur Chemie rein gar nichts beigetragen? Was ist mit den indigenen Völkern Indonesiens und Australiens? Mit den Afrikanern? Wir kennen sie nicht als Erfinder, nur als Rohstofflieferanten. Es gibt bestimmte Materialien, die »da unten« vorkommen, die wir »von da« beziehen, und jene Materialien sind eben »deren Beitrag«. Welch ein Irrtum! Was die Europäer von den Nichteuropäern importiert oder geraubt haben, waren eben nicht »Materialien«, sondern *Ideen*. Gummi, Schokolade, Chinin sind nicht einfach nur »Roh«-Stoffe, die irgendwo einfach vorhanden waren, sondern raffinierte Erfindungen! Ohne diese Erfindungen, die in Europa verbessert und erweitert wurden, wären die Industrien nie geschaffen worden, die uns reich und mächtig gemacht haben. Das Gold und das Silber hingegen, das aus Amerika kam, führte nur zu kurzfristigem Reichtum und bewirkte vor allem, dass die europäischen Münzen protziger und schwerer wurden.

Die Chemie der Wälder, die aus Substanzen, die in den Wäldern fast überall zu finden sind, Tinten herstellt, farbige Gläser, Seife, Farben und Heilmittel, hat ihre eigene Vollkommenheit. Sie kann von der modernen Chemie der Labore, die ohne funktionierende Kraftwerke, ohne motorisierten Fernhandel, Computer und Internet keinen einzigen Prozess vollbringen könnte, nicht überholt werden. Deshalb müssen wir uns bei Ethnologen erkundigen, wir müssen uns mit den Beiträgen Chinas befassen. Chemie ist kein europäisches Phänomen; wo immer eine Flamme entzündet wird, ist ein Chemiker nicht weit!

Deshalb lohnt es sich, die asphaltierten Straßen der Chemiebücher zu verlassen und den ganzen Planeten in den Blick zu nehmen. Wir folgen damit dem Rat des Paracelsus, der selbst ein unstetes Wanderleben führte: »Man muss der Kunst nachgehen durch die ganze Welt von Land zu Land.« Denn die Wissenschaften seien in der ganzen Welt zerstreut. Allerorten hat Paracelsus sich nach neuem Wissen erkundigt. Er befragte die Edlen und die Unedlen, die Gescheiten und die Dummen, die

Reichen und die Armen. Alle Berufe hatten ihm etwas mitzuteilen: die Hebammen, die Bauern, das fahrende Volk, die Gerber, die Köhler und sogar die Diebe und Verbrecher, die Scharfrichter und Henker. Am eifrigsten aber befragte er das Feuer, experimentierte unermüdlich, um die Natur zu ergründen.

Die chemischen und die alchemistischen Praktiken bilden ein Kontinuum. Es reicht von den dicht bewaldeten Ebenen des Amazonas, wo in Laubhütten mit dem Rauch der *urucuri*-Nuss aus dem Saft eines Baumes Gummi gemacht wird, bis hin zu den Chemiefabriken am Rhein, in denen aus Kohle und Kalk synthetischer Kautschuk hergestellt wird. Aus dem Gang von Feuerstelle zu Feuerstelle ergibt sich die Gliederung dieses Buches. Ich erzähle Geschichten, in denen es um Wandlungen geht, Wandlungen von Stoffen und auch von Menschen. Menschen verwandeln Stoffe, aber Stoffe verwandeln auch Menschen. Stoffe geben Rätsel auf. Man sieht es ihnen nicht an, ob sie einfach oder zusammengesetzt sind. Gold könnte in der Tat auch eine Verbindung sein, Wasser ein einfaches Element. Was sie eigentlich sind – das ist die Frage, zu deren Beantwortung Chemiker experimentieren. Schon die Alchemisten sahen sich als Rätsellöser und verglichen sich gern mit Ödipus, dem tragischen Helden, der die Rätsel der Sphinx lösen konnte. Rätsel spielen in der Chemikerausbildung eine zentrale Rolle und werden routinemäßig in Examen aufgetischt. Sie beschäftigen die Chemiker ein Leben lang und sind oft so kompliziert, dass die Chemiker alles andere aufgeben und vergessen.

Nach ihren Entstehungsorten sind die Geschichten in drei Gruppen zusammengetragen – zunächst Geschichten aus Wäldern, dann Geschichten aus Tempeln, Burgen und Schlössern, Alchemistengeschichten also, und schließlich Geschichten aus der modernen Chemie.

Mit diesen Erzählungen möchte ich den Horizont öffnen. Denn alle Menschen hantieren mit Substanzen und verändern sie gezielt. Und um die Stoffe zu Wandlungen zu verleiten, nutzen alle Menschen zumeist die Macht des Feuers. Die Chemie ist universal, sie wurde und wird auf der ganzen Erde praktiziert; überall dort, wo Menschen an einem Feuer sitzen.

Ohne die Entdeckungen außereuropäischer Völker gäbe es nur eine unbedeutende chemische Industrie in Europa, und wir würden in einer ganz anderen Welt leben. Es gäbe keine Autos und keine Fahrräder, weil es keinen Gummi gäbe, mit dem Chinin würde das erste und immer noch wichtige wirksame Medikament gegen Malaria fehlen, und die Coca-Cola-Industrie wäre nie entstanden.

Es gibt viele lesenswerte Bücher, die sich mit der Chemikalienchemie befassen. Weißkittelchemie könnte man diese Form des Umgangs mit Stoffen auch nennen. Wir werden die Weißkittelchemie keinesfalls ignorieren und auch nicht gering schätzen, doch Menschen haben sich schon mit Stoffen befasst, ehe der weiße Kittel zur Tracht wurde, ja, ehe auch nur die ersten Kleider erfunden waren! Wir setzen der Weißkittelchemie deshalb eine Waldläuferchemie voran. Unsere Pfadfinder sind die Stoffe. Sie sind die Helden der Geschichten, die ich im ersten Teil erzählen werde.

Die Experimente schließen an die Geschichten an. Sie zeigen die Rätsel, die Stoffe und die Prozesse, mit denen die Menschen in den Wäldern, die Alchemisten und die Chemiker befasst sind. Sie funktionieren nicht mit Chemikalien, sondern mit Stoffen, die jeder finden kann, im Wald oder im Müll. Es sind Ideen für eine *Chemie unter freiem Himmel*, die uns zu einem besseren Verständnis der Natur führt, die neues Licht auf unseren Ort in der Welt wirft – eine Chemie, die uns mit der Natur und mit Menschen in aller Welt verbindet, statt sie von uns zu trennen. Indem wir die Chemie verstehen, verstehen wir uns selbst.

TEIL EINS
Geschichten

I.

Waldchemie

Regenwaldbier

Da lag sie, die erste Ausgabe von Hans Stadens Buch mit dem fantastischen Titel *Wahrhafftige Historia und Beschreibung einer Landtschafft der wilden, nacketen, grimmigen Menschenfresser Leuthen, in der Newen Welt America Gelegen,* gedruckt zu Marburg an Fastnacht 1557. Der strenge, einäugige Bibliothekar hatte das Buch mit einem Wagen zu unserem Tisch gefahren, hatte dann zwei große schwarze Schaumstoffunterlagen zusammengeschoben und darauf, mit weißen Handschuhen, das wertvolle Stück gebettet. Es ist ein kleines Büchlein, gesetzt in Fraktur, geschrieben in knorrigem Altdeutsch und verziert mit groben, fast expressionistischen Holzschnitten. Stadens Werk gilt als eine der ersten ethnologischen Beschreibungen aus Südamerika, seine Erstausgabe ist außerordentlich selten. »*Que emoção!* Was für ein Gefühl! Das Buch ist in Brasilien nicht einmal in den größten Bibliotheken vorhanden, ich habe es noch nie in den Händen gehabt!«, flüstert Klaus, der brasilianische Archäologe, den ich eben schon vorgestellt habe.

Meinen Besuch in Amazonien hat er mit einem Gegenbesuch in Augsburg erwidert, weil in den hiesigen Bibliotheken uralte Bücher mit den ersten Reiseberichten aus der Neuen Welt aufbewahrt werden.

Augsburg war zur Zeit der Entdeckung Amerikas die wichtigste und reichste Stadt im damaligen »Heiligen Römischen Reich Deutscher Nation«, denn hier lebten wohlhabende Kaufleute wie die Fugger und die Welser, die den spanischen Königen die nötigen finanziellen Mittel für ihre amerikanischen Expeditionen und ihre europäischen Kriege liehen. Die damaligen Augsburger Bürger waren global agierende Händler und Bankiers, aufmerksam verfolgten sie das Geschehen in der Neuen Welt, zum einen aus allgemeiner Sensationslust, zum anderen aus handfestem Wirtschaftsinteresse. Vielleicht konnte man von den Schätzen der Neuen Welt profitieren? Eine Zeit lang war sogar das heutige Venezuela im Besitz von Augsburgern, denn Karl V. hatte es den Welsern, einer reichen Augsburger Kaufmannsfamilie, verpachtet. Aus allen diesen Gründen sammelte man in Augsburg eifrig Reiseberichte. Viele Berichte über die Neue Welt wurden in Augsburg, damals ein Zentrum der europäischen Druckindustrie, erstmals gedruckt. So kommt es, dass gerade die Stadt- und Staatsbibliothek in Augsburg über einen sehr ansehnlichen Schatz alter Bücher über Brasilien verfügt.

Hans Staden (um 1525–1576) war ein deutscher Pulvermacher und späterer Salpeterer, der an der brasilianischen Küste als Soldat diente. Er geriet 1554 in die Gefangenschaft von Tupinambá-Indianern und wurde in eines ihrer Dörfer verschleppt. Diese Indianer waren Kannibalen, doch Staden entging dem Verspeistwerden, indem er sich mit hessischer Raffinesse als Schamane aufspielte und seine Kidnapper in Angst und Schrecken versetzte – so dass sie ihn, nachdem er sensationelle Proben seiner Verbundenheit mit mächtigen Geistern geliefert hatte, schließlich freiließen.

Stadens Geschichte ist außergewöhnlich, weshalb nach der deutschen Ausgabe bald eine lateinische erschien, die mit kunstvollen Kupferstichen von Matthias Merian ausgestattet war und in der ganzen Welt gelesen wurde. Staden, ein junger Mann aus dem hessischen Homberg/Efze, einer Stadt, die viele aus den Staumeldungen im Verkehrsfunk kennen, bewachte nahe dem heutigen Ubatuba ein auf einer vorgelagerten Insel gelegenes portugiesisches Fort, als er bei einem Jagdausflug in den Wald von Indianern überfallen wurde. Die Indianer verschleppten ihn und bedeuteten ihm, indem sie sich selbst in den Arm bissen, was sie mit ihm vorhatten. Eigentlich wollten sie ihn direkt am Sandstrand erschlagen und verspeisen, doch war es Stadens Glück, dass die beiden Brüder, die ihn ergriffen hatten, sich nicht einigen konnten, wem von beiden er gehören sollte. Daher beschlossen sie, ihn dem Häuptling als Geschenk mitzubringen. Stadens Reise ging also weiter. Im Dorf wurde Staden der prächtige Bart gegen seinen erbitterten Widerstand mit einem scharfen Steinmesser abgeschnitten – die Indianer mögen ebenso wenig wie wir Haare im Essen –, und man begann, den Mann zu mästen. Der Häuptling ordnete an, dass Staden bei einer großen Party geschlachtet und verzehrt werden sollte.

Staden bekam eine Hütte, eine Hängematte und auch eine Frau, die ihn reichlich bekochen sollte. So hatte er einige Wochen Zeit, das Indianerleben zu beobachten. Schon bald wurde er Zeuge der blutigen Rituale, denn zugleich mit ihm waren noch andere Gefangene in das Dorf verschleppt worden. Staden ließ nichts unversucht, den Dorfchef von der Menschenfresserei abzubringen. Der aber verstand gar nicht, wovon die Rede war, und lud im Gegenteil Staden ein, doch einmal von den appetitlich geschmorten Händen, die in einem Korb vor ihm standen, frisch gegrillt, zu probieren. »Ein Mensch darf doch keinen Menschen fressen!«, rief Staden aus. Doch der Dorfchef erklärte: »Ich bin gar kein Mensch, ich bin ein Jaguar! Mir schmeckt es.«

Mit seinen Argumenten kam Staden also nicht weit. Da aber nahte Rettung. Ein französischer Händler erschien im Dorf, um Waren zu verkaufen. Die Franzosen waren zu jener Zeit mit den Tupinambá verbündet, während diese wiederum Feinde der Portugiesen waren, in deren Diensten Staden stand. Staden hatte nun seinen Kidnappern immer wieder erklärt, er sei kein Portugiese, was ja irgendwie auch stimmte, doch die Indianer hatten ihm nicht geglaubt. »Bisher haben noch alle, die hier waren, gewimmert, sie seien gar keine Portugiesen«, hatte der Häuptling ihm gesagt, als er wieder einmal versuchte, den Kopf aus der Schlinge zu ziehen. »Das war natürlich alles gelogen.«

Als daher der Franzose auftauchte, stürzte Staden auf den Mann zu und flehte ihn auf Portugiesisch an, er müsse ihn im Namen Christi retten und den Indianern erklären, er sei tatsächlich ein Franzose! Immerhin sei er doch Deutscher. Der französische Händler schob ihn zur Seite und redete ihn auf Französisch an. An Stadens ratlosem Gesicht erkannte er, dass es sich eindeutig um einen Nichtfranzosen handelte. Ungerührt bedeutet er den Indianern: »Den könnt ihr essen.« Die deutsch-französische Freundschaft war damals noch nicht besonders ausgeprägt.

Nachdem sein französischer Mitchrist ihm nicht helfen wollte, richtete Staden sich auf seinen baldigen Tod ein. Flucht? Die Indianer passten zu gut auf ihn auf. Im Laufe der Zeit gelang es ihm intuitiv, sich in das Weltbild seiner Bewacher einzufühlen. Von moralischen Argumenten oder Drohungen zeigten sie sich völlig unbeeindruckt, fürchteten aber umso mehr übernatürliche Mächte und Zauberei. Hier lag, das erkannte Staden, seine Rettung. Staden, ein tiefgläubiger Christ, gab sich den Indianern gegenüber als Schamane aus, der mit einem mächtigen Geist im Bunde stand. Er machte sich zunutze, dass es im Weltbild der Indianer keinen Zufall gibt. Für sie hat alles, was in der Natur geschieht, einen übernatürlichen Ursprung. So brach eines Tages, als sie mit ihm unterwegs zum Fischen waren, ein Unwetter herein mit Blitz, Donner und sintflutartigem Regen. Staden, tropfnass, erklärte seinen Begleitern, sein Gott habe es geschickt, als Strafe. Die Indianer folgerten scharfsinnig, dass der, der Unheil schickt, es auch wieder beenden kann, und forderten Staden auf, durch Beten gefälligst dafür zu sorgen, dass der Sturm sich lege. Staden betete verzweifelt, und in der Tat legte sich der Sturm. Die Indianer staunten. Noch stärker und wahrscheinlich entscheidend war ein nächtlicher Auftritt Stadens, als er auf dem Dorfplatz, nach einem misslungenen Fluchtversuch, verzweifelt den Mond anstarrte, der ihm eine fiese Fratze zu ziehen schien. Als ihn der Tupinambá-Häuptling, der zufällig vorbeikam, fragte, was er da tue, antwortete Staden, einem spontanen Einfall folgend: »Der Mond blickt zornig.« »Auf wen ist er denn zornig?«, wollte der Indianer wissen. »Auf dich!«, erklärte Staden, womit er den Indianer erst einmal gegen sich aufbrachte. Doch sein Spruch im Mondlicht machte Eindruck. Wenig später erkrankten der Häuptling und seine Familie, und Staden erklärte ihm, die Absicht, ihn zu schlachten, sei die Ursache dafür. Der Häuptling erwiderte, er wisse, der Mond sei zornig, er habe nicht vergessen, wie Staden in der Mondnacht zu ihm gesprochen hatte. Er verspreche, er selbst werde Staden nicht essen, und wenn jemand anders ihn schlachte und grille, dann werde er nicht von dem Fleisch essen. Das war immerhin ein Teilerfolg. Staden entschloss sich, für den Häuptling zu beten, und der genas auch tatsächlich, während andere aus der Familie starben. Als er ein weiteres Mal erkrankte, wurde er wieder von Staden gesundgebetet. Da war den Indianern klar, dass Staden in der Tat ein mächtiger Zauberer und es keinesfalls angeraten war, ihn zu verspeisen.

Nun kam auch der Franzose erneut vorbei. Erstaunt, dass der Deutsche immer noch lebte, ließ er sich erweichen und erklärte den Indianern, beim ersten Mal habe er sich geirrt. Staden sei, wie er jetzt erst feststelle, ein Verbündeter.

Staden, inzwischen eine Respektsperson, durfte nun das nächste Schiff besteigen, das ihn in die Heimat brachte, freilich erst, nachdem er ihnen eine Geschichte von einem kranken Vater aufgetischt hatte, und nur gegen das Versprechen, auf jeden Fall zurückzukehren. Beim Abschied am Sandstrand versammelte sich das ganze Dorf.

Man umarmte sich ein letztes Mal, Tränen flossen.

So weit die Geschichte des Hans Staden. Heute ist Ubatuba ein beliebter Badeort südlich von der brasilianischen Metropole São Paulo und wirbt mit 100 schönen Sandstränden und etlichen Traumhotels, darunter auch einem Apartmenthaus *Tupinambá*. Man kann sich dort unbesorgt einquartieren, Indianer leben in der Gegend schon lange nicht mehr.

Doch was haben Stadens Abenteuer mit Stoffumwandlungen zu tun? Er hat seinem Buch einen kleinen Anhang über das Alltagsleben seiner Kidnapper hinzugefügt, und in diesem Anhang sind ihre technischen Errungenschaften und Erfindungen sorgfältig dargestellt. Wir lesen über den Fischfang, über die Hängematte und die Maniokpflanzungen; vieles aus dem indianischen Alltag beschreibt Staden zum ersten Mal, und eben deshalb ist sein Werk eine der wichtigsten Quellen für Ethnologen und Historiker.

Staden war nicht ein dumpfer Soldat wie so viele andere, die durch das damalige Amerika zogen und am Ende nur von militärischen Leistungen und der Zahl getöteter Indianer zu berichten wussten. Staden hatte den Sinn und den Blick eines Forschers.

Als typischer Deutscher interessiert er sich auch für das Bier, das im Regenwald gebraut wird. Wie ein moderner Oktoberfestbesucher beurteilt er es mit Kennerschaft. Aber er will auch wissen, wie es hergestellt wird. Und so weiht er uns im zweiten Teil seines Buches in einen völlig neuen Kosmos der Bierbereitung ein, in dem das deutsche Reinheitsgebot keine Rolle spielt.

Es ist ein sonderbares Bier, das man dort zu dem ungewohnten Grillfleisch zu reichen pflegte. Staden hatte anlässlich der vielen Festivitäten in seinem Indianerdorf mehrmals Gelegenheit, das Gebräu zu kosten: »Ist dicke, speiset auch wol.« Der Prozess, durch den die Indianer ihr alkoholisches Partygetränk bereiteten, unterscheidet sich drastisch von allen europäischen Methoden der Alkoholherstellung. Um Alkohol zu erhalten, braucht man Zucker. Mit allen zuckrigen Säften lässt sich daher Alkohol produzieren. So entstehen bei uns etwa Wein oder Apfelwein. Doch auch aus Getreide kann man Bier herstellen. Das geht nicht direkt, weil Getreide nur Stärke enthält. Stärke ist zwar aus Zuckermolekülen aufgebaut, muss aber erst durch besondere Enzyme aufgeschlossen werden. Wir wenden deshalb den Trick an, das Getreide keimen zu lassen: dabei verwandelt der Keimling durch bestimmte Enzyme die Stärke in Zucker. Maniok enthält sehr viel Stärke. Aber kein Gramm Zucker! Jedenfalls nicht, wenn man mit europäischer Brautradition an die Sache rangeht. Die Indianer aber hatten ihre eigene Methode.

Der Prozess ist mehrstufig. Zunächst wird die Maniokwurzel geschnitten und gekocht, um sie zu entgiften. Dann aber setzen sich, schreibt Staden, »die jungen Mägde« dazu, kauen die Wurzel und spucken das Gekaute in einen großen Tonkessel. Der wird erwärmt, mit Wasser aufgefüllt, und dann kommt das Gebräu in ein anderes breites Tongefäß, das halb in der Erde vergraben ist. Hier beginnt das Bier zu gären, die Indianer lassen es noch zwei Tage stehen, »darnach trincken sie es, werden truncken darvon«. Jedes Haus braut sein eigenes Bier, und bei einem Dorffest ziehen die Männer wie bei uns durch die Gemeinde, von Haus zu Haus, und hören erst auf, wenn alle Biervorräte leer getrunken sind.

Das chemische Geheimnis des Spuckebieres wurde erst 400 Jahre nach Stadens Gefangenschaft bei den Tupinambá gelüftet. Im menschlichen Speichel sind bestimmte Eiweißstoffe enthalten, die Amylasen. Die zerkleinern die Stärke der Maniokwurzel und verwandeln sie in Zucker. Das passiert schon in unserem Mund, und wir können die Umwandlung schmecken, wenn wir Getreidebrei sehr lange kauen. Das Geniale an der indianischen Transformation besteht nun nicht nur im Einsatz einer bislang in der Bierbereitung ungenutzten Substanz, der Spucke. Vielmehr berücksichtigten die Chemiker im Regenwald auch, dass die Substanz bei einer ganz bestimmten Temperatur ihre maximale Aktivität entfaltet. Staden berichtet nämlich, dass die Indianer den Spuckebrei nochmals erwärmten, und zwar auf eine ganz bestimmte Temperatur, die deutlich unterhalb der Kochtemperatur lag. Heute wissen wir: Die Amylase entfaltet ihre maximale Aktivität bei 78 Grad Celsius!

Das indianische Spuckebier beweist einmal mehr, dass es kaum einen zweiten Stoff gibt, auf dessen Bereitung die Menschen so viel Fantasie verwandt haben wie den Alkohol. Es wurde sogar die Theorie aufgestellt, dass die Menschen eben deshalb anfingen, Getreideäcker anzulegen, weil sie Bier brauen wollten. Sie wurden sesshaft, weil sie immerfort Lust auf Bier hatten! Nicht wenige Historiker sind der Meinung, das Brot sei eigentlich ein Nebenprodukt der Braukunst.

Unser Blick auf die chemische und technische Fähigkeit und Kreativität der Indianer Süd- und Mittelamerikas wird bis heute getrübt durch ihren Kannibalismus. Er lässt sie als barbarische Wilde erscheinen und lieferte den Eroberern das dringend benötigte Motiv, die grausame Unterwerfung des Kontinents zu legitimieren.

Dass die Völker Mittel- und Südamerikas ihre Feinde nicht nur töteten, was man ja noch akzeptiert hätte, sondern auch verzehrten, rechtfertigte ihre Unterwerfung. Eine scheinheilige Logik, weil zur damaligen Zeit der Verzehr von Menschenfleisch auch in Europa üblich war und vom Bettler bis zum Edelmann regelmäßig praktiziert wurde. Man verspeiste allerdings nicht ganze Körper, sondern immer nur kleinste Mengen. Sie wurden in den Apotheken unter der Bezeichnung »Mumia« verkauft. Manchmal handelte es sich dabei um pulverisierte ägyptische Mumien, denen man Heilkraft nachsagte, denn man glaubte, dass Körper, die sich so lange Zeit erhalten hatten, noch einen beträchtlichen Rest an gut konservierter Lebenskraft in sich tragen müssten. Mumia erhielt man meist vom Scharfrichter, zu dessen Nebenverdiensten der Handel mit den Körperteilen der Getöteten gehörte. Aus den Körpern gehenkter Missetäter stellte man auch eigene Mumienprodukte her, die von manchen Ärzten mit besonderer Wärme empfohlen wurden, da man bei den Mumien aus Ägypten nie genau wisse, wie die jeweiligen Menschen zu Tode gekommen und ob sie nicht womöglich krank gewesen waren.

Da die Einnahme der Mumia, die für gewöhnlich mit einem Schluck Wein erfolgte, bei Patienten gelegentlich zu Magenbeschwerden führte, kamen auch Zäpfchen zur Anwendung. Gegen so gut wie alle Beschwerden und Krankheiten wurde Mumia verordnet, vor allem aber nutzte man sie bei den auszehrenden Krankheiten, die mit rapidem Gewichtsverlust einhergingen. Seit dem 11. Jahrhundert lässt sich diese kannibalische Praxis in Europa nachweisen. Noch in den 1920er-Jahren verkauften große Pharmaunternehmen Menschenfleisch alias Mumia. Man hat also in Europa wahrlich wenig Anlass, auf die »Menschenfresser« in Amerika herabzusehen.

Und dennoch gruselte man sich nur allzu gern vor den »grimmigen Menschenfresser-Leuthen«. Neben dem Menschenfleisch und dem Gold, den beiden übergroßen Symbolen, schienen die Erfindungen der indigenen Völker Amerikas bedeutungslos zu sein. Und doch sind die Prozesse und die Substanzen aus der Neuen Welt oftmals hochoriginell; ihr wirtschaftlicher Wert dürfte den Gesamtwert des Goldes und des Silbers, das Amerika geliefert hat und noch liefert, weit übertreffen.

Spuckebier hat sich zwar im Westen nicht durchgesetzt, es ist eine lokale Spezialität geblieben. Doch ohne Gummi, ohne Chinin, ohne Curare, ohne Schokolade, ohne Mais, ohne Kartoffeln wäre die moderne Industrie und auch die moderne Wissenschaft, kurz: die moderne Welt eine andere. Deshalb lohnt es sich heute noch, die alten Bücher aus der Zeit der Entdeckung Amerikas zu studieren. Klaus Hilbert, der brasilianische Archäologe, sagte nach dem Besuch der alten Augsburger Bibliothek: »Wir müssen auf die alten Quellen zurückgehen. Denn viele Dinge, die die Indianer früher noch beherrschten, die können sie heute nicht mehr. Wenn du im Wald eine tolle Fundstelle entdeckst und du holst großartige Keramik aus dem Boden und zeigst die einem Indianer aus dem Nachbardorf, dann sagt der: ›Ja, das haben unsere Vorfahren gemacht. Aber das können wir nicht mehr.‹ Das ist der Schock, den die Eroberung Amerikas bei vielen hinterlassen hat: Die heute lebenden Indianer haben oft einen totalen Minderwertigkeitskomplex.«

Froschmedizin

»Was ist das?« Es war ein regnerischer Tag, als der Journalist Peter Gorman in der Hütte seines Gastgebers Pablo in Westamazonien saß, tief im Wald, in einem Indianerdorf. Pablo gehört zum Volk der Matsé-Indianer, die im Grenzgebiet von Peru und Brasilien leben. Gorman nutzte den Regentag für einen Sprachkurs. Er zeigte auf diese und jene Gegenstände im Raum, um ihre Namen zu erfahren. Schließlich wies er auf eine Plastiktüte, die hoch oben über der Feuerstelle aufgehängt war: »Was ist das?« – »Kampô.« Sein Gastgeber holte die Tüte herunter und wickelte ein mit einer gelben Masse überzogenes Holzstäbchen heraus. Das sei Froschmedizin. Gorman zeigte sich interessiert, mehr darüber zu erfahren. Pablo ging zum Feuer, holte einen glühenden Stock heraus, griff sich Gormans Arm und drückte die glühende Kohle darauf. Überrascht schrie Gorman auf. Doch Pablo praktizierte schon etwas von der gelben Masse in die Wunde.

Die Wirkung entfaltete sich sofort. Gorman schreibt: »Mein Kopf wurde warm, und mein Herz schlug schneller. Mein Blut raste. Plötzlich spürte ich jede Vene und jede Aterie in meinem Körper und fühlte, wie sie sich weiteten und ein ungeahntes Strömen ermöglichten. Mein Magen krampfte sich zusammen, und ich übergab mich, heftiger Durchfall stellte sich ein … Dann fiel ich um. Plötzlich merkte ich, dass ich auf allen vieren knurrend umherlief. Ich hatte ein Gefühl, als ob Tiere durch mich hindurchliefen, die sich durch meinen Körper ausdrücken wollten. Es war ein großartiges Gefühl, aber dann ging es vorbei. Schließlich konnte ich nur noch an das Rauschen meines Blutes denken. Es kam mir so intensiv vor, dass ich glaubte, mein Herz zerspringt. Immer rascher hämmerte es …« Dann schlief Gorman ein. Der interessanteste Teil des Rausches kam erst nach dem Erwachen. Denn Gorman bemerkte, dass seine Sinne ungleich schärfer waren als zuvor: »Ich konnte Stimmen hören, die weit entfernt waren. Auch mein Geruchssinn und meine Augen funktionierten viel besser als sonst. Mein Körper fühlte sich immens stark an. Dieses Gefühl hielt tagelang. Ich konnte ganze Tage laufen, ohne hungrig oder durstig zu sein. Alle meine Sinne waren zur Höchstform gesteigert … Ich konnte Tiere sehen, ehe sie mich sahen.«

Die außergewöhnliche Medizin, die dem Journalisten da von dem Matsé-Indianer Pablo unter die Haut gejagt worden war, stammt von einem niedlichen Frosch, der den wissenschaftlichen Namen *Phyllomedusa bicolor*, zweifarbige Laubkönigin, hat. Dieser Frosch gehört zur selben Familie wie die Makifrösche, die es in den Tierabteilungen der Baumärkte zu kaufen gibt. Sie sind im Regenwald zu Hause, wo sie in Bäumen leben.

Frösche dieser Art kennt jeder, der in der Umweltforschung tätig ist. Nicht, weil die Umweltforscher die Froschmedizin nutzen, um ihre Umwelt besser wahrnehmen zu können. Sondern weil der giftgrüne Regenwaldfrosch mit seinen weit aufgerissenen Augen ein beliebtes Symbol für die bedrohte, schutzlose Natur ist. Deshalb taucht sein Bild bei Vorträgen und in Broschüren immer wieder auf.

In der amazonischen Mythologie nimmt der Frosch eine wichtige Stellung als Zauberwesen ein. Vielleicht, weil er in zwei Reichen lebt, oder auch, weil er mit seinen riesigen, hypnotisierenden Augen wie ein verzauberter Schamane aussieht. Froschskulpturen oder Froschbilder finden sich deshalb in der Keramik Amazoniens recht häufig. In meiner Sammlung habe ich einen altamazonischen Tonfrosch ohne Beine. Er wurde in den Überresten einer uralten Indianersiedlung aus der Zeit vor Kolumbus gefunden.

Wenn man Baumfrösche ärgert, sondern sie ein giftiges, gelbes Sekret ab. Die Indianer nennen es Froschmilch und gewinnen diese, indem sie den Frosch an seinen Gliedern festbinden. Mit einem Holzstäbchen schaben sie dann den Schleim ab, trocknen ihn und verwenden ihn als Heilmittel. Die Frösche bleiben bei dieser Prozedur am Leben, was den Indianern wichtig ist, denn ein getöteter Frosch würde sich rächen. Die Frösche leben nicht selten halbzahm in der Nähe der Dörfer. Die Froschmedizin wird in Brasilien als Froschimpfung bezeichnet, obwohl sie nur eine äußerliche Ähnlichkeit mit normalen Impfungen hat. Sie schützt nicht vor Krankheiten, vermittelt aber für einige Stunden oder Tage ein verändertes Bewusstsein.

Besonders schätzen die Indianer, dass die Froschmedizin die Sinne schärft und den Körper stärkt. Sie wird deshalb gern sowohl glücklosen Jägern als auch den Jagdhunden verabreicht, damit sie künftig erfolgreicher sind. Eine Weile war sie in den brasilianischen Städten beliebt, bis sie vor einigen Jahren verboten wurde, nachdem ein zu heftiger Froschtrip einen Stadtbewohner in die ewigen Jagdgründe befördert hatte.

Die Froschsekrete erregten auch das Interesse der Wissenschaft; italienische Pharmakologen analysierten sie. Einige der gewonnenen Substanzen wurden inzwischen patentiert und werden für Pharmaka eingesetzt. Eine völlige Neuheit sind die Froschmedizinen für die Europäer nicht: Im Mittelalter verordnete man bei Herzschwäche die Haut bestimmter Kröten.

Die Froschimpfung ist nur eines von vielen Beispielen für bewusstseinsverändernde Stoffe, die in Amazonien beziehungsweise in Süd- und Mittelamerika von Indianern entdeckt wurden. Tabak, Coca, Schokolade, Magic Mushrooms sind weitere Beispiele von über 100 psychodelischen Substanzen, die uns aus Amerika bekannt sind. Psychedelisch bedeutet: die Seele klärend. Keiner anderen Gruppe Erfindungen haben sich die Völker im Regenwald mit ähnlicher Liebe und Kreativität gewidmet. Ihre Seele und deren Reisen sind ihnen offenbar ein wichtiges Anliegen. Die Indianer erfanden auch originelle Methoden der Verabreichung. Die Froschimpfung ist ein Beispiel. Drogen nahm man auch mit speziellen Blasrohren zu sich, indem man sie sich bequem in die Nase blies. Oder man wandte Gummispritzen an, die in den Po eingeführt wurden – so verminderte man die Übelkeit, die sich oft einstellt, wenn Drogen einfach geschluckt werden.

Im Alten Europa hingegen waren nur etwa 20 bewusstseinsverändernde Drogen bekannt. Die europäische Alchemie hat sich kaum mit bewusstseinsverändernden Stoffen befasst, und wenn, dann wurde darüber weder geschrieben noch gesprochen. Mit gutem Grund: Die christliche Kirche verfolgte Zauberer und Hexen. Menschen, die behaupteten, nach der Einnahme bestimmter Präparate oder nach dem Einreiben mit bestimmten Salben, die Bilsenkraut enthielten, fliegen zu können, wurden verurteilt und verbrannt.

Für die Indianer Amazoniens ist es eine ausgemachte Sache, dass neben der sichtbaren Wirklichkeit auch noch eine spirituelle existiert. Sie messen den Erlebnissen, die sie unter Drogeneinfluss haben, ein stärkeres Gewicht zu als denen des Alltags. Für sie sind die Flüge, die die Schamanen unter Drogeneinfluss unternehmen, Wirklichkeit. Die normale Welt des Alltags ist nicht die einzig wirkliche. Und wer könnte schon beweisen, dass sie unrecht haben? Was wir Wirklichkeit nennen, ist zu einem großen Teil nur eine Konvention, eine Übereinkunft. Zwar ist das, was wir im Alltag wahrnehmen, wirklich. Es ist aber nicht *das* Wirkliche schlechthin. Eine winzige Menge eines Froschsekrets reicht bereits aus, um die gewohnte westliche Sicht infrage zu stellen. Was vorher selbstverständlich schien, ist nun in neues Licht gerückt. Wirklichkeit wird wieder zur offenen Frage: *Was ist das ...*

Gummi

Als der amerikanische Präsident und Friedensnobelpreisträger Theodore Roosevelt (1858–1919) im Jahre 1912 bei seinem Versuch gescheitert war, zum dritten Mal in Folge ins Weiße Haus einzuziehen, beschloss er, eine Sprachreise nach Argentinien und Brasilien zu unternehmen. Die brasilianische Regierung schlug ihm stattdessen vor, sich dem General und Forscher Cândido Rondon (1865–1958) anzuschließen, der eine Expedition in den Regenwald plante, nach Amazonien. Roosevelt willigte ein, und gemeinsam mit seinem Sohn verschwand der schwergewichtige Mann mit einem 19-köpfigen Expeditionsteam im Dschungel. Als er nach sechs Monaten, Ende April 1914, wieder herauskam, war er vollkommen abgemagert und konnte trotz sofortiger ärztlicher Behandlung monatelang nur noch flüstern. Der Wald hatte seinen Tribut verlangt.

Dennoch erzählt er in seinem Erinnerungsbuch mit dem Titel *Durch die brasilianische Wildnis* voller Begeisterung von seinen Abenteuern. Einer der Höhepunkte war der Besuch eines Dorfes der Paressi-Indianer am Fluss Rio Sacre im Herzen des Regenwaldes, dem Lebensraum von Krokodilen, Jaguaren, Tapiren sowie einer ungeheuren Vielfalt an Vögeln. Die in der Gegend siedelnden Indianer beschreibt Roosevelt als

»cheerful«, fröhlich, sie waren athletisch gebaut, hatten allerdings, wie er bemängelt, schlechte Zähne. Manche Indianer trugen bereits Hosen und Hemden, die sie getauscht oder von Missionaren erhalten hatten, gingen aber sonst ihrem traditionellen Leben nach.

Mitten im Wald wird Roosevelt Zeuge eines außergewöhnlichen Ereignisses: Die Indianer versammeln sich zum Ballspiel! Sie benutzen einen hohlen Gummiball, den sie selbst aus dem Saft des Gummibaumes hergestellt haben, bilden zwei Mannschaften, die sich wie beim Volleyball, nur ohne Netz, gegenüberstehen. Der Ball wird auf einen kleinen, zusammengescharrten Hügel in die Mitte gelegt, und los geht das Spiel.

Sie folgen allerdings nicht den Volleyballregeln, die in Europa oder in den USA Geltung haben. Die Indianer spielen nicht mit den Händen und Armen, sondern ausschließlich mit dem Kopf. Der Ball liegt auf dem Boden: Schon springt ein Spieler heran, wirft sich flach hin und kickt den Ball per Kopfstoß in die Höhe. Dort nimmt ihn sogleich ein anderer auf und köpft ihn, meist ebenfalls im Tiefflug, ins gegnerische Feld. So fliegt der Ball, wie Roosevelt es schildert, »über ein Dutzend Mal hin und her, bis er irgendwann mit solcher Wucht geköpft wird, dass er über die Köpfe der Gegner hinwegfliegt und hinter ihnen herunterkommt«. Dann jubelt die siegreiche Mannschaft über ihren Punkt – und das Spiel beginnt von Neuem.

Roosevelt ist voller Bewunderung für die indianischen Ballspieler. Etwas Vergleichbares hat er nie gesehen. Tatsächlich aber steht das Spiel, das Roosevelt beobachtete, in einer langen Tradition südamerikanischer Ballsportarten. Sie haben Namen wie *tlachtli, pok-ta-pok, ollamalitzli* oder *batey* und erstaunten oder erschütterten alle Europäer, die diesen Spielen zuschauten.

Meist ging es dabei darum, den Ball so ins gegnerische Feld zu schlagen, dass er nicht mehr zurückgespielt werden konnte. Doch durfte der Ball keinesfalls mit den Händen und auch nicht mit den Füßen berührt werden. Bei den Paressi spielte man mit dem Kopf. Andere Varianten, insbesondere in Mexiko, setzten den Hintern ein. Das Ziel war, den Gummiball durch ein enges Loch in einer Mauer zu schießen. Wer heute die Anlagen ansieht, die in manchen Regionen Mexikos noch erhalten sind, kann sich kaum vorstellen, wie das gelingen soll. Schon, wenn man die

Hände benutzt, ist es alles andere als einfach, einen Ball durch eine weit oben liegende Öffnung zu werfen oder zu schlagen; wie ist das aber zu bewerkstelligen, wenn nur Hüften und Hintern zum Einsatz kommen dürfen? Schon die spanischen Eroberer glaubten hier Hexerei am Werk. So schreibt der spanische Mönch Motolinia (1482–1568), der in Mexico-City Zeuge solcher Ballspiele war, von einem begnadeten Spieler, den das Publikum verehrte: »Sie riefen nach einem, der eine besondere Kunst des Teufels beherrschte, damit er den Ball durch eine der Öffnungen der Steine stoße, und zwar mit seinem Hintern, und indem er den Teufel anrief, schoss er den Ball durch die Öffnung, wodurch alle vor Schreck erstarrten, weil das Schießen eines Balles durch eine so kleine Öffnung mehr als ein Wunder zu sein schien.« Die frommen Spanier verboten eilends das übernatürliche Spiel, zumal die Verlierermannschaft gelegentlich geopfert wurde, was nicht europäischen Vorstellungen von Fairplay entsprach. Deshalb hat sich das Spiel nur in äußerst entlegenen Gegenden Mittel- und Südamerikas erhalten, wo es erst im 20. Jahrhundert von Ethnologen wiederentdeckt wurde.

Übernatürlich schienen den spanischen Eroberern nicht nur die Spieler und ihre Fähigkeiten zu sein, sondern mehr noch der Ball selbst. Bestand er doch aus Gummi, einem Material, das die Europäer nicht kannten. Gummi hat Eigenschaften, die den Spaniern spanisch vorkamen. Bartolomé de las Casas (1485–1566) meinte, dass die Gummibälle eine Viertelstunde hüpften. Oviedo (1478–1557), ein spanischer Eroberer, berichtet, was er auf der Insel Hispaniola (auf der die heutigen Staaten Haiti und Dominikanische Republik liegen) sah: »Sie hüpfen viel mehr als unsere eigenen luftgefüllten Bälle. Wirft man einen auf den Boden, dann tut er einen Hüpfer und noch einen und noch einen und viele.« Der Gummi war ein wunderbares Paradox, weil er vermeintlich unvereinbare Eigenschaften vereinte. Er war unverformbar und formbar zugleich. Man kann einen Gummiring in alle Richtungen dehnen. Aber sobald man ihn loslässt, nimmt er die alte Form wieder an, als würde er sich an sie erinnern. Deshalb wirkt Gummi wie ein Bindeglied zwischen den lebenden und den toten Dingen. Die Entdecker stellten den Stoff, der sich erinnern kann, als Wunder an die Seite der Mimose, jener Pflanze, die fühlen kann und die ihre Blätter bei Berührung hängen lässt.

Wie die Indianer den Ball herstellten, erforschten die selbst ernannten Entdecker, die gar nicht so entdeckungsfreudig waren, nicht. Nach Ansicht von Oviedo fertigten sie ihn »aus dem Harz eines Baumes und geben noch alles mögliche Zeug dazu«. Man kam auf Hispaniola ohnehin nicht mehr dazu, das Geheimnis der rätselhaften Substanz zu ergründen, da die Indianer, die es hüteten, dank der christlichen Behandlung, die ihnen die spanischen Eroberer angedeihen ließen, schon 40 Jahre nach der Entdeckung nahezu ausgerottet waren. Obwohl der Eroberer Hernán Cortés eine Anzahl aztekischer Ballspieler nach Spanien verfrachtete, obwohl sie vor den Augen Kaiser Karls V. in Sevilla auf höchstem Niveau mit dem Hintern den Ball hin- und herschossen und obwohl der deutsche Zeichner Christoph Weiditz (1498–1560) das Ereignis wie ein moderner Fußballreporter in Wort und Bild festhielt, blieben die Spanier doch dabei, dass das Spiel der Indianer dämonisches Teufelszeug sei. Sie suchten nach Gold und Silber – dass der eigentliche Reichtum Amerikas in den Erfindungen seiner Ureinwohner lag, kam den Eroberern, die meinten, es mit Wilden zu tun zu haben, nicht in den Sinn.

Der Gummiball geriet, wie das Spiel selbst, mehrere Jahrhunderte lang in Vergessenheit. Erst 250 Jahre nach der Entdeckung und Eroberung Süd- und Mittelamerikas dringt wieder Kunde von jener Substanz nach Europa, und zwar durch den Franzosen Charles Marie de La Condamine (1701–1774), der im Auftrag der Französischen Akademie der Wissenschaften Südamerika bereiste.

Am Amazonas beobachtete der französische Gelehrte, dass das dort ansässige (heute ebenfalls ausgerottete) Volk der Omagua dank einer Substanz namens Kautschuk die unwahrscheinlichsten Dinge herstellte. So etwa Schuhe, Mäntel, Ringe, Ballons und insbesondere kleine Gummifläschchen, an denen hohle Vogelknochen befestigt waren, was als Spritze diente. Eine in Europa völlig unbekannte Sache! De La Condamine erfuhr, dass die Spritze von den Indianern mit lauwarmen Drogentees gefüllt und in den Hintern gespritzt wurde, wodurch sich die erwünschte Wirkung besser entfaltete. »Das gehört bei ihnen zur Höflichkeit«, stellte der Franzose fest, »jeder Häuptling muss allen seinen Gästen eine solche Spritze bereitstellen.«

In Europa erregte der Reisebericht de La Condamines großes Aufsehen und wurde, da spannend geschrieben, zum Bestseller. Seine Veröffentlichung lenkte die Aufmerksamkeit wieder auf die seltsame Substanz Kautschuk. Gummispritzen kamen nun für zahlreiche medizinische Zwecke in Gebrauch, zum Beispiel als Milchpumpen. Für chemische Experimente wurden der Gummischlauch und der Gummiballon rasch unentbehrlich. Das allererste funktionierende Fluggerät, der Ballon des Grafen Montgolfier, war mit Gummi abgedichtet. Auch andere Kautschukwaren aus dem Amazonasgebiet erfreuten sich in Nordamerika und in Europa steigender Beliebtheit, sie wurden von Indianern in der Gegend von Belém hergestellt, nicht weit von der Mündung des Amazonas in den Atlantik. Sie produzierten gummierte Tornister für die portugiesische Armee, exportierten Gummistiefel nach New York, Paris und London. Viele prominente Gummiprodukte, vom Gummiring bis zum Regenmantel, sind ursprünglich indianische Erfindungen.

Kautschuk – oder Gummi – wird aus der Milch (Latex genannt) verschiedener Bäume gewonnen. Jeder kennt diese Milch. Sie fließt zum Beispiel aus dem Löwenzahn, aus dem »Gummibaum« (*Ficus benjamini*), der in vielen Büros steht, und sogar aus einigen Pilzen. Auch in Europa, in Asien und in Afrika wächst eine Anzahl Pflanzen, die Gummimilch liefern. Und doch ist der Gummistiefel nicht von Europäern, Chinesen, Indern oder von Afrikanern erfunden worden, sondern von Indianervölkern in Südamerika, und zwar vor etwa 3500 Jahren. So lange nämlich sind, wie wir durch Ausgrabungen in Mittelamerika wissen, die Gummibälle schon in Gebrauch.

Wenn der milchige Saft aus dem Baum läuft, gerinnt er bald zu käsigen Klumpen, die schon das typische Gummiverhalten aufweisen. Man kann sie zu kleinen Gummibällen rollen, die hochspringen. In der Sonne werden die Bälle aber klebrig, und sie verschimmeln buchstäblich. Wenn der Saft aus den Bäumen zu haltbaren Produkten verarbeitet werden soll, muss man ihn also irgendwie veredeln. Sonst ist er nur für Fackeln zu verwenden.

Die Indianer entwickelten zwei Verfahren, die man als biologische Vulkanisation bezeichnen kann. Das eine besteht darin, den Latexsaft mit dem Saft einer psychoaktiven Pflanze, der Prunkwinde (*Ipomoea alba*), zu mischen. Der Gummisaft gerinnt zu einer Art Quark und lässt sich zu einem stabilen Produkt formen. Weitaus gebräuchlicher und auch effektiver ist ein zweites Verfahren. Es beruht auf der Idee, den Latexsaft auf eine ganz bestimmte Weise zu räuchern. Wie funktioniert das? Wenn der Indianer einen Gummischuh herstellen will, formt er zunächst aus sandigem Lehm einen Fuß, den er auf einen Stock steckt und trocknen lässt. Dann entfacht er aus grünen Zweigen ein qualmendes Feuer und wirft noch ein paar Nüsse einer bestimmten Palme namens *urucuri* hinein. Jetzt taucht er seine Fußform aus Lehm in die gesammelte Gummimilch und hält sie in den heißen Qualm. Auf dem Lehm bildet sich ein dünner Gummifilm. Sobald der trocken ist, wird die Form wieder in die Milch getaucht und erneut geräuchert. So entsteht nach und nach ein Gummistiefel, der »wie angegossen« sitzt und wie ein gut geräucherter westfälischer Schinken duftet. Und dieser Gummistiefel ist äußerst robust, man kann ihn jahrelang bei jedem Wetter tragen.

Warum funktioniert das indianische Räucherverfahren? Rauch aus schmurgelnden Feuern ist chemisch gesehen eine ungeheuer komplexe Angelegenheit. Weit über 10 000 Verbindungen wurden schon in ihm nachgewiesen. Darunter finden sich viele hochreaktive Substanzen wie etwa Essigsäure, Formaldehyd, nitrose Gase, Phenole oder auch die Salicylsäure, die Fäulnis verhindert. Wer also keine Chemikaliensammlung hat, sollte es mit Rauch probieren, denn im Rauch sind die benötigten Chemikalien meist enthalten, wenn auch möglicherweise nicht in der richtigen Dosierung. Rauch macht verderbliche Dinge stabiler und haltbarer, weil er viele antibiotische Substanzen enthält, die gegen Bakterien und Pilze wirken. Zudem enthält der Rauch viel Ruß, und der schützt den Gummi vor Sonnenlicht, das ihn brüchig werden lässt.

Überall auf der Welt haben Menschen Fische und Fleisch geräuchert, um sie haltbarer zu machen. Doch nur in Südamerika wurde ein Verfahren ersonnen, eine Flüssigkeit so zu räuchern, dass am Ende haltbare und nützliche Produkte wie Bälle, Gummischuhe, Gummispieltiere, Gummiflaschen oder Spritzen entstehen. Kautschuk ist deshalb keine zufällige Entdeckung, sondern eine kreative chemische *Erfindung*.

Gummiwaren aus Amazonien waren, wie schon erwähnt, zu Beginn des 19. Jahrhunderts Mode und wurden von den Indianern am Amazonas massenhaft produziert. Auch die Europäer versuchten sich in der

Herstellung von Kautschukprodukten. Weil sie keine Kautschukbäume zur Verfügung hatten und auch die Milch nicht ohne Weiteres importiert werden konnte, nahmen sie getrockneten Latexsaft, ließen ihn in Terpentin aufquellen, formten die Masse und ließen sie trocknen. Die auf diese Weise erhaltenen Produkte verschimmelten aber leicht und wurden klebrig. Ihnen fehlte die biologische Vulkanisation, die Veredelung, mit der die Indianer ihre Waren haltbar machten. Die Europäer hätten es theoretisch den Indianern gleichtun und die selbst gefertigten Kautschukwaren räuchern können. Doch sie entdeckten eine völlig neue Alternative, die sich industriell leichter umsetzen ließ.

1832 zeigte der preußische Chemiker Friedrich Lüdersdorff (1801–1886), dass Schwefel Gummi haltbar macht. Wenige Jahre später verfeinerten die US-Amerikaner Nathaniel Hayward (1807–1865) und Charles Goodyear (1800–1860) den Einsatz von Schwefel. Mit ihrer Entwicklung der chemischen Vulkanisation bahnten sie der modernen Gummiindustrie den Weg. Bald schon verbreiteten sich Gummiprodukte in der ganzen Welt. Ohne sie gäbe es keine Fahrräder und keine Automobile, sie werden als Isolatoren für Elektroinstallationen und natürlich auch für Regenmäntel und Gummistiefel benötigt. Gummi war für die Industrialisierung und die Motorisierung unerlässlich und ist infolgedessen in Europa und Nordamerika seit mehr als 100 Jahren allgegenwärtig.

So kommt es, dass Roosevelt bei seiner Reise 1912 den Gummiball, mit dem im Regenwald gespielt wurde, gar nicht für etwas Besonderes hielt, sondern nur das Spiel seltsam fand.

Roosevelt glaubte, er sei der allererste Weiße, der das indianische Ballspiel zu sehen bekam. Tatsächlich hatten schon die frühen Eroberer und Entdecker jene Ballspiele beobachtet. Der erste Gummiball segelte, das überliefert Las Casas, auf einem Schiff des Kolumbus in die Alte Welt, gelangte nach Sevilla und verschwand irgendwann – vielleicht nahm ihn ein Kind mit, um damit zu spielen.

Der amerikanische Expräsident war deshalb nicht der erste, sondern ganz im Gegenteil einer der letzten Weißen, die sich an den hochoriginellen indianischen Ballkünsten erfreuen konnten.

Erhalten hat sich aber das über Jahrtausende trainierte Ballgefühl der Indianer – in den lateinamerikanischen Fußballkünstlern lebt es fort.

Einige Stoffe, die Indianer Süd- und Mittelamerikas erfunden haben

Kakao (Chocolatl): Durch saure Fermentation entsteht aus der an sich geschmacklosen Bohne des Kakaobaumes ein komplexes Aroma. Die fermentierte Bohne wird, so jedenfalls das ursprüngliche Rezept der Azteken, pulverisiert und mit Wasser, Vanille und Zucker heiß aufgegossen.
Tabak: Die Blätter des Tabakstrauches lässt man fermentieren, rollt sie zu Zigarren und raucht sie.
Gummi: wird aus der Milch des Gummibaumes (*Hevea brasiliensis*) und anderer Pflanzen hergestellt und durch Räuchern stabilisiert.
Curare: wird meist aus dem Saft einer Lianenart der Gattung Strychnos hergestellt.
Platin: Die Indianer Ecuadors kannten und verarbeiteten das Edelmetall, das später auch in anderen Gegenden entdeckt wurde.
Mescal: Die Indianer vergoren nicht nur Alkohol, sie destillierten ihn auch zu einem Schnaps, dem Mescal, der heute noch bereitet wird.
Coca: Die Blätter des Cocastrauchs wurden in Nordwestamazonien gesammelt und zusammen mit gebranntem Kalk konsumiert. Dabei wird die wirksame Substanz freigesetzt. Der Konsum von Cocablättern ist in Bolivien nach wie vor erlaubt. Kokain ist ein hochreines Präparat, das aus Cocablättern mit verschiedenen Lösungsmitteln extrahiert wird. Als lokales Betäubungsmittel kommt Kokain bei medizinischen Eingriffen heute noch zum Einsatz. Sigmund Freud empfahl es zur Entwöhnung von Heroin und war von seinen wachmachenden Eigenschaften begeistert. Heute ist Kokain, weil es süchtig macht, in den meisten Ländern verboten.
Papain: Die Schale und den Saft der Papaya nutzten die Azteken und andere Völker zum Weichmachen von Fleisch. Heute wird das Papain

Kakao (Chocolatl)
Curare
Gummi
Coca
Mescal
Platin
Vanille
Obsidian
Papain
Tabak
Cochenille
Chicle

aus den Papayaschalen und den Kernen extrahiert und als Fleischzartmacher verkauft.

Cochenille: Die auf Kakteen lebende Laus besitzt einen roten Farbstoff. Man zerdrückt die Laus und gewinnt so, wie schon die indigenen Völker, einen »natürlichen«, »umweltfreundlichen«, wenn auch nicht besonders tierfreundlichen Farbstoff.

Chicle: Der Saft der unreifen Früchte des mexikanischen Sapodillbaumes enthält den Grundstoff für den Kaugummi, der inzwischen aber meist aus Erdöl gewonnen wird.

Vanille: das erfolgreichste Aroma der Neuen Welt. Gewonnen wird es aus den fermentierten Schoten einer tropischen Orchidee. Auch die Fruchtschoten unserer heimischen Orchideen duften, wenn sie etwas angewelkt sind, nach Vanille.

Obsidian: Die Völker Mittelamerikas nutzten dieses vulkanische Glas, das in Europa selten ist, zur Fertigung äußerst scharfer Schwerter und Klingen. Heute noch werden bei bestimmten Operationen Skalpelle aus Obsidian verwandt.

Chinin: Die Substanz ist ein wirksames Mittel gegen Malaria. Sie wird aus der Rinde eines Baumes gewonnen, die die Inka von alters her als fiebersenkendes Mittel nutzten.

Tee vom Lebensbaum

Im Monat Dezember brach die Krankheit unter uns aus, und sie hatte merkwürdige und unbekannte Symptome, denn einige verloren alle Körperkraft, ihre Beine schwollen an und entzündeten sich, die Sehnen zogen sich zusammen und wurden schwarz wie Kohle. Dann kroch die Krankheit hoch zu den Hüften, zur Brust, den Schultern, den Armen und Nacken. Bei allen war der Mund befallen, das Zahnfleisch faulte weg bis zu den Wurzeln der Zähne, die denn auch alle ausfielen.«

Der französische Entdecker und Seefahrer Jacques Cartier (1491–1557) hatte 1535 mit seiner Mannschaft in der Nähe eines Irokesendorfs namens Stadacona überwintert. Das Dorf befand sich dort, wo heute die kanadische Metropole Québec liegt; damals war es eine stille Gegend, gelegen an einem Nebenfluss des Sankt-Lorenz-Stromes, von endlosen Wäldern umgeben. Von den 110 Männern waren, erzählt Cartier, weniger als zehn gesund. Elf Mann waren bereits tot, und bei mehr als 50 schien die Lage hoffnungslos.

Die typischen Symptome von Skorbut sind Schwäche, Ruhelosigkeit und rasche Erschöpfung. Die Haut verfärbt sich gelb oder schwärzlich. Der Gaumen blutet, die Zähne fallen aus, ein unerträglicher Mundgeruch entwickelt sich. Schwere Bauchschmerzen stellen sich ein. Später kommen Lungen- und Nierenbeschwerden hinzu, am Körper bilden sich überall Einblutungen, häufig ist die Krankheit tödlich.

Skorbut plagte nahezu alle Schiffsmannschaften im Zeitalter der Entdeckungen. Als der Portugiese Vasco da Gama von Lissabon um Afrika nach Indien segelte, starben von seiner 160 Mann starken Besatzung 100 an Skorbut. Viele Naturforscher und Ärzte befassten sich mit der rätselhaften Erkrankung und behandelten sie mit traditionellen Heilmethoden, etwa mit dem Aderlass oder mit Einläufen. Man empfahl aber auch immer wieder neue Stoffe, meist diejenigen Substanzen, die gerade neu isoliert worden waren. So riet der Alchemist Johann Rudolph Glauber in seinem Werk *Trost der Seefahrenten* (!) zur Salzsäure; der englische Theologe und Chemiker Joseph Priestley hingegen empfahl dem Ersten Lord der britischen Admiralität, Lord Sandwich, künstlich hergestellten Sprudel, da das darin enthaltene Gas heilkräftig sei. Wieder andere rieten zur Schwefelsäure. Auch bessere Belüftung oder der Austausch kupferner Geräte gegen eiserne wurden vorgeschlagen. Alle diese Mittel hatten jedoch keinerlei Wirkung.

Auch Cartier war hilflos, er ließ einen der verstorbenen Seeleute sezieren, konnte aber aus den gräulich veränderten inneren Organen keinerlei Schlüsse ziehen. Er selbst war gesund geblieben. Auf einem Waldspaziergang traf er einen Indianer, der wenige Wochen zuvor noch krank, jetzt aber offensichtlich wieder munter war. Wie er genesen sei, fragte, betont desinteressiert, Jacques Cartier, woraufhin der Indianer ihm von einem wintergrünen Baum erzählte, der alle Krankheiten heile. In der Irokesensprache heiße der Baum »Annedda«. Der Indianer ließ Cartier einige Zweige jenes Baumes bringen. Cartier bereitete daraus nach der Anleitung des Irokesen einen Tee und bot den im Schiff dahinvegetierenden Kranken davon an. Sie wollten den Indianersaft nicht probieren. Endlich fanden sich zwei Freiwillige. Sie tranken und fühlten sich sogleich besser. Nach weiteren zwei oder drei Anwendungen waren sie vollständig geheilt. Nun gab es auch für die anderen kein Halten mehr, und der Baum, von dem die Zweige stammten, wurde gerupft, bis kein grüner Zweig mehr daran war. Jacques Cartier schreibt, dass die Doktoren der berühmtesten französischen Medizinfakultäten zusammen mit all ihren Heilmitteln in

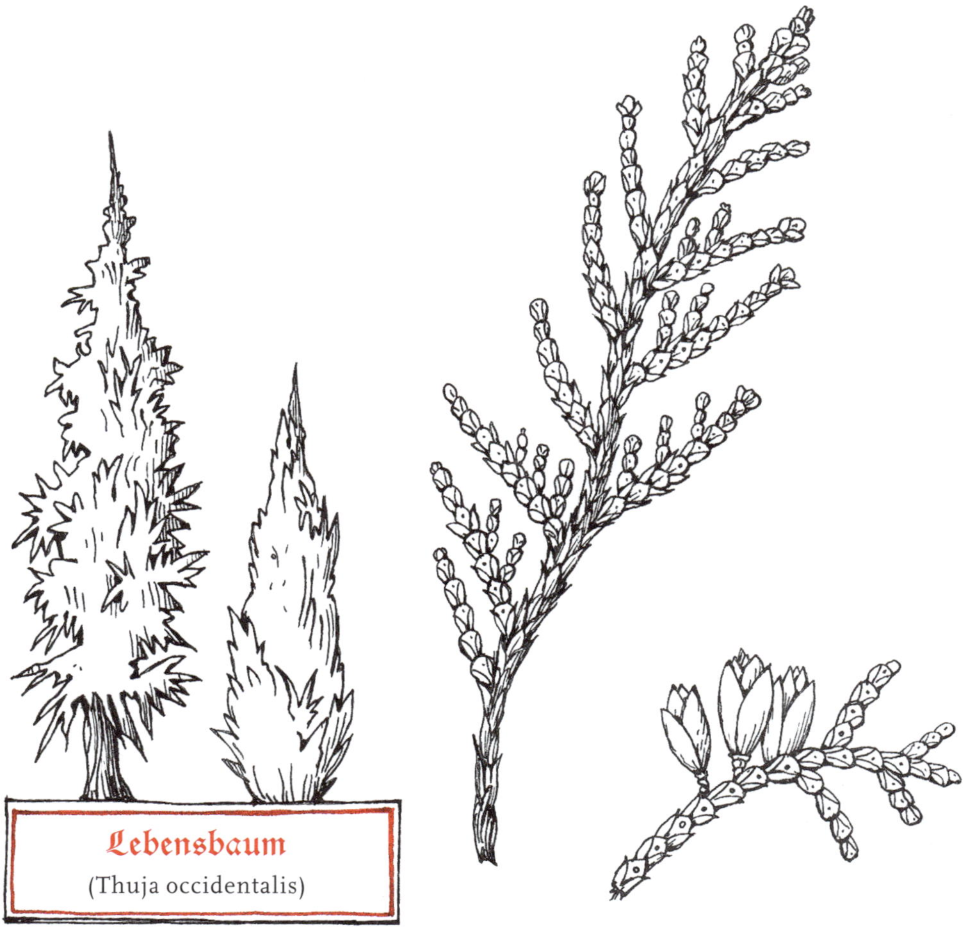

einem Jahr nicht so viel hätten bewirken können wie jener Baum in einer Woche. Fast seine gesamte Mannschaft konnte er retten. Sie überlebten den strengen kanadischen Winter. Zum Dank für die wirksame Medizin entführte er, als er im Mai die Anker lichtete, eine Gruppe Irokesen einschließlich des Oberhaupts Donnacona und brachte sie nach Frankreich, wo sie bald erkrankten und starben, ohne ihre Heimat je wiedergesehen zu haben.

Erst einige Zeit später gelangten Samen des Baums mit dem Namen »Annedda« nach Frankreich, wo man den Baum aufgrund der ihm innewohnenden Medizin »arbre de vyi« nannte, Lebensbaum. So heißt er bis heute, sein wissenschaftlicher Name ist *Thuja occidentalis*. Wird er beschnitten, wächst er nicht in die Höhe, sondern bildet eine dichte grüne Hecke. Nur in wenigen Parks kann er sich frei entfalten und erreicht die eindrucksvolle Höhe, die schon Cartier beschrieb.

Skorbut ist, wie wir heute wissen, eine Mangelerkrankung und kann durch geeignete Kost verhindert werden. Zitronen und Orangen, aber auch Sauerkraut verhindern den Ausbruch von Skorbut oder heilen die Krankheit. Traditionelle Heilmittel wie Scharbockskraut oder Brunnenkresse haben den gleichen Effekt. Als wirksame Substanz in diesen Nahrungsmitteln identifizierte man 1928 die Ascorbinsäure, die der ungarische Chemiker Albert Szent-Györgyi Nagyrápolt (1893–1986) isolierte. Ascorbinsäure oder Vitamin C, wie der Stoff auch genannt wird, ist in frischen Früchten, in vielen Gemüsen und im Sauerkraut enthalten. Skorbut entsteht durch stark verminderte Aufnahme von Vitamin C – weniger als zehn Milligramm – über einen längeren Zeitraum.

Linus Pauling (1901–1994), der Chemie- und Friedensnobelpreisträger, erklärte die wundersame Rettung der Cartier-Mannschaft dann auch mit der Wirkung von Vitamin C. Tatsächlich enthält der Lebensbaum etwa 45 Milligramm Vitamin C pro 100 Gramm und damit ebenso viel wie Zitronen oder Orangen. Pauling war auf Vitamin C versessen, seinen amerikanischen Landsleuten, die er allesamt, 400 Jahre nach der Reise Cartiers, in einem Skorbut-Vorstadium sah, empfahl er es in hohen Dosen.

Trotzdem erklärt der Vitamin-C-Gehalt des Lebensbaumes die sensationelle Heilungsgeschichte nur zum Teil. Warum wurde die schon so weit fortgeschrittene Krankheit innerhalb von nur einer Woche geheilt? Warum versicherten die Indianer Cartier, dass der Lebensbaum bei *allen* Krankheiten helfe? Wie kommt es, dass Cartier berichtet, zwei Matrosen, die neben Skorbut auch an Syphilis, einer Geschlechtskrankheit, litten, seien davon ebenfalls geheilt worden? Alles Seemannsgarn? Oder steckt im Lebensbaum vielleicht doch noch mehr als nur Vitamin C …

Bei den überlebenden Indianervölkern Kanadas steht der Lebensbaum nach wie vor als Heilmittel in höchstem Ansehen. Sie sehen in ihm nicht eine »Vitamin-C-Quelle«, sondern ein spirituelles Wesen. Der Lebensbaum wird mit »Großmutter« angeredet: Damit bringen die Indianer ihre hohe Wertschätzung zum Ausdruck. Ihre Kinder lehren sie heute noch, dass dort, wo ein Lebensbaum wächst, auch in verzweifelten Situationen Hilfe bereitsteht, denn der Baum liefere eine Notnahrung (die innere Rinde ist essbar), Medizin gegen viele Krankheiten, Äste für Bögen oder Feuerquirle und Wasser, weil dort, wo der Lebensbaum wächst, Wasser nie weit sei. Zugleich biete er spirituellen Trost und Schutz. Öl vom Lebensbaum wird als Segnung verwandt und auch ganz praktisch zum Einreiben in der Sauna benutzt.

Moderne Chemiker haben den Lebensbaum erneut analysiert und festgestellt, dass er weit mehr wirksame Stoffe enthält als nur das Vitamin C. Man fand zahlreiche antibiotische Substanzen, die ebenso gegen Bakterien wie gegen Viren wirken. Das aus ihm bereitete Öl enthält einen Stoff namens Thujol, der Krankheiten bekämpft, aber auch Halluzinationen auslöst und zudem zur Abtreibung verwendet werden kann.

Der aus den Zweigen bereitete Tee ist nicht nur reich an Vitamin C, sondern enthält auch Stoffe, die die Wirkung des Vitamins verstärken, sowie größere Mengen einer Aminosäure namens Arginin, die Heilungsprozesse beschleunigt. Die indianische Hochachtung vor dem Baum, den wir in unseren Gärten zu einer Art »grüner Mauer« degradieren, ist also mehr als berechtigt.

Seife

Seife galt dem Giftmeister in Esmeralda am Orinoco, wie er Humboldt sagte, als der eine der beiden Wunderstoffe der Weißen. Sie ist das helle, duftende Gegenstück zu dem schwarzen, stinkenden Schießpulver, das der Indianer ebenfalls schätzte, wenn er es auch für weniger zweckmäßig hielt als das eigene Pfeilgift.

Seife und Schießpulver, weiß und schwarz, Duft und Gestank, Sauberkeit und Schmutz, Ordnung und Chaos, Kultur und Krieg: Beide Stoffe stehen gemeinsam für Europa, stehen für unsere Zivilisation. Sie ergänzen sich in ihrem Kontrast.

Seife gibt es wohl in jedem Haushalt, wir alle fassen sie täglich an, sind mit ihr so vertraut, dass uns ihre merkwürdigen Eigenschaften kaum mehr bewusst werden. So gut wie nichts in der Natur gleicht der Seife. Als eine Art Stein liegt sie neben dem Waschbecken, oft rissig. Wird sie aber mit Wasser befeuchtet, erwacht sie gewissermaßen zum Leben, wird schlüpfrig, entgleitet wie ein Fisch ins Wasser und verschluckt, wird sie weiter gerieben, Luft, bis dicke Trauben von Schaumblasen an ihr hängen.

Das, was sonst getrennt ist, Luft, Wasser und Dreck, das bringt die Seife in neuer Form zusammen und vermischt es, indem sie unsere Hände reinigt. Wenn die Hände verdreckt und verklebt sind und wir das Gefühl haben, wir könnten nichts mehr anfassen, gibt sie uns unser Wohlbefinden zurück, indem sie allen Schmutz entfernt.

Offenbar ist die Seife eine europäische Erfindung, sie war in Asien, in Australien und in Amerika unbekannt. Auch die alten Griechen und die Römer kannten keine Seife. So unglaublich es klingen mag: Die Seife wurde nicht in den Hochkulturen erfunden, sie ist kein Werk städtischer Spezialisten. Vielmehr kommt sie aus den dunklen Wäldern des Nordens. Dort, vor dem Hintergrund uralter Eichen, rührten die Germanen und die Kelten in ihren Kupferkesseln als Erste ein schaumiges Gebräu, das sie Seife nannten. Das Wort ist germanischen Ursprungs und heute weltweit verbreitet.

Von den Sitten der Kelten haben die meisten Menschen schon einmal gehört oder gelesen; nämlich durch die Asterix-und-Obelix-Comics. Schäumt nicht der Kessel des Miraculix immer wieder wie ein Waschzuber? Jedenfalls schildern die Comics ziemlich genau die Bräuche der Völker, die zur Römerzeit das heutige Frankreich besiedelten.

Vielfach gehen die Details in den Comics auf Beschreibungen eines griechischen Forschungsreisenden namens Poseidonios (135–ca. 51 v. Chr.) zurück. Poseidonios war der Humboldt der Antike, als erster Philosoph unternahm er gezielt eine Forschungsreise, um der Lösung wissenschaftlicher Fragen näherzukommen. In Brindisi in Italien bestieg er ein Schiff, fuhr an der nördlichen Mittelmeerküste entlang Richtung Westen, wobei er immer wieder an Land ging und mit den dort lebenden Menschen Kontakt aufnahm. Schließlich durchquerte er die Straße von Gibraltar und damit die sagenumwobenen Säulen des Herkules, hinter denen das offene Meer lag. Er reiste bis Cádiz, wo er als erster Gelehrter das Phänomen von Ebbe und Flut studierte und nachwies, dass es vom Mond verursacht wird. Poseidonios war zu seiner Zeit berühmt und stand, ähnlich wie 2000 Jahre später Alexander von Humboldt, mit vielen Mächtigen seiner Zeit in engem Kontakt. Auch Caesar kannte ihn. Poseidonios starb nach einem viel bewegten Leben auf Rhodos. Er wurde über 80 Jahre alt.

Auf seiner Reise nach Westen kam Poseidonios in das heutige Marseille, damals ein römischer Seehafen. Dort besuchte er den römischen

Statthalter und unternahm längere Expeditionen zu den keltischen Bewohnern im Landesinneren. Diese Kelten, auch Gallier genannt, waren zwar unterworfen, Römer aber waren sie nicht geworden. Sie sahen auch nicht so aus. Poseidonios schildert ihr Aussehen im Detail: »Der Kinnbart wird, wenn nicht rasiert, so doch kurz gehalten. Die Vornehmen lassen bei glatten Wangen den Schnurrbart lang wachsen, so dass er den Mund bedeckt. Ihre Tracht geht auf das Imposante: buntgemusterte Leibröcke, geblümte Hosen … darüber gespangt karierte Umwurfmäntel, in dichte, bunte Quadrate geteilt. Metallene Helme tragen sie mit hohen Aufsätzen, die ihren Trägern eine riesige Erscheinung geben. Denn da sitzen bald zusammengewachsene Hörner auf, bald Vögel …« Das »kleine gallische Dorf« hat diese fantasievollen Trachten weltweit bekannt gemacht. Auch die Tischsitten der keltischen Gallier, die Poseidonios beschreibt, sind durch die Asterix-und-Obelix-Comics Allgemeingut geworden: »Die Kelten halten ihre Mahlzeiten auf Heu gelagert, an hölzernen, wenig über dem Boden erhobenen Tischen. Das Mahl besteht aus wenig Brot und viel Fleisch. Sie essen reinlich, aber nach Löwenart. Mit beiden Händen heben sie ganze Glieder auf und nagen sie ab. Speisen sie in Gesellschaft, so sitzen sie im Kreis …«

Man weiß, dass die Gallier mit Vorliebe Römerhelme sammelten. Auch dieses Brauchtum ist über den Keltenforscher Poseidonios in die Comics gelangt. Allerdings haben die Erfinder von Asterix und Obelix die Sitte etwas abgeändert. Denn ursprünglich ging es den Kelten weniger um die Helme als vielmehr um die Köpfe darin. Sie waren Kopfjäger, wie Poseidonios klarstellt: »Dem gefallenen Feind schneiden sie den Kopf ab, um ihn ihren Pferden um den Hals zu hängen. Blutbefleckte Kriegstrophäen übergeben sie den Knappen … Solche Beute nageln sie an ihre Torhallen, als hätten sie wilde Tiere auf der Jagd erlegt.« Das, was glückliche Jäger heute noch pflegen – die Köpfe ihrer Beute schön präparieren und dann im Wohnzimmer an die Wand hängen –, das schien den alten Kelten die richtige Art zu sein, ihre Leistungen als Krieger zur Schau zu stellen. Oft habe er, sagt Poseidonios, der der Schule der Stoiker angehörte, das mit ansehen müssen und sich zunächst gegen den Anblick gesträubt, schließlich das Ganze aber »durch die Gewöhnung mit Gelassenheit ertragen«.

Als einer der Ersten hat Poseidonios auch die auffällige Haartracht der Kelten beschrieben. Seine Gastgeber waren von hohem Wuchs, sie hatten helle Haut, ihre Haare waren meist blond oder rot. Im Hinblick auf den richtigen Hairstyle tauchten sie, weil ihnen die Sprays der modernen Kosmetikindustrie noch nicht zur Verfügung standen, ihre Haare regelmäßig in Kalklauge und bürsteten sie nach hinten. Diese Behandlung machte Dunkelblond zu Hellblond, Braun zu Rot, und die Haare wurden so dick wie eine Pferdemähne. Sie ließen sich nun bedrohlich nach oben frisieren, und es entstand ein steil aufragender Stachellook, den die Kelten besonders im Krieg gern zur Schau trugen. Weil die Kalklauge sich an der Luft zu Mörtel wandelt, wurde die Frisur dann wirklich steinhart. Echte Männer, diese Kelten, die mit ihren ausgehärteten Frisuren einen furchterregenden Anblick boten! Man fragt sich, wie die Römer solche eisernen Kerle überhaupt besiegen konnten. Wahrscheinlich kommt es eben nicht nur darauf an, dass der Haarstyle einwandfrei steht, sondern auch darauf, was unter so einer Betonfrisur gedacht wird. Dies könnte der schwache Punkt der Kelten gewesen sein.

Poseidonios gilt auch als einer Ersten, die den Gebrauch der Seife bei den Kelten beobachtet und beschrieben haben. Ursprünglich diente die Seife nicht zur Körperpflege, sondern als Frisiermittel. Mit Seifenschaum behandeltes Haar bleicht und lässt sich in alle Richtungen frisieren. Die Seife kochten die Kelten aus Fett und Asche. Später wandten sie den Schaum auch an, wenn sie sich wuschen.

Dem Griechen Poseidonios erschienen diese Haarpflegeprodukte höchst merkwürdig, denn so zivilisiert die Griechen (und die Römer) auch waren, Seife kannten sie nicht. Man ölte sich ein und kratzte anschließend Öl, Staub, Schweiß und Schmutz mit einem eigens hierzu entwickelten Schabgerät ab. Eine äußerst wassersparende Form der Körperpflege. Gebadet wurde zwar hin und wieder ebenfalls, Seife dabei aber nicht verwandt.

Der schäumende Stoff war eine Erfindung jener nordischen Barbaren, und es scheint, als seien damals schon Seifenspezialitäten, von unterworfenen Völkern im Wald zusammengebraut, weit gehandelt worden. Was der vornehme Grieche von der für ihn neuartigen Substanz gedacht hat, teilt er uns nicht mit. Er reiste weiter, bis er schließlich in Cadiz landete, wo er Thunfisch speiste und die Gezeiten studierte. Nach Hause zurückgekehrt, verfasste er einen Reisebericht mit dem Titel *Über den Ozean und seine Anwohner,* der in der Antike begeistert gelesen und abgeschrieben wurde, sich aber leider nur in wenigen Bruchstücken erhalten hat.

Die Seife, die die Römer und mit ihnen die gelehrten Griechen durch die Eroberungszüge in der keltischen und gallischen Welt kennenlernten, verbreitete sich im Imperium rasch. Die vornehmen Römerinnen, die blondes Haar umwerfend schön fanden, wandten alle möglichen Seifenlaugen an, um ihr dunkles Haar aufzuhellen. Große Mode war es, Perücken aus dem abgeschnittenen Haar von Germaninnen zu tragen, oder die Bewohnerinnen Roms flochten blonde Strähnen in die eigenen Haare ein. Selbst manche Männer wünschten sich, blond zu sein. Kaiser Caracalla trug ab und an eine blonde Perücke, angeblich, weil er damit seiner Leibgarde, die aus lauter hochgewachsenen, stämmigen und blonden Germanen bestand, schmeicheln wollte.

Von Europa aus trat die Seife ihren Zug um die Welt an. Seife ist der eigentliche Zauberstoff der Kelten und Germanen. In kupfernen Kesseln gerührt, macht sie zwar nicht superstark, aber frisch und sauber.

Kampfer

Wenden wir nach langen Reisen in den Westen den Blick nach Osten! Prächtige Farben kommen uns in den Sinn, wenn wir an Südostasien und Indien denken, mehr aber noch kostbare Aromen und Düfte. Sandelholz, Moschus, Ambra: Schwere Wohlgerüche waren und sind es, die europäische Reisende in den persischen, indischen und südostasiatischen Städten betörten. In hinduistischen und buddhistischen Kulten spielen Düfte eine große, ja sogar entscheidende Rolle, überall steigt in indischen Tempeln und Klöstern der Rauch aromatischer Harze in den Himmel. Es gab im alten Indien eine eigene Wissenschaft der Parfums und der Kosmetik namens Gandhasastra. Einer der wichtigsten Götter Indiens nennt sich Ganesha, er liebt Düfte. Passenderweise hat er einen meterlangen Rüssel und ist ein Mischwesen aus Elefant und Mensch.

Bis heute stammen die meisten klassischen Düfte und Gewürze aus den südlichen Gegenden Asiens; selbst Amerika hatte, zum Missfallen der spanischen Entdecker und Eroberer, außer der Vanille kaum großartige Aromen zu bieten, die mit den altbekannten aus dem Osten konkurrieren konnten.

Kampfer zählt sicherlich zu den durchdringendsten Düften. Für den Tempeldienst in den hinduistischen Tempeln ist er bis heute unentbehrlich. Wo immer ein Brahmane an hohen Festtagen in der Dunkelheit der Tempelgewölbe den Dienst an Ganesha oder Shiva oder Vishnu verrichtet, da zündet er auf dem Höhepunkt der Zeremonie zu Gongschlägen und Glockenklängen ein Stück Kampfer an. Es brennt mit duftender, hell leuchtender Flamme. Den Hindus gilt die Kampferflamme als ein Symbol für das Göttliche; die Gläubigen streifen mit den Fingern durch die Flamme und berühren dann ihre geschlossenen Augen. So wollen sie das Göttliche in der Kampferflamme auf ihre eigene Seele übertragen, deren Sitz im Auge ist.

In Europa ist Kampfer keine heilige Substanz, aber er stand sehr wohl in hohem Ruf als Heilmittel. Man verwendete ihn gegen die Pest, gegen Zahnschmerzen, gegen Fieber aller Art ebenso wie gegen das Schlafwandeln, gegen »Tiefsinn« und »Wahnwitz« und gegen die »Mutterwuth bei Frauenzimmern«, wie uns ein Autor des 18. Jahrhunderts mitteilt. Über seine Herkunft rätselten die Europäer. Die einen glaubten, es handle sich um ein alchemistisches Kunstprodukt. Andere wiederum meinten, der Kampfer komme aus der Erde. Wieder andere behaupteten, er entstehe an bestimmten Bäumen, wenn der Blitz in sie einschlage.

Schließlich fand man heraus, dass der Kampferbaum auf den Inseln Südostasiens, etwa auf Java oder vor allem auf Sumatra, wächst. Reisende folgten der Spur des Stoffes und entdeckten eine fremde, merkwürdige Welt.

Auf Sumatra waren es die Batak, die den Kampfer in den Wäldern suchten. Die Batak sind ein hochkultiviertes Volk, das die Batik, jene Technik also, mithilfe von Wachs feinste Muster auf kostbare Stoffe aufzutragen, zu höchster Perfektion gebracht hat. Sie sind kunstreiche Handwerker und Musiker und besitzen eine eigene Schrift. Andererseits kennt man von ihnen auch unschöne Sitten: Sie waren Kannibalen, die den Niederländern, die Sumatra erobert hatten, mit einem jahrzehntelangem Guerrillakrieg schwer zusetzten, ehe sie sich 1907 ergaben.

Um 1840 erkundete der kühne deutsche Geograph und Naturforscher Franz Wilhelm Junghuhn (1809–1864), auch als »Humboldt des Ostens« bekannt, im Auftrag der Niederländer die Heimatregion der damals noch nicht unterworfenen Batak, fertigte Karten und beschrieb ihre kunstvollen, spitzgiebeligen Häuser, den Fleiß der Frauen, die Faulheit der Männer, ihre Sprache und Schrift, ihren Kannibalismus. Gegen Dorfoberhäupter, die ihn und seine Expeditionsmannschaft zu verspeisen trachteten, musste er sich mehr als einmal zur Wehr setzen.

In früheren Zeiten füllten die Batak den Kampfer in die abgeschlagenen Köpfe ihrer Feinde, nicht nur, um sie zu konservieren. So gedachten sie auch den Geist des Feindes lebendig zu halten und zu kontrollieren. Dass Kampfer in der Tat ein beseeltes Wesen ist, demonstrierten sie, indem sie etwas davon in die Sonne legten. Der Kristall schmilzt nicht, er verdunstet und verbreitet dabei einen durchdringenden Duft.

Seine wichtigste Funktion hat der Kampfer bei der Beerdigung hochgestellter Persönlichkeiten, etwa der Dorfoberhäupter, die Radjah genannt werden. Stirbt ein Radjah, dann wird er aufgebahrt, zugleich wird Reis ausgesät. Sein Leichnam wird mit großen Mengen Kampfer bestreut und bleibt so lange liegen, bis der Sarg, der gewöhnlich aus einem einzigen Baumstamm geschnitzt wird, fertig ist. Der Leichnam wird in den Sarg gelegt und erst dann bestattet, wenn der Reis, der beim Tode gesät wurde, gereift ist. Der Kampfer, den man täglich nachstreut, hat die Funktion, die Leiche zu konservieren, und überdeckt den üblen Geruch. Er war das mit Abstand Teuerste bei der Bestattung. Junghuhn hält den Einsatz von Kampfer bei der Zeremonie für Verschwendung. Welchen Gewinn hätte die Familie, so rechnet er vor, wenn sie den Kampfer stattdessen nach Europa verkaufte! Denn der sumatrasche Kampfer kostet pro Pfund 25 Gulden. Der Gulden ist eine Goldmünze, die etwa dreieinhalb Gramm wiegt. Somit wurden ein Pfund, also 500 Gramm Kampfer, um 1840 mit fast 90 Gramm reinem Gold aufgewogen, was beim derzeitigen Goldpreis fast 3 000 Euro entspräche. Da Kampfer in der Sonne recht schnell verdunstet, verschwinden bei einem fürstlichen Begräbnis sicherlich etliche Pfund der teuren Substanz in der Luft; man kann Junghuhns Erregung verstehen.

Der Kampfer ist ein Produkt des Kampferbaums, er ist im Holz enthalten, kristallisiert aber nur dann aus, wenn der Baum innere Risse hat, an denen die Substanz ausblüht. Solche Risse entstehen bei Erdbeben, die in Indonesien häufig vorkommen. Der Baum wächst im Regenwald der

Insel nur vereinzelt, ihn aufzufinden ist nicht leicht. Eine Gruppe Batak unter der Leitung eines Radjah begibt sich in den gefährlichen Wald, in dem Tiger umherstreifen; sie werden von einem Hellseher begleitet. Der kennt sich mit der Natur aus und insbesondere mit der Geisterwelt, mit der er intensiven Verkehr hat. Nach einem längeren Marsch baut er eine Hütte, errichtet davor einen Altar für den Kampfergeist, opfert ihm Betel und Ingwer und zieht sich dann zurück. Er raucht Opium und andere Drogen, versinkt in Trance und sucht im Traum Kontakt zum Kampfergeist, der ihm den besten Baum zeigen soll. Im Traum erscheint ihm eine Frau. Ihre Hautfarbe ist bräunlich wie die Rinde des Kampferbaumes. Sie kommt näher, reicht ihm eine Schüssel Reis. Der Hellseher erwacht. Jetzt weiß er: Es wird viel Kampfer geben. Die Gruppe macht sich auf den Weg. Finden sie nun Kampferbäume und ist die Ausbeute reich, dann wird gefeiert. Wenn nicht, beginnt das Hellsehen von vorn.

Die Batak halten den Kampfer für belebt, sie glauben, dass er sieht und hört und denken kann. Deshalb sprechen die Männer, solange sie im Wald sind, eine bestimmte Sprache, in der das Wort »Kampfer«, *kampur* in der Sprache der Batak, unter keinen Umständen auftauchen darf. Denn wenn man im Wald vom Kampfer spricht, könnte der Stoff merken, dass man es auf ihn abgesehen hat, und er könnte es vorziehen zu verschwinden. Die Vorstellung von sehenden und hörenden »Stoffen«, die sich ähnlich wie Jagdwild verkriechen können, ist weit verbreitet und vor allem in Bergwerksregionen weltweit nachweisbar.

Von den duftenden Brocken, die sie ernteten, verkauften die Batak einen Teil an arabische, chinesische oder holländische Händler, die die wohlriechenden Kristalle nach Europa, Indien, Persien exportierten. Den größten Teil der Ernte nutzten die Batak selbst und nutzen ihn wohl heute noch, denn sie leben nach wie vor in den abgeschiedenen Wäldern Nordsumatras rund um den Tobasee.

Auch in Europa nutzte man Kampfer, neben seinen vielen medizinischen Indikationen, zur Konservierung von Leichen. Allerdings nur in Museen und naturkundlichen Sammlungen. Heute noch werden, wie schon vor 200 Jahren, naturkundliche Insektensammlungen und Sammlungen ausgestopfter Vögel mit Kampfer konserviert, denn was Menschenleichen und konservierte Köpfe frisch hält, das schützt auch

Tierpräparate vor dem Verfall. Die häufigste Anwendung ist aber eine andere. Im 19. Jahrhundert fand man heraus, dass man mit Kampfer einen neu entdeckten Stoff, die Nitrozellulose, so verändern konnte, dass er formbar wurde. Kampfer wurde der Weichmacher des ersten Kunststoffs, den man Zelluloid nannte. Aus Zelluloid stellte man Kämme, Puppen, Billardkugeln, Klaviertasten und auch Filme her. Der Kunststoff ersetzte teure Materialien wie Elfenbein, Horn oder Schildpatt.

Weil die Menschen in Europa das Kino liebten, aber auch die vielen anderen Dinge, die aus Zelluloid hergestellt wurden, musste immer mehr Kampfer herangeschafft werden, denn für ein Kilogramm Zelluloid wurden 300 Gramm Kampfer benötigt. Man verfeinerte die Gewinnungsmethoden und nutzte zusätzlich andere Bäume, die einen weniger wertvollen, immerhin brauchbaren Kampfer lieferten. Die Japaner eroberten die Insel Formosa, das heutige Taiwan, wo ebenso wie auf Sumatra und Java und anderen indonesischen Inseln viele Kampferbäume wuchsen. Bezahlte Kampfersammler machten sich im Regenwald auf die Suche nach diesen Bäumen, man fällte sie, das Holz wurde kleingeschlagen und mit Dampf destilliert, um die Kampferausbeute zu erhöhen. Viele dieser Waldarbeiter verloren dabei ihr Leben, nicht nur, weil auf Formosa damals, ebenso wie auf Sumatra und Java, eine Menge Tiger in den Wäldern lebte, sondern vor allem, weil dort kriegerische Inselbewohner unterwegs waren, die sich in gleichem Maße für den Kampfer, den die Sammler praktischerweise in ihren Waldcamps anhäuften, interessierten als auch für deren Köpfe.

So kam es, dass die Chemiker alles daransetzten, den kostbaren Stoff aus anderen, leichter verfügbaren Stoffen herzustellen. Der Erste, dem dies gelang, war Marcellin Berthelot (1827–1907). Berthelot war damals einer der berühmtesten französischen Wissenschaftler. Er verkehrte in der Pariser High Society und war mit einer außergewöhnlich schönen Frau verheiratet, über die ein Besucher der Berthelots, der Schriftsteller Edmond de Goncourt, sagte, sie sei von einer derart »tiefen und magnetischen Schönheit«, dass sie von einer anderen Welt zu stammen scheine.

Die Berthelots hatten sechs Kinder; trotzdem fand Monsieur Berthelot genügend Muße, um an seinem Ruhm zu arbeiten. Sein Plan war, der Lavoisier seiner Zeit zu werden – Antoine de Lavoisier war ein berühmter französischer Chemiker, von dem wir noch hören werden – und die Chemie auf eine neue Grundlage zu stellen. Berthelot hatte Anlass, von sich selbst die größten Taten zu erwarten, denn er verfügte über eine sehr schnelle Auffassungsgabe, die schon seine Lehrer verblüffte, eine unerschütterliche Gesundheit, großen Fleiß, ein enormes Gedächtnis. Zur Entspannung las er Platons Werke im Urtext und war ein erfinderischer Experimentator, der täglich im Labor arbeitete.

Neben seinen vielen Vorzügen und Talenten hatte Berthelot nur einen einzigen kleinen Fehler: Er war nämlich von seiner eigenen Überlegenheit so felsenfest überzeugt, dass er neue Ideen, die anderen Gehirnen und nicht seinem eigenen entsprungen waren, für verdächtig und meist für Unfug hielt. So nannte er Kekulés Benzolformel »Mystik« und bekämpfte schließlich sogar das Periodensystem.

Damit koppelte er sich vom Hauptstrom chemischer Forschung ab und fand sich bald in einem idyllischen, aber wenig beachteten Altwasser wieder, in dem sein Boot Runden drehte, ohne recht voranzukommen. Das kümmerte seine Landsleute wenig, die ihn als Genie feierten und mit Ehrungen überschütteten. Berthelot schien ihnen der ideale Franzose zu sein. Als seine geliebte Frau 1907 nach langer Krankheit verstarb, war er so erschüttert, dass er sich mit einem Schwächeanfall aufs Sofa legte und die Augen für immer schloss. Dies ergriff die Franzosen so sehr, dass sie die beiden Seite an Seite im Panthéon, der französischen Ruhmeshalle, bestatteten.

Berthelots größte Leistungen als Chemiker liegen auf dem Gebiet der organischen Synthese. Er prägte dieses Wort als Gegenstück zur Analyse. Während die chemische Analyse, die zu seiner Zeit stärker entwickelt war als die Synthese, herausfinden will, aus welchen Grundstoffen, welchen Elementen ein Stoff zusammengesetzt ist, geht es bei der Synthese darum, einen Stoff aus den Grundstoffen herzustellen. Das war aus Sicht Berthelots überhaupt das Besondere an dieser Wissenschaft: *Die Chemie schafft ihr Objekt.* Sie nimmt ihre Gegenstände nicht wie die Biologie oder die Geologie von der Natur entgegen, sondern sie erzeugt sie selbst. Berthelot versetzte seine Zeitgenossen durch etliche erfolgreiche Synthesen in Erstaunen, sein Freund, der Schriftsteller Ernest Renan, traute ihm sogar zu, das Atom zu zerlegen und neu zusammenzusetzen.

Zu Berthelots Zeit glaubten viele, dass die Stoffe, die von Lebewesen hervorgebracht werden, Harz, Zucker oder Fette, durch eine besondere Lebenskraft entstehen. Deshalb könne man sie im Labor nicht darstellen. Diese Ansicht bekämpfte Bertholet. Er setzte der Chemie im Gegenteil das radikale Ziel, *alle* Naturstoffe chemisch zu gewinnen. Für das Jahr 2000 sah er voraus, dass die Lebens- und Genussmittel vollsynthetisch hergestellt würden. So könne man auf Ackerbau und Viehzucht verzichten und endlich auch die unmoralische Praxis des Tiereschlachtens abschaffen. Als Ausgangsstoffe für die chemische Nahrungsmittelproduktion benötige man nur Wasser, Luft und Kohlensäure. Unerschöpfliche Energiequellen für seinen chemischen Traum stellten die Geothermie und die Sonnenenergie dar. Die Ideale des Sozialismus könnten dann endlich verwirklicht werden, vorausgesetzt freilich, man entwickle noch eine »spirituelle Chemie«, um die Menschen friedlicher zu machen ...

Die Natur ist befreit von der Last, Menschen ernähren zu müssen, nur noch zur Freude legen die Leute Gärten an. Wer sich solche synthetischen Paradiese ausdenkt, für den ist klar, dass ein Stoff wie Kampfer keinen göttlichen oder geisterhaften Ursprung haben kann und dass nicht einmal eine besondere Lebenskraft nötig sei, um ihn hervorzubringen. Berthelots Credo war vielmehr: Diesen Stoff kann man im Labor ganz genauso herstellen wie die anorganischen Stoffe.

Und er behielt recht: Es gelang ihm, aus Terpentinöl, das man durch vorsichtige Destillation aus Kiefernharz erhält, mit Salzsäure zunächst ein dem Kampfer ähnliches Produkt zu gewinnen, das Pinenhydrochlorid. In einem zweiten Schritt machte Berthelot aus diesem Hydrochlorid synthetischen Kampfer. Das war zwar noch nicht die Totalsynthese aus den Elementen, die erst dem finnischen Chemiker Gustaf Komppa (1867–1949) gelang. Aber immerhin war damit der Weg frei für eine fabrikmäßige Herstellung. Dazu benötigte man vor allem Kiefernharz, und daran war in Frankreich kein Mangel, denn die Strände Nordfrankreichs waren mit den anspruchslosen Strandkiefern aufgeforstet worden, die die Sanddünen am Wandern hindern sollten. Dennoch entstand die Kunstkampferindustrie vor allem in Deutschland, wo das Programm einer synthetischen Chemie, das Berthelot formuliert hatte, viel radikaler industriell umgesetzt wurde als je in Frankreich. Schering und die IG Farben produzierten künstlichen Kampfer bald tonnenweise.

Das hatte globale Auswirkungen. Der fernöstliche Handel mit dem indonesischen Kampfer kam fast vollständig zum Erliegen. Monopole zerbrachen, und Firmen, die jahrzehntelang am Kampfer verdient hatten, gingen in Konkurs. Nun gab es keine Grenzen mehr für die Zelluloidindustrie, in immer größeren Mengen stellte man Filmrollen, Kämme, Puppen her, bis man davon wieder abließ, weil Zelluloid den Nachteil hat, dass es sich leicht entzündet. Es ist dermaßen explosiv und brandgefährlich, dass es als Sprengstoff verwendet werden kann und in der Tat auch verwendet wird. In unserer modernen Welt ist Zelluloid längst durch andere, weniger riskante Kunststoffe ersetzt. Nur Tischtennisbälle bestehen bis auf Weiteres noch aus diesem Stoff.

Ob der Kampfer auf Sumatra, bei den Batak, heute noch als spirituelle Substanz gilt, konnte ich nicht herausfinden, obwohl ich mehrere dort tätige Missionare befragt habe. Der Ethnologe Johann Angerler, der lange bei den Batak gelebt hat, versicherte mir aber, dass die Batak nach wie vor Kampfer zur Konservierung von Leichen verwenden. Dies sei jedoch stets künstlicher Kampfer, der auch als Mottenpulver und Desinfektionsmittel verkauft werde. Die Kampferbäume seien selten geworden, und es zögen seines Wissens keine Batak mehr in den Wald, um Kampfer zu gewinnen. Ein anderes aromatisches Baumprodukt, die Benzoe, werde auf Sumatra hingegen immer noch im Wald geerntet.

Am meisten dürfte Kampfer wie eh und je in Indien angewendet werden. Auch dort kommt sicherlich meist künstlicher Kampfer zum Einsatz. Er ist dennoch mehr als ein bloßer Stoff. Denn wo die hinduistischen Gottheiten verehrt werden, wo Brahmanen die mit Blumen, Gold und Edelsteinen geschmückten Kultbilder in den Tempeln anbeten, da ist die Kampferflamme, *arati* genannt, der Höhepunkt der Zeremonie. In ihrem Licht und Duft zeigt sie den Gläubigen die Anwesenheit des Gottes. Der Kampfer, der hell leuchtend, duftend und ohne Rückstand verbrennt, ist für die Gläubigen auch heute noch ein Sinnbild ihres eigenen Überganges zum Göttlichen.

2.

Alchemie

Als die Chemie aus den Wäldern in die Städte zog, veränderte sie sich stark, sie wurde eine Angelegenheit spezialisierter Eliten. In der Zeit, als sie in Tempeln, in Klöstern und Schlössern betrieben wurde, hieß sie Alchemie. Der Name ist, zumindest teilweise, arabischen Ursprungs. Die Alchemie unterscheidet sich von der Chemie der Wälder, die mündlich weitergegeben wurde, unter anderem durch ihre schriftliche Verbreitung. Dabei ging es nicht nur um bewährte Rezepte, sondern auch um Erkenntnis und Forschung. Die Stoffe und ihre Umwandlungen wurden als Rätsel empfunden, das man lösen wollte. Warum kann man mit heißem Feuer aus krümeligen Aschen glänzende Metalle herstellen? Warum findet man in Metallerzen so oft Schwefel? Was passiert da eigentlich in den Retorten, den Kolben und den Tiegeln? Früh bildeten sich besondere Zeichen aus, die die Stoffe und ihre Transformationen bezeichneten. Religion und Wissenschaft wurden in der klassischen Alchemie nicht unterschieden, ja, in gewisser Weise ist die Alchemie selbst eine Religion. Mit dem Stein der Weisen wollte der Eingeweihte, der Adept, sich und die Welt erlösen. Diese Selbsterlösung steht in schroffem Gegensatz zum Christentum, das auf Erlösung durch Gott setzt. Trotz aller Versuche, sich anzupassen, steht die Alchemie im Gegensatz zur etablierten christlichen Religion, und die Alchemisten galten stets als mindestens anrüchig.

Von vielen Alchemisten geht die Sage, sie seien mit dem Teufel verbündet. Paracelsus habe diesen im Knauf seines Schwertes eingesperrt, der Alchemist Leonard Thurneysser (1531–1595) in einem Ring. Den Alchemisten Johann Georg Faust habe der Teufel 1539 sogar persönlich in die Hölle geholt, nachdem der einst geschlossene Pakt abgelaufen war. Dabei habe er ihm eigenhändig den Hals umgedreht. Wer wollte daran zweifeln? Das Gasthaus zum Löwen in Staufen in der Nähe von Freiburg, in dem Faust bei alchemistischen Experimenten ums Leben kam, steht heute noch, und in der »Fauststube« kann man sich bei einem Tannenzäpfle-Bier die alte Sage erzählen lassen.

Mochten die Alchemisten auch ihren Zeitgenossen verdächtig sein, so geht es doch keineswegs an, sie alle für bösartig zu halten. Selbst wenn der eine oder andere Betrüger dabei war und manche in der Tat Böses im Schilde führten – die meisten Alchemisten waren sehr bedacht darauf, dass ihre Kunst ihren Mitmenschen Nutzen bringe. Fast alle hatten sie einen außerordentlich hohen moralischen Anspruch. Das gilt sowohl für die Alchemisten des Westens wie auch für die des Ostens.

Denn nicht nur in Europa waren Alchemisten tätig, es gibt auch eine Alchemie im alten China und im alten Indien, die ebenfalls mehrere Tausend Jahre alt ist.

Zinnober und Arsen

Die chinesische Alchemie hängt eng mit dem Taoismus zusammen, jener uralten Philosophie Chinas. Der Taoismus empfiehlt angesichts der Wechselfälle des Lebens eine Haltung ruhiger Gelassenheit. Er betont die Wandlung. Man solle sie nicht fürchten, müsse sie vielmehr mit Selbstverwandlung gelassen auffangen. In einem der ältesten taoistischen Bücher, dem *Tao te king*, das dem Laotse zugeschrieben wird, der im 6. Jahrhundert gelebt haben soll, wird besonders das Wasser gepriesen, weil es auf die Dauer selbst den härtesten Stein besiegt.

Die Alchemie musste eine bevorzugte Wissenschaft für die Taoisten sein, denn in den chemischen Prozessen geht es immerfort um Wandlungen. Heute noch nennen die Chinesen die Chemie die Wissenschaft der Wandlungen. Der wohl berühmteste taoistische Alchemist ist Ge Hong, der manchmal auch Ko Hung geschrieben wird. Er lebte von 281 bis 361, zählte also in etwa zum gleichen Jahrgang wie der römische Kaiser Konstantin der Große, der bekanntlich das Christentum, anders als seine Vorgänger, förderte. Ob man das im China des Meister Hong aber überhaupt bemerkte, erscheint fraglich, war sich doch das Reich der Mitte selbst genug.

Der Taoismus nahm viele Elemente der alten Volksreligion auf, etwa den Geisterglauben. Bis zum heutigen Tage werden in China Geister verehrt, insbesondere die Geister der Verstorbenen. Kennzeichen des Taoismus aber ist vor allem, wie bereits gesagt, seine Betonung des Wandels. Meister Hong lehrt: »Ein Berg kann zu einem Abgrund werden, und ein Tal kann sich heben und zum Berg werden. Wandel ist ein natürliches Phänomen, und deshalb ist es auch nicht weiter erstaunlich, dass man Gold und Silber aus anderen Substanzen herstellen kann.« Wer daran zweifle, so Meister Hong, der zeige nur, wie beschränkt er sei: »Manche Menschen, die ein recht bescheidenes Wissen haben, glauben, dass alle unerwarteten und seltsamen Verwandlungen, die Konfuzius nicht erwähnt oder die nicht in den alten Büchern stehen, auch nicht existieren können. Wie unwissend sie doch sind!«

Tatsächlich kannte Ge Hong einen alchemistischen Prozess, mit dem er zwar kein echtes Gold, aber immerhin einen blendenden Goldersatz herstellen konnte, das sogenannte Musivgold, das heute noch beim Vergolden von Bilderrahmen Verwendung findet. Musivgold ist so ziemlich das Gegenteil von Massivgold, denn es ist eine Zinnverbindung. Deren Zubereitung beschreibt der Alchemist sehr genau. Doch Meister Hongs Interesse galt ohnehin weniger dem künstlichen Gold, eher dem daraus herzustellenden Elixier, das Unsterblichkeit garantieren sollte. Selbstbewusst verkündet er: »Auch wenn die meisten nicht daran glauben wollen, dass es möglich ist, das Leben zu verlängern und die Unsterblichkeit zu erlangen, so ist es doch einen Versuch wert. Angenommen, man erfährt einen anregenden Effekt – angenommen auch nur, man schafft es, zwei- oder dreihundert Jahre zu leben –, wäre das nicht allemal besser als das übliche kurze Menschenleben?«

Zwei- oder dreihundert Jahre – das wäre in der Tat schon einmal ein guter Anfang. Läge das normale Durchschnittsalter in diesem Bereich, würden wir in einer völlig anderen Welt leben, in der es nicht nur Großeltern und Urgroßeltern, sondern auch Urururururururgroßeltern gäbe. Der große Vorsitzende Mao würde in China vielleicht noch leben, Goethe wäre in Weimar mit dem Rollator unterwegs, Marie Curie hätte möglicherweise bereits einen dritten Nobelpreis erhalten.

Hier liegt übrigens ein entscheidender Unterschied zwischen der westlichen Alchemie und der chinesischen. Unsterblichkeit war zumindest für die christlichen, aber auch für die arabischen Alchemisten nicht das Ziel ihrer Suche, damit hätten sie sich in einen zu großen Gegensatz zur herrschenden Religion begeben. Christentum und Islam halten die Sterblichkeit der Menschen für gottgewollt; und Gott allein steht es zu, nach dem Tode, im Anschluss an das Gericht, ewiges Leben oder ewige Verdammnis zu verordnen.

Ge Hong wusste hiervon nichts; und so stellte er wie viele andere Taoisten seine alchemistische Arbeit vor allem ins Zeichen einer Suche nach dem Elixier der Unsterblichkeit. Er glaubte nicht nur, er könne es herstellen, vielmehr war er der Ansicht, dass Unsterblichkeit gar nichts Besonderes, sondern nur eine der vielen Eigenschaften und Fähigkeiten des wahren Meisters sei. Der könne sich auch unsichtbar machen, mit den Geistern kommunizieren und durch die Lüfte fliegen. Denn der, der das Ziel der alchemistischen Suche erreicht hat, ragt, wie Hong sagt, »über das Höchste hinaus und versinkt jenseits der Tiefen, er reitet auf fließendem Licht und peitscht den Raum in allen Richtungen«. Auch im unendlich Kleinen saust er selbstverständlich umher, und vielleicht muss man diese unverständlichen Worte so verstehen, dass Hong sowohl die Relativitätstheorie als auch die Quantenphysik vorhergesehen hat.

Freilich bedurfte es, um solche Fähigkeiten zu erlangen, zunächst der sorgfältigen Vorbereitung. Nicht jeder, der plötzlich Lust empfindet, den »Raum in alle Richtungen zu peitschen« oder einmal »auf fließendem Licht zu reiten«, kann in der hohen Kunst Erfolge erzielen, vielmehr kommt es auf den besonderen Stern an, der bei der Geburt strahlen muss. Nur eine ganz besondere Gunst des Sternenhimmels macht den Meister. Der Ort, an dem der Alchemist tätig ist, hat zudem, wie die Sterne, einen maßgebenden Einfluss. Ge Hong rät zur Einsamkeit. Nicht in den Palästen, nicht in den Städten, nur in der Einsamkeit der Natur kann das Elixier bereitet werden. Immer schon waren die chinesischen Taoisten große Naturfreunde und hielten sich vom Getriebe der Großstädte fern. Ge Hong schätzt hohe Berge; in Bergwäldern solle man sein Labor einrichten. In der Tat war er selbst lange Zeit Einsiedler und lebte in einer Höhle. Nur in der Abgeschiedenheit kommt man zur inneren Ruhe, ohne innere Ruhe aber misslingt die Alchemie. Denn sie ist nach taoistischer

Anschauung kein Kraftakt, den man an den Stoffen vollbringt, paradoxerweise kann sie nur durch das Nichteingreifen gelingen, indem man mit möglichst wenigen, doch innerlich passenden Handgriffen sich in die Mitte der Weltenergie versetzt.

Der richtige Geburtsstern und der passende Berg also sind erforderlich, doch das reicht noch lange nicht. Unerlässlich ist auch die innere Vorbereitung. Hunderttägiges Fasten wird verlangt, ohnehin behaupten manche Taoisten, der Weise vermöge sich ausschließlich von Tau zu ernähren. Von sexueller Enthaltsamkeit hingegen rät Ge Hong ab, da sie zu Unruhe führt. Ganz im Gegenteil sei Sex unerlässlich, und Hong stellt die passenden Sexualtechniken vor. Das Wichtigste dabei ist, immer kurz vor dem Orgasmus innezuhalten, da so »die Essenz (Yin) ins Gehirn steigt«.

Die christliche Moral mit ihren rigiden Vorschriften, die den westlichen Alchemisten arg zusetzte, hatte im alten China keine Entsprechung. Moral im Sinne von Gerechtigkeitsliebe und Frömmigkeit war für den taoistischen Alchemisten allerdings von Bedeutung, denn einer gewissenlosen Seele konnte keine Erleuchtung zuteilwerden. Wer nach Macht und Reichtum strebt, dem fehlt die nötige Ruhe, sein Werk kann nicht gelingen. Dem taoistischen Alchemisten ging es darum, sich in die Mitte des Weltprozesses zu versetzen, und die zentrale Voraussetzung dafür war die universale Liebe zu allem Seienden, die sich ausdrücklich bis hinab zu den »kriechenden Wesen«, also bis zum Niedrigen und Hässlichen zu erstrecken hat. Denn wer nicht liebt, wie sollte der die Weisheit erlangen können?

Die vielen Geister und Götter, von deren Existenz die Taoisten bis heute überzeugt sind, müssen durch Opfer und Rauchwerk milde gestimmt werden. So viel zu den spirituellen Voraussetzungen; man sieht, dass von dem chinesischen Alchemisten weitaus mehr verlangt wurde, als nur in einen weißen Kittel zu schlüpfen und die Schutzbrille auf die Nase zu setzen. Mit welchen Stoffen hantierten die taoistischen Alchemisten? Da gibt es eine reiche Auswahl. Denn die chinesische Kultur hat sehr viele Stoffe und Prozesse erfunden, die im Westen lange unbekannt blieben, wie Porzellan, Papier, Lack und Sojasauce. Auch manche Mineralien und Metalle waren im Osten eher gebräuchlich als im Westen. So haben die

Chinesen etwa Zink weit eher gekannt als die Europäer. Ferner dürfte Quecksilber im Osten viel früher in Gebrauch gewesen sein und ebenso sein wichtigstes Mineral, der Zinnober.

Die praktischen Experimente der chinesischen Alchemisten beschränkten sich meist auf einige wenige Substanzen. Zu nennen sind zum einen die Drogen aus Pflanzen, deren Identität aber oft unbekannt bleibt, weil sie nach taoistischer Ansicht in den Bergen einzig den Eingeweihten in plötzlichen Visionen erscheinen. Inwiefern diese Pflanzen auch dazu dienten, andere Bewusstseinszustände zu erlangen, ist unklar. Man ist oft geneigt, anzunehmen, dass zum Elixier auch halluzinogene Stoffe gehörten wie beispielsweise feingehackter Fliegenpilz, der auch in China wächst. Das würde die vielen Beschreibungen von den Flügen der chinesischen Alchemisten etwas verständlicher machen: Durch die Einnahme von Fliegenpilzen können Flughalluzinationen auftreten.

Unter den mineralischen Substanzen jedenfalls arbeiteten sie bevorzugt mit dem Zinnober, dem Realgar und dem Auripigment, das sind zwei Arsenverbindungen, mit Malachit, Schwefel, Glimmer und Salpeter. Quecksilber ist für Ge Hong die Hauptzutat; man brauchte es unbedingt, um ein Elixier herzustellen, welches das Leben verlängert. Zinnober ist nach unserem heutigen Verständnis eine Verbindung aus Quecksilber und Schwefel. Erhitzt man es, bildet sich wieder Quecksilber. Meister Hong verdeutlicht den Zusammenhang: »Wenn man Gras oder Holz verbrennt, bleibt nur Asche zurück. Wenn man aber Zinnober (*tan sha*) im Feuer erhitzt, dann bildet sich Quecksilber. Und man kann das Quecksilber auch wieder in Zinnober umwandeln. Es ist ganz etwas anderes als normale Pflanzen, daher kann man ihm zutrauen, Menschen unsterblich zu machen.«

Der chemische Prozess, dass sich das Metall, das Quecksilber, aus seinen Aschen wiederherstellen lässt, wird hier also so gedeutet, dass man es wieder lebendig machen kann. Eine einleuchtende Interpretation, denn Zinnober ist ein totes Pulver, während Quecksilber ziemlich lebendig wirkt – lässt man es fallen, zerspringt es in tausend kleine Kugeln und kullert auf und davon.

Heute wissen wir, dass Quecksilber in vielen Verbindungen und auch in reiner Form äußerst giftig ist. Der Zinnober ist weniger gefährlich, weil er sich kaum im Wasser löst. Gerade ihn aber riet Meister Hong, sich als Medizin zur Lebensverlängerung einzuverleiben. Insgesamt war Zinnober in der chinesischen Alchemie von großer Bedeutung. So wurde empfohlen, einen noch ungefiederten Jungvogel mit rotem Fleisch und Zinnober zu füttern, damit seine Federn rote Farbe annähmen; der Vogel wurde dann geschlachtet und gerupft, seine Federn wurden, ebenso wie sein getrocknetes Fleisch, zu Puder zerrieben, das demjenigen, der es einnimmt, eine Lebensspanne von 500 Jahren sichern sollte.

Wenn wir heute mit unserem Wissen über die Giftigkeit des Arsens und des Quecksilbers von den Präparaten der chinesischen Alchemisten lesen und von den Unsterblichkeitsambitionen dieser Berggelehrten hören, sind wir geneigt, über die Unwissenheit jener »Gelehrten« zu spotten. Besser wäre aber, wir spotteten über unsere eigene Ahnungslosigkeit! Es ist zwar richtig, dass Arsen und Quecksilber in höheren Dosierungen hochgiftig sind und zu schweren Erkrankungen oder gar zum Tode führen. Das bedeutet aber noch lange nicht, dass sie *nur* giftig wären. Vielmehr können sie bisweilen durchaus positive Wirkungen erzielen.

Auch in Europa waren diese Wirkungen mancherorts wohlbekannt. In der Steiermark in Österreich war noch im 20. Jahrhundert das sogenannte Arsenikessen verbreitet; Männer und Frauen konsumierten regelmäßig kleine Prisen des Giftes, meist aufs Butterbrot gestreut, damit sie die tägliche Arbeitsbelastung im Hochgebirge besser ertrugen und andererseits ein gesünderes und kräftigeres Aussehen erreichten! Auch Tieren, insbesondere Pferden wurde Arsenik gegeben, es war eines der wirksamsten Mittel der Rosstäuscher. Pferdehändler gaben es ihren alten Rössern, damit sie frischer aussahen. Später sind die Leute in der Steiermark vom Arsen abgekommen, und der berühmteste Steiermärker, Arnold Schwarzenegger, hat seinen Muskeln vermutlich mit anderen Präparaten aufgeholfen.

Leichen von Personen, die Arsen und Quecksilber zu sich genommen haben, verwesen nicht so schnell, sondern bleiben gut erhalten, vermutlich, weil zersetzende Bakterien mit solch toxischen Umwelten nicht zurechtkommen. Nun könnte dies für die Schüler der Taoisten durchaus ein Hinweis auf die Wirksamkeit des Elixiers gewesen sein. Der Meister war gestorben, trotz regelmäßiger Einnahme des Elixiers. Wenigstens

Einige Stofferfindungen, die aus China kommen

Schießpulver wurde vermutlich zuerst von chinesischen Alchemisten entwickelt, die das Elixier des ewigen Lebens suchten.
Porzellan: wurde in China bereits vor über 2 000 Jahren erfunden.
Papier: Aus Pflanzenfasern hergestelltes, geschöpftes Papier ist eine chinesische Erfindung; Papier aus der Sumpfstaude Papyrus ist viel länger bekannt, dieses Papier erfanden die Ägypter. Holzpapier aber, das heute die große Masse des jährlich hergestellten Papiers ausmacht, ist eine Erfindung der Wespen.
Sojasauce: gibt es in China schon seit 2 500 Jahren. Sie wird ursprünglich aus verschimmelten Sojabohnen gewonnen, denen man Salz zugefügt.

火藥
瓷
Schießpulver
Porzellan
紙
醬油
Papier
Sojasauce

verweste sein Körper nicht, stattdessen sah er eigenartig frisch aus. Möglicherweise hatte seine Seele den Körper nur vorübergehend verlassen und würde bald wieder in ihn eintreten?

Hong, der alle von ihm empfohlenen Präparate häufig zu sich genommen hatte, wurde immerhin 80 Jahre alt, so jedenfalls die Ansicht seiner Biografen; nach Meinung seiner Schüler erlangte er die Unsterblichkeit und fuhr in den Himmel auf.

Eine eigentliche Theorie von den chemischen Vorgängen hatten die chinesischen Alchemisten nicht. Aber sie machten sich Gedanken über das, was sie sahen. Sie deuteten die Vorgänge vor dem Hintergrund der alten Lehre von Yin und Yang. Das sind zwei Urprinzipien, die aus dem ursprünglichen Chi (oder Qi) hervorgegangen sind. Yin und Yang meinten ursprünglich die Schattenseite und die Sonnenseite der Berge. Später wurde daraus eine allgemeine Lehre, und man ordnete dem weiblichen Prinzip (Yin) den Mond, dem männnlichen Prinzip (Yang) die Sonne zu. Nur zusammen bilden beide eine sinnvolle Einheit. Ganz ähnlich ist es in der westlichen Alchemie, die mit dem Symbol des doppelgeschlechtlichen Wesens, des Hermaphroditen, ebenfalls das notwendige Miteinander von männlichem und weiblichem Prinzip hervorhob. Zum männlichen Prinzip zählen die Sonne, die Hitze, das Helle, das Feuer, das Licht, die Luft, der Vogel, das Aktive. Dem weiblichen Prinzip zugerechnet werden der Mond, die Kälte, die Dunkelheit, das Wasser, die Fische, das Passive. Beide gehören zusammen, sie müssen im Gleichgewicht sein. Das war für die Chinesen so wichtig, dass der chinesische Kaiser, als Mittler zwischen Himmel und Erde, persönlich dafür die Verantwortung trug, dass Yin und Yang im Gleichgewicht blieben. Zu viel Yang – das wirkte sich nach Meinung der Taoisten negativ aus, in Trockenheit nämlich. Zu viel Yin hingegen führte zu Überschwemmungen.

Auch die chemischen Substanzen wurden nach Yin und Yang aufgeteilt. Der Schwefel war trocken und aktiv, also Yang. Das Quecksilber war flüssig, ähnelte dem Wasser, es war Yin. Beide zusammen bilden eine harmonische Einheit, eben den Zinnober.

Die Taoisten waren auch große Künstler, die mit wenigen Tuschestrichen ganze Landschaften entstehen ließen. Es war überhaupt ein taoistisches Ideal, möglichst wenig und immer nur angepasst an die Situation zu agieren. Also nichts herbeizwingen, keine monströsen Hochdruckapparaturen installieren, sondern Situationen schaffen, in denen das Gewünschte von selbst kommt. Ein Minimalismus, der wohltuend absticht von den gewaltigen Öfen, mit denen die Alchemisten und Hüttenleute der frühen Neuzeit die Reifung der Metalle vorantrieben! Nein, kein Zwang, so lehrt das Tao. Man soll es vielmehr so anstellen, wie man kleine Fische brät: nicht viel hin- und herwenden, weil sie sonst leicht auseinanderfallen.

Die chinesische Alchemie geht, anders als die westliche, nicht in eine moderne Chemie über. Stattdessen wurde die Alchemie der Taoisten mehr und mehr zu einer Meditationspraxis, zu einem Weg in die Innerlichkeit. Andererseits ging ihr Erbe in der traditionellen chinesischen Medizin auf, die weiterhin mit den Substanzen der Alchemisten operiert. Heute noch, so sagt mir Jianwei Gu, ein chinesischer Chemiker, der seit einigen Jahren bei uns arbeitet und aus der Gegend von Shanghai kommt, wird Zinnober in China als Medizin in kleinen Dosen konsumiert. »Aber es ist immer nur ein kleiner Teil des Gesamtrezeptes«, sagt er. Die Rezepte der traditionellen chinesischen Medizin haben oft Hunderte Zutaten. Zinnober soll eine beruhigende Wirkung haben und ist bei Schlafstörungen indiziert. Auch Arsenverbindungen sind in China weiterhin beliebt. Von einer Chinareise brachte mir Jianwei eine Packung mit Arsen- und Quecksilbermedizin mit. Darauf war eine lustige Giraffe abgebildet – die Medizin, kleine rote Kügelchen, ist für Kinder gedacht. Sie enthält kleine Mengen Arsen und Quecksilber.

Wirkungslos sind diese Präparate keineswegs: Auch in Europa wurden Quecksilberverbindungen lange bei der Therapie gegen Syphilis, eine schwere Geschlechtskrankheit, eingesetzt. Salvarsan, das erste wirksame Antibiotikum, das in Deutschland produziert wurde, war eine Arsenverbindung. In manchen Fällen also haben diese Stoffe tatsächlich der Gesundheit gedient, sie haben, wenn auch nicht Unsterblichkeit bewirkt, so doch den Tod hinausgezögert. Die Nebenwirkungen, die sich vor allem bei wiederholter Einnahme geltend machen, sind freilich drastisch. Sie, und nicht eine vermeintliche Wirkungslosigkeit, sind der Grund, dass diese Präparate heute im Westen nicht mehr verwandt werden.

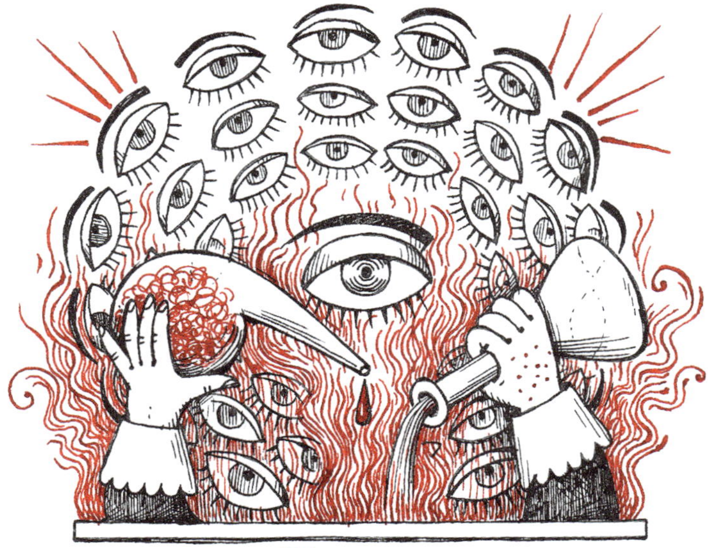

Arcana

»Er war Tag und Nacht, während der ganzen zwei Jahre, die ich bei ihm verkehrte und wohnte, dem Trunk und der Prasserei derart ergeben, dass man ihn kaum eine Stunde oder zwei nüchtern fand. Und dessen ungeachtet, wenn er am betrunkensten war und nach Hause kam, um mir etwas von seiner Philosophie zu diktieren, so schien sie so ordentlich zusammenzuhängen, dass sie auch von einem ganz nüchternen Menschen nicht hätte verbessert werden können.« Mit diesen Worten schildert der Baseler Drucker Johannes Herbst in einem berühmten Brief vom 26. November 1555 seinen Meister. Herbst, der sich auch Oporinus nannte (das ist das griechische Wort für Herbst), war lange Zeit Assistent von Paracelsus und hatte einige seiner Werke ins Lateinische übersetzt.

Paracelsus, der 1493 geboren wurde und 1541 starb, polarisierte seine Zeitgenossen ebenso wie nachfolgende Generationen, denn von den einen wurde er als Reformator der Medizin und der Naturwissenschaft gefeiert, von den anderen aber als »Cacophrastos«, als Mistredner, verfolgt, wenn nicht gar als böser Zauberer gebranntmarkt, der mit dem Teufel im Bunde sei.

Paracelsus lebte in einer Epoche des Umbruchs; als er geboren wurde, segelte Kolumbus nach Amerika, als er starb, hatte Luthers Reformation die christliche Welt in zwei einander sich bekriegende Teile gespalten. In seinem kurzen, intensiven Leben spielte Alkohol, wie wir hören, eine große Rolle. Der Alkohol und die Combibones, die Trinkgenossen, die aus allen Ständen kamen. Paracelsus selbst entstammte dem süddeutschen Adelsgeschlecht derer von Hohenheim und wurde schon früh von seinem Vater in die Alchemie eingeführt, die er buchstäblich täglich betrieb, denn er hatte, wo immer er sich aufhielt, »seinen Kohlenwinkel, mit ständigem Feuer, wo er bald sein Alcali, bald sein Oleum sublimati und ich weiß nicht was für Gebräu kochte«, wie sein Schüler erzählt.

Es gibt zwei Porträts von ihm, die man für echt hält. Sie zeigen beide einen recht finster dreinblickenden Mann mit einem spärlichen Haarkranz um einen riesigen Schädel. Er scheint bucklig gewesen zu sein und stotterte.

Paracelsus verfasste nicht weniger als 246 Bücher. Fast alle muss er förmlich auf den Landstraßen und in Wirtshäusern geschrieben haben, denn er war ständig unterwegs. Wie hat der Mann das nur geschafft? Paracelsus war in der Lage, sich aufs Wesentliche zu konzentrieren. Mit wie vielen Dingen vergeudet der Durchschnittsmensch seine Lebenszeit! Paracelsus wusste mit genialischem Blick das Unwichtige vom Wichtigen zu unterscheiden. So verzichtete er etwa auf das mühsame An- und Auskleiden und legte sich stets mit Mantel und Stiefeln und sogar mit dem Schwert zu Bett. Er schlief kurz, etwa drei Stunden: »Er ist sehr fleißig, schläft wenig, zieht sich niemals aus, mit Stiefeln und Sporen ruht er drei Stunden auf dem Bett, und dann schreibt er wieder«, sagte später Johannes Rüttiner, ein Bekannter, über ihn. Zudem hielt er sich mit Höflichkeiten selten lange auf, sondern sagte meist geradeheraus seine Meinung. Auch dies spart Zeit, wie Paracelsus selbst betont, kostete ihn allerdings in Basel seine Professorenstelle, denn es hatte ihm gefallen, seinen Fakultätskollegen ohne viele Umschweife mitzuteilen, was er von ihnen hielt, nämlich gar nichts. Um dies zu illustrieren, warf er kurzerhand Bücher, die ihnen heilig waren, ins Feuer. Das war den alteingesessenen Medizinern und Apothekern zu viel, und sie jagten den Störenfried aus der Stadt. So geschehen im Februar 1528. Seither lebte Paracelsus als wandernder Arzt, Prediger und Schriftsteller auf der Straße und ließ sich nirgendwo mehr länger als ein paar Monate nieder.

Paracelsus' Medizin beruht auf einer großartigen kosmologischen Vision, er war der Ansicht, dass der Mensch als Mikrokosmos, als kleine Welt, ein Spiegel der großen Welt sei, des Makrokosmos. Der Mensch ist von seiner Geburt bis zu seinem Tode tief in den Kosmos eingebunden. In der Medizin des Paracelsus kommt daher den Sternen eine erhebliche Bedeutung zu, und ihnen traut er auch sonst viele irdische Wirkungen zu, besonders in Bezug auf das Wetter. In den Augen des Paracelsus war die Welt ein innerlich lebendiges Ganzes. Wie könnte irgendetwas in der Welt tot sein, wenn sie von dem lebendigen Gott geschaffen wurde? Alles lebt in der Vision des Paracelsus, auch die Sterne und die Metalle, was man sich ganz konkret vorstellen muss, nicht irgendwie im »übertragenen Sinne«. Alles, was lebt, das isst auch und trinkt, verdaut und scheidet aus. Ebenso die Sterne, deren Ausscheidung nach Meinung des Paracelsus etwa der Tau ist, der sich bekanntlich besonders in sternklaren Nächten bildet. Die Ausscheidung der Metalle ist der Rost oder die Patina, mit der sie sich überziehen.

Im Mittelpunkt der Welt, die Gott geschaffen hat, steht der Mensch. Auf ihn ist die Schöpfung orientiert, mit ihm spricht Gott durch seine anderen Geschöpfe. Der Gott des Paracelsus wird also nicht nur durch die Schrift verkündet, er offenbart sich auch in der Natur. Paracelsus glaubt, dass man an den Formen und Farben der Pflanzen erkennen könne, welche Krankheiten sie heilen. Weil etwa das Lungenkraut mit weißen Flecken überzogen ist, die an die Lunge erinnern, so hilft es bei Lungenkrankheiten. Freilich gibt es keine Regel, wie man die Wirkung der Pflanzen oder der Mineralien erkennen könnte.

Gott hat die Welt für den Menschen geschaffen, aber keineswegs perfekt. Vielmehr sei der Mensch berufen, die Dinge auf der Erde zu vollenden. Er steht also als Halbgott zwischen Gott und der Schöpfung. Dazu

Paracelsus glaubte an Elementargeister, an Sylphen, Nymphen, Gnome und Salamander, und erklärte, dass er ihnen einen Teil seines Wissens verdanke.

יהוה
PARACELSVS
Philippus Theophrastus Aureolus
Bombastus von Hohenheim
MCDXCIII
MDXLI
GNom

dient vor allem die alchemistische Kunst, die mit dem Feuer Erze zu Metallen reifen lässt, Speisen bereitet und Medikamente herstellt. Indem er alchemistisch tätig ist, setzt der Mensch das fort, was die Natur bereits tut, denn auch sie arbeitet als Alchemistin, wenn sie Metalle, Pflanzen und Tiere wachsen lässt.

Paracelsus stellt den allgemeinen und zentralen Satz auf, dass »kein Ding ohn Gifft« ist. Die Gifte auszuscheiden ist die Aufgabe des Alchemisten wie auch des Apothekers. Dies geschieht etwa durch Extrahieren oder durch Destillation. Im Menschen spielt sich nichts anderes ab, denn auch in ihm ist der Magen, der »innere Alchemist«, wie Paracelsus lehrt, fortwährend mit dem Abtrennen und Ausscheiden der Gifte befasst. Entsprechend stellt sich Paracelsus die Wirkung von Medikamenten oft so vor, dass sie die Gifte wie ein Magnet anziehen und unschädlich machen.

Wenn es nun nichts gibt, das ganz ungiftig wäre, so existiert nach Paracelsus umgekehrt auch kein absolutes Gift, vielmehr gebe es bei allem und jedem irgendein Lebewesen, dem es zur Nahrung dient. Auch dieser Satz ist ausgesprochen tiefsinnig, weil in der Tat sehr viele Gifte nur für manche Organismen, keineswegs aber für alle giftig sind. Zwar hat der Satz keine absolute Geltung, weil wir heute sehr wohl Substanzen kennen, die auf alle Lebewesen tödlich wirken. Gleichwohl relativiert diese Einsicht das verkrampfte Einteilen der Stoffe in Gifte und Nichtgifte und ermöglicht die Erfindung neuer Heilmittel. Denn Gifte sind für Paracelsus nie etwas unbedingt Lebensfeindliches, vielmehr sieht er ihnen biologisch spezifische Substanzen, die bei bestimmten Krankheiten helfen können.

Seine Experimentierfreude bei der Erprobung neuer Arzneimittel kannte kaum Grenzen; so war er der Erste, der Quecksilbersalze als Arznei empfahl. Die sind besonders bei bestimmten Infektionskrankheiten wirksam, wie wir heute wissen; sie waren noch im 20. Jahrhundert im Gebrauch. Paracelsus war sich bewusst, dass die Zufuhr von Quecksilber gefährlich ist, dennoch hielt ihn dies nicht davon ab, zu überprüfen, ob der Stoff in manchen Situationen als Heilmittel dienen könne. In der Tat wirken Quecksilbersalze ähnlich wie moderne Medikamente, die beispielsweise bei Chemotherapien angewendet werden: Der Stoff schädigt zwar den ganzen Organismus, allerdings schädigt er die Krankheitserreger stärker. Deshalb hilft er.

Viele Heilmittel des Paracelsus würden auch heute noch Verwendung finden, wenn nicht inzwischen neue Stoffe entwickelt worden wären, die weniger Nebenwirkungen haben.

Ohne spektakuläre Heilungen hätte Paracelsus niemals seinen außerordentlichen Ruf aufbauen können. Noch Jahrhunderte nach seinem Tode war sein Ruf als großer Heiler in ungezählten Sagen und Legenden lebendig. Als nach dem Ersten Weltkrieg in Österreich die Spanische Grippe wütete, da fanden Wallfahrten zu seinem Grab in Salzburg statt. Den Wallfahrern schien es höchst bedeutsam, dass Salzburg, die Paracelsus-Stadt, inmitten der Grippeepidemie von der Krankheit verschont blieb.

Moderne Chemiker und Chemiehistoriker wissen nicht recht, was sie von dem Querkopf halten sollen. Wer seine Werke liest, findet sie, wenn man sich einmal an die harte Sprache gewöhnt hat, erstaunlich klar und nachvollziehbar, wenn auch die Schlussfolgerungen des Paracelsus nicht immer unsere sind. Er hat der Chemie einen grundsätzlich neuen Weg gewiesen, indem er ihr auftrug, sie möge sich nicht nur mit der Herstellung von Gold befassen – die er für möglich hielt und von der er glaubte, er habe sie gar vielfach vollzogen. Der Chemiker müsse sich vielmehr um die Herstellung wirksamer Arzneimittel, die Paracelsus *Arcana* nannte, bemühen. Dabei solle er nicht nur die Bücher erkunden, sondern vor allem auf die Erfahrung zurückgreifen sowie alle befragen, die in irgendeiner Weise mit dem menschlichen Körper zu tun haben, seien es Bader, Wundärzte der Armee, Kräuterfrauen oder Scharfrichter.

Das bloße Bücherwissen verspottet Paracelsus. Er setzt das moderne Prinzip der Erfahrung dagegen. Man sehe hin, man probiere aus! Sein eigenes Wissen stammt nicht aus Büchern: »Lieber! Wo mögen wohl die Tiere ihre Künste gelernt haben? Vermag nun die Natur die unvernünftigen Bestien zu lehren, um wie viel mehr den Menschen!« Auch sein unstetes Wanderleben begründet er mit der rastlosen Suche nach neuer Erfahrung: »Denn die Kunst lässt sich nicht ererben, noch aus Büchern zusammenlesen, sondern man muss ihr eben nachgehen durch die ganze Welt, von Land zu Land.«

Es ist keine plumpe Erfahrung, die Paracelsus dem Bücherwissen entgegensetzt. Ausdrücklich rechnet er damit, dass im Schlafe Visionen

Alchemistische Zeichen

Element	Asche	Rost
Feuer	Essig	Saft
Wasser	Gummi	Salmiak
Luft	Hämatit (Rötel)	Salpeter
Erde	Holz	Salz
Merkur/Quecksilber	Kalk	Säure
Sonne/Gold	Kampfer	Schwefel
Mond/Silber	Kohle	Seife
Venus/Kupfer	Lapislazuli	Tonerde
Mars/Eisen	Lauge	Urin
Saturn/Blei	Öl	Vitriole
Jupiter/Zinn	Phlogiston	Schwefelsäure
Alkohol	Phosphor	Wachs
Antimon	Platin	Wismut
Arsen	Realgar	Zucker

die Alltagsweisheiten erweitern, ja, er sagt, der »Schlaf ist solcher Künste Erwachen, die man im Wachen nicht kennt, noch ahnt«.

Die meisten nach ihm folgenden Alchemisten beherzigten seine Lehre und nannten sich Paracelsisten. Seine Schülerschar wuchs stetig und umfasst heute rund 100 Millionen Menschen, denn eigentlich sind alle, die Deutsch sprechen, Paracelsisten. Weil Paracelsus zu den Allerersten gehörte, die in Deutsch lehrten und schrieben, weil seine Schriften bald weite Verbreitung fanden und weil er ein ungeheuer kreativer und produktiver Worterfinder war, hat er die moderne deutsche Sprache nachhaltig geformt.

Im alten Latein fehlten ihm die Wörter für die Dinge, die er entdeckte. Er fand neue Stoffe, neue Krankheiten, Pflanzen, aber auch neue Zusammenhänge. Sie alle musste er benennen und tat es mit unerschöpflicher Fantasie. Die Überwindung des alten Wissens, an deren Anfang Paracelsus steht, wenn auch nicht als Einzelner, wurde zur Überwindung der alten Sprache.

Seine Wortschöpfungen sind wohl die erfolgreichsten seiner Erfindungen. Der moderne Mensch, insbesondere der Mediziner und der Chemiker, redet paracelsisch, indem er Wörter gebraucht, die Paracelsus erfand oder als Erster umprägte. Diese paracelsischen Wörter gleichen uralten Münzen, die inzwischen 500 Jahre alt sind und dennoch immer noch gelten, ja, die so abgegriffen sind, dass sie wie neu glänzen und unter allen anderen Wörtern der deutschen Sprache kaum auffallen. Wortprägungen wie *Erfahrung, Experiment, empirisch, theoretisch* und *Arbeiter* gehen auf ihn zurück, er prägte sie aus deutschen, griechischen und lateinischen Vokabeln um in ihre moderne Bedeutung und in ihre moderne Gestalt. Solche Wörter zeigen, wie sehr es ihm darauf ankam, geduldig und mit Fleiß die Geheimnisse der Natur zu ergründen. Dann kennen wir Dutzende, wenn nicht Hunderte medizinischer Ausdrücke, wie zum Beispiel *Frauenkrankheit, chronisch, Embryo,* die er neu erfand oder deren moderne Bedeutung er festlegte. Sie weisen auf seine Tätigkeit als Arzt.

An der deutschen Sprache schätzte Paracelsus besonders, dass sie »ein ursprüngliche Sprach ist, nit zusammen gebettelt von Griechisch, Lateinisch, den Hunnen und Gothen, wie Französisch«. Auch kam ihm die deutsche Sprache regelmäßiger als andere europäische Sprachen vor, eine Ansicht, mit der er, wie ich glaube, allerdings ziemlich allein dasteht.

Die meisten paracelsischen Wörter weist die Sprache der Chemiker auf, schon allein, weil zahlreiche Stoffnamen von Paracelsus erschaffen wurden. So stammen etwa die drei heute international gebräuchlichen Elementnamen *Zink, Kobalt* und *Wismut* von ihm, auch wenn er selbst noch keinen modernen Elementbegriff hatte.

Wenn wir die vielen erfolgreichen Wortschöpfungen des Paracelsus betrachten, scheint er uns vollends einer der unseren zu sein, ein fast moderner Naturforscher. Doch auf Paracelsus geht auch der *Gnom* (ebenso wie die weniger bekannte *Sylphe* und die *Undine*) zurück, womit er einen Elementargeist bezeichnete. Paracelsus glaubte, einen nicht geringen Teil seines Wissens solchen Elementargeistern, zu denen auch der Salamander zählt, zu verdanken. Er lebte nicht nur in der nüchternen Welt der Experimente und Erfahrungen, sondern zugleich in einer magischen Welt, in der übernatürliche Wesen und Kräfte existierten, die immer wieder in die Welt des Alltags eingreifen. Ganz haben auch wir diese Welt nicht verlassen und müssen es auch nicht, denn die Vorstellung, dass die Natur voller Geheimnisse ist, birgt eine tiefe Wahrheit.

Zu den Begriffen, die er einführte, zählt übrigens auch das ursprünglich arabische Wort *Alkohol.* Paracelsus wusste, dass Alkohol in größeren Mengen schädlich, ja giftig war, und er glaubte, dass dafür der Weinstein, der aus manchen Weinsorten bei längerem Stehen ausfällt, verantwortlich sei.

Die Erkenntnis, dass Wein in größeren Mengen giftig ist, hat ihn allerdings nie daran gehindert, Unmengen davon zu verbrauchen: »Es kam vor, dass er ganze Tische von Bauern zum Trinken herausforderte und gewann«, erklärt Oporinus, sein Schüler. Vielleicht, so vermutet sein Biograf, der Medizinhistoriker Karl Sudhoff, erlag Paracelsus einer Leberkrankung. Andere diagnostizieren eine Quecksilbervergiftung, die mindestens ebenso wahrscheinlich ist. Paracelsus, den, wie Oporinus erklärt, »gar nichts zu Frauen zog«, starb, ohne Kinder zu hinterlassen. Der tiefgläubige Christ hatte testamentarisch verfügt, dass ein großer Teil seiner letzten Habe an »arm, elend dörftig Leut« auszuteilen sei. Das war eine große Geste, allerdings hatte Paracelsus schon zu Lebzeiten das meiste, was er besaß, an Arme verschenkt. So blieben vor allem seine Waffen, die er als stolzer Adelsmann trug, ein Silberbesteck, einige Bücher, viele Manuskripte und wenig Bargeld. Der materielle Nachlass war überschaubar. Und doch ist sein Erbe riesig. Seine Schriften, von denen zu seinen Lebzeiten nur ganz wenige gedruckt wurden, fanden nach seinem Tode Leser, erst einzelne, dann Hunderte, schließlich Tausende. Bis heute wirken seine Worte und seine Ideen nach mit einer Macht, die in der Geschichte Europas einzigartig ist.

Brands Feuer

Dinge, die nachts leuchten, sind nicht so selten, wie man meint. Glühwürmchen tauchen in Auwäldern und in den Gärten meist im Juni auf. Doch auch faulendes Fleisch und Kadaver leuchten bei Nacht und ebenso faulendes Holz im Wald. Selbst das Meer leuchtet von Zeit zu Zeit. Heute wissen wir, dass hier Leuchtbakterien und Pilze im Spiel sind, früher glaubte man an Geister oder Dämonen oder an den Teufel, auch deshalb, weil so ein Leuchten oft an unheimlichen Orten auftauchte.

Immer wieder bemühten sich Alchemisten, solche Lichterscheinungen, solche Phosphore (*phos-phor* ist der Licht-träger; von *phos*: Licht und *pherein*: tragen) in die Hand zu bekommen, da man glaubte, dass sie bei der Transmutation von unedlen Metallen in Gold hervorragende Dienste leisten müssten. Das ist plausibel, weil diese Stoffe den inneren Glanz, den auch das Gold aufweist, schon mitbringen. Sie saugen das Licht der Sonne auf und speichern es, und die Sonne war nach alchemistischer Meinung mit dem Gold nahe verwandt.

Doch die natürlichen Phosphore erwiesen sich als unbeständig, schon nach wenigen Tagen verlieren sie ihr Licht. Robert Fludd (1574–1634) etwa, der englische Alchemist, schimpft einmal, dass er einst in finsterer

Nacht in einem Sumpf ein Irrlicht verfolgte, es endlich einholte. Er griff zu – und hielt nur eine schleimige Substanz in Händen. Andere Alchemisten wanderten über verlassene Friedhöfe, erblickten ebenfalls irrlichterndes Leuchten, näherten sich, griffen beherzt zu und hielten weiter nichts als einen Knochen in der Hand.

Andererseits war es Alchemisten gelungen, Steine zu präparieren, die, wenn man sie ins pralle Sonnenlicht hält und dann schnell in einen Keller trägt, eine Weile im Dunkeln nachleuchten. Eine dieser Substanzen war der Balduin'sche Phosphor. Ein gewisser Adolf Balduin (1632–1682), der Sohn eines berühmten evangelischen Theologen, hatte ihn in Großenhain in Sachsen erzeugt. Balduin war damit befasst, Alkahest herzustellen; so wurde damals eine sagenhafte Flüssigkeit genannt, die in der Lage sein sollte, alles aufzulösen. Tatsächlich handelte es sich meist um Salpetersäure, die sehr viele Stoffe (wenn auch keineswegs alle!) auflöst, darunter auch Holz. Die Salpetersäure stellte er her, indem er in einer Retorte Mauersalpeter glühte, in der Vorlage fing er die rauchende, rote Salpetersäure auf. Nun stellte er fest, dass der Rückstand in seiner Retorte bei Nacht leuchtete, ein Phänomen, das den Alchemisten begeisterte.

In einer Schrift über den »Phosphorus Hermeticus« feiert er seine Entdeckung als »Lichtmagnet«, denn er war überzeugt, dass sein »Stein« das Licht ähnlich anzog wie der Magnet das Eisen. Es handle sich, so schreibt Balduin, bei seiner Materie in der Tat um ebenjenes göttliche Feuer, das Prometheus, wie die Sage erzählt, vom Himmel stahl. Seine Entdeckung erkläre sehr viele bisher rätselhafte Phänomene, insbesondere wisse man nun endlich, weshalb der Mond bei Nacht so intensiv leuchte. Er saugt tagsüber das Sonnenlicht auf und strahlt es in der Dunkelheit ab! Offenbar besteht er aus dem nämlichen Material, das dank Balduin nunmehr erstmals auch auf Erden dargestellt wurde.

Balduins Freunde und die interessierte Fachwelt waren begeistert, ein Arzt namens Johann Engelhart glaubte die Alchemie kurz vor ihrem Ziel und dichtete ergriffen:

»Hier glänzt ein neuer Stern: Wir fahren hell und schnell
Und sehens schon von fern: Dort hängt das güldne Fell!«

Balduin meinte, sein Stoff zöge die Weltseele an, denn die erkannte er im Licht. Und weil auch das Gold eine glänzende Substanz ist, glaubte er,

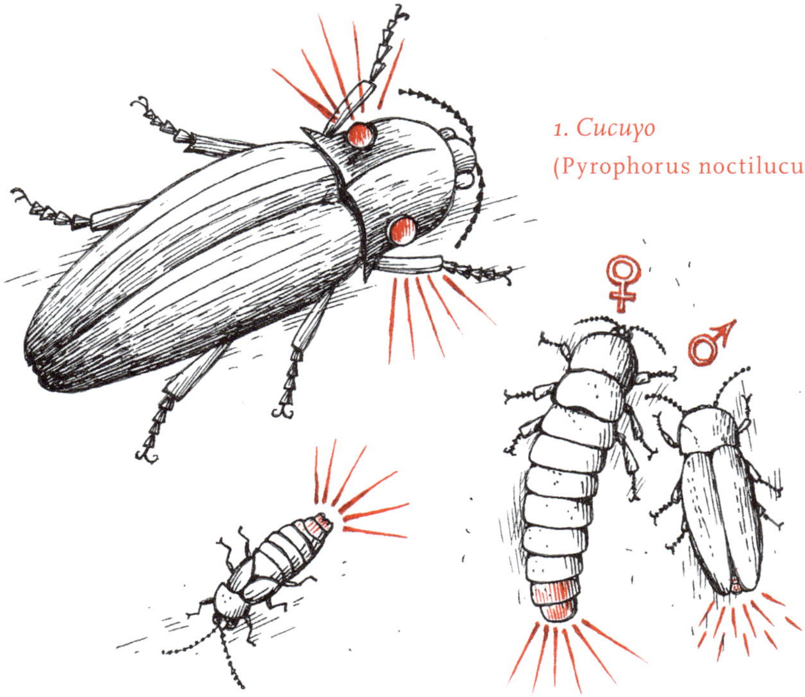

1. *Cucuyo*
(Pyrophorus noctilucus)

2. *Kurzflügel-Leuchtkäfer*
(Phosphaenus hemipterus)

3. *Großes Glühwürmchen*
(Lampyris noctiluca)

dass der von ihm entdeckte nachtleuchtende Phosphor bei der Herstellung von Gold, dieser funkelnden Lichtsubstanz, eine entscheidende Rolle spielen würde. Um seine Entdeckungen anzupreisen, schrieb er rasch ein Buch mit dem Titel *Aurum superius et inferius, aurae superioris et inferioris* – Höheres und niederes Gold aus hoher und niederer Luft. Schon die Wortähnlichkeit von Gold und Luft im Lateinischen – *aurum* und *aura* – sprach für Balduin deutlich dafür, dass das eine in das andere überführt werden könne. In der lichtdurchfluteten Luft verortete er die Weltseele, die er mit seinem Phosphor konzentrieren konnte, wie er meinte. Wie sein nachtleuchtender Stoff indessen hergestellt werden konnte, hielt er vorsichtshalber geheim. Er begann jedoch sogleich, ihn als Medizin zu verkaufen, und berichtet in seinem Werk über zahlreiche wundersame Heilungen.

Durch Balduins Buch wurde Johann Kunckel (1630–1703) auf die Sache aufmerksam. Kunckel war einer der umtriebigsten Alchemisten des 17. Jahrhunderts. Wie andere Zunftgenossen hatte er keine höhere Schulbildung genossen. Er lernte bei seinem Vater die Glasmacherkunst, machte eine Apothekerlehre und begann seine eindrucksvolle Karriere zunächst in der Provinz, beim Herzog Franz Karl von Sachsen-Lauenburg in Neuhaus an der Elbe. Sein fürstlicher Herr interessierte sich sehr für den *spiritus mundi*, den Weltgeist, und gab Kunckel die Order, diesen aus Regenwasser zu gewinnen, das bei Gewittern gesammelt wurde. Damals glaubten viele an den Weltgeist, den man auch aus dem Tau herauszuholen versuchte. Kunckel tat, wie ihm geheißen, und dampfte riesige Mengen Regenwasser in zwei großen »Herrenkolben« ein, wobei er einen salzigen Rückstand erhielt. Über das Resultat schrieb er später kritisch: »Aus dieser Asche sollte nun die Diana hervorkommen, welche den König der Ehren gebären sollte mit einem Purpurmantel.« Was genau gemeint ist, bleibt unklar, fest steht, dass ein Stoff gesucht wurde, der Gold erzeugte. Doch die Sache klappte nicht, da die gewonnene »Diana« laut Kunckel es nicht schaffte, »einen Bauern, geschweige einen König zur Welt bringen«. Kunckel zog weiter, zum sächsischen Kurfürsten nach Dresden, von dort nach Berlin zum Großen Kurfürsten, wo er eine Methode entwickelte, mit Gold gewöhnlichem Glas eine purpurne Färbung zu geben. Als der Große Kurfürst 1688 verstarb und dessen Nachfolger, Friedrich III. von Brandenburg, Lust verspürte, Kunckel wegen Verschwendung staatlicher Gelder zu verklagen, setzte er sich nach Schweden ab. Der dort amtierende König verlieh ihm einen Adelsstitel und beförderte ihn zum Bergrat.

Dieser Kunckel nun besuchte 1676 den Adolf Balduin, um von ihm etwas über seinen Phosphor zu erfahren. Glaubte er doch, dass Balduin dem *spiritus mundi* um einiges nähergekommen sei. Er erschlich sich von ihm Andeutungen über das Herstellungsverfahren und beauftragte seinen Laboratoriumsgehilfen Tutzky, den Phosphor nachzumachen. Schon wenige Wochen später unternahm Kunckel eine Reise nach Hamburg. In seinem Gepäck waren ein paar Scherben jenes leuchtenden Calciumoxids, das er in seinem Labor hatte herstellen lassen. Als er seinen Leuchtstein stolz in Hamburg vorzeigte und darüber dozierte, hörte er vom »kalten Feuer« eines Feuerkünstlers namens Brand. Dieses leuchte, flüsterte ihm ein dunkel gekleideter Herr zu, noch weit besser als seines. Es sei das arkane Feuer selbst, der Stein der Weisen. Flink nahm der geschäftstüchtige Alchemist Kontakt zu Brand auf, um auch dessen Phosphor in seinen Besitz zu bringen. Hier hatte also eine nachtleuchtende Substanz eine zweite zum Vorschein gebracht, fast wie im Wald das Leuchten einer Taschenlampe die Leuchtkäfer hervorlockt. Tatsächlich rückte Brand sein Rezept heraus, und nach ein paar erfolglosen Versuchen gelang es Kunckel, den neuen Phosphor darzustellen. In seinen Briefen an Brand redete er diesen zunächst als »vertrauter Herzensfreund« an. Bald wusste er genug, um mit selbst hergestelltem Phosphor seinen neuen Gönner, den Großen Kurfürsten, zu bezaubern. Auf Brand war er nun nicht mehr angewiesen, und als der ihm mit Bitten um finanzielle Unterstützung lästig wurde, beschloss Kunckel, ihn aus der Phosphorgeschichte herauszudrängen und sich selbst zum Entdecker der neuen Wundersubstanz aufzuschwingen.

Wer aber war Brand?

Hennig Brand (1630–1692) lebte in Hamburg, in der Nähe der Michaelskirche. Er war Soldat, heiratete dann eine wohlhabende Witwe und wandte sich der Alchemie zu. Vermutlich hatte Brand von dem Werk eines Alchemisten namens Giovanni Battista Birelli mit dem Titel *Alchimia Nova, das ist die güldene Kunst*, das 1603 erschien, starke Anregungen empfangen. In dem Buch wird der Leser gleich zu Anfang aufgeklärt, wo das Prinzip zu suchen sei, aus dem der Stein der Weisen bereitet werden kann. Jene Materie, welche unedle Metalle in Gold verwandelt, könne, so erklärt der Autor klipp und klar, keineswegs aus dem Pflanzenreich oder aus dem Mineralreich kommen.

Sie komme auch nicht aus den Tieren, wie es diejenigen glauben, die Krötenaugen destillieren oder Salamander schmoren. Vielmehr komme sie aus dem Menschen selbst: »Denn er ist ein vegetabilisch / rationalisch und mineralisch Thier unnd aller Elementen Theilhafftig / unnd hat Mineras und viel Poros und Schweißlöchlein in sich.«

Aber wie ist dies zu verstehen? Soll man nun Menschen destillieren anstelle von Kröten? Meister Birelli gibt den entscheidenden Wink: »Wenn man den Harn ansihet / so bekompt derselbige nicht allein für sich selbst und von Natur die Härte und Natur eines Steines / sondern kann auch durch die Kunst dazu gebracht werden.« Weil also, wie uns die Pissoirs zeigen, aus Urin der gefürchtete Urinstein wird, deshalb kann daraus, durch die alchemistische Kunst, auch der Stein der Weisen werden! Doch nicht jeder Urin wirkt, wie Birelli lehrt, vielmehr müsse es »ein solcher Harn / einer reinen Natur seyn / und derowegen von einem jungen gesunden Knaben / so mit den besten Speisen und gutem köstlichem Wein unterhalten und ernehret worden« – Knabenurin also! Brand aber war, wie wir aus einem seiner Briefe wissen, kinderreich. Er hatte, wie bereits erwähnt, eine reiche Witwe geheiratet, die eigene Söhne in die Ehe mitbrachte. Aufgrund der Erleuchtung, die ihm durch die Lektüre der *Alchimia nova* zuteilwurde, beschloss Brand, »in urinam« zu machen. Er muss jahrelang mit dem Urin experimentiert und sein nicht unbeträchtliches Vermögen dabei stark eingedampft haben, wenn es sich nicht ganz verflüchtigte. Im Hause Brand hat es vermutlich kräftig gerochen, und häuslicher Ärger war wohl nicht selten. Aber all das ist vollkommen nebensächlich, denn Brand gelang eine sensationelle Großtat, die ihm für alle Zeiten einen Ehrenplatz in der Geschichte der Naturwissenschaften sichert. In seiner Urinküche entdeckte er nicht nur eine neue nachtleuchtende Substanz, sondern eben *den* Phosphor, der sich später durch die Untersuchungen Lavoisiers als Element erwies.

Was hat er gemacht? Zunächst hat er den Urin faulen lassen (Uff!). Dann wurde das Gebräu eingekocht, bis es die Konsistenz eines schwarzen Sirups hatte. Um hier weiterzukommen, waren einige Tausend Liter nötig! Schließlich wurde der Sirup in einer Retorte scharf erhitzt, und zwar 16 Stunden lang, bis er in »eine rötliche Flüssigkeit« überging. In der Retorte selbst findet man, wenn man sie zerhämmert, ein krümeliges schwarzes Zeug. Dieses nun nahm Brand und brachte es in eine neue Retorte, vor die er einen gläsernen Kolben legte, und erhitzte sie bis zur Rotglut. Dabei ensteht der Phosphor und bringt die Retorte zum Leuchten:

»In der innersten Phiole /
erglüht es wie lebendge Kohle
wie der herrlichste Karfunkel
verstrahlend Blitze durch das Dunkel.«

So beschreibt Goethe später im *Faust* das Phänomen. Brand sprach von seiner 1669 getätigten Entdeckung immer nur als von »meinem Feuer«. Viel Geld hat ihm dieses Feuer nicht eingebracht, gegen Ende seines Lebens war er so verarmt, dass er sich genötigt sah, mit einer Wünschelrute auf den Wiesen vor Hamburg auf Schatzsuche zu gehen. Schriftlich hat er uns zu diesem seinem Feuer kaum etwas hinterlassen, und so kam es, dass es einem andern fast gelungen wäre, ihm den Ruhm streitig zu machen.

Wir erinnern uns: Kunckel hatte in Hamburg Brand mit allen möglichen Versprechungen dazu überredet, ihm doch bitte zu verraten, wie er Phosphor herstellte. Gegen einige Thaler verriet ihm Brand das Rezept, und Kunckel zog von dannen, nicht ohne zu mahnen, das Mysterium nur ja niemandem sonst mitzuteilen.

Das Phosphorgeheimnis in der Tasche, erschien es Kunckel praktischer, sich gleich selbst als Erfinder dieser neuen Substanz zu präsentieren, und er verfasste eine Schrift über die Erfindung des Phosphors. Zwar leugnet er darin nicht geradezu, dass es einen Brand gibt, der vor ihm den Phosphor hergestellt hat. Doch er, Kunckel, habe jene Substanz ohne alle Hilfe nacherfunden und sei daher auch als rechtmäßiger Erfinder anzusehen. Denn was für ein schmuddeliger Typ sei doch dieser Brand! Kunckel zögert nicht, Brand zu schmähen, er sei gar kein echter Doktor und könne kein Latein. So schreibt der bösartige Kunckel in seinem *Laboratorium chymicum*: »Hier ist einer, der läßt sich Doctor Brand nennen, ein verunglückter Kauff-Mann, der sich auff die Medicin geleget. ... was soll man mit einem solchen armen Doctor anfangen, der sein Studium verkauffschlaget, und dabey auch kein Wort Latein kann.« Als sich eines von Brands Kindern leicht verletzt hatte, empfahl Kunckel dem Vater *Oleum cerae*: »Da fing er an: ›Wat is dat?‹ Ich antwortete: ›Wachs-Oehle.‹ Er sagte auf sein gut Hamburgisch: ›Su, su, dat is ock wahr.‹ Dahero habe ich ihn Doctor Teutonicus genannt.«

Aus dem »vertrauten Herzensfreund« wurde Brand für Kunckel zum »Doctor Teutonicus« und schließlich zum »Doctor Wurmbrand«. So nannte man im 17. Jahrhundert umherziehende Quacksalber. Tatsächlich hätte man Hennig Brand womöglich vergessen, wenn nicht auch der Philosoph Gottfried Leibniz (1646–1716) Interesse an Brands Phosphor genommen hätte und dem merkwürdigen Leuchten hinterhergereist

Stoffentdeckungen von Alchemisten
Phosphor
Wismut
Glaubersalz
Salpetersäure
Schwarzpulver
Kobalt
Berliner Blau

Farbveränderungen auf dem Weg zum Stein der Weisen

wäre. Leibniz, der auch ein elegantes lateinisches Gedicht auf den neuen Stoff verfasste, ist es zu verdanken, dass der wahre Phosphorentdecker auch heute noch bekannt ist.

Leibniz war der Alchemie gegenüber stets aufgeschlossen, ja, er war sogar ein, zwei Jahre Sekretär der Alchemistischen Gesellschaft in Nürnberg. Er hatte sich für den Posten empfohlen, indem er, wie er seinem Biografen später »unter vielem Lachen« bekannte, einen möglichst unverständlichen, aber tiefsinnigen Brief an deren Präsidenten gesandt hatte. 1676 war er als Bibliothekar und Historiker in die Dienste des hannoverschen Herzogs Johann Friedrich getreten. Auf seinen Vorschlag hin wird er dort mit dem Projekt einer Geschichte des Welfenhauses beauftragt. Da er der Auffassung ist, dass die Geschichte der Welfen nicht verständlich ist ohne Kenntnis des Bodens, den sie beherrschen, führt ihn der Auftrag zum Erstaunen seiner fürstlichen Herren zunächst einmal zur Geologie. Daher dauert es Jahrzehnte, bis die Arbeit Gestalt annimmt.

1677 nun trat im herzoglichen Schloss in Hannover, wo Leibniz wirkte, der kursächsische Handelsrat Dr. Kraft in Erscheinung, der dem

Herzog und seinem Hofstaat den Brand'schen Phosphor vorführte, von dem er in Hamburg ein Stückchen erworben hatte. Leibniz schreibt über den tiefen Eindruck, den dieser völlig neue Stoff hinterließ: »Kraft zeigte zwei Phiolen; in der einen war eine Flüssigkeit, welche beinahe wie die Leuchtwürmer in der Nacht beständig leuchtet. Und sehr angenehm ist es, daß sie dieselbe Wirkung außerhalb des Glases hervorbringt, wenn man sie auf irgendeinen Gegenstand aufträgt. So, wenn man das Gesicht, die Hände und die Kleider damit reibt, leuchtet alles ebenso, was in den Gesellschaften nachts ganz hübsche Wirkungen hervorbringt.«

Kraft machte kein Geheimnis daraus, wem er diese Wundersubstanz verdankte, und so besucht Leibniz den Hennig Brand schon im folgenden Jahr, als er ohnehin in Hamburg zu tun hat, um für den Bücher liebenden Herzog die Bibliothek des Gelehrten Martin Fogel zu erwerben. Er betritt Brands Haus und wird dort freundlich empfangen. Sogleich stellt er fest, dass sich schon andere für das Geheimnis des Meisters interessieren. Nicht nur Kunckel, auch ein weiterer berühmter Alchemist namens Johann Joachim Becher (1635–1682) war schon in Kontakt mit Brand getreten. Das kommt unserem Philosophen ungelegen, und so nimmt er Bechers Briefe, die er zufällig auf dem Schreibtisch liegen sieht, in einem unbeobachteten Moment an sich und entsorgt sie.

Leibniz schließt im Auftrag seines fürstlichen Herrn einen Vertrag mit Brand, der diesem eine regelmäßige kleine Rente verschafft. Brand reist im Gegenzug später mit seinem Stiefsohn nach Hannover, wo er mithilfe einiger Tonnen Urin, gespendet von der Hofgarde, seinen Phosphor in größeren Mengen herstellt und den Fürsten entzückt.

Zudem nimmt Leibniz Brand gegen Vorwürfe, er sei mit all dem Urin ein unsauberer Mensch gewesen, in Schutz. In vielen Schriften und Briefen stellt er Brands Ehre wieder her und prägt seinen Zeitgenossen ein, dass dieser und nicht Kunckel den Phosphor, der von selbst leuchtet, erfunden habe. Dennoch ist Brand auch mit Leibniz unzufrieden und macht ihm in mehreren Briefen bittere Vorwürfe wegen des angeblich zu geringen Honorars.

Am Ende sind alle diese Alchemisten und Philosophen, welche die Wiege des neuen Stoffes umstanden hatten, untereinander zerstritten. Brand stritt mit Leibniz, nannte ihn in seinen Briefen einen »unbestendigen Menschen und einem Narren ganz ähnlich«, Kunckel sprach von Brand, wir hörten es schon, als »Doctor Wurmbrand«, Becher rächte sich an Leibniz, indem er dessen Ideen in seinem Buch *Närrische Weisheit und weise Narrheit* verspottete. Und auch Kunckel kam nicht ungeschoren davon. Christian Grummet, der eine Zeit lang Kunckels Laboratoriumsgehilfe war, veröffentlichte zwei Schmähschriften über seinen Meister, in denen er ihn wüst beschimpft. Kunckel sei »wie ein Hund, der immer schnüffelt und bellet«. Der Forscher wird verunglimpft als »stinkender Lucifer« und »Nachttopf-Träger«.

Eine schöne, schimpfende Gesellschaft war das, die das neue Weltwunder, das »miraculum mundi« bestaunte. Nur der Phosphor schwieg und leuchtete in den geschwärzten Gefäßen, in die man ihn einschloss. Er erfreute die höfische Gesellschaft, die von seiner Giftigkeit nichts ahnte. Man bediente sich seiner als Spielzeug. Kunckel hatte aus dem Phosphor eine Art Öl hergestellt, mit dem mittels einer Feder geschrieben werden konnte; die Schrift leuchtet im Dunkeln. Wurde der Phosphor unter Wasser aufbewahrt, dann erschien er, wie ein Zeitgenosse schreibt, »wie der Himmel von Wolken bedeckt. Und wie aus dem Himmelsgewölbe, wenn es von Wolcken verhüllt ist, plötzlich ein Blitz aufzuckt, so kann man aus dem Phophorus nubilosus gelegentlich Blitze herausbrechen sehen, und zwar während der ganzen Nacht und auch dann, wenn er bewegt wird«.

Mit der näheren Untersuchung des Phosphors beschäftigte sich dann erst wieder die französische Chemie im späten 18. Jahrhundert. Antoine de Lavoisier untersuchte die Verbrennungsprodukte des Phosphors und erkannte, dass sie schwerer waren als der Stoff selbst. Daraus schloss er zum einen, dass bei der Verbrennung etwas hinzukommen müsse, der Sauerstoff nämlich. Zum anderen erkannte er richtig, dass Phosphor ein Element ist.

Gold und Porzellan

Nach dem Westfälischen Frieden, der 1648 den Dreißigjährigen Krieg beendete, erholten sich die verarmten und verwüsteten deutschen Lande nur mühsam. Im Norden, in der Mark Brandenburg, regierte Friedrich I., der Sohn des Großen Kurfürsten und Großvater des Preußenkönigs Friedrich II., den man als Friedrich den Großen kennt. Jener Friedrich I. war vom brandenburgischen Kurfürsten zum König in Preußen aufgestiegen, und hierzu war viel Geld nötig. Woher aber bei solch kargem Land das Geld nehmen? Kein Wunder, dass sich der König auf die Alchemie besann. Schon sein Vater hatte der »großen Kunst« gehuldigt.

Es traf sich, dass damals, im Sommer nach der Königskrönung, ganz Berlin durch Gerüchte in Aufregung versetzt wurde. Sie nahmen ihren Ausgang in der Zorn'schen Apotheke, die sich in der Gegend des heutigen Alexanderplatzes befand. Dort war, seit seinem zwölften Lebensjahr, der junge Johann Friedrich Böttger (1682–1719) als Gehilfe tätig, und über ebenden sagte das Gerücht, er sei im Stande, Gold herzustellen. Böttger hatte eine ausgesprochene Neigung zur Alchemie und experimentierte Tag und Nacht im Labor der Apotheke, wobei ihm ein von ihm erworbenes Manuskript als Leitfaden diente. Ein Mönch hatte es auf Latein verfasst, und es enthielt viele *arcana probata*, wohlbestätigte Kunststücke. Böttger war sogleich überzeugt, dass ihm sogar das Goldmachen gelingen könne, mochten auch alle anderen bislang daran gescheitert sein. Seine Sterne standen günstig, er war ein Sonntagskind!

Sein Lehrmeister lachte zunächst über dieses Treiben, dann wurde er ärgerlich und schließlich verbot er dem Lehrling weitere alchemistische Versuche. Doch Böttger hatte zu dieser Zeit schon den Durchbruch geschafft und erbot sich, dem Apotheker Zorn, gern auch im Kreise der Familie, das große Werk, das experimentum crucis, vorzuführen. Gesagt, getan: Ein Ofen wurde in den Kamin gestellt, angefeuert, ein Tiegel daraufgesetzt, Silber hineingegeben; Böttger wickelte etwas rotes Pulver in ein Papier und ließ es in den Tiegel werfen. Damit war die Operation schon beendet, man goss den Tiegel aus und fand – lauter Gold! Der junge Alchemist schenkte es lächelnd der Gattin seines Lehrmeisters. Die Sache sprach sich in Berlin herum, in kürzester Zeit war die Apotheke voll von Menschen, die den Wundermann sehen wollten, ihn bald verlachten, ihm bald Warnungen zuflüsterten.

Im Berliner Stadtschloss des preußischen Königs hatte man ebenfalls von dem Gehilfen vernommen, der König ließ nach dem künstlich bereiteten Golde schicken, das ihm die Apothekergattin eilfertig überließ, wofür er sich wenig später mit einer goldenen Medaille bedankte. Fachleute begutachten das alchemistische Produkt und erklären: Das gesandte Gold ist echt. Sogleich beschließt Friedrich der König, Friedrich den Alchemisten rufen zu lassen und ihn in seine Dienste zu stellen. Doch dazu kommt es nicht.

Der junge Böttger hatte von der Sache Wind bekommen, ihm war mulmig geworden, als er vom Interesse des Hofes erfuhr. Alchemisten wurden eingekerkert, gefoltert, aufgehängt, wenn sie irgendwann nicht mehr zeigen konnten, was ihre Herren sehen wollten. Böttger floh in der Nacht des 26. Oktobers 1701 aus Berlin, wanderte durch Brandenburg und kam schließlich im sächsischen Wittenberg an.

Der König schäumt, »dass man auf eine so wichtige Person nicht besser Attention gegeben«, und setzt einen Preis von 1000 Talern für die Wiedereinbringung des goldenen Vogels aus, überall lässt er Plakate anschlagen. Er schickt Soldaten, die Böttger nachsetzen und ihn in der Tat in Wittenberg aufspüren. Im sächsischen Wittenberg gehen die Soldaten aber allzu vorsichtig zu Werke, indem sie den Dienstweg einhalten, statt Böttger einfach zu kidnappen. Sie informieren den zuständigen sächsischen Beamten, und zwar mit den Worten, es gehe um einen entlaufenen »Kerl«, der »gewisser Ursachen halber« nach Sachsen geflüchtet sei. Das macht den Wittenberger Beamten stutzig, er lässt den jungen Mann zwar verhaften, liefert ihn aber nicht aus. Vielmehr sendet er als getreuer Untertan seines sächsischen Herrschers einen Boten nach Dresden, um die Obrigkeit von der Angelegenheit in Kenntnis zu setzen. Die Obrigkeit wittert sogleich, dass hier etwas faul oder vielmehr golden ist. Man zieht Erkundigungen über den »Kerl« ein – und ist begeistert!

Es verhielt sich nämlich so, dass der sächsische Kurfürst, Friedrich August I., sich in ähnlicher Lage befand wie sein Kollege in Berlin. Friedrich Augusts Ehrgeiz galt ebenfalls dem Prunk sowie einer Königskrone, die er sich in Warschau zugelegt hatte, wo er als August II. zum König von Polen gekrönt wurde. Das hatte einiges Geld gekostet, denn die Mächtigen im Staate Polen wollten nur bei erheblicher Nachhilfe einsehen, dass ausgerechnet ein Sachse der rechte Mann auf ihrem Königsthron sei. Da kam jener talentierte Jüngling aus Berlin gerade zur rechten Zeit! August, der gerade in Warschau weilte, erhielt durch Boten Nachricht und ordnete umgehend an, den Alchemisten ja nicht auszuliefern, ihn vielmehr nach Dresden zu verbringen, zugleich aber die in Wittenberg verbliebenen preußischen Soldaten »höflich zu tractieren und zu amüsieren«. Die Überstellung nach Dresden findet in früher Morgenstunde des 25. Novembers statt, Generalmajor von Albendyll steigt höchstpersönlich mit Böttger in die Kutsche. Ein Kommando von zwölf Mann begleitet den Transport. In allen Dörfern, die der Wagen durchquert, wird zunächst sorgfältig geprüft, ob nicht etwa preußische Soldaten im Hinterhalt liegen.

Der preußische König, der bald von diesen Vorgängen Kenntnis erhält, sieht seine Felle davonschwimmen und greift nun höchstselbst zur Feder, beschwert sich über das »unnachbahrliche Verhalten«, droht mit »ungnädigem missfallen« und ist doch machtlos, denn ihm wird mitgeteilt, es handle sich bei Böttger um ein sächsisches Landeskind, das man nicht einfach ausliefern dürfe. In Dresden wird Böttger vom Reichsfürsten von Fürstenberg mit größter Auszeichnung empfangen, er speist an der fürstlichen Tafel und wird ins sogenannte Goldhaus gebracht, das der König eigens für alchemistische Großforschungsprojekte hat einrichten lassen.

Der Trubel um den jungen Alchemisten erregt Aufmerksamkeit, auch die des Philosophen Leibniz, dem wir in der Phosphorgeschichte bereits begegnet sind. Er hatte zwar den jungen Böttger nicht persönlich kennengelernt, doch immerhin der Zorn'schen Apotheke einen Besuch abgestattet, um auszukundschaften, was es mit der Goldherstellung auf sich habe, und seiner Gönnerin, der Kurfürstin Sophie von Hannover, davon zu berichten. »Man sagt, daß der Stein der Weisen hier blitzartig aufgetaucht und innerhalb eines Augenblicks wieder entschwunden ist«, so schreibt er am 8. November 1701 aus Berlin. Die Zeugen, die er befragt habe, hätten die Sache »im großen und ganzen bestätigt«. Und der damals 56-jährige Denker fügt sinnend hinzu: »Bei mir vermehren sich die Jahre, aber nicht das Gold ...« Im Übrigen trägt Leibniz ernst zu nehmende Bedenken vor. Denn angenommen, es gelänge, Gold künstlich zu produzieren. Dann würde es sofort drastisch an Wert verlieren. Denn seinen Wert erhält es durch seine Seltenheit: »Wenn dieser gebenedeite Stein der Weisen ... nur dazu dient, Gold zu machen, dann würde er Schaden bringen, da der Wert des Goldes sinken würde. Wir brächten uns um die Annehmlichkeit, die dieses Metall bietet, nämlich Geld zu liefern, das bei geringem Volumen einen hohen Wert hat.«

So weit freilich dachten diejenigen nicht, die das Alchemistengold herbeisehnten. Sie wollten es einfach haben, in unbegrenzten Mengen, Punktum! Als der Kurfürst von Sachsen und König von Polen wieder im Lande ist, wendet er sich sogleich Böttger zu, widmet ihm seine volle Aufmerksamkeit, was den Alchemisten mit Grausen erfüllt, so dass er vorsichtshalber erneut flieht. Diesmal ohne Erfolg, er wird wieder zurück nach Dresden gebracht. Er klagt, er habe das Rezept fürs Goldmachen vergessen. Böttger erhält ein Labor, bleibt aber Gefangener von August, den man überall August den Starken nennt, weil er nicht nur groß und dick war, sondern auch unheimliche Körperkräfte besaß. Er hatte dunkle Augen unter buschigen Drohbrauen. Ein Alphatier durch und durch, und er steigerte seine furchteinflößende Erscheinung noch durch riesenhafte

Perücken. Bis heute erzählt man den Besuchern der Dresdener Schlösser gern von den Kraftkunststücken des »sächsischen Herkules«: Silberteller konnte er einrollen wie ein Blatt Papier. Hufeisen und Reichstaler brach er entzwei. Becher aus Edelmetall drückte er mit einem Griff zusammen, dass der Wein hoch aufspritzte. Dieser Monarch nun, der rauschende Feste feierte, der seine Residenzstadt Dresden ausbaute und Sachsen zu großartiger kultureller und wirtschaftlicher Blüte führte, er hatte wie so manche Adelige eine fixe Idee. Zeitlebens war er felsenfest davon überzeugt, dass Goldmachen möglich sei.

Wer war nun dieser Böttger, der gleich zwei Monarchen derart in Wallung brachte, dass sie seinetwegen fast in den Krieg gezogen wären? Sicherlich kein tiefsinniger Naturforscher wie etwa Paracelsus oder van Helmont, den wir im folgenden Kapitel kennenlernen werden.

Vertieft man sich in Böttgers Lebensgeschichte, dann erscheint es am wahrscheinlichsten, dass wir es mit einem virtuosen Hochstapler zu tun haben. An sich war er nur ein Apothekerlehrling mit schwierigem familiärem Hintergrund. Er feierte und trank gern, systematische Arbeit dagegen lag ihm überhaupt nicht, wie schon sein Lehrherr feststellte. So war er, als er nach Sachsen kam. Hier aber, nach seiner Festnahme, programmierte er sich um. Man wollte in ihm den Goldmacher sehen? Dann wurde er eben Goldmacher, ein mystischer, versunkener, der astrale Schwingungen empfängt und nur in höchster Konzentration das große Werk vollbringen kann. Obendrein gelang es ihm, die Mätresse des Herrschers, die Gräfin Cosel, umzupolen, sie wurde seine Agentin, versorgte ihn mit Informationen und versuchte sich gar selbst, unter seiner Anleitung, am Goldmachen. Wahrscheinlich besaß Böttger auch die Tollkühnheit, mit ihr ein Verhältnis einzugehen! Wie jene Raubfische, die im trüben Amazonas schwimmen, arbeitete er mit einer Art Echolot, der ihn vor Gefahren schützte, lange ehe diese sichtbar wurden. Er spürte, was die anderen dachten, was sie hören wollten, und strickte seine Geschichten entsprechend um.

Gold konnte er nicht machen, er beherrschte allerdings die fast gleichwertige Kunst, anderen den Eindruck zu vermitteln, er könne es. Böttger schaffte es, seine hochgebildeten fürstlichen Gönner jahrelang zu täuschen, mehrmals konnte er im letzten Moment sein Schicksal wenden.

Dabei war er vollkommen skrupellos und lieferte Menschen, die ihm nicht mehr nützlich waren, unbesehen dem Untergang aus. Während seiner Haft ließ er sich von prominenten Mitgefangenen in einen Ausbruchsplan einweihen, aber nur, um diesen im kritischen Augenblick an August zu verraten, womit er seine Lage deutlich verbesserte.

Zwar konnte Böttger kein Metall verwandeln, aber er konnte Köpfe verwandeln, bis die tatsächlich künstlich hergestelltes Gold sahen, wo gar keines war, und dem Meister glaubten. Damit erzeugte er unter dem Strich tatsächlich Gold, denn man gab ihm welches, um weitere Versuche zu finanzieren.

Gekonnt verbreitete er eine Aura des Außergewöhnlichen, die er besonders pflegte, wenn er erkrankte, was aufgrund seines erheblichen Weingenusses oft der Fall war. Dann verschrieb er sich selbst Medikamente, ließ keinen Arzt an sich heran und veranstaltete eine solche Show, dass einer seiner Bewacher entnervt von der »extraordinairen Singularität« dieser »Person« schrieb.

Alle anderen aber gerieten nur noch mehr in den Bann des Alchemisten. Der König befahl, Böttger durch angenehme Gesellschaft stets bei guter Laune zu erhalten; er ordnete sogar an, niemand »von widrigem Naturell« dürfe dem Meister aufgedrängt werden, weil dies leicht zum Misslingen der Arbeit führen könne. In dem schmalen Spalt zwischen Versprechen und Verwirklichung, zwischen Betrug und Enthauptung richtete Böttger sich häuslich ein und veranlasste den König, kiloweise Gold in den Spalt kullern zu lassen.

Gleich zu Anfang versprach Böttger kleine Proben seiner Kunst. Damit er sie vollbringen konnte, hatte er sich einige 10 000 Golddukaten – immerhin ein Goldschatz von 23 Kilogramm – aus der Staatskasse auszahlen lassen, für notwendiges Gerät. Zugleich hatte er sich Säuren senden lassen, aus denen er Königswasser braute, mit dem Gold sich auflösen lässt. So hatte er stets eine Goldlösung zur Verfügung, aus der er, immer wenn es notwendig war, vor den Augen erstaunter Zeugen Gold rieseln ließ.

Doch auch mit Böttger wurde ein böses Spiel gespielt. In den zwölf Jahren, in denen Böttger der Gefangene Augusts des Starken war, gab es viele kritische Momente. Der König setzte ihn immer wieder unter massiven Druck. So schrieb August ihm am 4. Juni, er habe beschlossen, ihn »vom dato des 1ten Augusti 1703 an« auf freien Fuß zu setzen. Eine ganz unerwartete Gnade! Als Gegenleistung sollte Böttger unverzüglich »das ihm von Gott verliehene Arcanum«, also das Geheimrezept fürs Goldmachen, offenbaren. Zudem solle er alles bisher hergestellte Gold, Minimum 100 000 Taler, aushändigen sowie die Tinktur fürs Goldmachen überreichen. Böttger, der wusste, dass er das alles nicht leisten konnte, blieb nur die Flucht. Fast wäre sie ihm gelungen, denn er kam bis in die Nähe Wiens, wo Augusts Häscher ihn einholten. Zurück in Dresden, tischte er eine abenteuerliche Geschichte auf. Danach habe er das Gold, das Rezept und den Rest der Tinktur einem geheimnisvollen Boten ausgehändigt, von dem er angenommen habe, er sei vom König gesandt. Anschließend habe er sich auf den Weg gemacht, da er ja seine Pflicht erfüllt hatte. Der Bote freilich erreichte den König nie. Man wundert sich, wie es möglich war, dass solchen Geschichten Glauben geschenkt wurde, aber gerade darin lag das Genie Böttgers: Er verstand es, Wirklichkeiten zu erfinden, die so suggestiv waren, dass jene, die Macht über sein Leben hatten, ihn jedes Mal aufs Neue davonkommen ließen, obwohl er seine Versprechungen niemals einlöste. Er muss die Fähigkeit gehabt haben, bei jeder Gelegenheit einen blau schimmernden Nebel zu versprühen, der seine Bewacher bezwang. Wenn je ein Alchemist übernatürliche Kräfte besaß, dann Böttger!

Und doch verlor August eines Tages die Geduld mit ihm. »Tu er mir genug, Böttger, sonst …«, sagte der König Anfang des Jahres 1707, als er ihm einen Besuch abstattete, und sah Böttger kalt an. Der konnte etliche Nächte nicht mehr schlafen, im Moment der höchsten Gefahr kam ihm aber der Zufall zuhilfe. Seine Rettung war ein Naturforscher mit dem Namen Ehrenfried Walther von Tschirnhaus (1651–1708), den der König dem Alchemisten als Bewachung an die Seite gestellt hatte. Tschirnhaus, ein bedeutender Naturforscher, Mathematiker und Experimentator, stand mit den wichtigsten Naturforschern und Mathematikern seiner Zeit in Briefkontakt; in nahezu jeder Hinsicht war er das genaue Gegenteil Böttgers. Er war reich geboren, von Adel, frei, gebildet und äußerst diszipliniert. Jeden Tag löste er, bevor er irgendetwas anderes begann, erst einmal eine Mathematikaufgabe. Er pflegte in aller Frühe, nämlich schon um zwei Uhr nachts, aufzustehen, bis sechs Uhr morgens zu studieren, dann schlief er eine Stunde. Anschließend widmete er sich diversen Verwaltungs- und Büroangelegenheiten und legte sich mittags wieder kurz zur Ruhe. So arbeitete er jeden Tag ungefähr 16 bis 18 Stunden. Mehr als sechs Stunden Schlaf gönnte er sich nie.

Tschirnhaus hatte sich vor allem mit neuen Brennspiegeln einen Namen gemacht. Die Spiegel waren gewölbt wie Suppenteller, dabei aber riesengroß. Sie konzentrierten die Sonnenstrahlen in einem Punkt. Mit diesen Hohlspiegeln konnte er bei sonnigem Wetter in kürzester Zeit Temperaturen von über 1 000 Grad Celsius erzeugen: Ziegelsteine wurden im Brennpunkt seiner Spiegel innerhalb weniger Minuten weich wie Butter! Tschirnhaus glaubte nicht, dass Böttger oder irgendjemand sonst Gold machen könne. Er war sich aber sicher, dass er seinerseits einen anderen interessanten Wertstoff herstellen könnte, nämlich das Porzellan. Ihm galt seine ganze Passion, und auf der Suche nach Erden, die für die Porzellanherstellung geeignet sein könnten, war er ständig im Lande unterwegs. In seinen Arbeitsräumen im familieneigenen Schloss konnte man kaum einen Schritt tun, weil überall auf dem Fußboden auf Papierunterlagen die unterschiedlichsten Erden und Pulver, sorgsam beschriftet, aufgehäufelt waren. Auf Reisen musste sein Diener die gesammelten Erdproben in seine Westen- und Hosentaschen füllen und nach Hause transportieren.

Porzellan: Das war eine chinesische Erfindung. Als in Deutschland die Germanen wulstige Tonkrüge formten, tranken die vornehmen Chinesen längst Tee aus dünnwandigen Porzellantassen. Die ältesten Porzellangefäße, die man in China gefunden hat, sind über 2 600 Jahre alt! Vorformen des Porzellans sind noch viel älter. Ungefähr ab 1600 begann ein schwungvoller Handel mit Porzellangefäßen aus China, der vor allem von den Holländern betrieben wurde. Porzellangefäße wurden etwa zur selben Zeit populär wie der Kaffee. Nur aus Porzellan wollten die Leute von Welt den anregenden Trank genießen! Tontassen sehen wenig elegant aus, und Gläser werden zu schnell heiß.

Zudem umgab das Porzellan ein gewaltiger Nimbus, denn zur damaligen Zeit schaute man bewundernd zu den Chinesen auf. Man meinte, man habe es mit einem Volk zu tun, das uralt sei, ungeheuer zahlreich und das von weisen Philosophenherrschern maßvoll regiert werde. Die Chinesen waren selbst mehr oder weniger auch dieser Überzeugung, sie blickten ihrerseits auf die »Barbaren des Westens« herab und gestatteten nur wenigen, ihr Land zu bereisen. Selbstverständlich hielt man auch das Geheimnis der Porzellanfertigung streng geheim.

Tschirnhaus hatte mithilfe seiner Brennspiegel, mit denen er, wie gesagt, Temperaturen von weit über 1 000 Grad erzeugte, die Zusammensetzung des Porzellans entschlüsselt. Er wusste, dass man Sand, Feldspat, ein häufiges Mineral, sowie einen bestimmten feinen Ton benötigt, um jene kostbare Keramik zu fertigen, die glänzt, die viel hitzeresistenter ist als Glas, die halb durchscheint und die man polieren und schleifen kann. Das Verfahren hatte er in den Grundzügen, bereits einige Jahre bevor Böttger nach Dresden verschleppt wurde, entwickelt. Nur hatte es bislang niemanden interessiert.

Böttger aber interessierte es sehr. Als Tschirnhaus ihm von seinen Versuchen erzählte, wurde ihm eins sofort klar: Wenn es gelänge, den König für Porzellan zu begeistern – das könnte ihn vom Gold ablenken! Böttger ließ im Goldhaus neue Öfen nach Tschirnhausens Anleitungen bauen. Allerdings fehlte einstweilen der besonders feine Ton, den die Chinesen verwandten. Böttger erinnerte sich an einen weißen Ton, der, getrocknet, als Perückenpulver verkauft wurde: Ihn ließ er in großen Mengen herbeischaffen. Die Zutaten – Sand, Feldspat und Ton wurden gemischt, geformt und gebrannt – das Ergebnis war Porzellan!

Und das Redegenie Böttger hatte Erfolg, wo Tschirnhaus gescheitert war: Er überzeugte August den Starken, dass auch eine Porzellanmanufaktur eine gewinnbringende Sache sein kann, ja dass er damit allen Potentaten in Europa den Rang ablaufen würde.

Tiefer Schnee lag Ende des Jahres 1707, als August mit seinem Gefolge endlich das Labor besichtigte. In einem zeitgenössischen Bericht ist festgehalten, dass den Herrschaften, die mit gewaltigen, weißgepuderten Perücken auftraten, beim Betreten »schreckliche Gluth« engegenbrannte. Böttger werkelte und war kaum zu erkennen, weil er »wie ein Rußköhler aussahe«. Als der Ofen geöffnet wurde und man vor lauter weißer Glut nichts sah, raunte das Gefolge: »Jesus Maria«, der König aber lachte: »Es ist noch nicht das Fegefeuer!«

Aus dem Ofeninnern nahm Böttger eine Porzellankanne und warf sie zum Entsetzen der Anwesenden in ein Fass mit kaltem Wasser. Ein lauter Knall war zu hören. »Oh, das ist vorbey und in Stücke zersprungen«, rief der König. »Nein, Ihro Majestät«, widersprach Böttger, griff in das Fass und holte das Kännchen unversehrt hervor. Diese erfolgreiche Präsentation führte schon in den nächsten Tagen zu höchster Aktivität bei Hofe. August der Starke war mit einem Mal Feuer und Flamme, er wollte unbedingt die erste Porzellanmanufaktur Europas gründen.

Damit war der Druck auf Böttger vorerst geringer geworden. Er hatte ja in der Tat etwas Großes hergestellt, mithilfe des Herrn von Tschirnhaus. Dieser war nun genau genommen für unseren Alchemisten überflüssig geworden, ja, er war womöglich sogar eine Bedrohung, denn er hätte den Ruhm der Porzellan-Neuerfindung für sich beanspruchen können! Welch merkwürdiger Zufall, dass von Tschirnhaus schon wenig später, am 11. Oktober 1708, ganz plötzlich starb, im Alter von 57 Jahren, sechs Monaten und zehn Stunden, wie sein Diener, ebenfalls Mathematiker, errechnete. Böttger hüllte sich in tiefste Trauer.

Tschirnhausens geheime Manuskripte zur Porzellanherstellung aber waren wochenlang nicht auffindbar, bis sie endlich bei Böttger auftauchten. Man wundert sich, dass keiner der Zeitgenossen je den Verdacht äußerte, Tschirnhaus sei womöglich keines natürlichen Todes gestorben. Der König hatte schon verfügt, dass Tschirnhaus die geplante Porzellanmanufaktur leiten sollte. In dem Moment, da die Manufaktur mit Tschirnhaus an der Spitze zu arbeiten begonnen hätte, wäre Böttger in diesem Projekt überflüssig gewesen, und August hätte ihn sicher erneut unter Druck gesetzt und von ihm ultimativ das Goldmachen verlangt. Wäre Tschirnhaus am Leben geblieben, so wäre Böttger vermutlich bald als Betrüger gehenkt worden. Jedenfalls war ein toter Tschirnhaus für Böttgers eigenes Überleben viel besser als ein lebender. Durch Tschirnhausens Tod blieb Böttger unentbehrlich.

Er wurde Verwalter der Porzellanmanufaktur in Meißen, erklärte sich durch dreiste Geschichtsfälschung selbst zum Porzellanerfinder und erhielt 1714 sogar seine Freiheit zurück. Als Böttger den Brief des Königs, in dem ihm dies mitgeteilt wird, liest, stutzt er zunächst, dann aber – lacht er und kann gar nicht mehr aufhören. Er hat, so erzählt ein Gehilfe später, »continuirlich gelachet und Anlaß zu lachen an allen Dingen genommen«.

Man kann es ihm nachfühlen. Wenn man die Gefahr, in der Böttger mehr als zwölf Jahre lang nahezu täglich schwebte, richtig ermessen will, muss man sich die Schicksale anderer Alchemisten vor Augen führen, die weniger glücklich als Böttger waren. So war in Berlin, kurz nachdem Böttger es fluchtartig verlassen hatte, ein Graf Cajetano aus Italien aufgetaucht, der König Friedrich I. glaubhaft versicherte, er sei in der Lage, Gold herzustellen. Natürlich verlief die Demonstration seiner Kunst im Beisein des Königs erfolgreich, und so wurden dem »Grafen« hinfort gewaltige Mittel für seine Experimente zur Verfügung gestellt. Er schwelgte im Luxus, feierte Partys, hielt den König mit kleinen Vorführungen bei Laune, vertröstete ihn und schenkte ihm schließlich ein Gemälde, das ihn, Friedrich I., auf einem durch und durch goldenen Thron zeigte, umgeben von goldenen Löwen. Darunter prangte in goldenen Buchstaben der Satz: »Das goldene Zeitalter ist wiederhergestellt.« Cajetano wurde nach einem vereitelten Fluchtversuch 1709 gehenkt, bekleidet mit einem goldbestickten Hemd. Auch August der Starke konnte unduldsam sein: Ein Alchemist namens Klettenberg, dem er jahrelang geglaubt hatte, war auf seinen Befehl 1720 enthauptet worden.

Böttger konnte sich seiner neu gewonnen Freiheit nicht lange erfreuen. Er starb schon 1719, gerade mal 37-jährig, in Dresden. Sein Porträt zeigt einen früh gealterten Mann, den man eher auf Ende 50 schätzen würde. Die jahrelange Todesangst hatte Spuren hinterlassen. Zudem hatten die metallischen Dämpfe, die er bei seinen Experimenten oft einatmete, sein Leben verkürzt und wohl auch der Alkohol, den er sich in großen Mengen zuführte, um seine Sorgen zu betäuben.

August der Starke hat mit seinem Glauben an das künstliche Gold immerhin eine prosperierende Porzellanfabrik geschaffen, die bekanntlich heute noch besteht. Den Stein der Weisen aber wollte er weiterhin besitzen. Jahre nach Böttgers Tod ließ er sich dessen Manuskripte bringen und studierte sie wochenlang mit höchstem Eifer. Schließlich aber – klappte er sie zu und warf sie ins Feuer. Hatte er erkannt, dass er einem Betrüger aufgesessen war?

Böttgers Spiel hätte nie gelingen können, wenn die Mächtigen nicht mitgespielt hätten. Sie alle verfielen seinem Schein, weil sie selbst im Schein lebten. Deshalb gehört auch die Geschichte von dem Apothekergehilfen und dem König keineswegs einer längst überwundenen Vergangenheit an. Mit dem Versprechen, Reichtum zu erzeugen – oder Arbeitsplätze, wie man jetzt lieber sagt –, sind auch heute noch viele Naturwissenschaftler unterwegs.

Darum glaubten die Alchimisten, dass es möglich sei, Gold aus anderen Metallen herzustellen

- Es iſt früher ſchon gelungen: Es gibt glaubwürdige Berichte, ſogar Urkunden über erfolgreiche Transmutationen.
- Es gibt Gegenſtände, die aus verwandeltem Gold hergeſtellt wurden, ſogar echte Medaillen wurden daraus geprägt.
- Alle Metalle ähneln einander, ſie glänzen und laſſen ſich verformen, ohne zu zerſpringen. Sie ſind alſo miteinander verwandt, warum ſollte man ſie nicht ineinander überführen können?
- Man kann aus Metallen Legierungen herſtellen, die faſt ſo ausſehen wie Gold. So zum Beiſpiel Meſſing oder Malergold. Warum ſollte etwas, das faſt funktioniert, nicht auch ganz funktionieren?

Gas und Blas

Johann Baptist van Helmont (1577–1644) war ein wohlhabender Edelmann, Arzt und Alchemist, der im 17. Jahrhundert auf einem Schloss in Vilvorde, einem Vorort von Brüssel, lebte. Er war also, wie wir heute sagen würden, Belgier, damals war das Land von den Spaniern besetzt, die der Bevölkerung mit ihrem Glaubenseifer sehr zusetzten. Ganz Europa, vor allem Deutschland, war von Glaubenskämpfen verwüstet, es war die Zeit des Dreißigjährigen Krieges, der von 1618 bis 1648 in Europa wütete.

Den Stein der Weisen hat van Helmont, wie er mit betonter Geringschätzung schreibt, sehr oft in den Händen gehabt und damit auch einige Pfund Quecksilber in feinstes Gold umgewandelt. Um reich zu sein, musste er aber nicht auf geheime Künste ausweichen, er hatte nämlich eine sehr wohlhabende Frau geheiratet und war ohnehin schon durch ein großes Erbe mit allem Nötigen ausgestattet. Van Helmont war ein äußerst frommer Mann, ein Gottsucher, er wirkte aber vor allem als Arzt.

Zu ihm kam ein Mann, der »viel kleine Kinder hatte; der klagte mir / daß er nunmehr ins 58. Jahr gienge / und wenn er sterben sollte / seine Kinder würden müssen betteln gehen«. Daher bat er den berühmten

Doktor, ihm etwas für ein langes Leben zu geben. Van Helmont bedachte den Fall, und ihm fiel etwas Seltsames ein. Ihm kam in den Sinn, dass man die Weinfässer mit einem Schwefelfaden ausräucherte, um sie vor der Fäulnis zu bewahren. Der geschwefelte Wein hält wesentlich länger.

Was folgt daraus? Rein logisch gar nichts, was van Helmont aber nicht störte, denn für ihn waren Eingebungen wichtiger. Eine solche spontane Eingebung legte ihm den Gedanken nahe, dass man das menschliche Blut als den Wein des Lebens ansehen könne. Wenn dies so ist, dann kann es auch ähnlich konserviert werden wie der Wein. Einfach immer mal wieder etwas Schwefel dazugeben, dann hält es länger! Und wenn das Blut in gutem Zustand ist, wird man auch nicht krank. Daher gab er dem Mann ein Fläschlein destillierten Schwefelöls, lehrte ihn auch die Kunst, solches Öl aus angezündetem Schwefel selbst zu bereiten, und mahnte ihn, er solle bei seinen Mahlzeiten nur »zwey Tröpflein von diesem Oehl in dem ersten Trunck Bier einnehmen«. Dies tat der Mann und blieb bis ins hohe Alter kerngesund. Noch mit weit über 80 Jahren »gehet er in Brüssel in den Gassen herum«. Van Helmont selbst erreichte kein hohes Alter, sondern verstarb mit 65 Jahren.

Die kleine Geschichte zeigt, wie van Helmont dachte. Er ließ sich mehr von intuitiven Einsichten leiten, auf deren Grundlage er seine Therapien bildete. Wie käme man sonst auf die Idee, dass das Blut so etwas wie der Wein unseres Lebens sei? Von der klaren Logik, die die Griechen entwickelt und die Scholastiker des Mittelalters gepflegt hatten, hielt unser Alchemist gar nichts. Sie war ihm schon deshalb verdächtig, weil sie von einem Heiden, Aristoteles, begründet worden war. Das heißt nicht, dass er von vornherein unlogisch dachte, aber er benutzte die Logik nicht gezielt für seine Zwecke. Und dafür hatte er durchaus Gründe. Denn was die Logik uns zu wissen gibt, das hat man vorher schon gewusst. Logik erzeugt keine neue Information, sondern variiert und arrangiert nur das, was schon bekannt ist. Van Helmont beginnt sein Werk *Aufgang der Arzneikunst*, das ganze Generationen von Medizinern in Begeisterung versetzte, damit, dass er über die klassische Logik der Philosophen herzieht. Auch an der Vernunft lässt er kein gutes Haar. Sie kommt ihm vor wie ein »leeres eiteles Gerippe«. Umso höher schätzt van Helmont die mystische Einsicht und die Hilfe von Träumen und Visionen. Hier wie auch sonst schließt er sich eng an Paracelsus an, den er trotz mancher Gegensätze in der Lehre hoch verehrte. Visionen versuchte er sogar künstlich herbeizuführen.

So verlangte es ihn eines Tages, von der rohen Wurzel des Eisenhuts zu kosten, einer tödlich wirksamen Giftpflanze, die übrigens heute noch wegen ihrer Schönheit in vielen Gärten angepflanzt wird. Er berührte die angeschnittene Wurzel nur mit der Zungenspitze, ohne etwas herunterzuschlucken, aber das war schon zu viel. Van Helmont merkte bald, dass seine Hirnschale »wie von einem Gürtel« heftig zusammengezogen wurde. Plötzlich war ihm, als denke er mit dem Zwerchfell und nicht mit dem Hirn, jedoch viel klarer und heller als sonst. Dieser Zustand hielt einige Stunden an. Von seinem Rausch begeistert, bemühte sich van Helmont noch mehrfach, diesen Zustand wieder mithilfe des Eisenhuts hervorzurufen, aber erfolglos. Er berichtet davon in einer Schrift, die vorsichtshalber erst nach seinem Tode publiziert wurde, fürchtete er doch zu Recht, ins Visier der Heiligen Inquisition zu geraten.

Ebenso hoch wie die Visionen schätzte van Helmont die Macht des Feuers. Sich selbst bezeichnete er als einen *philosophus per ignem*, einen Philosophen durch das Feuer, als einen also, der mit dem Feuer philosophiert, und das Feuer selbst bestimmte er als den Tod, der zu großen Zwecken in die Hand des Künstlers gelegt sei. Das Feuer eröffne und lehre alle Geheimnisse der körperlichen Dinge und beschleunige alle Wirkungen der Natur, es wecke die schlummernden, tief begrabenen Kräfte. Weil der griechische Philosoph Aristoteles kein Feuerkünstler gewesen sei, deshalb habe er auch nichts Rechtes lehren können, sondern Unsinn erzählt. Ein Philosoph, der ohne das Feuer arbeitet, würde von tausend falschen Meinungen betrogen, da man den Irrtum eben nur mithilfe des Feuers entlarven könne.

1633 stand van Helmont in seinem 56. Jahr. Um diese Zeit erreichte auch der Dreißigjährige Krieg seinen Höhepunkt, der Generalissimus Wallenstein stand nach mehreren Siegen über die Protestanten für wenige Monate im Zenit seiner Macht. Die Sache der Katholiken befand sich im Aufwind. Es war das Jahr, in dem die Kirche den Naturforscher Galileo Galilei zwang, öffentlich die ketzerische Lehre zu widerrufen, die Erde drehe sich um die Sonne. Zur gleichen Zeit war auch van Helmont in größten Nöten, denn auch er war ins Visier der Inquisition geraten, die in ihm einen Hexer sah. Zwar war van Helmont katholisch und tiefgläubig, doch er beschäftigte sich mit Dingen, die aus Sicht der Kirche Teufelszeug waren. Anlass war ein Streit um ein Heilmittel, die sogenannte Waffensalbe. Die Zubereitung dieser Salbe hatte Paracelsus gelehrt. Damit sollten Schussverletzungen geheilt werden. Sie enthielt allerlei Ingredienzien, hauptsächlich aber menschliches Fett, pulverisiertes Dörrfleisch vom Menschen, »Mumia«, sowie Menschenblut. Diese Substanzen erscheinen uns heute grauenerregend, sie zählten aber bis ins 20. Jahrhundert hinein, wie früher schon festgestellt, zur Ausstattung vieler Apotheken.

Die Waffensalbe wurde nun, und das ist ihre Besonderheit, nicht so verwendet, dass man sie auf die Wunde gestrichen hätte. Vielmehr umgekehrt: Es wurde etwas von dem Blut der Wunde mit einem hölzernen Stab in die Waffensalbe gerührt. Eventuell wurde auch die Waffe eingerieben. Durch magische Fernwirkung sollte sich die Wunde dann schließen und verheilen.

An die Wirksamkeit der Waffensalbe glaubten damals viele Ärzte. Nur daran schieden sich die Geister, ob die Wirkung natürlich sei oder durch Eingreifen des Satans zustande komme. Hier nun ergriff van Helmont Partei. Vehement erklärte er, dass die Waffensalbe in völligem Einklang mit den Naturgesetzen stehe. Sie habe mit dem Satan nichts zu tun. Denn ebenso, wie der Magnet weit entferntes Eisen erkenne und anziehe, so gebe es auch andere magnetische Substanzen, und daher könne auch eine Salbe, die entfernt von der Wunde mit einem Bestandteil derselben vermischt werde, auf diese zurückwirken. Alle Dinge nämlich seien bis zu einem gewissen Grade beseelt, denn sie alle stammten aus Gott, der das Leben schlechthin sei. Zum Leben gehöre auch, dass die Dinge aufeinander selektiv wirken.

Van Helmont ging aber noch weiter. Neben dem Menschenfett, dem getrockneten Dörrfleisch vom Menschen und dem Menschenblut zählte auch das sogenannte Schädelmoos zu den notwendigen Zutaten. Es handelt sich dabei nicht um eigentliches Moos, sondern um eine Flechte, die auch an Bäumen vorkommt, die aber nur dann als besonders heilkräftig geschätzt wurde, wenn sie von einem im Freien liegenden Menschenschädel stammte. Weil man annahm, dass die Flechten von den Sternen ausgesät werden, ist das Schädelmoos eine Verbindung des Sternenhimmels – des Makrokosmos – mit dem Mikrokosmos.

Van Helmont nun vertrat hinsichtlich des Schädelmooses die Auffassung, dass es ganz falsch sei, wenn man denke, man benötige unbedingt Moos vom Schädel eines Gehenkten. In Wahrheit sei Moos von jedwedem Schädel gleich gut geeignet. Und um sein Argument zu unterstreichen, fügte er hinzu, dass man sogar Moos vom Schädel eines Jesuiten nehmen könne. Dieser Zusatz nun brachte das Fass zum Überlaufen und erregte die Kirche.

Denn die Heilige Inquisition, die es sich zur Aufgabe gemacht hatte, Ketzer aufzuspüren und zu verurteilen, wurde besonders von den erzfrommen Jesuiten betrieben, und die fühlten sich angegriffen, sie klagten van Helmont an. Wäre er ein armer Mann gewesen, bei dem nichts zu holen war, man hätte ihn sogleich verbrannt.

Van Helmont half sich mit enormen Geldgeschenken, blieb daher am Leben, durfte hinfort aber nichts mehr veröffentlichen und auch sein Haus nicht mehr verlassen. Der jahrelange Hausarrest drückte enorm auf die Stimmung des Gelehrten, und jenes Jahr 1633 war für den Naturforscher van Helmont ein Tiefpunkt.

Doch genau in jenem Jahr hatte er eine entscheidende Vision, denn er erblickte in einem Traum seine eigene Seele. Sie erschien ihm als leuchtender Kristall, und diese Vision gab ihm Zuversicht. Der männliche Körper war, wie er schreibt, nur eine dunkle Hülle, aus welcher der Kristall hervorstrahlte.

Wer nun sagt, dass jemand, der empfiehlt, man solle Moos von Schädeln in Salben einrühren, und der überdies im Traum seine eigene Seele sieht, nicht mehr recht bei Trost sei, der spricht sicher aus, was viele denken. Man kann aber auch ganz anderer Meinung sein. Dass sich van Helmont mit Themen befasste, die wir als unsinnig oder abergläubisch empfinden, zeigt vielleicht eher die Offenheit dieses Mannes, der sich selbst keineswegs als Okkultist sah. Für ihn gab es kein »Kann-nicht-sein!«. Die Welt ist wunderbar, warum sollte sie nicht immer wieder Wunder hervorbringen? Van Helmont bewegte sich jenseits eingerosteter Denkroutinen und prüfte Berichte und Erfahrungen so unvoreingenommen wie möglich. Nichts war ihm so verhasst wie die bloße Denkgewohnheit, die sich einfach an das hält, was alle glauben, und der jeder Mut zu neuen Entdeckungen fehlt. Van Helmont selbst sagt von sich: »Ein solcher Mensch bin ich / daß mich alles anstinckt / was umb der blossen Gewohnheit willen geglaubet werden soll.« Van Helmonts Offenheit für Dinge und Zusammenhänge, die zunächst unwahrscheinlich scheinen, verdanken sich auch seine zahlreichen bedeutenden Entdeckungen, für die ihm ein Ehrenplatz in der Geschichte der Medizin und der Chemie gebührt.

Van Helmont führte die ersten quantitativen Experimente durch und reformierte den Krankheitsbegriff, indem er erstmals feststellte, dass jede Krankheit etwas ganz Spezifisches sei, ihren eigenen Ort und ihren Verlauf habe und daher auch einer individuellen Behandlung bedürfe. In der Antike hingegen sah man in den bekannten Krankheiten nur Variationen ein und desselben Grundproblems. Man ging von nur einer einzigen Krankheit aus, weil man alle Erkrankungen für Störungen im Säftegleichgewicht hielt. Geheilt wurden alle folgerichtig durch Maßnahmen, die dieses Gleichgewicht wiederherstellten, insbesondere durch Blutabnahme.

Seine für die Chemie größte Entdeckung oder Erfindung ist die Einführung des Gasbegriffs. Er bezog sich dabei auf Sprudelwässer, die hier und da in sogenannten Säuerlingsquellen hervorsprudeln. Solches Wasser enthält, wie man damals sagte, einen Spiritus, einen Geist, doch war dies ein Geist, der sich gewissermaßen auf Flaschen füllen ließ und der sogar heilkräftig war! Wenn man ihn durch Kochen aus dem Wasser heraustrieb, verlor das Wasser seine Würze und seine innere Lebendigkeit. Van Helmont zeigte, dass derselbe Geist nicht nur aus Mineralwässern entweicht, sondern beim Gären von Wein und sogar bei der Verbrennung von Kohle entsteht.

Er stellte fest, dass es sich um etwas Luftartiges handelte, das aber keineswegs mit Dampf identisch war. Vielmehr sei es ein Wesen eigener Art, das bei chemischen Reaktionen eine große Rolle spiele, und es wirke so auf den »Lebensgeist« des Menschen, dass der unter bestimmten Umständen ganz vernichtet werden könne. Nun hatte man natürlich auch vorher schon bemerkt, dass bei manchen Reaktionen Bläschen aufsteigen und farbige »Dämpfe« entstehen. Doch hatte man dem keine größere Bedeutung beigemessen, weil man glaubte, es handle sich um bloße Begleiterscheinungen. Erst van Helmont sah darin etwas Wesentliches, was er dadurch unterstrich, dass er für diese Gruppe von Substanzen einen eigenen Namen einführte. Er nannte sie Gas. Woher das Wort kommt, weiß man nicht genau, es könnte die Weiterentwicklung des griechischen Worts »Chaos« sein, das Paracelsus gern verwandte. Möglicherweise wurde es aber auch aus dem niederländischen Wort für den Schaum, der bei der Gärung entsteht, der Gäscht, gebildet. Irgendwie jedenfalls hängt es mit Geist und mit Gischt zusammen.

Das wichtigste Merkmal der Gase ist nun, dass sie sich, anders als die Dämpfe, nicht kondensieren lassen; auch wenn man sie abkühlt, bleiben sie luftartig. Sie können, wenn sie einmal entstehen, alle Hindernisse überwinden, indem sie ihre Behälter einfach sprengen. Das ist der Fall beim Sprudel wie auch beim gärenden Wein. Beide bringen es fertig, die Flaschen, in die sie gefüllt werden, zum Platzen zu bringen, wenn das Glas zu dünn ist. Deshalb sprach van Helmont vom »wilden Geist«, weil die Wirkungen lärmend und teilweise zerstörerisch sind. Die Wirkung des Schießpulvers erklärte er mit dem beim Verbrennen gebildeten Gas. Zuvor hatte man für die Sprengkraft des Pulvers eher eine Unverträglichkeit der Substanzen, die es zusammensetzen, verantwortlich gemacht: Schwefel und Salpeter mögen sich einfach nicht, der Salpeter ist kalt, der Schwefel heiß: Daher kracht es, wenn auch nur der geringste Funke hinzukommt.

Van Helmont, der fest überzeugt war, dass nicht nur die sichtbaren, sondern mehr noch die unsichtbaren Dinge den Lauf der Welt lenkten, führte auf den ersten Blick nur ein neues Wort in die Naturforschung ein. Doch dieses Wort wurde wichtig. Das, was unser Alchemist »Gas« nannte und damit für etwas Beachtenswertes erklärte, war zuvor nur als »Nichts« bekannt. Was sich »in Luft auflöst«, das ist »weg«. Selbst wenn man eingesehen hat, dass die Luft in der Tat »etwas« ist, dann hat man noch einige Schritte zu gehen, bis man bei van Helmonts Einsicht ankommt. Man könnte ja auch sagen, dass alles das, was sich bei den Reaktionen bildet, einfach eine Variante der normalen Luft ist. Mal bildet sich gute, atembare Luft, mal wiederum verdorbene. Dass es eine unendliche Fülle gasartiger Substanzen gibt, denen allen ein höchst spezifisches Verhalten zu eigen ist – dies ist eine Einsicht, deren Tragweite gar nicht zu überschätzen ist.

Entscheidend war auch, dass das Wort zunächst vor allem fremdartig klang und keinen Gedanken an eine Verwandtschaft mit anderen Worten heraufbeschwor, daher war es umso eher geeignet, auf das Neue hinzuweisen! Van Helmont eröffnete der Forschung eine Perspektive, die von den Generationen der nach ihm wirkenden Alchemisten und Chemiker nach und nach erschlossen wurde. Das Studium der Gasarten ermöglichte die moderne Chemie. So ist die Chemie Antoine de Lavoisiers, mit der nach allgemeiner Ansicht die moderne Chemie beginnt, vor allem eine Chemie der Gase. Ihr wichtigster Stoff, der Sauerstoff, ist schließlich nichts anderes als ein Gas! Weniger der Gebrauch der Waage unterscheidet die vormoderne von der modernen Chemie, sondern eher die langsam wachsende Fähigkeit, mit Gasen umzugehen, sie aufzufangen und zu unterscheiden und sie als vollwertige Reaktionspartner in den Blick zu nehmen. Erst mit der Entdeckung der Gase wurde eine vollständige Stofftheorie möglich.

Die moderne Chemie ist insofern eine Wissenschaft, die sich auf die Untersuchung von »Nichts« gründet. Ihre wichtigsten Erkenntnisse und auch ihre wichtigsten Gesetze hat sie aus der Luft geschöpft. Darin setzt sie, auch wenn sie ihm sonst in manchem widerspricht, das Erbe des Johann van Helmont fort. Im Kapitel über die moderne Chemie komme ich darauf zurück.

Allzu nahe freilich dürfen wir uns dem alten Alchemisten nicht fühlen. Zwar lebt sein Erbe fort in der Moderne – doch viele Ideen und Meinungen des Meisters sind untergegangen. So auch sein Konzept des Blas, das er dem Gas zur Seite stellte. Der Blas ist ein astraler Hauch, durch den die Sterne auf die Erde wirken. Wie die Gase aus den Stoffen kommen, so kommt der Blas vom Himmel. Van Helmont, der Paracelsus verehrte, hatte von ihm die Idee übernommen, dass das Wetter, die Krankheiten, ja sogar die Charaktereigenschaften der Menschen von den Sternen verursacht würden. Um zu erklären, wie die Sterne auf die irdischen Dinge wirkten, dazu diente sein »Blas«. Sie bliesen auf besondere Weise hinab. Für die Alchemisten waren die Sterne von höchster Bedeutung, weil man von einem allgemeinen Zusammenhang zwischen dem ausging, was am

Himmel geschieht, und dem, was sich auf der Erde abspielt. Die Sterne waren auch für die Laborprozesse wichtig.

Die enge Verbindung der Sterne mit den Prozessen auf der Erde oder im Labor – an sie glaubt heute nur noch eine winzige Minderheit von Ärzten und Chemikern. Der einzige Stern, der nach Meinung moderner Naturwissenschaftler die Vorgänge auf Erden beeinflusst, ist die Sonne. Sie hat in der Tat einen »Blas«, der auf Erden seine Wirkung tut: den sogenannten Sonnenwind. Doch wer könnte schon mit Sicherheit ausschließen, dass auch die anderen Sterne ihre Wirkung auf das Geschehen auf Erden haben? In der modernen Kosmoklimatologie wird vermutet, dass bestimmte kosmische Ereignisse, Sternenexplosionen, den Bewölkungsgrad und damit das Klima auf Erden beeinflussen. Vielleicht wird also auch van Helmonts »Blas« eines Tages von der Naturwissenschaft wieder aufgegriffen und erneuert werden.

Alchemistische Symbole und was sie bedeuten

Löwe: Als grüner oder gelber Löwe werden meist Säuren bezeichnet, die ja ätzend sind. Das korrespondiert mit den scharfen Zähnen der Raubtiere.
Grauer Wolf: Als Grauer Wolf, der den König frisst, bezeichnet man den Antimonit (Spießglas), der grau daherkommt und manchmal in Spießen, manchmal in zahnartigen Kristallen gefunden wird. Schmilzt man ihn mit goldhaltigen Stoffen zusammen, wird das Gold gereinigt.
König: Als König wird das Gold bezeichnet.
Saturn: So nennt man das Blei. Schmilzt man Blei mit goldhaltigen Substanzen, wird das Gold gereinigt.
Kalter Drache: Das ist ein Name für den Salpeter, der in Kellern gefunden wird, kalt auf der Zunge schmeckt, aber Brände anfacht.
Adler: Salmiak, der, wenn er erhitzt wird, verschwindet (davonfliegt) und sich an kühlen Orten wieder niederschlägt.

V.K

Salpeter und Pulverdampf

Uli, den ältesten, kannt' ich schon als Schulbub, in der Zeit, da er ein bißl elend lesen und schreiben gelernt. Er wuchs halbnackend und wild auf. Jedermann neckte und lachte ihn aus, weil er alle Augenblick' über Stock und Stein stolperte, alle Vögel begaffte und nie zu seinen Füßen sah. Als er nun allmählig zu einem großen starken Bengel emporschoß und seinem Vater an die Hand gehen sollte – da suchte er lieber das Weite und ging unter die Soldaten, riß aber bald wieder aus, weil er das Pulver nicht riechen konnte.«

Die bösen Worte gelten Uli Bräker, der 1735 in einem ärmlichen Bauernhaus in einem kleinen Tal bei Sankt Gallen in der Schweiz als ältestes von elf Geschwistern zur Welt kam und 1798 ebendort verstarb. Der Text stammt von ihm selbst, er legt ihn einem gewissen »Peter« in den Mund, um zu sagen, was seine Standesgenossen über ihn dachten. Bräker zählte zu den sogenannten einfachen Leuten, die bekanntlich so einfach gar nicht sind; seine Schulbildung bestand darin, dass er sechs Jahre für jeweils zehn Wochen die Dorfschule besuchte. Aus irgendeinem Grund interessierte er sich für Bücher und begann auch alsbald selbst zu schreiben. 1789 veröffentlichte er in einem Züricher Verlag seine Autobiografie, die bis heute als einzigartig gilt. Denn es ist äußerst selten, dass ein »armer Mann«, wie Bräker sich selbst nannte, über sich selbst, sein Leben, Lieben und Leiden schreibt. Während wir über das Leben der Adeligen, der Gelehrten und der großen Kaufleute oft durch diese selbst bestens unterrichtet sind, wissen wir kaum etwas über die Menschen auf dem Land und im Wald.

Bräker war Salpeterer, sein Beruf bestand darin, Salpeter herzustellen. Salpeter ist ein wichtiger Stoff, weil er für die Herstellung von Explosivstoffen unentbehrlich ist. Sagte nicht der »Giftmeister« aus dem Regenwald, das Schwarzpulver sei, neben der Seife, die bemerkenswerteste Substanz der Weißen? Salpeter ist der Hauptbestandteil des Schwarzpulvers, er ist zu über 75 Prozent darin enthalten.

Uli Bräker hat seinen Salpetererberuf nicht geliebt, weil man, wie er sagt, dabei ständig hin und her reisen muss. Schon als Kind hatte er den Vater, der ebenfalls das Salpeterhandwerk ausübte, mit seinem Wagen und seinen Kesseln begleitet. Es ist eine schwere und schmutzige Arbeit: Immerfort muss Erde geschaufelt werden.

Als junger Mann wird Bräker für kurze Zeit unfreiwillig Soldat; und so kommt er zum Einsatzort des Salpeters. Er sieht nicht nur, *wie*, er sieht auch, *wozu* er gemacht wird. Eigentlich war er aufgebrochen, um »die Welt zu besehen«. Gerade hat er sich vom Elternhaus verabschiedet, unter vielen Tränen von Geschwistern, der Mutter und überhaupt von allen, da gerät er schon in Schaffhausen in die Fänge eines preußischen Werbers. Es ist das Zeitalter Friedrichs des Großen. Der preußische König setzte auf Expansion und brauchte dazu Soldaten, die überall angeworben oder zwangsrekrutiert wurden. Bräker findet sich, obwohl er nie Soldat werden wollte, plötzlich in Berlin wieder. Niemanden kümmert es, dass er sich unfreiwillig dort aufhält, und mit Stockhieben und Drohungen wird ihm das Soldatenhandwerk beigebracht. Waren die Uniformknöpfe nicht poliert oder »stand ein Haar in der Frisur nicht recht, so war, wenn man auf den Platz kam, die erste Begrüßung eine derbe Tracht Prügel«. Auch bei dem berüchtigten, meist tödlichen Spießrutenlaufen eingefangener Deserteure mussten die jungen Rekruten zusehen, damit sie bloß nicht auf verkehrte Gedanken kamen.

Ab und zu hat Bräker frei und blickt sich um: »Berlin ist der größte

Ort in der Welt, den ich gesehen«, erklärt er. Gern hätte er diesen Ort näher erkundet, allein die riesige Stadt lähmte den Mann aus den Bergen: »Bald gebrach's uns an Zeit, bald an Geld, oder wir waren von Strapazen so marode, daß wir uns lieber der Länge nach hinlegten.« Heute geht es vielen ähnlich.

Es dauerte nicht lange, da ging es in den Siebenjährigen Krieg zwischen Preußen und seinen Gegnern, insbesondere Österreich. Das Regiment mit dem fantastischen Namen »Itzenblitz«, dem Bräker zugeordnet wird, zieht nach Sachsen und weiter die Elbe hinauf. Bräker gerät in die Schlacht bei Lobositz (heute Tschechien), in der die Preußen gegen die Truppen der Kaiserin Maria Theresia von Österreich kämpften. Wer aus dieser Schlacht als Sieger hervorging, ist bis heute nicht ganz geklärt. Bräker berichtet, dass das ganze Tal im Schießpulvernebel lag; die Schlacht ist in vollem Gange, als sein Regiment eintrifft. Bräker verschießt alle seine 60 Patronen, »bis meine Flinte halb glühend war«, dann aber, mitten im Schlachtgetümmel, desertiert er, was ihm hier, im Feindesland, aussichtsreicher erscheint als in Preußen selbst. Er tat gut daran, denn die Schlacht bei Lobositz war nur die erste in einem Krieg, der noch sieben Jahre dauerte.

Und er hat Glück: Er kann sich unbemerkt in Sicherheit bringen. Er wandert quer durch Deutschland, kommt in die Schweiz und weiter bis ins heimatliche Tal. Zu Hause angelangt, staubbedeckt und in Uniform, erkennen die Geschwister den »preußischen Soldaten«, mit »tüchtigem Schnurrbart«, nicht sofort. Dann freilich sind der Freude und der Tränen kein Ende.

Doch was nun? Wieder Salpeter sieden? Pulver herstellen? Auf diese »schwarze Kunst« hat er wenig Lust, denn »dergleichen Spezerei hatt ich genug gerochen«. Aber ihm blieb nichts anderes übrig, und so nahm er das Wanderleben des Salpeterers wieder auf, das er zugleich zur Brautschau nutzte. Als Salpeterer besuchte er viele Bauernhöfe, wo er Erde aufkaufte. Er zog über Berg und Tal, machte auf den Höfen die Bekanntschaft der einen oder anderen Schönen: »Indem ich so hin und wieder meinen Salpeter brannte, sah' ich eines Tags ein Mädchen mit einem Amazonengesicht vorbeigehen, das mir als einem alten Preußen nicht übel gefiel.« Die Schöne sah also recht kämpferisch aus, womit Bräker die Grundmelodie seines Ehelebens vorwegnahm. Er freite die Amazone und baute für sie ein Haus, in dem er von den Kellermauern bis zur Kinderwiege alles selbst anfertigte. Seine spätere Ehefrau war mit dem Nestchen zufrieden, aber sein Beruf passte ihr nicht. Sie sagte ihm auf den Kopf zu, »daß ihr meine dreckeligte Hantirung mit dem Salpetersieden gar nicht gefalle«. Also wechselte Bräker 1759 den Beruf, verlegte sich auf Textilien und wurde Weber und Garnhändler. Seine Leidenschaft für Bücher sahen seine Talgenossen als Zeichen von Überheblichkeit an: »Er fing an, seine Nase in die Bücher zu stecken, und weil sein Geldseckel ihm nicht erlaubte, dergleichen zu kaufen, bettelte er sich in eine Gesellschaft ein, wo er sie ausleihen konnte. Nun glaubte er gar, der Tag stehe ihm am Hintern auf, er floh unsereinen und unsere altväterschen Zusammenkünfte und vernachlässigte seine Geschäfte.« Er schreibt seine Lebenserinnerungen nieder, die ihn unsterblich machen.

Salpeter ist ein dem Kochsalz ähnlicher Stoff, der in langen Spießchen kristallisiert. Viele Menschen haben ihn schon einmal irgendwo gesehen, in alten Kellern oder auch in Höhlen. Die meisten haben ihn aber nicht erkannt, sondern für einen üppigen Schimmel gehalten, der da am Boden oder an den Wänden wuchs. Wie feine, weiße Fasern, wie ein zartes Gespinst kommt der Salpeter aus den Wänden oder aus dem Boden. Mit einer Handbewegung ist das fusselige Zeug entfernt: Wer will schon solche Gewächse auf den Wänden?

In der Zeit der gedämmten, frischverputzten Niedrigenergiehäuser ist Salpeter eine Seltenheit geworden, jedenfalls in Mitteleuropa. Man muss sich in verlassene Gehöfte oder in die Keller alter Schlösser und Burgen begeben, wenn man ihn zu Gesicht bekommen will.

Der natürlich wachsende Salpeter war seit dem späten Mittelalter und bis ins 19. Jahrhundert hinein einer der wichtigsten Stoffe überhaupt, jeder König, jeder Soldat, jeder Bauer kannte ihn. Kein Schuss konnte abgegeben werden ohne Schießpulver, das daher Gegenstand vieler Rituale und magischer Praktiken war. Um 100 Gramm Schwarzpulver herzustellen, braucht man 75 Gramm Salpeter, der Rest sind Holzkohle und Schwefel. Außerdem mischte man dem Schwarzpulver gern noch winzige Mengen magischer Substanzen bei, etwa Blut von Fledermäusen, dann könne der Schuss, so glaubte man, auch bei Nacht sein Ziel nicht verfehlen.

»Er hat sein Pulver verschossen«, sagen wir, wenn ein Gegner keine neuen Argumente mehr auf Lager hat, mit denen er uns bedrängen kann. Der Spruch erinnert an die Kriegsführung alter Zeiten, als die Soldaten nur eine abgezählte Anzahl Patronen ausgehändigt bekamen und, wenn diese verschossen war, keine Bedrohung für den Feind mehr darstellten.

Die militärische Stärke eines Staates hing, so seltsam es ist, an diesen sehr feinen, brüchigen Kristallen. Deshalb schufen die Herrschenden – ob es nun Fürsten, Könige, Kaiser oder Bürgermeister waren – einen neuen Berufsstand, den Salpeterer. Die Salpeterer hatten die Aufgabe, Salpeter herzustellen, der ausschließlich zum Verkauf an ihre Auftraggeber bestimmt war. Zudem mussten sie Lehrlinge ausbilden.

Die Salpetersieder wussten, wo der Stoff aufzufinden war. Er steckt in Mauern und Böden von Ställen, aber auch in Fußböden und Wänden der Bauernhäuser, die aus gestampftem Lehm erbaut waren. Auch in Höhlen kann man ihn entdecken, zudem in fruchtbarer Erde, die daran zu erkennen ist, dass bestimmte Pflanzen, beispielsweise Brennnesseln, Brombeeren oder Holunder, dort wachsen.

Salpeterer erhielten in den deutschen Ländern eine Urkunde, die sie ermächtigte, sich diese Erde aus Wohnhäusern und Ställen zu beschaffen, gegebenenfalls sogar die Wände abzuschlagen, um den darin befindlichen Salpeter auszukochen. Man kann sich vorstellen, dass sie nicht besonders beliebt waren. In der Schweiz waren die Salpeterer hingegen oft Landwirte oder Gewerbetreibende, die die Erde nicht raubten, sondern kauften. Man legte auch regelrechte Salpeterpflanzungen an, in denen Erde mit Urin, Fäkalien, tierischen und pflanzlichen Abfällen gemischt und in überdachten Haufen ein bis zwei Jahre sich selbst überlassen wurde. Die Überdachung war notwendig, denn Salpeter ist leicht löslich und wird vom Regen schnell weggeschwemmt. Deshalb enthält normale Ackererde bei Weitem nicht so viel Salpeter wie die Erde aus alten Ställen.

Mit der Erde also beginnt der Salpeterer seine Arbeit, was er am Ende abliefert, ist ein schneeweißes Pulver. Wie kommt er vom einen zum anderen? Davon erzählt uns Uli Bräker nicht sehr viel, er konzentriert sich eher auf seine Eheprobleme. Es gibt aber eine Art Comic aus dem Jahr 1724, gedruckt von der Gesellschaft der Feuerwerker in Zürich, der in Latein und Deutsch zeigt, wie Salpeter richtig hergestellt wird. Uli Bräker und sein Vater dürften diesen Druck gekannt haben. Mit dem holprigen Vers »Die Erd aus Ställen wird gegraben / daraus wir den Salpeter haben« beginnt die Beschreibung.

Die Erde wird mit Aschenlauge versetzt und dann in einem mit Stroh gefüllten Bottich grob gefiltert. Man reinigt die braune Suppe, indem man Blut hineingibt, was ein wenig unheimlich erscheint. Der praktische Sinn der Maßnahme ist derselbe, der den Koch von heute veranlasst, eine trübe Brühe zu klären, indem man ein rohes Ei hineinquirlt. Das Eiweiß gerinnt und zieht dabei die meisten trüben Stoffe an sich. Blut wirkt genauso. Es klärt die Salpeterbrühe. Sie wird dann eingedampft, wobei nach und nach Kochsalzkristalle ausfallen, weil sie schwerer löslich sind als der Salpeter. Die schöpft der Salpeterer ab, dann lässt er seinen Salpeter an einem ruhigen, kühlen Ort auskristallisieren. Die Substanz bildet feine Spieße und ist daran gut zu erkennen. Kochsalzkristalle nämlich sehen anders aus – sie sind würfelförmig. Die Qualität des Salpeters wurde am Geschmack – der Salpeter ist auf der Zunge kühl – und am Verhalten auf glühenden Kohlen bestimmt. Wirft man einige Krümel Salpeter auf glühende Kohle, so sieht man ein deutliches Aufblitzen. Kochsalz hingegen spratzelt nur ein wenig, und auch andere Salze verhalten sich auf den glühenden Kohlen deutlich anders. Schließlich und endlich, so lesen wir in unserem Comic, »wird er ganz rein zerbrochen wie der Staub so fein«. Als feines Pulver wird er vom Salpeterer dann verkauft. Im Jahr produzierte der Salpeterer mit seiner Familie und unter Mithilfe von Knechten etwa 500 bis 1 000 Kilogramm. Dafür musste er an nahezu jedem Tag viel Erde ausgraben, transportieren und verarbeiten, denn ein Kilogramm Erde enthält nur wenige Gramm Salpeter, wenn überhaupt.

Gemessen an der Produktion einer modernen Anlage, die im Laufe eines Jahres viele Tausend Tonnen betragen kann, ist das recht bescheiden. Daher konnten die Schlachten auch nicht bis in alle Ewigkeit fortgeführt werden. Wenn ein Heer sein Pulver verschossen hatte, blieb nur der Rückzug, aufgrund der geringen Menge Schießpulver, die man zur Verfügung hatte, meist schon nach wenigen Stunden oder Tagen. Das ist, wie wir später noch genauer sehen werden, heute ganz anders, weil die moderne Chemie praktisch unbegrenzte Mengen an Explosivstoffen liefert. Eine einzige moderne Anlage erzeugt im Jahr so viel wie eine halbe Million Salpeterer.

In China, in Südostasien und in Indien gewann man den Salpeter auf ähnliche Weise wie in Europa; in Indien war eine eigene, ziemlich tiefstehende Kaste damit befasst. Aus Indien, das über sehr salpeterreiche Böden verfügte, exportierten die Holländer und die Engländer lange Zeit den kostbaren Stoff und machten dabei gute Geschäfte.

In der Neuen Welt war Salpeter so unbekannt wie Schießpulver, was den Eroberern entscheidende Vorteile sicherte. Um den Nachschub sicherzustellen, brachten sie ihre eigenen Salpeterköche und Büchsenmacher mit. Die Salpeterer der Neuen Welt fanden den Salpeter vor allem in Höhlen, wo er sich zum Beispiel aus Fledermausexkrementen bildet. In Salvador de Bahia in Brasilien existiert immer noch eine nach dem Salpeter benannte Rua do Salitre, die ins Landesinnere führt.

Der Weg des Salpeters führte jahrhundertelang aus dunklen Kellern oder Höhlen über heiße Kessel und Bluttöpfe in die Pulvermühlen, wo der Stoff mit Schwefel und Holzkohle vermischt und zu Schwarzpulver gekörnt wurde. Dann ging es zwecks Lagerung in die Pulvertürme, von dort auf Kriegszüge. Seine irdische Pilgerfahrt endete im Feuer der Gewehre und Kanonen auf den Schlachtfeldern, als Rauch zog der gewandelte Stoff in die Lüfte und auf und davon. Uli Bräkers Lebensbeschreibung ist für uns auch deshalb so faszinierend, weil er den ganzen Weg des Salpeters mitgeht, bis hin zum Verduften in der Schlacht, wo Bräker sich klugerweise auch von dannen macht. Hinterher will er mit dem Salpetersieden und Pulvermachen nichts mehr zu tun haben, nicht nur, weil seine Frau es verlangt. Vielmehr sieht er selbst keinen Sinn mehr darin. Das formuliert er in dem klassischen Satz: »Was gehen mich eure Kriege an?«

Ein Glück, dass er sein Leben, eine Parallelgeschichte zum Salpeter, aufgeschrieben hat! Die Schweizer halten sein Andenken in hohen Ehren. Wahrlich eine Genugtuung für einen, den seine Talgenossen als »Erzschöps«, als Hammel, verlachten!

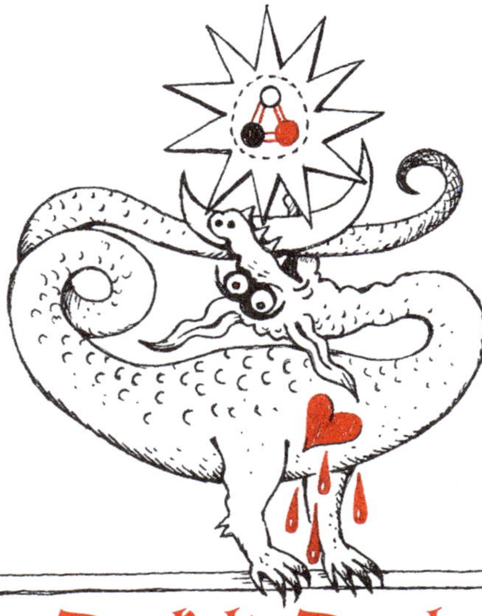

Der kalte Drache

Die alten Salpeterer, die ihren Salpeter in den Wäldern und in den Dörfern kochten, sahen in dem Stoff ein Lebewesen, das wie eine Pflanze aus einem Keim herauswächst. Sie verorteten ihn in ihrer bäuerlichen Welt, die für sie das Erste und das Letzte war. So wie Getreide auf den Feldern gesät wird, dann keimt, reift und geerntet wird, kann auch der Salpeter gesät und geerntet werden.

Man säte ihn aus, indem man Erde, die man für geeignet hielt, mit dem Salpeter bepflanzte, also gewissermaßen den Samen hineinbrachte und ihn dann mit dem, was der Salpeter mochte – Urin, Abfälle, auch etwas Kalk –, nährte. Man musste es ihm gemütlich machen, nicht zu heiß und nicht zu kalt, er brauchte auch Luft, weshalb man Löcher in die Salpetererde trieb. War der Salpeter gut versorgt, dann wuchs er und gedieh. Es lag also nahe und hatte nichts Geheimnisvolles an sich, wenn man diesen Stoff für lebendig hielt. Zwar wissen wir, dass die Salpeterer auch abergläubische Anwandlungen hatten – manche nutzten magische Amulette, um salpeterhaltige Erden zu finden –, doch insgesamt war ihre Welt so nüchtern wie das Handwerk selbst.

Auch für die Alchemisten, die in Städten, in Klöstern oder Burgen tätig waren, war der Stoff von hohem Interesse, in erster Linie, weil sie aus ihm Salpetersäure gewannen, das Scheidewasser der Alchemisten, das Silber auflöste, aber Gold unversehrt ließ. Auch Königswasser, eine Mischung aus Salzsäure und Salpetersäure, kann man mit Salpeter herstellen, indem man ihn mit Salmiak mischt und erhitzt. Wenn man die entstehenden Dämpfe auffängt und kondensiert, zum Beispiel in einer Retorte, dann hat man eine Flüssigkeit, die sogar Gold auflöst. Und natürlich waren die Alchemisten überhaupt von jenem Stoff fasziniert, der im Schwarzpulver so gewaltige Wirkungen zeitigte!

Über keine andere Substanz wurde in der vormodernen Chemie so viel geschrieben wie über Salpeter; je kriegerischer die Zeiten, desto mehr Abhandlungen wurden gedruckt. Die Alchemisten nannten ihn, wie wir in einem Traktat eines gewissen Basilius Valentinus (vermutlich der Alchemist Johann Thölde, 1565–1614) lesen können, »den kalten Drachen, so seine Wohnung in den Speluncken der Erde lange Zeit gehabt«. Kalt ist dieser Drache zum einen, weil er an kalten Orten gefunden wird, beispielsweise in Kellern oder Höhlen. Zum anderen, weil er kühlt, wenn man einen Kristall davon auf die Zunge legt.

Als scharfzähnigen und feuerspuckenden Drachen bezeichnete man den Salpeter, weil sich aus ihm starke, beißende und fressende Säuren herstellen lassen. Der Salpeter war also eine Substanz, die mit Widersprüchen aufgeladen ist, kalt wie Eis und brennend »wie ein höllisch Feuer«.

Man wusste zudem, dass Salpeter etwas mit der Luft zu tun hat: »Ein subtiler Geist steckt in mir«, so lässt ihn Basilius Valentinus sagen. In der Tat spaltet Salpeter, wenn er erhitzt wird, zunächst Sauerstoff ab. Und der macht sich bemerkbar: Hält man einen glimmenden Holzspan über eine Salpeterschmelze, dann flammt er hell auf. Oft wird deshalb gemutmaßt, dass viele Alchemisten schon den Sauerstoff, die zentrale Substanz der modernen Chemie, gekannt hätten. Doch Sauerstoff ist nur zur einen Hälfte eine konkrete Substanz, die man im Labor isolieren kann; zur anderen Hälfte ist er ein Begriff oder eine Idee. Diese Idee hat in aller Klarheit erst der französische Chemiker Lavoisier formuliert, wie wir später sehen werden.

Zwei Dinge waren bekannt: Zum einen benötigt der Salpeter, um zu wachsen, frische Luft; ohne Luftzufuhr bildet sich auch in den reichsten

Misthaufen nicht ein Kristall Salpeter. Zum anderen gibt der Salpeter, wenn er erhitzt wird, etwas ab, das die Verbrennung fördert. In dem *Uralten Chymischen Werck* eines Rabbiners namens Abraham Eleazar – 1735 in deutscher Übersetzung veröffentlicht – wird der Salpeter entsprechend durch zwei Drachen dargestellt, die sich jeweils in den eigenen Schwanz beißen, von denen der eine, geflügelt, in der Luft schwebt, der andere aber auf der Erde sitzt. Im Salpeter, so lehrt der Weise, stecke der »unsichtbare Geist der Luft«, er sei ein »fest gewordener Himmel«. Das mag rätselhaft sein und könnte alles Mögliche bedeuten. Denkbar ist aber, dass der Rabbiner und Alchemist der Meinung war, im Salpeter sei eine bestimmte Art Luft verborgen.

Die Alchemisten befassten sich auch mit Möglichkeiten, die herkömmlichen Verfahren zur Salpetergewinnung zu verbessern. Am Ende stand fest, dass der Salpeter aus nahezu allen Lebewesen gewonnen werden kann; vorausgesetzt, man hat genügend Geduld. Und daran hat es den Alchemisten, den geduldigsten Forschern, die es je gab, nie gefehlt. Prozesse, die sich über Monate hinziehen, waren für sie Kleinigkeiten. Und wenn der Salpeter Jahre braucht, um zu wachsen – wo liegt das Problem? Man suchte den Stein der Weisen schließlich nicht nur, um Gold zu machen, sondern auch, um spirituelle Vollkommenheit, die ewige Jugend, Gesundheit und Seligkeit zu erlangen.

An dieser Stelle der Salpetergeschichte tritt Johann Rudolph Glauber auf, ein Alchemist, der 1604 in Karlstadt am oberen Main, nicht weit von Würzburg, geboren wurde. Sein Vater war dort Barbier. Glauber ging bei einem Spiegelmacher in die Lehre, dann begab er sich auf Wanderschaft. Er besuchte nie eine Universität, sondern lernte bei berühmten Alchemisten und durch das Studium von Büchern. Zeitlebens war er viel unterwegs, er lebte und wirkte unter anderem in Wien, Amsterdam, Utrecht, Köln und Frankfurt. Glauber war Autodidakt, was er konnte, das hatte er entweder selbst erfunden oder in jedem Fall selbst erprobt. Und er konnte eine ganze Menge. So entwickelte er neuartige Öfen, deren Bauweisen er in einer umfangreichen Abhandlung namens *Philosophische Öfen* publizierte – das mehrbändige Werk machte ihn berühmt und fand sich in fast jeder alchemistischen Büchersammlung seiner Zeit.

Er war ein außergewöhnlich kreativer Forscher. Auf dem einzigen erhaltenen Porträt sieht man einen bärtigen Mann mit langem, etwas unordentlichem Haar, schmalem Gesicht und stechendem Blick. Er war der Erste, der starke Mineralsäuren, insbesondere die Salzsäure, in hoher Reinheit darzustellen vermochte. Er erfand zudem Porzellanimitationen und neue Verfahren der Metallgewinnung, die teilweise heute noch genutzt werden. Zugleich glaubte er an die zentralen Lehren der Alchemie, hatte keine tieferen Zweifel, dass sich Gold aus anderen Metallen herstellen lasse; er gibt dafür sogar etliche Rezepte an.

Glauber ist eine Schlüsselfigur des Übergangs von der Alchemie zur modernen Chemie. Er lehnte es ab, sich von einem Fürsten bezahlen zu lassen: Nie hat er an einem Fürstenhof gearbeitet. Vielmehr setzte er alles daran, vom Ertrag seiner Kunst zu leben. Er brachte seine Waren auf den Marktplatz und finanzierte seine Forschungsarbeiten mit dem Verkauf seiner Produkte, sowohl seiner chemischen Präparate wie auch seiner Bücher.

Er war im Grunde der erste forschende Chemieunternehmer, den wir kennen. Glauber stellte nahezu alles her, sowohl Metallprodukte wie auch Farben, wie auch Arzneimittel. Nur eine einzige seiner vielen Medizinen ist heute noch Teil des modernen Arzneimittelschatzes: das Glaubersalz, ein Abführmittel.

Über 20 teilweise sehr dickleibige Werke hatte er verfasst, als er 1670 in Amsterdam starb. Darunter befinden sich pharmakologische Abhandlungen ebenso wie metallurgische. Auch einen *Trost der Seefahrenten* schrieb er, worin er, wie weiter oben schon erzählt, bestimmte Säuren gegen Skorbut empfahl. Sein wichtigstes Werk, und damit sind wir wieder beim Salpeter, ist *Teutschlands Wohlfahrt*. Mit diesem Buch versuchte er, sein vom Dreißigjährigen Krieg zerstörtes Vaterland mit chemischen Methoden wiederaufzurichten. Der Salpeter steht dabei im Zentrum.

Glauber stellt fest, dass Salpeter vielerorts eine entscheidende Rolle spielt, weil er sowohl aus Lebewesen als auch aus Erde, Urin, Jauche und Kot gewonnen werden kann. Er ist in der Natur überall vorhanden und überall nützlich. Er fördert das Wachstum von Pflanzen und kann als Dünger eingesetzt werden. Aus der Luft zieht er, so lehrt Glauber, einen *spiritus universalis*, einen universellen Geist, den alle Lebewesen brauchen.

Entsprechend hoch schätzt Glauber den Salpeter und vergleicht ihn gar mit Jesus Christus. Glauber fordert: »Last uns mit den dreyen Königen auß Morgenland in den Vieh-stall gehen / und das neu-gebohren Kind von einer Jungfrau gebohren / den König oder Monarchen der Welt darinnen suchen / und ihn mit herrlichen Gaben verehren / auff daß er zunehme / wachse/und mächtig werde.«

Gleich darauf, um nur ja den Verdacht zu zerstreuen, er sei ein übler Gotteslästerer, löst er das Gleichnis auf: »Was ich allhier von der Geburt deß Salpeters sage / kann jederman leicht verstehen. In den Viehställen wird er ja gebohrn / sein Vatter ist die Sonne / der Mond seine Mutter / der Wind trägt deß Vatters Saamen herunter in den Vieh-stall in die feuchte Erden / und schwängert solche / seine Gebährerin und Säugamme ist ein Jungfräuliche Erden.«

Wir können uns dies heute so erklären, dass der Salpeter in der Tat ursprünglich aus der Luft kommt, er wird von bestimmten Bakterien aus Stickstoff und Sauerstoff gebildet, also aus der Luft. Weil es sich hier um einen biochemischen Prozess handelt, der von Bakterien vorgenommen wird, und zwar in der Erde, ist es richtig, dass Glauber von »Saamen« spricht und sie in der Erde gedeihen lässt.

Mit seinen Überlegungen hat Glauber moderne Erkenntnisse über den Stickstoffkreislauf erahnt. Ihm ist klar, dass der Salpeter – eine Stickstoffverbindung, wie wir heute sagen würden – in der gesamten Natur eine kaum zu überschätzende Bedeutung hat, da alle Pflanzen, ja alle Lebewesen ihn benötigen.

Glaubers unerhörte Modernität erweist sich auch darin, dass er darüber nachdenkt, wie die Chemie beim Kriegführen helfen kann. Am Beispiel der biblischen Geschichte von David und Goliath zeigt er, dass »Kunst« bisweilen mehr wert ist als »Stärcke«. Geradezu visionär ist seine Behauptung, dass Kriege kommen werden, in denen die »Kunst«, also die Waffentechnologie, den Ausschlag geben wird. Wenn er sagt, dass er im Besitz neuer Waffen sei, vermute ich, dass er dabei hochkonzentrierte Mineralsäuren meint, denn er spricht von »wässerigen Instrumenten«. Glauber will sie gegen den gefährlichen »Türck« einsetzen, der mit »nassen Feuren verbrant / und gäntzlich außgereutet« werden könne.

Was aber, »wann ein untreuer Christ zu dem Türcken überlieffe / und solche Waffen der Feind auch bekommen / und gegen den Christen selbst gebrauchen solte«? Um dem vorzubeugen, schlägt er vor, nur wohlbekannte, alteingesessene Männer, die Frau und Kinder haben, mit den Geheimnissen der chemischen Kriegskunst zu betrauen. Zum anderen aber rät er dazu, immer weiterzuforschen und so dem Feind stets eine Nasenspitze voraus zu sein.

Unser unermüdlicher Alchemist hat in der Tat zwei hochmoderne Sprengstoffe erstmals beschrieben, nämlich das Kaliumpikrat, das als Initialsprengstoff genutzt wird, und das Ammoniumnitrat, ein auch heute noch häufig verwendeter Sprengstoff. Beide empfahl Glauber allerdings nur als Medikament!

Es ist ohnehin nicht sein Ziel, Mittel zum Töten anderer zu entwickeln. Seine Chemie soll der Gesundheit dienen und den Wohlstand fördern. Wohlstand lässt sich mehren, indem man Wege findet, begehrte Waren günstig und in großen Mengen herzustellen. Hier liegt für Glauber die eigentliche Aufgabe der Chemie, deshalb nennt er etliche neue Rezepte für die Salpetergewinnung. Dieser Stoff ist ja vielfältig verwendbar, man kann ihn sogar als Dünger nutzen! »Dann alles das jenige / das Fruchtbarkeit und Wachsthumb giebet / das ist Nitrosisch«, wie er klar sagt. Seine Devise lautete: »In sole et sale omnia« – im Salz und in der Sonne liegt alles. Und eben deshalb scheint ihm der Salpeter so wirksam, weil er nämlich die Sonne gewissermaßen in sich trägt.

Glauber beschreibt viele Wege, wie Salpeter aus Ausgangsmaterialien, die überall reichlich vorhanden sind, gewonnen werden kann. Jeder könne dabei mithelfen und so etwas für das Vaterland tun! Sein Bemühen, seinem »Teutschen Vatterland« eine immerwährende Quelle des Wohlstands und zugleich der Unabhängigkeit zu eröffnen, fand aber kaum Beachtung.

Viele seiner Vorschläge sind, wie wir heute wissen, falsch; so kann man Salpeter zum Beispiel nicht aus Kochsalz gewinnen. Richtig bleibt Glaubers Erkenntnis, dass er aus allen Pflanzen und Tieren und aus tierischen Exkrementen durch Fäulung, biochemische Prozesse also, erzeugt werden kann, dass Salpeter zu seiner Bildung Luft benötigt und dass er, als Stickstoffquelle nämlich, in der Natur eine zentrale Rolle spielt.

Glauber starb 1670 in Amsterdam nach langer, schwerer Krankheit, die er sich wahrscheinlich durch seine vielen Versuche mit Schwermetallen, insbesondere mit Blei, Quecksilber und Arsen, zugezogen hatte. Er wurde in der Westerkerk neben Rembrandt beigesetzt.

Von seinen acht Kindern setzte keines das Werk des Vaters fort, keines interessierte sich für Alchemie. Er nahm es ihnen, wie er schreibt, nicht übel, da diese Kunst sehr gefährlich sei: »Habe darumb keines zur Alchimia zwingen wollen / weiln so viel gefahr darbey zu erwarten.« Drei seiner Kinder aber ließen sich von der großen Epoche der niederländischen Kunst inspirieren und wurden Maler.

3. Laborchemie

Die moderne Chemie glaubt, die Alchemie weit hinter sich gelassen zu haben. Und in der Tat gibt es große Unterschiede. Ungefähr in der Mitte des 18. Jahrhunderts entstand, zusammen mit dem Aufstieg der Aufklärung, eine neue Form der Naturwissenschaft, die nur noch auf die allen immer leicht zugängliche Erfahrung, also nicht mehr auf Geheimwissen oder gar Träume zurückgriff. Auch Gott hatte nun keinen Platz mehr in der Forschung. Sein Platz bleibt entweder leer, oder die Naturwissenschaft setzt sich selbst an seine Stelle, indem sie behauptet, sie könne mit ihren Erfindungen das Paradies auf Erden schaffen.

Auf der Ebene der Theorie sind markante Umbrüche zu verzeichnen, die vor allem in der Lehre vom Feuer sichtbar werden. Die Rätsel um die Stoffe, das Feuer und die Wandlungen werden nun neu gelöst. Während für die Alchemisten beim Verbrennen insbesondere von Metallen etwas entschwindet, lehrt die moderne Chemie hingegen, dass etwas hinzukommt, der Sauerstoff. Der Sauerstoff ist die kopernikanische Substanz der modernen Chemie, er markiert die Epochenwende und den Übergang zur Moderne. Und diesen Stoff atmen Menschen und Tiere, die Luft ist also nicht bloß zum Kühlen des Bluts gut, sondern enthält eine Substanz, ohne die der Mensch nicht leben kann. Auch in der Lehre von den Metallen kommen Unterschiede zum Tragen. Für die moderne Chemie sind die klassischen Metalle, Gold, Silber, Kupfer, Eisen, Blei und Zinn keine Verbindungen – sei es von Schwefel und Quecksilber oder von Phlogiston und einer »Metallbase«. Vielmehr sind die Metalle Elemente und können folglich auch nicht erzeugt werden. Die klassischen philosophischen Elemente Wasser, Luft, Erde gelten der modernen Chemie als Verbindungen oder Gemische. Das Feuer erklärt die Chemie als Prozess, der sich der Reaktion eines brennbaren Stoffes mit Sauerstoff verdankt.

Man darf aber nicht nur auf die Theorien schauen, zumal selbst dort die Unterschiede so groß eigentlich nicht sind. Blickt man nicht nur darauf, was in den modernen Labors gedacht, sondern auch, was in ihnen getan wird, dann lassen sich zwischen der modernen Chemie und der Alchemie weiterhin wichtige Gemeinsamkeiten finden, ja, man erkennt auch sogleich die Kontinuität zur Chemie der Wälder. Denn immer noch werden Substanzen gemischt und im offenen Feuer oder in Öfen erhitzt. Das Feuer, in Gestalt des Bunsenbrenners oder des Ofens, ergänzt durch

»nichtklassische Energiequellen« wie etwa den Mikrowellenofen, ist der Mittelpunkt auch der modernen Chemie. Viele Substanzen, die von der Alchemie entdeckt wurden, verwendet die moderne Chemie weiterhin, insbesondere die Mineralsäuren. Viele alchemistische Prozesse wie etwa das Destillieren sind nach wie vor in Gebrauch. Daneben ist natürlich ungeheuer viel Neues getreten, die Fachzeitschrift, die organisierte Forschung, der Computer und viele neue experimentelle Methoden.

Neben dem Denken und dem Tun gibt es aber noch eine dritte Ebene, die Ebene der Träume. Den Menschen reicht es nicht, sich nur als Spezialisten zu betätigen, sie wünschen sich große Ziele, sie möchten mit ihrem Tun ihrem Land, vielleicht gar der Menschheit einen Dienst erweisen. Auf der Ebene dieser Träume nun gibt es eine so tiefe Gemeinschaft zwischen der modernen Chemie und der Alchemie, dass man immer noch von ein und demselben Projekt sprechen kann. Der alchemistische Mythos bestimmt auch die moderne Forschung, ja, er ist in Wahrheit gar nicht abgeschafft, sondern nur verallgemeinert worden. Es geht jetzt nicht mehr darum, den wertvollsten Stoff, das Gold, aus wertloseren herzustellen. Die neue Devise ist aber nicht weniger ehrgeizig. Es geht nun *allgemein* darum, Wertstoffe aus weniger wertvollen Ausgangssubstanzen zu produzieren. Das alchemistische Projekt wurde nicht aufgegeben, sondern verallgemeinert. Die allgemeine Alchemie hat sich als weitaus fruchtbarer erwiesen als die spezielle früherer Zeiten. Mit ihr haben die Chemiker entscheidend in die Politik und die Wirtschaft eingegriffen und sind vor allem in Kriegen zu unentbehrlichen Helfern der Mächtigen geworden. Zugleich haben sie den Planeten auf ungeahnte Weise verändert, weil sie Stoffströme in Bewegung setzen oder umlenken, die nicht mehr nur lokal, sondern global wirksam sind, und das nicht immer in der erwünschten Weise.

Sauerstoff und Phlogiston

Jean-Paul Marat, geboren 1743 als Sohn eines Franzosen, der aus Sardinien stammte, und einer Genfer Bürgerin, war ein bekannter Arzt im Paris des späten 18. Jahrhunderts. Die Vornehmen suchten seinen Rat, nachdem er die Lungenentzündung einer Adligen kuriert hatte. Die Preise seiner Konsultationen waren übersichtlich, er nahm immer nur eine Münze. Allerdings eine Goldmünze, den sogenannten Louis d'or, der 26 Gramm wog und damit einen heutigen Wert von umgerechnet etwa 2 000 Euro hatte. Seine Patienten schreckte das nicht, sie waren reich und hatten viele solcher Münzen. So kam Marat, der zudem noch Arzt der Leibgarde des Grafen von Artois war, in kurzer Zeit zu beträchtlichem Vermögen. Er investierte es in den Aufbau eines teuren Forschungslabors, denn sein ganzer Ehrgeiz richtete sich darauf, als großer Naturforscher in die Geschichte einzugehen.

Insbesondere interessierte ihn das Feuer; sein Plan war, durch seine Forschungen alle bisherigen Lehrgebäude, was das Feuer sei und warum es eigentlich brenne, umzustoßen. In den letzten Jahrzehnten des 18. Jahrhunderts war die Beschäftigung mit dem Feuer geradezu eine Manie der Gelehrten geworden, unzählige Traktate kamen damals auf den Markt. Marat verfasste ein gewaltiges Buch, die *Physikalischen Untersuchungen über das Feuer,* in dem er stolz verkündete, er werde nunmehr eine ähnliche Umwälzung der Wissenschaft vom Feuer vollbringen wie seinerzeit Newton für die Optik.

Marats Buch ist faszinierend und wirkt selbst wie ein Brandsatz, der ausufernde Text ist mit aggressiven Fußnoten wie mit Tretminen unterlegt. Atemlos eilt er von Versuch zu Versuch, und alle seine Experimente schildert er dermaßen plastisch, dass das Buch förmlich zu brennen scheint. Außergewöhnliche Feuergeschichten werden uns erzählt: von Kutschenachsen, die Feuer fingen, als die Pferde in wildem Galopp davonrasten, von einem Blitz, der durch den Schornstein direkt in das im Kamin lodernde Feuer einschlug, von Schwarzpulvermischungen und explodierenden Selbstzündern. Vor unseren Augen verbrennen Wälder und Städte, und Marat hält auf seinem Weg von Brandherd zu Brandherd nur einmal inne, als er fragt, wie es eigentlich komme, dass nicht die ganze Welt in Flammen aufgehe, wenn man erst einmal ein Bündel Stroh entzündet habe.

Das Buch rauscht knisternd dahin wie ein Flächenbrand, alle seine Vorgänger in der Wissenschaft vom Feuer behandelt Marat recht unsanft, lässt kaum etwas von ihren Lehren gelten. Auf der Asche der vergangenen Lehren erhebe sich, so lässt ihn sein hitziges Temperament glauben, nunmehr ein neues, unvergleichliches Lehrgebäude, sein eigenes. Er will der Newton des Feuers werden.

Sieht man genauer hin, enthält das Buch in der Theorie nur wenig Innovatives. Überall geht es um die sogenannte Feuersubstanz. Diese war die große Errungenschaft der chemischen Theorie des 18. Jahrhunderts, doch Marat hat sie nicht erfunden, nur übernommen. Erdacht hatte sie der deutsche Chemiker Georg Ernst Stahl (1659–1734), Professor in Halle und dann Leibarzt Friedrich Wilhelms I., des Soldatenkönigs in Berlin. Stahl und seinen Anhängern war es unter Annahme dieser Feuersubstanz gelungen, eine ganze Reihe chemischer Phänomene erstmals aus einem Prinzip heraus zu erklären. Die Feuersubstanz taufte Stahl in Halle auf den Namen »Phlogiston«. Phlogiston heißt auf Deutsch »Brennbar«. Alles, was im Feuer brennt, enthält also den Stoff Brennbar, so weit, so banal. Dass die Theorie sehr wohl ihre Finessen hat und in der Tat einen

Fortschritt gegenüber dem früheren Denken des Feuers darstellte, werden wir später sehen.

Man konnte das Phlogiston nicht rein darstellen; daher glaubte man, dass es sehr flüchtig sei. Es gab bestimmte phlogistonreiche Körper, wie etwa die Kohlen oder die Fette, auch in den Metallen gab es reichlich Phlogiston. Aber wie sah es pur aus? Man wusste es nicht, was man aber nicht als Problem empfand, weil auch andere Stoffe, wie Elektrizität oder Wärme oder Licht, sich nicht rein darstellen ließen. Auch die lange bekannte Schwierigkeit, dass Metalle, die ihr Phlogiston in der Hitze aushauchten und zu Asche oder Kalk zerfielen, schwerer wurden, nicht leichter, irritierte kaum jemanden ernsthaft. Vielleicht hatte das Phlogiston ja ein negatives Gewicht? Jedenfalls schien die Frage eher in den Bereich der Physik als in den der Chemie zu fallen und wurde daher vertagt.

So weit, so klar im Jahre 1770, als Marat sein Werk über das Feuer in den Druck gab, mit freundlicher Genehmigung durch den französischen König. Das Phlogiston, so erklärt Marat gleich zu Beginn, existiere selbstverständlich, hierfür gebe es klare Beweise. Damit stellte er sich auf den Boden der herkömmlichen Lehre. Was aber war dann das Umstürzende seines Buches? Marat hatte eine neuartige Methode entdeckt, den Feuerstoff zwar nicht zu isolieren, aber wenigstens sichtbar zu machen, indem er an einem strahlend schönen Tag in einen völlig abgedunkelten Raum ging, sein Schattenlabor, dort durch eine kleine Linse ein Bündel Sonnenstrahlen einließ und in diesem Licht experimentierte. Es waren einfache Experimente, Marat entzündete zum Beispiel Kerzen, erhitzte Metallkugeln oder brannte einen Teelöffel Schwarzpulver ab. Der Schatten, den diese Gegenstände in dem merkwürdigen Licht seiner Linse warfen, zeigte rätselhafte Schlieren, und genau diese erklärte Marat zur Feuersubstanz.

Mit berechtigtem Entdeckerstolz reichte Marat sein Buch bei der Académie Française, der neben der Royal Society damals weltweit führenden Wissenschaftsorganisation, ein und ersuchte um Aufnahme. Ein gewisser Antoine de Lavoisier (1743–1794), ein reicher Mann, im selben Jahr geboren wie Marat, der sich nebenher, ähnlich wie Marat, als Naturforscher betätigte, möge aber bitte nicht mit der Bewertung beauftragt werden. Von ihm erwartete Marat nichts Gutes, war doch bekannt, dass sich

Lavoisier ebenfalls mit Verbrennungsprozessen befasste und dem Feuerstoff eher kritisch gegenüberstand. Tatsächlich lehnte die Akademie Marats Kandidatur ab, was den hitzköpfigen Arzt über alle Maßen erzürnte.

Marat ließ sich in seinem wissenschaftlichen Ehrgeiz aber nicht entmutigen. Er verfasste ein neues dickleibiges Buch, diesmal über die Optik. Auch dieses Werk brachte nicht den erhofften Erfolg. Nun versuchte er sich an der Elektrizität. Er elektrisierte Pflanzen, Tiere und Menschen und verfasste hierüber einen neuen Wälzer mit Hunderten Experimenten, wiederum erfolglos.

Da wurde Marat krank; eine chronische Hauterkrankung verschlimmerte sich akut, und er musste seinen Plan, ein glänzender Stern am Wissenschaftshimmel zu werden, vorerst aussetzen. Zur gleichen Zeit ging der Stern Lavoisiers auf. Mit Staunen verfolgte Marat von seiner Bettstatt aus, wie dieser reiche Bürger einen wissenschaftlichen Traktat nach dem anderen verfasste, immer berühmter wurde, schließlich sogar die Grundlehre aller bisheriger Naturphilosophie, die Lehre vom Phlogiston, über den Haufen warf und rundweg erklärte, das Phlogiston gebe es nicht! Lavoisier hatte das Rätsel des Feuers auf neue Weise gelöst. Er behauptete, ein anderer Stoff, der Sauerstoff nämlich, sei es, der bei jeder Verbrennung hinzukomme. Die Produkte der Verbrennung, die Gase, die Aschen und die sogenannten Metallkalke (wenn Metalle verbrannt wurden), seien deshalb zusammen immer schwerer als die Ausgangsmetalle selbst. Das war die komplette Umkehrung der bisherigen Lehre! Mit einer solchen Revolution konnte sich Marat nicht einverstanden erklären, kopfschüttelnd legte er den von Lavoisier produzierten Unsinn beiseite. Von welchem Wahn der »kleine Monsieur«, wie Marat Lavoisier später nannte, doch geritten wurde! Für Marat war es ausgemachte Sache, dass er sich sogleich nach seiner Genesung wieder dem Projekt »Newton des Feuers« widmen würde.

Doch dann kam der Juli 1789, das Volk stürmte die Bastille, die Französische Revolution begann. Der König wurde gefangen gesetzt. Marat erfuhr im Bett von den Ereignissen, und es war, als habe er Jahrzehnte lang auf diesen Tag gewartet: Schlagartig wurde er gesund. Mit der Theorie des Feuers hatte er nicht viel Erfolg gehabt, aber nun, da es überall brannte, zeigte sich seine wahre Berufung. Der als Newton des Feuers gescheiterte Marat wurde zum Führer der revolutionären Massen. Die wütenden Scharen, die mit knallroten Hüten und mit Fackeln durch Paris zogen, verstand er auf ganz besondere, einzigartige Weise. Wie ein Hellseher spürte er, was passieren würde, oft auf Jahre im Voraus.

Marat war ein Agitator erster Güte; er konnte die Leidenschaften der Massen im richtigen Moment anfachen und im richtigen Moment auch wieder hemmen und vermochte so den Brand dorthin zu lenken, wo es ihm sinnvoll schien. Er hatte sich rasch an die Spitze der revolutionären Bewegung gesetzt und zudem eine Zeitung gegründet, die er vollständig selbst schrieb, den *Ami du peuple*, den Volksfreund. Mit der Zeitung verstand er es geschickt, die revolutionären Massen aufzustacheln. Von Verschwörungen, Intrigen, sogar von der versuchten Flucht des Königs schrieb er in seinem Blatt, lange bevor sie wirklich stattfanden. So erlangte er eine außergewöhnliche Autorität, die er zu nutzen wusste. Marat zählte nicht zu den gemäßigten Teilen der revolutionären Bewegung. Er war radikal. Schrittweise erhöhte er den Druck auf das Establishment, und dazu zählten auch seine alten Feinde in der Akademie.

In einer Schrift mit dem Titel *Moderne Scharlatane* rechnet er mit der etablierten Forschung ab. Die Akademie hatte ihn abgewiesen? Umso schlimmer für die Akademie! Er fordert, dass sie geschlossen werde. Und seine Anregung wurde verwirklicht: Die Akademie wurde geschlossen (was Marat allerdings nicht mehr erleben sollte), Condorcet, der Präsident, gefangen genommen, er starb im Gefängnis.

Dann knöpfte Marat sich Lavoisier vor. In bösen Worten attackierte er den Gelehrten. Was hatte dieser Mann schon geleistet? Keine seiner Ideen sei auf seinem eigenen Mist gewachsen, schimpfte Marat, alles habe er abgeschrieben. Innerhalb weniger Monate habe Lavoisier die Theorien gewechselt wie die Kleider. Zunächst habe er das Phlogiston gelobt, dann habe er es verdammt. Lavoisier sei der Chorführer aller Scharlatane, mit einem Einkommen von 100 000 Livres (das entspricht etwa einer Million Euro) im Jahr. Den Sturm auf die Bastille habe er seinerzeit verhindern wollen, das Phlogiston habe er in Stickstoff umgewandelt und Paris habe er einmauern wollen, um leichter Steuern aus den Einwohnern zu pressen. Dieser Mann und kein anderer habe Paris in ein Gefängnis verwandelt! Er sei der größte Intrigant des Jahrhunderts.

Lavoisier war, als diese Tirade erschien, unter anderem mit der Entwicklung eines neuen Maßsystems beschäftigt, das die heute weltweit gebräuchlichen Einheiten Meter, Kilogramm und Liter einführen sollte. Marat erreichte, dass Lavoisier von diesem und anderen Posten, die er unter dem neuen Regime bekleidet hatte, zurücktrat. Immer enger zog sich die Schlinge um den Chemiker. Marat muss seine Rache genossen haben. Doch sein Triumph währte nur kurz. Es geschah etwas Überraschendes: Marat wurde ermordet. Zwar hatte er auch das prophezeit, er hatte vorhergesehen, dass er einst eines gewaltsamen Todes sterben würde. Der Tod kam aber auf so leisen Sohlen zu ihm, dass er die Gefahr nicht erkannte.

An einem heißen Sommertag in Paris, es war der 13. Juli des Jahres 1793, die Hitze war kaum erträglich, die Fenster der eng stehenden Häuser waren weit geöffnet, meldete sich in der Stadtwohnung, die Marat mit seiner Lebensgefährtin bewohnte, eine junge, elegant gekleidete Frau und bekundete ihre Absicht, ihm die Namen von Feinden der Revolution zu verraten. Da Marat schwer unter seiner Hautkrankheit, der Skrufulose, litt, ließ seine Lebensgefährtin die Fremde nicht ein. Die Frau kam am Abend wieder, sprach vor, und Marat, der im Nebenzimmer ein Vollbad nahm, das ihm Linderung verschaffen sollte, hörte zufällig, was sie sagte. Ging es um Feinde der Revolution? Die Sache duldete keinen Aufschub. Er rief, die Dame möge eintreten, er wolle sie anhören. Dass er gerade nackt in der Badewanne saß, stellte für ihn kein Hindernis dar. Wenn die Revolution in Gefahr ist, müssen alle Rücksichten auf Konventionen zurückgestellt werden.

In diesem Moment erfüllte sich sein Schicksal. Die Corday trat ein, eine hübsche junge Dame. Sie setzte sich zu Marat und nannte ihm Namen von Menschen, die einen Umsturz der Jakobinerregierung planten. Marat schrieb sie sich auf, atmete heftig vor Erregung und sagte: »Ich lasse sie alle guillotinieren!« Das waren seine letzten Worte. Charlotte Corday zog ein langes Küchenmesser, das sie am Morgen an einem Marktstand erworben hatte, aus ihrem Ausschnitt und stieß es Marat in die Brust. Der Revolutionär war tödlich getroffen, das Badewasser färbte sich rot vom hervorsprudelnden Blut. Charlotte Corday stammte aus dem normannischen Adel, ihre Welt war durch die Revolution zerstört worden. Wie in Trance ging sie aus dem Raum, Marats Lebensgefährtin schrie, eine wütende Menge rottete sich zusammen und ergriff die Frau. Auf der Place de la Revolution, der heutigen Place de la Concorde, wurde sie geköpft.

Marats Leiche aber wurde unter Tränen geborgen und wie ein verstorbener Pharao einbalsamiert, das Volk trauerte. Marats Freund, der Maler Jacques-Louis David, fertigte ein Heldenporträt von ihm an, das heute in den meisten Geschichtsschulbüchern abgebildet ist. Es zeigt Marat in der Badewanne, einen Turban feuchter Tücher auf dem Kopf, zur Seite geneigt, mit der Schreibfeder in der Hand, das Messer steckt in seiner Brust. Für die öffentliche Trauerfeier staffierte David den Leichnam Marats mit einer roten Toga wie ein römischer Kaiser aus. Lavoisier, der Mitglied der Nationalgarde war, musste mit seinen Kollegen in voller Uniform vor dem Leichnam antreten und salutieren.

Er wird es mit einem stillen Lächeln getan haben, glaubte er doch, dass sein schärfster Gegner nun beseitigt und er vor weiteren Angriffen geschützt sei. Doch Lavoisier, der sich im Bereich der Natur kaum je irrte, war blind in der Politik. Auch diesmal schätzte er die Lage falsch ein. Marats gewaltsamer Tod entspannte nicht etwa Lavoisiers bedrohliche Situation, nein, er verschärfte sie. Die Ermordung Marats radikalisierte seine Freunde, die Jakobiner. Noch im September erließen sie das berüchtigte »Gesetz gegen die Verdächtigen«. Alle, die Parteigänger der Monarchie waren, und alle, die nicht hinreichend ihre Liebe zur Revolution zum Ausdruck brachten, waren jetzt »verdächtig«. Die Revolution trat in die Phase des »Großen Terrors« ein.

Das Feuer, das Marat gegen Lavoisier entfacht hatte, loderte auf und wurde zum Flächenbrand. Den berühmten Wissenschaftler holte seine Vergangenheit ein. Lavoisier zählte vor der Revolution zum Establishment. Er war einer der wichtigsten Steuereintreiber des Königs. In diesem Amt hatte er ähnlich kluge und radikale Ideen wie als Chemiker. Nur besonders volksfreundlich waren sie nicht. So hatte er durch Berechnungen festgestellt, dass von den Waren, die die Pariser Bevölkerung zum Lebensunterhalt benötigte, nur 80 Prozent versteuert wurden. Was war mit den fehlenden 20 Prozent?

Lavoisier ging an diese Frage heran wie an ein chemisches Experiment.

Wenn irgendwo von der Gesamtmasse einer chemischen Umwandlung etwas fehlt, muss man alle Schlupflöcher im Apparat verschließen und die Sache dann nochmals überprüfen. Denn Stoffe können sich umwandeln, ihre Gestalt ändern, ihre Gesamtmasse bleibt aber gleich. In geschlossenen Apparaturen hatte er seine Verbrennungstheorie begründet und seine Atmungstheorie. Warum also nicht das, was in der Chemie ein großartiges Werkzeug ist, auch auf die Gesellschaft übertragen?

Es gab Lücken in der Anlage der Stadt Paris. Durch die schlüpften Schmuggler, und besonders gern wurden Alkohol und Tabak geschmuggelt. Wenn man also aus Paris ein geschlossenes System machte, könnte man alles, was hinein- und was hinausgeht, wunderbar überwachen. Genau wie im Labor. Lavoisier plante, eine Mauer um Paris zu ziehen, so könnte man die Leute, die hinein- und hinauskommen, besser kontrollieren. Er übermittelte den Plan dem königlichen Finanzminister, der ihn erst einmal beiseitelegte. Eine Mauer um die ganze Stadt? Das würde den Parisern nicht gefallen ...

Nicht lange danach war der Staat so knapp bei Kasse, dass Lavoisiers Mauer 1787 tatsächlich errichtet wurde. Diese Mauer kostete 30 Millionen Livres, was etwa einer Milliarde Euro entspricht. Sie war ein Großprojekt. Die Kosten kümmerten die hohen Herren indes wenig, man gedachte sie dem Volk aufzubürden, das nun ja viel besser zu kontrollieren war. Besonders beliebt war die Mauer nicht, wie man sich denken kann. Sie halte die frische Luft von der Stadt fern, hieß es, und ein Wort machte die Runde: »La mur, murant Paris, rend Paris murmurant.« Die Mauer (mur), die Paris einmauert (murant), sorgt für Gemurmel (murmurant). Sie umgab ganz Paris, alle waren gezwungen, die engen Tore zu passieren. Dabei wurden sie kontrolliert. Ihren finanziellen Zweck erfüllte die Mauer hervorragend, und auch deshalb war sie eines der meistgehassten Bauwerke. Es steht zu vermuten, dass auch der schwerreiche Erfinder der Mauer nicht sonderlich beliebt war.

Dies also war der Grund, weshalb Marats Hetze überhaupt auf solchen Widerhall stoßen konnte. Das Volk sah in Lavoisier weniger den kühnen Wissenschaftler als vielmehr den brutalen Blutsauger, der seinen Reichtum den Armen abgepresst hatte, was wohl auch nicht völlig falsch war. Und so ging nun, da die Revolutionäre sich provoziert fühlten, alles ganz schnell. Lavoisier wurde zusammen mit anderen ehemaligen Steuereintreibern Ende 1793 angeklagt und kurz darauf inhaftiert.

Seine Sauerstofftheorie aber gelangte zur gleichen Zeit ins Freie. Während Lavoisier im Gefängnis saß, fand im Hörsaal des Museums für Naturgeschichte in Paris die weltweit erste öffentliche Chemiestunde statt. Alle modernen Versuche, Chemie »unters Volk« zu bringen, in Science-Centern, Fernsehsendungen oder im Internet, nehmen hier ihren Anfang. Das revolutionäre Volk war aufgerufen, sich in Chemie weiterzubilden und zu lernen, wie es die Große Armee mit Salpeter versorgen könnte. Da die Feinde der Revolution rund um Frankreich die Versorgung mit Exportsalpeter eingestellt hatten, musste der Stoff im Lande selbst hergestellt werden. Hierzu wurden nun von überall her Bürger nach Paris befohlen, die von den besten Chemikern Frankreichs über den Salpeter und seine Gewinnung aufgeklärt wurden. Mit roten Mützen saßen sie im Hörsaal des naturhistorischen Museums in Paris. Vorn standen die früheren Kollegen Lavoisiers. Motivieren mussten sie niemanden, die Revolutionäre waren hinreichend motiviert, denn es ging um Sprengstoff und große Ideale. Was sie lehrten, war Lavoisiers neue Chemie. In der Broschüre, die an die angehenden Salpeterer verteilt wurde, steht in großen Lettern geschrieben: »MORT AUX TYRANS« – Tod den Tyrannen, womit alle Feinde der Revolution, insbesondere aber die europäischen Mächte England, Preußen, Österreich und Russland gemeint waren.

In einer einzigartig klaren Sprache, in deren Licht wir heute noch stehen, wurden die Einsichten Lavoisiers am Beispiel des Salpeters, des Schießpulvers und der Kanonen verdeutlicht. Was da gelehrt wird, ist seither Grundlage der Chemie. Vereinfacht, aber immer genau treffend, wird erklärt, dass die Metallerze oft Verbindungen des eigentlichen Metalls mit einem Teil der Luft, dem Sauerstoff nämlich, seien. Wenn man diese Erze mit Kohle erhitzt, entsteht Kohlensäure, eine Verbindung von Kohlenstoff und Sauerstoff, und das Metall selbst wird frei. Der Salpeter sei eine Verbindung von Stickstoff und Sauerstoff, hinzu komme noch ein Alkali (heute würden wir sagen: Kalium, Calcium oder Natrium). Die Sauerstofftheorie erklärt auch, warum Schwarzpulver explodiert. Zunächst, so lehrt der »revolutionäre Kurs«, bildet sich aus dem Schwefel und dem Sauerstoff im Salpeter das gasförmige Oxyd des Schwefels, die Schwefelsäure, dann bildet sich aus dem Kohlenstoff der Kohle und dem Sauerstoff im Salpeter Kohlensäure, es entsteht Stickstoff und Wasserdampf, und dieses chemisch gesteigerte Feuer bewirkt die Explosion. Immer wenn ich das alte, völlig zerlesene Heft aus den großen, schrecklichen Tagen der Revolution aufschlage, das ich vor Jahren bei einem französischen Antiquar erworben habe, bin ich betroffen und begeistert von der Klarheit, mit der die Neue Chemie hier dargestellt wird. Da ist kein einziges Wort zu viel! In jenen Frühjahrstagen des Jahres 1794 stieg die Neue Chemie über die engen Mauern der Labore und Akademien, verbreitete sich unter den revolutionären Massen und wurde bald ein zentrales Element der neuen wissenschaftlichen Weltanschauung.

Lavoisier selbst wird in der Broschüre nicht erwähnt, obwohl er sie vielleicht sogar mitverfasst hat. Wir wissen nicht einmal, ob er von der großen revolutionären Chemiestunde, die nicht weit von seinem Gefängnis gegeben wurde, überhaupt erfuhr. Wahrscheinlich ist es allerdings, und wir können uns vorstellen, wie das Wissen, dass seine Lehren unter den revolutionären Massen Verbreitung fanden, ihm Trost spendete.

In einem kurzen Prozess wurde Antoine de Lavoisier Anfang Mai 1794 zum Tode verurteilt, das Todesurteil wurde in ein vorgedrucktes Formular eingetragen: Die Masse der Todesurteile, die in jenen Tagen gefällt wurden, machte diese Rationalisierung notwendig.

Lavoisier bewahrte eine einzigartige Ruhe. Aus dem Gefängnis schrieb er an einen Verwandten: »Ich hatte eine ausreichend lange Karriere, die sehr glücklich war, und einiges Bedauern und vielleicht auch etwas Ruhm wird die Erinnerung an mich begleiten. Was bliebe mir mehr zu wünschen? Die Dinge, in die ich mich verstrickt finde, werden verhindern, dass ich die Unannehmlichkeiten des Alters kennenlerne. Ich werde auf der Höhe meiner Kraft dahingehen, das ist eine weitere Annehmlichkeit, die ich zu denen hinzuzähle, die ich bislang erfahren durfte.« Seinen Feind Marat überlebte Lavoisier nur um ein einziges Jahr.

Die Welt der Phlogistontheorie

Die Phlogistontheorie wurde durch den deutschen Chemiker Georg Ernst Stahl (1659–1734) entwickelt, der seinerseits altes alchemistisches Gedankengut zu einer klaren, strukturierten Theorie umformte, die, außerordentlich fruchtbar, im 18. Jahrhundert allseits anerkannt war und noch Anfang des 19. Jahrhunderts viele Anhänger hatte.

Metalle sind danach Verbindungen aus Phlogiston und einem Metallkalk. Bei der Verbrennung des Metalls wird das Phlogiston freigesetzt. Man kann es dem Metall wieder zurückgeben, indem man es mit anderen phlogistonreichen Stoffen erhitzt, etwa mit Kohle.

Schwefel und Phosphor sind Verbindungen von Phlogiston mit einem gasförmigen Stoff, den man gewinnen kann, indem man Schwefel und Phosphor verbrennt. Diesen Stoff nannte man entphlogistisierten Schwefel oder Phosphor, bekannt auch als Schwefelsäure oder Phosphorsäure. Wenn man sie mit Kohle erhitzt, erhält man wieder Schwefel beziehungsweise Phosphor.

Würdigung: Die Phlogistontheorie lehrte erstmals, Verbrennungen unter einem einheitlichen Prinzip, nämlich als Phlogistonaustauschreaktionen, zu betrachten. Sie führte zu vielen Entdeckungen, ohne die die Sauerstofftheorie nicht möglich gewesen wäre. Heute argumentieren einige Wissenschaftsphilosophen, die Abschaffung des Phlogistons sei voreilig erfolgt. Das Phlogiston habe vieles erklärt, worauf die Sauerstofftheorie keine Antwort wusste, und habe auch empirisch wesentlich anregender gewirkt. Zudem könne man Phlogistonaustauschreaktionen als Oxidations- und Reduktionsreaktionen auffassen, bei denen Elektronen getauscht werden.

Die Welt der Sauerstofftheorie

Die Sauerstofftheorie der Verbrennung wurde vor allem von Antoine de Lavoisier (1743–1794) entwickelt. Sie gilt in ihren Grundlagen heute noch.

Metalle sind danach chemische Elemente; wenn sie verbrannt werden, tritt der Sauerstoff der Luft hinzu, und es bilden sich Metalloxide. Wenn man den Metalloxiden den Sauerstoff wieder entzieht, indem man sie etwa mit Kohle erhitzt, erhält man das Metall.

Schwefel und Phosphor sind ebenfalls Elemente. Sie können sich mit Sauerstoff verbinden, wobei verschiedene Verbindungen möglich sind. Je mehr Sauerstoff dabei die Verbindung enthält, desto stärker sauer ist die Säure.

Sauerstoff ist ein Element. Er ist der Inhaltsstoff, der alle Säuren sauer macht (daher der Name; dieser Teil der Sauerstofftheorie ist heute widerlegt).

Was Oxidationstheoretiker Oxygène oder Sauerstoff nennen, ist eine von Phlogiston gereinigte Luft, die nunmehr besonders gut Phlogiston aufnehmen kann. Deshalb brennt in dieser Luft alles doppelt so gut.

Würdigung: Die Sauerstofftheorie der Verbrennung ist heute allgemein anerkannt. Die von Lavoisier eingeführten Stoffbezeichnungen wurden international übernommen. Die Sauerstofftheorie der Säuren erwies sich hingegen als falsch, denn es gibt viele Säuren, die keinen Sauerstoff enthalten. Auch Wasser, das zu 80 Prozent aus Sauerstoff besteht, ist nicht sauer. Trotzdem spricht man weiterhin von »Sauerstoff«.

Wasser ist HO

Als ich vor vielen Jahren, nach dem ersten Lehramtsstaatsexamen, im Bettina-Gymnasium im Frankfurter Westend vor einer 9. Klasse meine ersten praktischen »Unterrichtsversuche«, wie es in der Verordnung treffend hieß, durchführte, da hielt ich es für zweckmäßig, mit den Schülerinnen und Schülern die Formel für Wasser zu ermitteln. Denn welche Formel ist berühmter als H_2O? Die Entdeckung, dass Wasser kein Element, sondern eine Verbindung ist, zählt schließlich zu den besonderen Triumphen der modernen Naturwissenschaft.

Der Versuch ist relativ einfach und hat es doch in sich. Grob gesagt funktioniert es so, dass man zwei Eimer Wasserstoff mit einem Eimer Sauerstoff reagieren lässt. Die Reaktion ist heftig, es findet eine laut knallende Explosion statt. Diese Explosion sollte aber nur der Ausgangspunkt meiner Chemiestunde sein. Ich hatte mir vorgenommen, den Schülern zu zeigen, wie schwierig es ist, aus den Phänomenen auf die Formel für Wasser zu schließen, die wir heute alle kennen. Ich wollte zeigen, dass ein einzelner Versuch immer mehrere Deutungen zulässt. Deshalb ist jede Substanz, jede Umwandlung für den Chemiker, anders als für Außenstehende, ein Rätsel. Man sieht zwar, es zischt und kracht, man erkennt, *dass* etwas passiert, aber nicht, *was* passiert. Man sieht nicht, ob ein Stoff einfach oder zusammengesetzt ist, Element oder Verbindung. Man kann die Rätsel lösen, durch Nachdenken und neue Experimente, wobei sich meist neue Rätsel bilden. Das wollte ich vermitteln – statt Lernstoff einzutrichtern. So jedenfalls die Idee.

Zwei Eimer Wasserstoff plus ein Eimer Sauerstoff – das ergibt Wasser. In der Tat liegen ganz genau diese Volumenverhältnisse vor. Zwei zu eins, nicht mehr und nicht weniger. An sich kann es purer Zufall sein, doch im Reich der Gase gibt es viele Reaktionen, die ganz einfache, geradzahlige Volumenverhältnisse haben. Immer eins zu eins oder zwei zu eins oder drei zu zwei und so weiter. Diese Tatsache hat einen genialen italienischen Naturforscher, Amedeo Avogadro (1776–1856), auf die Idee gebracht zu behaupten, dass gleiche Raumteile von Gasen stets auch die gleiche Anzahl von Teilchen enthalten. Das ist an sich nur ein Schuss ins Blaue, doch immerhin ein Versuch, denn man hatte ja sonst überhaupt keine Möglichkeit, irgendetwas über die Welt der Atome zu erraten.

Ist also in einem Eimer Wasserstoff dieselbe Zahl Teilchen wie in einem Eimer Sauerstoff enthalten, dann ist anzunehmen, dass, wenn Wasserstoff und Sauerstoff im Verhältnis zwei zu eins reagieren, ein Eimer Wasserdampf herauskommt. Dann hätten wir ja die Formel H_2O, und das Ziel der Stunde wäre erreicht. Nun kam der Tag des Experiments; ich hatte mit Unterstützung meiner liebenswürdigen Fachbetreuer eine meterlange Apparatur aus Glasspritzen, Reaktionsrohr und Gasflaschen aufgebaut; wir zündeten den Versuch – und erhielten als Produkt nicht einen Raumteil Wasserdampf, sondern deren zwei.

Die Schülerinnen und Schüler vermuteten zunächst, dass da irgendetwas nicht geklappt haben könnte. Aber wir wiederholten den Versuch, wieder war das Ergebnis: Zwei Teile Wasserstoff und ein Teil Sauerstoff ergeben zwei Teile Wasserdampf.

Nun kam jener Moment, auf den ich mich vorbereitet hatte. Ich war der Ansicht, dass der naturwissenschaftliche Unterricht keineswegs die Aufgabe habe, den Schülern so schnell wie möglich die aktuellste naturwissenschaftliche Wahrheit einzutrichtern, sondern er sollte vielmehr zeigen, dass man sich zu einem Phänomen immer mindestens zwei, wenn nicht sogar unendlich viele Deutungen ausdenken kann.

Deshalb sagte ich der Klasse: »Was könnte in der Welt der Atome passiert sein? Malt ein paar Formeln in euer Heft, die sich mit unserem Experiment vertragen!« Eine Zeit lang war es still, dann präsentierten die Schülerinnen und Schüler ihre Vorschläge, und sie waren außergewöhnlich kreativ: Die einen meinten, der Sauerstoff sei eben aus paarweise umherfliegenden kleinsten Teilchen aufgebaut, daher sei die korrekte Formel: 2H plus O-O gibt 2HO. Genau darauf hatte ich gewartet, und ich erzählte, dass die Chemiker des 19. Jahrhunderts ebenfalls von dieser Formel überzeugt gewesen waren und dafür sehr gute Gründe hatten. Denn es ist die einfachste Formel, die man sich zu der Reaktion ausdenken kann.

Andere behaupteten: H-H plus O-O-O-O gibt HHOOOO (also HzweiOvier, H_2O_4 in moderner Schreibweise).

Ein anderer sagte: 2H-H plus O-O gibt HHO (also HzweiO, H_2O).

Ich war begeistert, mein Gefühl war, dass die ganze Klasse verstanden hatte, was ich vermitteln wollte. Da meldete sich eine Schülerin und fragte: »Welche von allen diesen Formeln ist denn jetzt die richtige?« Ich sagte keck: »Die sind alle richtig, Wasser ist HO, H_2O_4 oder H_2O! Jede dieser Formeln passt zu unserem Experiment.« Damit hatte ich den Bogen überspannt. Denn jetzt wurden alle unruhig und riefen: »Quatsch, es gibt nur eine einzige Formel, und wenn wir die anderen Formeln in der Klausur schreiben, dann streichen Sie die an, weil sie falsch sind!« Wieder andere zeigten auf und riefen: »Das ist total verwirrend, was Sie hier machen, wie sollen wir uns das merken?« Ich versuchte mich zu retten, indem ich sagte, dass es mir nicht darum gehe, dass sie sich etwas merken sollten. Wichtig sei, dass sie verstünden, wie Forschung funktioniert, doch da ertönte der Schulgong. Die Schüler packten laut jubelnd ihre Sachen zusammen und rannten auf den Schulhof.

War mein »Unterrichtsversuch« also gescheitert? Immerhin, so sagte ich mir, war die Verwirrung der Schüler identisch mit jener der Chemiker des 19. Jahrhunderts, die nicht nur eine Schulstunde lang, sondern volle 40 Jahre über die richtige Formel für Wasser nachdachten. In einem nicht ganz ernst gemeinten Brief, angeblich aus einer Irrenanstalt in Boston abgeschickt, der 1860 in der Zeitschrift *Chemical News* veröffentlicht wurde, bekennt ein Chemiker, er habe so lange über die Probleme der Formel des Wassers nachgedacht und dabei dermaßen viele neue ersonnen, dass er schließlich immer verwirrter wurde, bis sogar eine totale Hirnerweichung eintrat. Die Überschrift lautet: »Ein trauriger Fall«.

Erst in der zweiten Hälfte des 19. Jahrhunderts einigten sich die Chemiker auf die seither als »korrekt« angesehene Formel für Wasser.

Heute gilt die Formel, H_2O als eine der zeitlosen Erkenntnisse der Chemie. Im bescheideneren Format der Chemie entspricht sie in etwa der kopernikanischen Wende. Kopernikus hatte das vermeintliche Wissen der alten Denker und sogar der Bibel zurückgewiesen, die gelehrt hatten, dass die Sonne sich um die Erde dreht. Entsprechend hatten die Chemiker gezeigt, dass Wasser nicht, wie es viele Jahrtausende lang gedacht und gelehrt worden war, ein Element ist, sondern eine Verbindung. Die moderne Wissenschaft stellt die uralten Grundlagen des Denkens auf den Kopf und schafft sich eigene. Chemiker stellen sich mit ihren neu entdeckten Substanzen immer neue Rätsel, die sie mit weiteren Experimenten und weiteren Substanzen zu lösen versuchen. Die Formel ist für den Chemiker in erster Linie die Lösung eines Rätsels, die Beantwortung der Frage, wie ein Stoff aufgebaut ist. Für den Außenstehenden hingegen ist die Formel selbst wieder das Rätsel – was bedeutet sie?

Manchmal hat die Entdeckung einer Formel auch praktischen Nutzen. Denn eine chemische Formel ist so etwas wie ein Kochrezept; wenn man sie einmal hat, dann weiß man auch, wie sich der entsprechende Stoff, theoretisch zumindest, herstellen lässt. Den Indigo, die blaue Farbe, mit der zum Beispiel Jeans gefärbt werden, konnte man künstlich herstellen, nachdem man einmal seine Formel erkannt hatte. Beim Wasser hingegen nutzte die großartige Erkenntnis nur recht wenig. Gut, man kann Wasser aus Sauerstoff und Wasserstoff herstellen, aber was hilft das dem, der durstig in einer Steppe umherirrt?

Anders gesagt: Chemische Formeln sind wichtig für die Naturwissenschaft, weil sie einen Stoff im Netzwerk chemischer Reaktionen verorten und erklären, wie man diesen Stoff aus anderen Stoffen darstellen kann. Das ist die Frage, auf die die Formel eine Antwort gibt. Sie hilft einem Spezialisten, der sich für die Umwandlungen der Stoffe interessiert. Insoweit ist sie eine großartige Leistung und vertieft das Verständnis des

Wassers. Trotzdem darf man die Formel nicht überbewerten. Sie ist nicht das »Wesen« des Wassers, sondern nur eine Antwort auf eine Frage, die die meisten Menschen nie gestellt haben.

Silber und Pech

Es gibt nicht viele Erfindungen der modernen Chemie, die sich ungeteilter Wertschätzung erfreuen. Viele großartige Chemieprodukte wie Kunstdünger, DDT oder auch Morphin haben so gravierende Nebenwirkungen, dass sich mit der Zeit in die anfangs allseitige Begeisterung immer mehr Kritik mischte.

Die Fotografie ist vielleicht eine Ausnahme. Offenbar begeistern Foto und der Film selbst heute, im Zeitalter ihrer Digitalisierung, immer noch so sehr, dass niemand sie missen möchte. Wer hat die Fotografie erfunden? Das hängt davon ab, wie man das Foto definiert. Wenn man sich unter einer Fotografie ein haltbares, durch Sonnenstrahlen und chemische Prozesse erzeugtes Abbild eines Objektes vorstellt, dann ist der französische Offizier und Ingenieur Joseph Nicéphore Niépce der Erfinder.

Niépce wurde 1765 als dritter Sohn einer wohlhabenden Familie geboren, die im Burgund auf eigenen Gütern lebte. Gemeinsam mit seinem älteren Bruder Claude wurde er von Mönchen in einem nahe gelegenen Kloster erzogen. Die beiden Jungen liebten einander sehr. Sie bastelten schon als Kinder gemeinsam fantasievolle Maschinen mit vielen kleinen Zahnrädern, die sie aus Holz schnitzten.

Nicéphore sollte, so hatte es sein Vater angeordnet, eigentlich Priester werden, doch daraus wurde nichts. Als er 24 Jahre alt war, begann die Französische Revolution, das Kloster, in dem die Jungen erzogen worden waren, wurde bald aufgelöst und der Besitz verstaatlicht.

Wie sein Bruder schloss sich Nicéphore der Armee an, in der er von 1792 bis 1794 diente; dann aber fesselte ihn eine Krankheit für Monate ans Bett, nur mühsam kam er wieder auf die Beine und war von da an stark geschwächt. Er musste seinen Abschied nehmen, sehr zum Bedauern seiner Vorgesetzten, die große Stücke auf ihn hielten. Die Krankheit hatte aber auch ihr Gutes, denn Niépce hatte sich in den langen Wochen seines Siechtums in seine Krankenpflegerin Marie-Agnès verliebt, die er 1794 in Nizza heiratete, wo er stationiert war. Das Paar begab sich nach St. Loup de Varennes in der Nähe von Chalon-sur-Saône, wo die Familie Niépce ihr Landgut Le Gras besaß. Gemeinsam mit seinem Bruder Claude, der nach einigen Jahren bei der Marine ebenfalls nach Le Gras zurückgekehrt war, widmet er sich fortan den Maschinen und den Erfindungen. Der Geist der Erneuerung, den die Französische Revolution brachte, blieb nicht auf das gesellschaftliche Leben beschränkt. *Alles* sollte neu werden, und zwar aus dem Geiste der Wissenschaft: die Gesellschaft, die Heere, die Maßsysteme, die Gesetzbücher, sogar der Kalender.

Nicéphore Niépce – sein Vorname bedeutet Siegbringer – begann nach seiner kurzen militärischen Laufbahn eine zweite Karriere als Tüftler. Und seine Entdeckungen und Erfindungen waren sensationell. Gemeinsam mit seinem Bruder Claude entwickelte er eine Vorform des modernen Automotors, den »Pyrelophor«, mit dem die beiden ein selbst gebautes kleines Boot auf dem Fluss Saône umherschippern ließen. Angetrieben wurde es nicht mit giftigem Benzin, sondern mit einem natürlichen, nachwachsenden Rohstoff, mit Bärlappsporen. Bärlapp ist ein moosähnliches Gewächs, das auch bei uns in den Wäldern vorkommt, im Sommer streuen die Pflanzen ein hellgelbes Pulver in die Luft, die Bärlappsporen. Feuerspucker verwenden die gelben Sporen gern als ungiftigen Benzinersatz, denn sie enthalten viele Öle und verbrennen eindrucksvoll. Claude Niépce verließ Le Gras bald wieder, weil er Lust empfand, sich in England umzusehen; er kehrte nie wieder zurück. Nicéphore arbeitete nun allein weiter, stets in brieflicher Verbindung mit Claude. Nunmehr widmete er sich einer neuen Kunst, die er »Heliographie« nannte, Sonnenbilder, und die heute Fotografie heißt.

Nicéphore Niépce wusste, dass bestimmte Substanzen lichtempfindlich sind – insbesondere die Silberverbindungen. Sie werden schwarz, wenn man sie der Sonne aussetzt. Das war seit dem 17. Jahrhundert bekannt, nachdem der deutsche Arabist, Münzensammler und Chemiker Johann Heinrich Schulze (1687–1744) diese »curiose Entdeckung« mitgeteilt hatte.

Doch von der Feststellung, dass sich eine Lösung, die man der Sonne aussetzt, schwarz färbt, bis hin zur Fotografie – das ist ein gewaltiger Schritt. Niépce beginnt mit der sogenannten Camera obscura, einer Box, die eine kleine Öffnung hat, durch die das Licht hereinfällt. In der Box entsteht auf der Rückseite ein auf dem Kopf stehendes Bild der Situation. In seine Camera stellt er nun Papiere, auf denen er lichtempfindliche Substanzen aufgebracht hat. Zunächst wählt er Silbersalze und erhält in der Tat, nach einer Belichtung von mehreren Stunden, ein Bild, und zwar ein reines Negativ, das heißt, die hellen Stellen sind dunkel, die dunklen Stellen hell. Das Bild hält zudem nur einige Stunden, denn sobald es mit Licht in Kontakt kommt, dunkelt es nach, bis es schließlich gleichmäßig grau ist. Zu ähnlichen Bildern waren zeitgleich mit Niépce auch andere gekommen, etwa der britische Chemiker Humphry Davy (1778–1829), der vorschlug, man dürfe diese Bilder eben nur bei ganz schwachem Kerzenlicht betrachten.

Wie kann man verhindern, dass ein Bild, das mit einer lichtempfindlichen Substanz angefertigt wurde, im Laufe der Zeit durch das Licht, das zu seiner Betrachtung notwendig ist, nachdunkelt oder – was ebenfalls möglich ist – verblasst?

Über einige Zwischenstufen kommt Niépce schließlich zu einer Substanz, die das genaue Gegenteil des vornehmen Silbers ist – Pech oder Judenpech, wie es damals genannt wurde. Heute sprechen wir von Asphalt oder genauer von Bitumen, es handelt sich um getrocknetes Erdöl. Der schwarze Stoff, klebrig wie Harz, steigt unter anderem im Toten Meer immer wieder hoch und schwimmt auf der Wasseroberfläche, wo Schiffer ihn in früheren Zeiten aufsammelten. Im schwarzen Ölschiefer kommt er feinverteilt vor. Heute wird Bitumen aus Erdöl gewonnen.

Dieses Pech nun zerkrümelt Niépce und löst es in Lavendelöl auf. Eine recht abenteuerliche Kombination von Substanzen! Mit der Lösung streicht er eine kleine polierte Zinnplatte ein und lässt sie trocknen. Dann legt er die Platte in seine Camera obscura und belichtet für einige Stunden. Nach der Belichtung ist rein gar nichts zu sehen – als er seine verpechte Oberfläche aber mit etwas Lavendelöl reinigt, lösen sich nur die Teile, die im Schatten waren, die anderen bleiben auf dem Papier: Das Licht hat das Pech aushärten lassen! Das Bild ist haltbar und verdunkelt nicht, wenn es länger im Licht steht. Bis in die kleinsten Details ist alles erkennbar, wie Niépce seinem Bruder, der sich mittlerweile in London niedergelassen hat, erfreut mitteilt: »Das Bild gibt alle Dinge mit einer Klarheit wieder, mit einer erstaunlichen Treue, bis ins kleinste Detail und mit den allerzartesten Nuancen ... dieser Effekt hat, das kann ich dir sagen, lieber Freund, wirklich etwas Magisches.«

Verfasst wurde dieser Brief 1824 – auf dieses Jahr ist die Geburtsstunde der Fotografie anzusetzen. Die Bilder, die Niépce in jener Zeit realisierte, sind alle verloren. Nur ein etwas späteres Bild aus dem Jahr 1826 oder 1827 hat sich erhalten – der sogenannte »Blick aus dem Fenster in Le Gras«. Diese Aufnahme ist wenig spektakulär, sie zeigt einen Blick auf den Hinterhof seines Landhauses. Wieder hat er *bitume de Judée*, das Pech, eingesetzt, aufgetragen auf eine Zinnplatte. Dies hat den raffinierten Effekt, dass das Bild sowohl ein Positiv wie auch ein Negativ ist. Denn je nachdem, unter welchem Winkel man das Foto betrachtet, wirken die hellen Zonen mal hell, mal dunkel. Blickt man hingegen frontal auf die Platte, sieht man gar nichts, nur schmuddeliges Zinn. Niépce hatte sein Bild rahmen lassen und es dem deutschen Botaniker Franz Andreas Bauer, der in London wirkte und sich für ihn eingesetzt hatte. Nach Bauers Tod geriet es in Vergessenheit und lag viele Jahre lang, in einem Koffer verborgen, in einem finsteren Abstellschuppen. Der deutsch-amerikanische Fotohistoriker Helmut Gernsheim (1913–1995), der jahrelang vergeblich danach gefahndet und auch mehrere Zeitungsannoncen aufgegeben hatte, um das verschollene Werk wiederzufinden, spürte es schließlich auf. Die Witwe des letzten Besitzers hatte es im Nachlass ihres Mannes gefunden und Gernsheim verständigt. Sie hatte ihm aber am Telefon gesagt, es sei verdorben und nichts mehr darauf zu erkennen.

Gernsheim reiste an, um das vermeintlich verdorbene Bild in Empfang zu nehmen. Den Augenblick am 14. Februar 1952, als er die Aufnahme erstmals in den Händen hielt, beschreibt er wie folgt: »Ich war wie erstarrt. Ich hatte nicht erwartet, dass die Zinnplatte sich wie ein Gemälde hinter Glas und in einem Empirerahmen befand. Ich ging zum Fenster und hielt die Platte im Winkel zum Licht. Es war kein Bild zu sehen. Ich veränderte den Winkel, und plötzlich entfaltete sich vor meinen Augen das Gesamtbild des Innenhofs. Die Damen waren sprachlos. Sie glaubten wohl, es handle sich um Schwarze Magie.«

Und ist es etwa keine Schwarze Magie? Denn genau das vollbringt doch ein Foto: dass ein Moment der Vergangenheit wiederaufersteht. Nicht die ganze Person, aber zum Beispiel ein Blick, der uns aus einem Foto auch nach einhundert Jahren noch treffen kann. Darin liegt ein Zauber, der uns nur deshalb wenig auffällt, weil wir Fotografien gewohnt sind. Ist es nicht merkwürdig, dass diese Magie zum ersten Male mit zwei so gegensätzlichen Substanzen wie dem Pech und dem Lavendel verwirklicht wurde – und dann, später, mit der alten alchemistischen Substanz, dem Silber?

Der »Blick aus dem Fenster in Le Gras«, der heute in der Universität von Texas in Austin aufbewahrt wird, ist die älteste erhaltene Fotografie der Welt. Ein paar Jahre nachdem er seine Heliografien, seine Sonnenbilder, wie er sie nannte, erfolgreich produziert hatte, entschloss Niépce sich zur Zusammenarbeit mit dem Theatermaler Louis Daguerre (1787–1851). Den Kontakt zu Daguerre hatte der Uhrmacher vermittelt, bei dem beide ihre Linsen kauften. Niépce meinte, dass Daguerre ihm bei der Weiterentwicklung der Kamera helfen könnte, und tatsächlich steuerte der Maler einige Ideen bei. So versuchte er, den Belichtungsprozess zu verkürzen, da er der Meinung war, dass die Fotografie sich nur durchsetzen könne, wenn die Belichtungszeit unter 15 Minuten bliebe. Eine für die heutige Zeit unvorstellbare Dauer. Schon wenn wir für ein Foto anderthalb Sekunden still sitzen sollen, werden wir unruhig …

Die Zusammenarbeit zwischen Niépce und Daguerre währte nur kurz. Nachdem Niépce noch ein letztes Foto aufgenommen hatte – einen gedeckten Tisch –, starb er völlig unerwartet am 5. Juli 1833 an einem Gehirnschlag. Sein Kompagnon Daguerre entwickelte das Verfahren weiter, nannte es ohne falsche Bescheidenheit »Daguerrographie« und wurde damit berühmt, wobei er sich nach Kräften bemühte, Niépces Leistung vergessen zu machen.

Das Pech aber, mit dem das älteste Foto hergestellt worden war, geriet allmählich außer Gebrauch. Es dauert einfach zu lange, bis sich das alte Pech bequemt, unter dem Einfluss der Sonnenstrahlen fest zu werden. Die klassische Schwarz-Weiß-Fotografie basiert auf dem Silber. Niépces ursprüngliche Idee ist aber, in gewandelter Form, nach wie vor aktuell. Für den sogenannten Fotodruck verwendet man nämlich immer noch lichtempfindliche Polymere. Mit solchen Druckverfahren wird heute der größte Teil aller Drucke realisiert. Zwar wählt man keinen Asphalt mehr, wie Niépce, sondern synthetische Stoffe, doch an dem Prinzip, das er entwickelt hat, änderte das nichts.

Wie so viele Erfinder des 19. Jahrhunderts hatte Niépce überhaupt keinen materiellen Gewinn von seiner Erfindung. Sein Sohn Isidore, der in mehreren Streitschriften auf den Anteil seines Vaters an der »Daguerrographie« hinwies, erhielt vom französischen Staat immerhin eine kleine finanzielle Anerkennung; das war es dann schon. Erst heutzutage wird die Erinnerung an Niépce wieder lebendig, in Chalon-sur-Saône ist dem Erfinder der Fotografie ein Museum gewidmet. Dort hängt auch ein Ölgemälde von Nicéphore Niépce. Es zeigt einen vornehmen Menschen mit großen blauen Augen. Das Bild täuscht nicht, denn nach allen Berichten, die wir kennen, war Niépce von vollendeter Höflichkeit.

Sein Sohn Isidore schrieb über ihn: »Begabt mit einer angeborenen guten Laune, witzig, manchmal bösartig verband er mit einer exquisiten Höflichkeit alle Qualitäten, die einen wahrhaft guten Menschen auszeichnen! Die Poesie, die Mechanik und die Chemie liebte er am meisten.«

Dies ist eine schöne Würdigung: »La poésie, la mécanique et la chimie«! Der letzte Satz verbindet Dinge, die scheinbar nicht zusammengehören, die aber für Niépce eins waren. Und in Gestalt der Fotografie hat er sie für uns alle verbunden, die Chemie, die Mechanik und die Poesie.

Die Luft im Himmelreich

Ich fühlte eine spürbare Ausdehnung in jedem Glied meines Körpers, meine optischen Eindrücke waren mit einem Male grell und vielfältig, ich hörte ganz haarklein jeden Laut in dem Raum und war vollkommen bewusst. Züge lebhafter Bilder rauschten durch meinen Kopf und verbanden sich so mit Wörtern, dass ganz neue Empfindungen produziert wurden. Ich befand mich auf einmal in einer Welt neu verbundener Ideen. Ich entwarf Theorien und machte Entdeckungen; dann wurde ich aufgeweckt durch Doktor Kinglake, der mir die Tüte von meinem Mund wegnahm. Als ich mich allmählich erholte, fühlte ich Lust, meine Entdeckungen mitzuteilen. Mit der tiefsten Überzeugung und auf die denkbar prophetischste Art und Weise rief ich Dr. Kinglake zu: »Nur die Gedanken sind wirklich, sonst nichts! Das Universum besteht aus Eindrücken, Ideen, Freuden und Qual.«

Dies ist nicht die Schilderung eines LSD-Experiments unserer Gegenwart, sondern ein Zitat aus den *Chemischen und philosophischen Untersuchungen*, die der junge Chemiker Humphry Davy (1778–1829) im Jahre 1800 drucken ließ. Davy hatte damals nicht einmal zwei Jahre Chemie studiert, war aber gleich auf die neuen Stickoxide gestoßen, die der Theologe und Chemiker Joseph Priestley (1733–1804) dargestellt hatte, und setzte alles daran, sie genauestens zu untersuchen. In der Pneumatic Institution, dem »Luft-Institut«, einer privaten Forschungseinrichtung in Bristol, hatte er ausführlich Gelegenheit dazu. Zunächst wurden Tierversuche gemacht, veranstaltet vom Chef, einem Dr. Beddoes. Dann ging man zu Experimenten mit Menschen über, und hier kam der junge Chemiestudent Davy gerade recht.

Ihm wurden, auf eigenen Wunsch hin, alle möglichen Gase, gern auch in Kombination mit Alkohol, eingeflößt. Am allerangenehmsten erwies sich das Distickstoffoxid, N_2O, das Davy vorher schon experimentell untersucht hatte und das er Lachgas taufte. Davy erzeugte dieses Gas, indem er Ammoniumnitrat, Ammonsalpeter, sachte erhitzte. Dabei ist das Wort »sachte« zu unterstreichen, erhitzt man nämlich allzu forsch, dann explodiert der Salpeter. Über ein, zwei Jahre bekam der junge Student von seinen wohlmeinenden Vorgesetzten das Gas in wechselnden Dosierungen eingeblasen, sei es in einer luftdichten Kammer oder auch mithilfe eines luftdichten Seidenballons. Der junge Mann war von der Substanz ziemlich begeistert und hielt sie für besser als Opium und Alkohol, oft nahm er sich auf seinen Wanderungen in die schöne Umgebung von Bristol eine jener Wundertüten mit, atmete sie an romantischem Ort ein und kritzelte dann seine poetischen oder erotischen Empfindungen in ein Notizbuch.

Schnell wurden die Versuche ausgeweitet, indem man experimentierwillige junge Leute mit dem Gas versorgte, darunter auch die Dichter Samuel Taylor Coleridge und Robert Southey, die zu Englands berühmtesten Romantikern zählen. Teils unter Aufsicht, teils allein, manchmal auch in geselliger Runde wurden die Gastüten verabreicht, und die Gentlemen waren begeistert: »Ich fühle mich wie ein Harfenklang«, sagte der eine, während der andere spekulierte, dass die »Atmosphäre im Paradies aus diesem Gas bestehen muss«. Insbesondere Southey, später Hofdichter bei Queen Victoria, entwickelte fast eine Abhängigkeit von dem Gas, das ihm kontinuierlich geliefert werden musste.

Davy begründete mit dem Lachgas, das er den Ärzten auch als Narkotikum empfahl, seinen Ruf als Forscher, vor allem aber als großartiger Wissenschaftserklärer. Davy liebte es, öffentliche Vorträge zu halten. Die hatten enormen Zulauf, denn er wusste, wie man das Publikum begeisterte. Bei seinen Vorträgen wurde, nachdem die Gesetze der pneumatischen Chemie zur Sprache gekommen waren, Lachgas in Tüten verteilt. So interessant kann Chemie sein, dachten sich die Zuhörer und kamen in Scharen. Manchem musste die Lachgastüte gewaltsam entrissen werden, dermaßen gebieterisch war das Interesse an den Geheimnissen der Chemie.

So berichten es Leute, die dabei gewesen sind. Wie kann man da ruhig bleiben?, dachte ich, als ich erstmals über die Pneumatiker in Bristol las. Ich beschloss, unverzüglich die Bekanntschaft mit diesem unglaublichen Gas zu machen, das mir in meinem Chemiestudium vorenthalten worden war. Doch woher nehmen? Ich hätte mir natürlich Distickstoffoxid beim Gasversorger der Universität in der großen Stahlflasche bestellen können, dann würde vielleicht aber jemand fragen, was ich damit eigentlich wollte.

Hier, wie bei allen unlösbaren Problemen, fragt der Forscher in der Regel den Hiwi. Der Hiwi ist der Hilfswissenschaftler, meist ist er ein Student, der noch diesseits des Examens steht. Man kann den Hilfswissenschaftler gar nicht genug preisen, denn die Wissenschaft ist ohne ihn unmöglich. Und in der Tat, unser Hiwi hatte schon mal vom Lachgas gehört. Und gerochen hatte er es wohl auch mal, »schon länger her«. Es sei in der Sprühsahne enthalten, da andere Gase hierfür nicht geeignet sind. »Aber wie«, fragte ich, »soll ich mir Sahne in die Nase sprühen?« Nein, meinte er, es gebe Gaskartuschen. Nachfüllgas für Großbetriebe, die viel Sprühsahne brauchen. »Aber wie bekomme ich das Gas heraus?« Auch ich wollte mich fühlen wie ein Harfenklang. Unser Hiwi wusste Rat. Irgendjemand hatte nämlich ein kleines Gerät konstruiert, mit dem man die kleinen Alubehälter öffnen kann, so dass das Gas dosiert herausströmt.

Mithilfe dieses kleinen, von den Freunden des Lachgases eigens konstruierten Geräts füllte ich nun einen Luftballon mit Lachgas und atmete es ein. Ich fühlte allerdings keine Veränderung, geniale Ideen stellten sich nicht ein, also probierte ich einen zweiten und dritten Atemzug. Da endlich bemerkte ich eine Art Wirkung – tiefe Schläfrigkeit überfiel mich! Nicht viel anders als nach dem Genuss einer Flasche bayerischen

Biers. So weit, so gut. Aber wo waren die Visionen?! Von weiteren Inhalationen nahm ich Abstand.

Auch Davy hat seine Lachgasexperimente später aufgegeben, denn sein Kopf war auch ohne diese Zufuhr kreativ, wie sein Freund Coleridge einmal schrieb: »Lebendige Gedanken sprießen wie Gras unter seinen Füßen.« Welch glückliche Zeit, in der die Chemiker mit den Dichtern befreundet waren! Davy wurde zur zentralen Figur der englischen Wissenschaft Anfang des 19. Jahrhunderts. Seinen chemischen Ruhm begründete er mit dem Lachgas, das in England heute nur noch für Narkosen verwandt wird, er steigerte ihn dann aber mit ganz anderen Taten. Seine bedeutendsten Beiträge zur Chemie bestehen in seinen erfolgreichen Bemühungen, den elektrischen Strom für die Untersuchung von Stoffen nützlich zu machen. Der italienische Chemiker Alessandro Volta (1745–1827) hatte eine Methode erfunden, durch Kombination verschiedener Metalle brauchbare und konstante Ströme zu erzeugen. Es standen mit anderen Worten nunmehr Batterien zur Verfügung. Diese Batterien nutzte Davy mit großartiger Virtuosität für chemische Untersuchungen. Er steckte den Plus- und den Minuspol in alle möglichen und unmöglichen Stoffe und untersuchte, was passiert. Im elektrischen Strom entdeckte er gewissermaßen eine neue, unkonventionelle Chemikalie, mit der er immer neue Stoffe behandelte und dabei verblüffende Entdeckungen machte.

Indem er mit seiner Batterie Schmelzen verschiedener Salze traktierte, erhielt er neuartige Metalle, Natrium, Kalium, später auch Barium, Calcium, Magnesium und Strontium. Alle diese Metalle sahen zwar genauso aus wie die bekannten, waren also grau und zeigten Metallglanz, sie waren aber weitaus reaktiver. Wenn man sie nämlich in Wasser gab, schmolzen sie und brannten teilweise, manche explodierten auch! Diese Metalle waren bislang unbekannt, es handelte sich, wie wir heute sagen, um die Alkali- und Erdalkalimetalle.

Davy wandte sich aber, ausgerüstet mit seiner riesigen Batterie, auch anderen Stoffen zu. Chlor interessierte ihn, das damals noch dephlogistisierte Salzsäure oder Oxymuriaticum hieß. Chlor war der Rätselstoff der damaligen Chemie.

Rein materiell betrachtet, hatte dieses Gas eine niedrige Geburt, denn man barg es in einer Schweinsblase. Als Carl Wilhelm Scheele (1742–1786), ein bedeutender deutsch-schwedischer Apotheker und Chemiker, ein Mineral namens Braunstein mit Salzsäure übergoss, hatte er, um das entstehende Gas einzufangen, vor das Gefäß die getrocknete und gereinigte Harnblase eines Schweines gebunden. Er stellte fest, dass das Gas gelblich aussah und einen stechenden, der Lunge »beschwerlichen« Geruch verströmte. Entsprechend der damals noch weitgehend anerkannten Phlogistontheorie nannte er den Stoff dephlogistisierte Salzsäure, ähnlich wie man auch den Schwefel als dephlogistisierte Schwefelsäure bezeichnete. Scheele hatte als wohl erster Mensch Chlor hergestellt, auch wenn er es nicht als das erkannte, was wir heute darin sehen. Er deutete seine Entdeckung im Rahmen der Phlogistontheorie, der er zeitlebens treu blieb.

Doch auch Lavoisier griff in seiner Interpretation daneben. Der französische Chemiker, der von den Entdeckungen des fleißigen und großartigen schwedischen Apothekers ungeheuer profitierte, behauptete, es handle sich unzweifelhaft um die Entdeckung einer Sauerstoffverbindung. Nach seiner Theorie waren alle Säuren eben Sauerstoffverbindungen; was auch plausibel schien, denn sehr oft ist es tatsächlich der Sauerstoff, der einen Stoff zur Säure macht. Schwefelsäure, Salpetersäure, Essigsäure – sie alle enthalten ja Sauerstoff. Wenn Chlor in Wasser gelöst wird, entsteht Chlorwasser, das sauer reagiert. Das ging nur, glaubte Lavoisier, weil in dem grünen Gas Sauerstoff steckte. Für Lavoisier war die Sache klar. Fast alle übrigen Chemiker der damaligen Zeit schlossen sich an. Man stellte fest, dass Chlorwasser, das man ins Sonnenlicht stellt, Sauerstoff abgibt. Was war da naheliegender, als anzunehmen, dass das Sonnenlicht aus dem grünen Stoff den Sauerstoff abspaltet? In der französischen Chemikerschule hieß die Substanz deshalb Oxymuriatisches Gas, man sah in ihm eine Verbindung von Sauerstoff mit einem Etwas namens Muriaticum. Muria war der lateinische Name für Salzlake. Das Salz war schließlich der Ursprung des neuen Stoffes. Denn aus dem Salz gewinnt man Salzsäure – indem man mit Salz verknetete Tonkügelchen glüht – und aus der Salzsäure das Chlor beziehungsweise die Sauerstoff-Muriaticum-Verbindung. Der Name Muriaticum war ein Platzhalter für ein noch zu entdeckendes Element. Man hoffte, das grüne Gas demnächst in seine Bestandteile zerlegen zu können, nämlich in den Sauerstoff, den es klarerweise enthalten musste, und in eine weitere, bisher unbekannte Komponente, die man einstweilen Muriaticum nannte.

Das Chlor ist ein Beispiel für die trügerische Konkretheit der Chemie. Zwar kann man Stoffe sehen, riechen und schmecken, man hört, wenn es knallt. Was bei den Reaktionen aber wirklich passiert, sieht man nicht. Kommt etwas hinzu oder geht etwas weg? Spalten sich die Stoffe oder vereinen sie sich? Sind sie Elemente oder Verbindungen? So wenig wie man aus der grünen Farbe des Chlors ableiten darf, dass es ein gesunder Stoff ist, so wenig kann man ihm an irgendeiner einzelnen Eigenschaft ansehen, dass es ein Element ist. Das lässt sich nur aus der Vielfalt seiner Reaktionen nach und nach erschließen.

Davy nun dachte auf eine ganz neue Weise über den Stoff nach. An das Phlogiston konnte er nicht recht glauben. Doch auch Lavoisiers Ansicht über das Chlor, dass es nämlich eine Sauerstoffverbindung sei, überzeugte ihn nicht. Davy dachte: Wenn es sich hier um eine Verbindung zwischen einem Etwas und dem Sauerstoff handelt, dann sollte sich der Sauerstoff auch irgendwie von dem Etwas trennen lassen. Und ebendies versuchte er. Die größten damals verfügbaren Energien ließ er auf das Chlor los. Davy quälte es mit weißglühender Kohle. Er ließ ein ganzes Gewitter elektrischer Funken durch das Chlor zucken – stundenlang! Doch die Substanz änderte sich nicht. Auch aus den Verbindungen ließen sich keine Sauerstoffverbindungen, keine Oxide also, herstellen. Davy gab daher die Zerlegungsversuche auf und *beschloss*, dass Chlor ein Element sei. Natürlich konnte er seine Ansicht nicht definitiv beweisen, weil ja denkbar war, dass mit ganz neuen Mitteln und neuen Energien sich das gelbgrüne Gas aufspalten lassen würde. Er selbst hatte schließlich eine ganze Reihe vermeintlich elementarer Substanzen mit der Hilfe des elektrischen Stroms trennen können. Die Aussage, dass etwas ein Element ist, bedeutet letztlich nur: Wir konnten es bislang nicht aufspalten.

Doch Davy wagte ebendiese Aussage, er wettete darauf, und er erfand auch gleich einen neuen Namen für den Stoff: eben Chlor, abgeleitet von Chloros, dem griechischen Wort für gelbgrün. Der Begriff setzte sich durch, weil sich Davys Ansicht durchsetzte. Er hatte richtig gewettet: Es ist bis heute nicht gelungen, Chlor zu zerlegen; und mit dem periodischen System, in das Chlor wunderbar hineinpasst, haben wir ein weiteres Argument für seine elementare Natur.

Davys obsessives Leben und sein obsessives Experimentieren mit Gasen forderte einen hohen Tribut. Offenbar hatte er sich zeit seines Lebens allzu viele Chemikalien zugemutet. Schon mit 40 Jahren, auf der Höhe seines Ruhms, wurde er so krank, dass er seine Ämter in London aufgeben musste und sich in die Schweiz begab, in die klare Luft der Berge, die ihm heilsamer erschien als die Gase in seinem Labor. Hier saß er an Bergseen, angelte und erholte sich; doch die Besserung war nur vorübergehend. Auf der Rückreise nach England starb Davy 1829 in Genf, in seinem 51. Lebensjahr.

»Nur ein einziges Gas«, so schrieb er, damals 23-jährig, in seinen *Chemischen und philosophischen Untersuchungen,* »hat die Macht, das Leben dauerhaft zu erhalten, das ist die normale Luft, alle anderen Gase dagegen führen früher oder später zum Tode, wenn auch auf unterschiedliche Weise«. Diese goldenen Worte sind vollkommen zutreffend. Humphry Davy hat sich aber an seine Einsicht nie gehalten.

Bocksgestank

Das moderne chemische Labor scheint von dem Ort, an dem es sich befindet, völlig unabhängig zu sein. Kann man nicht überall gleich gut experimentieren? Von überall her kommen die Stoffe und Mineralien, der Handel bringt sie herbei. Pflanzen werden in Gewächshäusern gezogen und Versuchstiere in Käfigen oder Aquarien gehalten. Die moderne Laborwissenschaft ist unabhängig von irgendeiner konkreten Natur, weil sie die Natur per Mausklick ins Labor holt, notfalls als Simulation auf einem Rechner.

Und doch haben immer wieder ganz konkrete, lokale Naturphänomene die Chemiker inspiriert. Ganz konkrete Landschaften haben in der Chemie ihre Spur hinterlassen, in ihren Namen und in ihrer Geschichte. Es ist kein Zufall, dass manche internationale Mineralnamen wie etwa Quarz und Namen von elementaren Metallen wie Zink, Nickel oder Kobalt deutschen Ursprungs sind – Deutschland war jahrhundertelang die wichtigste europäische Bergbauregion, das Peru und das Mexiko der Alten Welt. Die Kohlensäure ist durch Beobachtungen an Sprudelbrunnen erstmals entdeckt worden. In bestimmten Heilquellen sind neue chemische Elemente entdeckt worden. Eine lange Reihe chemischer Elemente, die Seltenen Erden, trägt meist schwedische Namen, weil sie von schwedischen Chemikern auf einer Schäreninsel entdeckt wurden.

Und es gibt auch chemische Entdeckungen, die sich dem Meer verdanken und Chemikern, die das Meer lieben ...

Antoine-Jérôme Balard stammte aus einfachen Verhältnissen. Er wurde 1802 im südfranzösischen Montpellier geboren. Seine Mutter, die weder lesen noch schreiben konnte, arbeitete als Küchenhilfe bei einer reichen Witwe namens Madame Vincent. Sein Vater war Landarbeiter.

Die reiche und kinderlose Witwe war Taufpatin des kleinen Antoine-Jérôme. Sie scheint den Kleinen mehr oder weniger an Sohnes statt angenommen zu haben, offenbar mit Einverständnis der Eltern. Sie ermöglichte ihm den Besuch eines Gymnasiums und ein Studium der Pharmazie in Montpellier. Montpellier liegt nahe am Mittelmeer unter mediterraner Sonne. Am Meer ist der Horizont unbegrenzt, die Pflanzenwelt schwelgt im Übermaß, ihr Duft bringt den ganzen Raum zum Schwingen.

Zur Mittagszeit kann es im Sommer leicht 40 Grad heiß werden, dann halten die Südfranzosen eine Siesta, am Spätnachmittag begeben sie sich an den Strand. Das war schon zur Zeit Balards so, und auch er fuhr, wann immer es seine Arbeit im Labor erlaubte, ans Meer. Er schwamm gern, ließ sich von den Wellen umspülen und treiben.

Das Meer und seine Erzeugnisse interessieren ihn. Natürlich ist das Salz aus chemischer Sicht die wichtigste Substanz, die das Meer erzeugt, zu etwa dreieinhalb Prozent ist es im Meerwasser enthalten. Aus Meersalz hatte man Salzsäure gewonnen und daraus wiederum Chlor. Aus der Salzschmelze hatte man zudem Natrium erzeugt: Das Salz erwies sich damit als Verbindung, als NaCl. Aber es gab noch mehr zu entdecken an den Stränden und im Meerwasser.

So war dem Salpetersieder Bernard Courtois (1777–1838), der statt mit Holzasche mit der Asche von Seepflanzen arbeitete, aufgefallen, dass seine kupfernen Kessel von dieser Asche sehr schnell angegriffen wurden. Er unterzog die Aschenlauge einer genaueren Untersuchung und entdeckte 1812 darin eine neue Substanz, das Jod. Jod ist im Meerwasser nur in Spuren vorhanden, wird aber von vielen Meeresorganismen in ihrem Gewebe angereichert. Das Jod war von medizinischem Interesse. Schon der spanische Arzt und Chemiker Arnold von Villanova (1235–1312) hatte empfohlen, den Kropf, eine durch Jodmangel hervorgerufene Schwellung der Schilddrüse, zu heilen, indem verbrannte Meerschwämme daraufgelegt werden. Vom Jod wusste Arnold nichts. Aber seine Medizin war wirksam: Heute wissen wir, dass viele Meerschwämme bis zu acht Prozent Jod enthalten. Nach der Entdeckung des Jods entwickelte man noch weit wirksamere Mittel gegen den Kropf, der vor allem in meerfernen Gegenden, besonders in Gebirgen, verbreitet ist. Kropf ist eine Jodmangelerkrankung. Die medizinische Bedeutung von Jod geht aber noch weiter: Jodtinktur ist ein wichtiges Mittel zur Wunddesinfektion.

Balard, der Apotheker werden wollte, verband seine Liebe zum Meer mit seinem Interesse an neuen Heilmitteln. Er experimentierte mit jodhaltigen Meeresprodukten, in seinem Labor roch es wie in einer Hafenmole. Immer noch lebte er in einem Dachzimmer bei der Witwe Vincent, die ihn fürsorglich überwachte und oft an der Hochschule abpasste.

Kam er nach Hause, begab er sich nach dem Abendessen in das seinem Zimmer gegenüberliegende Kämmerchen, in dem die Witwe aussortierte Bücher in hohen, verstaubten Stapeln lagerte. Balard war ein leidenschaftlicher Leser und arbeitete sich nach und nach durch die Stapel, besonders Voltaire schätzte er sehr. Voltaires *Philosophisches Wörterbuch* liebte er so, dass er eine ganze Zeit jeden, den er traf, fragte: »Kennen Sie das *Philosophische Wörterbuch*? Ah, wie schön das ist ...«

Mit nur 24 Jahren gelang Balard die entscheidende Entdeckung. Wieder hatte er sich mit der Asche von Tangarten beschäftigt, die er nach dem Schwimmen am Meer gesammelt hatte. Er leitete Chlorgas in die aus dieser Asche bereitete Lauge ein und stellte fest, dass sich dabei eine gelb gefärbte, stark riechende Schicht bildet. Dann untersuchte er auch die Mutterlauge aus den Salinen. In den Salinen bei Montpellier wird in großen Becken aus Meerwasser Salz abgeschieden, die Mutterlauge ist die Flüssigkeit, die dabei übrig bleibt. Auch in dieser Mutterlauge entstand, wenn er Chlor einleitete, ein braungelber Schaum, der stechend roch. Zunächst glaubte er, er hätte es mit einer Verbindung von Chlor und Jod zu tun. Es gelang ihm, den braunen Stoff durch Destillation zu isolieren. Nun wandte er alle damals bekannten Methoden an, um den Stoff zu zerlegen, insbesondere steckte er die Pole einer aufgeladenen Batterie hinein, in der Hoffnung, so die Substanz endlich aufzuspalten. Nichts geschah, weder zerlegte sich die Substanz, noch konnte er in dem Stoff mit irgendeiner Methode Jod nachweisen.

Forsch schloss der junge Chemiker, es müsse sich hier um ein bisher noch nicht bekanntes Element handeln, das dem Chlor und dem Jod ähnele, aber damit nicht identisch sei. Er gab ihm den Namen *Murine,* in Erinnerung an das lateinische Wort für die Salzlake. All dies schrieb er in ein kleines Heft mit dem Titel *Abhandlung über eine im Meerwasser enthaltene Substanz* und sandte es im November 1825 an die Akademie der Wissenschaften in Paris. Dort überprüften die berühmtesten Wissenschaftler der Nation seine Entdeckung, bestätigten sie, wollten aber den Namen Murine nicht akzeptieren. Vielleicht, weil schon Lavoisier ein Muriaticum zur Diskussion gestellt hatte, das er im Chlor vermutete, das aber nicht existierte.

Die Gelehrten schlugen den Namen Brom für das Element vor. Eine wenig schöne Bezeichnung, bedeutet doch das griechische Wort *bromos* Bocksgestank oder allgemein Geruch brünstiger Tiere. Ja, die Namen! Wie soll ein neu entdecktes Element bezeichnet werden, über das man zum Zeitpunkt der Entdeckung kaum etwas weiß? Lavoisier, der als Erster eine Reform der chemischen Namen vorschlug und durchsetzte, hatte für »Was macht«-Namen plädiert. Der Chemiker denkt Stoffe in Prozessen. Also ist es sinnvoll, sich anzusehen, was aus einem Stoff hervorgeht: Hydro-genium: Wasserbildner, Wasserstoff. Oxy-genium: Säurebildner, Sauerstoff. Nachdem aber klar wurde, dass der Sauerstoff doch nicht der Sauerstoff ist, weil es Säuren gibt, die ohne Sauerstoff sauer sein können, kam diese Methode wieder aus der Mode. Nun wählte man mit Vorliebe eine Bezeichnung nach irgendeiner auffallenden Eigenschaft, die man ins Griechische übersetzte, damit es nicht ganz so banal klang: Chlor von *chloros,* gelbgrün. Jod von *iodos,* violett (wegen der violetten Joddämpfe).

Auch dieses Verfahren stieß bei manchen auf Widerspruch. So schrieb ein gewisser Rudolph Brandes aus Salzuflen, es sei das Recht aller Deutschen, sich eigene Elementnamen auszudenken, womit er auch sogleich begann. Jod nannte er Tangel, weil es aus der Tangasche gewonnen war. Chlor nannte er Störel, nicht weil es ihn störte, sondern weil er ihm eine zerstörerische Kraft zumaß. Fluor nannte er Ätzel, weil es ätzt. Das Brom hätte Brandes sehr wahrscheinlich Stinkel genannt, doch veröffentlichte er seine Vorschläge sechs Jahre vor Balards Entdeckung, und später hat er sich nie wieder zu der Sache geäußert.

Balard beließ es bei dem Namen Brom, der sich rasch durchsetzte. Die wissenschaftliche Welt war begeistert von dem neuen Element, das der junge Franzose aus dem Meerwasser gefischt hatte; nur in Gießen fuhr es einem Chemiker durch Mark und Bein, als er den Bericht der französischen Akademie über das Brom las. Gießen liegt in der hessischen Wetterau; mitten in Deutschland und weit weg von allen Küsten. Und doch gibt es dort überall Salzquellen, Reste früherer Meere. Diese Salzquellen wurden oft schon von den Kelten zur Salzgewinnung genutzt, vielerorts dienen sie auch der Kur und Heilung. Um die heilkräftige, salzhaltige Luft der Meere zu imitieren, ließ und lässt man dort Salzwasser über Reisig tröpfeln, Kranke und Gesunde wandern um solche Gradierwerke herum, atmen durch und atmen auf.

Der deutsche Chemiker Justus von Liebig (1803–1873) hatte zahlreiche Salzquellen in Hessen analysiert und versucht, deren Salze zu vermarkten. Zuletzt hatte er sich mit der Mutterlauge einer Salzquelle des Kurortes Bad Kreuznach befasst. Genau wie Balard hatte er Chlor in die Mutterlauge geleitet und auf der Oberfläche einen gelben Schaum bemerkt: »Wenn man die Flüssigkeit stark umschüttelt, so füllt sich der obere leere Raum des Glases mit einem gelben Dunste an, der einen ausserordentlich durchdringenden Geruch besitzt.« Hat also Liebig das Brom entdeckt? Er hat es in der Tat isoliert, aber nicht als Brom erkannt und deshalb auch nicht entdeckt. Vielmehr hatte er geglaubt, eine Verbindung von Chlor und Jod vor sich zu haben: »Ich kann es nicht leugnen, daß dieser Körper mir anfänglich nichts weniger als einfach zu seyn schien, und jeder würde wohl augenblicklich verleitet, ihn für eine Zusammensetzung aus Chlor und Jod zu halten.« Als Liebig die Bromologie von Balard las, hat er sich womöglich geohrfeigt, denn in seinem Labor stand das Brom, es war aber als Chlorjod signiert (heute als Jodchlorid bezeichnet). Liebig verzieh es sich noch Jahre später nicht, dass er den Unstimmigkeiten, die ihm sofort aufgefallen waren, nicht nachgegangen war. Er hatte bemerkt, dass sein Stoff, wenn man ihn mit Ammoniak zusammenbrachte, nicht violette Dämpfe abgab, wie das beim Chlorjod der

Fall ist, sich aber rasch eine Erklärung ausgedacht, wie er später grimmig sagte: »Er machte sich eine Theorie darüber.« Mit der war er zufrieden, bis die Post ihm die Neuigkeiten aus Paris brachte, die ihn wie ein Schock trafen. So hatte er sich um die Entdeckung eines Elements gebracht, die sein Lebenswerk gekrönt hätte. Wie konnte es sein, dass ein unbekannter Franzose aus der Provinz ihm, dem damals schon berühmten Chemiker, den Rang abgelaufen hatte? Liebig schwor sich, künftig nie wieder voreilige Theorien zu entwerfen, »wenn sie durch unzweideutige Versuche nicht bewiesen und gestützt werden können«. Wirklich gönnen konnte er dem jungen Franzosen den Erfolg nicht: »Nicht Balard hat das Brom entdeckt«, sagte er gern, »sondern das Brom hat Balard entdeckt.«

Balard seinerseits blieb bescheiden. Nach der Entdeckung eröffnete er in Montpellier eine Apotheke. Die Witwe Vincent hatte ihm dank ihres Vermögens diesen Schritt ermöglicht und ein direkt an das ihre angrenzendes Haus erworben. 13 Jahre lebte Balard in Montpellier, versah die Apotheke, lehrte zugleich an der Pharmazeutenschule und forschte über weitere Substanzen im Meer, ohne dass er neue entscheidende Entdeckungen gemacht hätte. 1837 starb seine Gönnerin. Das Testament wurde eröffnet, Balard zum Alleinerben ernannt.

Kurz darauf zeigt sich, dass Balard seit Jahren ein Doppelleben führte. Bald nach Madame Vincents Beerdigung wurde er im Rathaus vorstellig, präsentierte eine Braut namens Sophie-Élisabeth, heiratete sie und erkannte bei dieser Gelegenheit auch deren Söhne Prosper Jules Bruno und Émile, die mitgekommen waren, als seine leiblichen Kinder an.

Drei Jahre später zog Balard mit seiner Familie nach Paris, wohin man ihn als Chemieprofessor berufen hatte. Louis Pasteur (1822–1895) war dort einer seiner Schüler. Freilich war Paris mit seinem grauen Himmel und seinen engen Straßen, in denen der Blick überall anstößt, etwas ganz anderes als seine mediterrane Heimatstadt mit ihrer berauschenden Fülle der Düfte und ihrem azurblauen Himmel über dem grenzenlosen Meer. Gleichwohl richtete sich Balard in Paris ein, und sein liebenswürdiges Wesen ebenso wie sein an Voltaire geschulter Witz gewannen ihm unter den dortigen Naturforschern viele Freunde.

Balards Brom war, im Gegensatz zu Jod und Chlor, nicht von medizinischem Nutzen. Es eignete sich nicht als Desinfektionsmittel und auch nicht, wie Jod, zu therapeutischen Zwecken. Aber es hatte doch etliche bemerkenswerte Abkömmlinge, etwa das Silberbromid, mit dem schwarz-weiße Fotopapiere beschichtet werden. Auch der Purpur, der kostbarste Farbstoff der Antike, gewonnen aus Meeresschnecken, ist eine Bromverbindung.

Brom war zugleich ein wichtiges Puzzlestück auf dem Weg zum Periodensystem, weil es so deutliche Familienähnlichkeit mit Chlor und Jod aufwies, dass klar wurde, diese Elemente gehören zu einer Gruppe, die man Salzbildner, Halogene, nennt. Sie alle sind, wenn man so will, Meeresfrüchte, weil man sie entdeckte, indem man den Schaum der Wellen, die Lauge der Salzgärten und die Asche der Seegewächse ins Labor holte, um sie zu kochen und zu erkunden.

Der Geist in der Flasche

Unter einer Chemikalie stellt man sich zu Recht einen Stoff vor, den die Chemieindustrie vollsynthetisch aus Rohstoffen herstellt. Mit solchen Chemikalien haben wir es in unserem Alltag so gut wie überall zu tun. Besonders dort, wo wir sie gar nicht erwarten, weil wir der Meinung sind, wir hätten »natürliche« Stoffe vor uns. Was ist der natürlichste Stoff? Wasser natürlich. Aber nur, wenn es auch wirklich aus der Natur kommt. Ist doch klar! Dem Wasser aus der Leitung trauen wir nicht. Lieber kaufen wir Mineralwasser.

Mineralwasser – ja, das kommt wirklich aus der Natur. Meist aus irgendwelchen Bergen. Dort lagert es wohlversiegelt, wie das Etikett sagt, »natürlich rein«. Das soll nichts anderes heißen als »frei von Chemie«. Als 1990 im Perrier, einer französischen Sprudelmarke, Spuren von Benzol entdeckt wurden, war dieses Mineralwasser in kürzester Zeit so schwer beschädigt, dass es sich bis heute nicht davon erholt hat.

Betrachten wir die Marke »Adelholzener Classic«, einen wohlschmeckenden und viel getrunkenen Sprudel. Der Sprudel befindet sich im Besitz der Kongregation der barmherzigen Schwestern vom heiligen Vinzenz von Paul in Bad Adelholzen. Das Flaschenetikett zeigt, dass der

Sprudel geradezu von den Bergen selbst bewacht wird. Die Berge – ah! Schon der Philosoph Jean-Jacques Rousseau (1712–1778) erwartete dort die reine Tugend und heile Natur. Die nun können wir heute sogar im Supermarkt kaufen. Das Wasser der barmherzigen Schwestern wird nämlich nicht nur durch Gestein, sondern auch noch durch ein Naturschutzgebiet vor allen unguten Einflüssen der Gegenwart bewahrt. Und selbst das reicht nicht, denn zusätzlich teilt uns das Etikett mit, dass dieses Wasser, das dort von Berg und Naturschutzgebiet wohl verwahrt wird, in der Eiszeit gebildet wurde, also in einer Zeit lange vor der schädlichen modernen Industriegesellschaft, in einer Zeit jenseits der Umweltverschmutzung. Natürlicher geht es nicht mehr. Worauf warten wir? Wir wollen dieses Wunders teilhaftig werden, wir wollen die hochreine, kostbare und heilkräftige Substanz, die da in der Plastikflasche zu uns kommt, genießen. Öffnen wir das Heiligtum, stoßen wir die Tür zum Tempel der Frische und der Natürlichkeit auf!

Doch was ist das? Das Wasser zischt und sprudelt. Ja, das ist freilich der letzte Beweis seiner Natürlichkeit. Jetzt erst wissen wir, dass dieses Wasser lebt und uns an seinem Leben teilhaben lassen will. Doch was sprudelt da eigentlich so fröhlich? Ein Gas, die Kohlensäure! Sie gibt dem Wasser sein Leben, sein Sprudeln, seine munteren Geräusche, seinen Geschmack. Die Kohlensäure oder, wie man auch sagt, das Kohlendioxid ist auch auf dem Etikett vermerkt, meist in der Form: »Mit Kohlensäure versetzt.«

Mineralquellen sind eine Obsession. Menschen suchen sie seit vorgeschichtlichen Zeiten auf. Der Brodelbrunnen in Bad Pyrmont war schon den alten Germanen bekannt, man hat, als man ihn neu fasste, Trinkbecher, Spangen und in höheren Schichten auch römische Münzen darin gefunden. Der Grund ist, dass das Wasser sehr vieler Mineralbrunnen Heilkraft besitzt. Die Menschen würden die Brunnen nicht über Jahrhunderte, ja sogar Jahrtausende aufsuchen, wenn der Genuss bestimmter Wässer nicht tatsächlich Krankheiten lindern oder sogar besiegen könnte. Zu neu entdeckten Heilquellen fanden in früheren Jahrhunderten wahre Wallfahrten statt, und wenn man die alten Brunnenstädte, die oft in recht einsamen Tälern liegen, besucht, staunt man über die prächtigen Bauwerke, die von altem Glanz zeugen.

Auch für die Alchemisten und dann die Chemiker waren die Heilwässer aus der Erde von hohem Interesse, eben weil sie so viele Kranke heilten. Vom 15. bis ins 19. Jahrhundert wird man kaum einen bedeutenden Alchemisten oder Chemiker finden, der sich nicht irgendwann mit Mineralquellen beschäftigt hätte. Die Chemie hat zahlreiche grundlegende Erkenntnisse aus den Brunnen gefischt. Ihr wichtigster Fang ist zweifellos jener »subtile Geist«, die feinen Bläschen eben, die in vielen Mineralquellen nach oben steigen. Dass es sich dabei nicht um Luft handelt, war in allen Brunnenstädten wohlbekannt, man wusste, dass die Bläschen etwas Besonderes waren. Sie bewirken, wenn man sich länger in ihrer Nähe aufhält, Benommenheit und eine Art Trunkenheit. Manche alte Brunnen heißen daher auch Weinbrunnen. Wer sich zu tief in den Brunnen hineinwagte oder zu lange dort verweilte, konnte ohnmächtig werden und sterben. Auch auf Tiere wirkten die sprudelnden Blasen, und so leben an den Brodelbrunnen keine Schlangen oder Kröten. Das hielt man früher für eine Bekräftigung der Heilwirkung jener Wässer, denn Kröten und Frösche galten als niedere, sogar bösartige Kreaturen. Lässt man das sprudelnde Wasser länger stehen, dann verfliegt der feine Geist, er »verriecht«, wie es in den alten Büchern heißt, und zugleich bildet sich ein rötlicher Bodensatz. Der Geschmack abgestandener Mineralwässer ist schal, was schon vor 400 Jahren so gedeutet wurde, dass der »Geist« das Mineralwasser gewissermaßen zusammenhält, so dass es sich in seine Bestandteile zerlegt, wenn die Bläschen entweichen.

Aus Beobachtungen der Mineralquellen schöpfte der Alchemist van Helmont, wie wir schon sahen, den Gasbegriff. Das erste Gas, das er beschrieb, war die Kohlensäure. Später wurden noch andere Stoffe durch die Analyse der Brunnenwässer entdeckt, etwa das Caesium und das Rubidium.

Die Alchemisten und Chemiker, die sich über vier- oder fünfhundert Jahre mit den Mineralquellen befassten, taten dies meist mit einem ganz praktischen Ziel. Sie wollten künstliches Mineralwasser herstellen. Denn wenn chemische Analysen zeigen, wie eine Heilquelle zusammengesetzt ist, dann kann man das heilkräftige Wasser auch aus seinen Bestandteilen im Labor zusammenmixen und anschließend verkaufen, nicht zuletzt auch an Leute, die so weit entfernt von Heilquellen wohnen, dass der

Versand in Tonkrügen zu teuer ist. Schon der Alchemist Leonhard Thurneysser (1531–1595) gibt Rezepte für solche künstlichen Mineralwässer an und erklärt, man dürfe dieselben »ohn alle forcht und schrecken« zu sich nehmen, vorausgesetzt, sie seien von einem echten Fachmann hergestellt. Die frühen alchemistischen Mineralwässer enthielten vor allem aufgelöste Salze und Säuren, oft waren sie aus heutiger Sicht eher giftig, was insbesondere für die Wässer von Thurneysser gilt, der gern auch mit Quecksilber und Blei arbeitete.

Den für die berühmtesten Wässer wichtigsten Bestandteil, die feinen Bläschen, die still aufsteigen und die alle eine Welt enthalten, nur auf dem Kopf stehend – sie bekam man jahrhundertelang nicht in den Griff. Erst im 18. Jahrhundert lernte man, Gase aufzufangen, indem man sie in mit Wasser gefüllte Flaschen hineinperlen ließ. Man fand heraus, dass die Kohlensäure, die das Mineralwasser zusammenhält und ihm seinen typischen Geschmack verleiht, auch bei anderen Reaktionen entsteht, etwa bei Verbrennungen, beim Gären von Wein oder, wenn man Marmor mit Salzsäure übergießt. Seit dem 18. Jahrhundert fanden Chemiker immer perfektere Methoden, im Labor hergestellte Kohlensäure in beliebige Wässer hineinzupressen, um sie geschmacklich aufzuwerten und ihnen den Nimbus echten Mineralwassers zu verleihen. Oft wurde Kohlensäure hergestellt, indem man Marmorbrocken mit Schwefelsäure übergoss. Der schwedische Chemiker Torbern Olof Bergmann (1735–1784), der die Kohlensäure »Luftsäure« nannte, entwickelte als Erster ein Gerät, um Wasser mit dem Gas nachhaltig zu imprägnieren, damit auch in Schweden Sprudel getrunken werden konnte. Lavoisier erklärte, dass alle Gase ganz normale Stoffe sind und durch Druckerhöhung und Temperaturverminderung jedes Gas verflüssigt und verfestigt werden kann. Ausgehend von dieser Theorie, lernte man bald, Kohlensäure (und andere Gase) zu verflüssigen, sie in Stahlflaschen zusammenzupressen und platzsparend zu transportieren. Nunmehr konnte man aus jedem beliebigen Quellwasser, ja sogar aus gewöhnlichem Leitungswasser »Sprudel« herstellen, an jedem beliebigen Ort, vorausgesetzt, es war genug Kohlensäure zur Hand.

Die Kohlensäure wurde zunächst an kohlensäurehaltigen Brunnen abgefüllt, wie man sie besonders im mittleren Rheintal und in der Eifel findet, man erzeugte sie aber auch aus Schwefelsäure und Marmor oder sogar durch brennende Kohlen. Bald aber gab es ergiebigere industrielle Quellen.

Damit sind wir wieder bei unserem Sprudel. Längst ahnen wir, dass die Kohlensäure im Sprudel keineswegs so natürlich ist, wie sie uns glauben machen möchte. Bei diesem Gas handelt es sich nämlich meist um eine lupenreine Chemikalie, um ein vollsynthetisches Chemieprodukt, das in der Tat nicht aus irgendwelchen auch nur annähernd natürlichen Quellen kommt, sondern direkt aus dem Chemiepark.

Wie auch anders! Die natürlichen Quellen würden für den Bedarf überhaupt nicht ausreichen. Pro Kopf werden in Deutschland derzeit im Durchschnitt 140 Liter Mineralwasser pro Jahr getrunken, meist kohlensäurehaltiger Sprudel. Andererseits gibt es industrielle Prozesse, bei denen eine hochreine Kohlensäure entsteht. Einer dieser Prozesse ist die Haber-Bosch-Synthese, die der Herstellung von Ammoniak dient. Sie wird weltweit in großem Stil durchgeführt, weil man Ammoniak für die Produktion von Kunstdünger braucht. Ungefähr 1,4 Prozent des weltweiten Energiebedarfs wird für diesen Prozess aufgewendet. Es gibt Haber-Bosch-Anlagen, die im Jahr eine Million Tonnen Kohlendioxid als Nebenprodukt erzeugen. Warum sollte man das einfach in die Luft blasen, wenn man daraus noch ein Produkt machen kann?

Deshalb schließen sich die Mineralwasserhersteller über ihre Zwischenhändler meist an die Haber-Bosch-Synthese an. Der frische Zisch im Sprudel ist also, wenn man so will, ein Abgas aus dem Chemiepark, der Sprudel ist zu einem großen Teil ein Kunststoff. Der Chemiegigant, der die Substanz liefert, ist umso zufriedener, dass er seine Kohlensäure los ist, weil sie als schädliches Klimagift gilt. Der Mineralwasserhersteller ist glücklich, weil er sein gesundes Getränk günstig anbieten kann. Nur der Sprudeltrinker ist verdutzt, weil er sich ein natürliches Getränk anders vorgestellt hat.

Was also ist zu tun? Wir könnten uns vornehmen, nur noch Sprudel zu trinken, der mit »natürlicher Kohlensäure« versetzt ist. Doch bei der natürlichen Kohlensäure gibt es erst recht Umweltbedenken. Sie ist genauso klimawirksam wie die Kohlensäure aus dem Chemiewerk. Wenn sie in die Luft kommt, trägt sie ebenso bei zur globalen Erwärmung. Deshalb ist es nicht ratsam, die natürlich im Untergrund verkapselte Kohlensäure aus der Erde zu pumpen und in Umlauf zu bringen, anstatt sie in den Tiefen ruhig weiterschlummern zu lassen. Die chemische Kohlensäure dagegen ist ohnehin schon freigesetzt und wird nun immerhin einer sinnvollen Zweitverwertung zugeführt, wodurch sich das Anbohren der natürlichen Quellen erübrigt.

Am besten für Natur und Umwelt ist es allerdings, auf Kohlensäure und Sprudel zu verzichten. Dasjenige Wasser, das die Umwelt am wenigsten belastet, ist nämlich das Leitungswasser. Es muss nicht verpackt werden, es muss nicht mit LKWs von einem Ort zum anderen gefahren werden, es muss nicht mit PKWs vom Supermarkt abgeholt werden. Es kommt ganz ohne Luftverschmutzung aus allernächster Nähe und hat in unseren Gegenden an fast allen Orten eine sehr gute Qualität. Leitungswasser ist zwar eine nüchterne Sache. Es vermittelt uns nicht das Gefühl, dass wir uns einer übernatürlichen Natur hingeben, um uns zu erfrischen. Dennoch hilft dieses Wasser der wirklich existierenden Natur am meisten. Und gesund ist es auch.

An den alten Sprudelbrunnen, sofern sie nicht mit Anlagen der Getränkeindustrie überbaut wurden, trifft man heute nur noch wenige Menschen. Ich erinnere mich gut, wie ich vor zehn Jahren zum ersten Mal überhaupt einen Sauerbrunnen – so heißen die natürlichen Sprudelquellen – besuchte. Es war der Ludwigsbrunnen bei Karben in der hessischen Wetterau, zu dem einst viele Menschen tagelang reisten, um mit dem heilkräftigen Wasser ihre Gebrechen zu lindern. Der Brunnen lag verlassen in einer überwucherten Parkanlage. Er schnorchelte beängstigend, als sei er kurz davor, für immer zu versiegen. Ein älterer Herr füllte eine Sechserbatterie rostbraun angelaufener Wasserflaschen und erzählte, dass seine Frau genau dieses Wasser und sonst keines auf der ganzen Welt täglich brauche, da sie sonst sofort schreckliche Verdauungsprobleme bekomme. Sogar in den Urlaub müsse er Wasser vom Ludwigsbrunnen mitnehmen, denn seine Frau brauche wenigstens ein Glas pro Tag. Neugierig geworden, kostete ich von dem Wasser, doch was war das? Nach Sprudel schmeckte es nicht, eher metallisch, wenn nicht sogar chemisch und giftig! Von einem solchen Wasser kann man kaum viele Liter trinken, schon nach wenigen Gläsern wird einem der strenge Trunk zu viel. Der intensive Geschmack wird vor allem durch Eisen verursacht, das sehr viele Sauerbrunnen mit sich führen. Das durch die Kohlensäure im Wasser gelöste Eisen sorgt auch für braune Ablagerungen in den Sprudelflaschen, die auf den modernen Konsumenten weder natürlich wirken noch sonderlich vertrauenerweckend.

Daher wird das Eisen von den klugen Sprudelherstellern, die sich auf Urnatur verstehen, stillschweigend herausgezogen, indem man Luft

Die Entdeckung der Gase

durch den Sprudel bläst. Das Eisen fällt dabei wie Rost heraus, der Schwefel vermindert sich. Der moderne Sprudel ist also ein doppeltes Kunstprodukt: Einerseits wird etwas angeblich Natürliches hineingeblasen, andererseits wird etwas anderes, das nicht zur Vorstellung von natürlicher Natur passt, herausgefällt. Das Ergebnis ist ein Kunstprodukt, dessen Künstlichkeit den Zweck hat, so ursprünglich und natürlich wie möglich zu wirken. Wer wollte es den Sprudelherstellern verdenken, dass sie das im Sprudel oft natürlich enthaltene Metall herauspressen, dafür die Abluft des Chemiewerkes hineinpressen, ein Etikett daraufkleben, das von Bergen, Naturschutzgebieten und eiszeitlicher Urnatur schwärmt, und dieses Getränk als Gipfel des Naturgenusses vermarkten? Schließlich wollen sie ihr Wasser verkaufen. Und das geht nur, wenn es den Kunden gefällt. Dazu muss es sich anpassen und sich als Urnatur präsentieren, weil sich die gestressten und naturfern lebenden Städter genau danach sehnen.

Luftsalpeter, Meergold und Giftgas

Im Versailler Vertrag, mit dem der Erste Weltkrieg beendet wurde, war die Kriegsschuld der Deutschen festgeschrieben worden. Die Höhe der zu zahlenden Reparationen wurde von einer Kommission festgelegt, die sich 1921 auf 132 Milliarden Goldmark geeinigt hatte, was rund 47 000 Tonnen Gold entsprach. Das entspricht ungefähr einem Goldbarren, der 24 Meter lang, zehn Meter breit und zehn Meter hoch ist. Vorgesehen waren 26 Jahresraten. Später wurde der Betrag etwas vermindert, gleichwohl standen die deutsche Wirtschaft und Politik unter dem Druck der Reparationen ständig am Rande des Zusammenbruchs. Bei ausbleibender Zahlung sollte das ganze Land besetzt werden.

In dieser Lage träumten viele in der damaligen Weimarer Republik von der Rettung Deutschlands durch magische Kräfte. Tatsächlich waren wieder, wie schon in der Zeit des Dreißigjährigen Krieges, etliche Alchemisten unterwegs, wie etwa der schwäbische Apotheker Franz Tausend, der Anfang der 1920er-Jahre in einer dünnen Broschüre eine eigene Elementenlehre veröffentlicht hatte und behauptete, dass seine Lehre es ermögliche, Gold herzustellen. Ehe er sich dem Gold zuwandte, hatte Tausend ein Geigenbaugeschäft betrieben, das der Umwandlung normaler Geigen in Stradivaris gewidmet war. Das war schnell gemacht, denn er pinselte sie lediglich mit einem speziellen Lack ein. Ähnlich wollte er nun unedle Metalle in Gold umwandeln und überredete tatsächlich Wirtschaftskapitäne und hohe Militärs wie etwa General Ludendorff, ihn mit großen Summen zu unterstützten. Sein Rezept war die altbekannte alchemistische Methode: Erzeuge Gold, indem du reichen Leuten einredest, du könntest es herstellen. Durch die vielen Spenden war er wenige Jahre später schon Besitzer mehrerer Schlösser, hatte jedoch kein Gold in nennenswertem Umfang produziert. Schließlich wurde er als Betrüger festgenommen, angeklagt und verurteilt. Tausend starb unter ungeklärten Umständen 1942 im Landesgefängnis Schwäbisch Hall.

Auch ernsthafte Naturwissenschaftler arbeiteten zur damaligen Zeit an der Goldgewinnung. Der berühmteste von ihnen ist der Chemiker Fritz Haber (1868–1934), der 1918 den Nobelpreis erhalten hatte, für die von ihm entwickelte Ammoniaksynthese, auf die ich später noch eingehe. Haber entstammte einer Breslauer Familie, der Vater war ein wohlhabender jüdischer Kaufmann, der vor allem mit Farben handelte. Seine Mutter starb zwei Wochen nach seiner Geburt; Fritz Haber wurde von seiner Stiefmutter erzogen. Der Vater widmete sich seinen Geschäften und entwickelte, wie es scheint, nie ein engeres Verhältnis zu seinem Sohn. Fritz besuchte ein humanistisches Gymnasium in Breslau, dort wurde Latein und Griechisch gelehrt, die Naturwissenschaften und insbesondere die Chemie kamen kaum vor. Trotzdem entdeckte Haber dieses Fach für sich und begann daheim zu experimentieren. Seinen Abitursaufsatz verfasste er auf Latein, als Berufsziel gab er an: Chemiker; doch erst nach einer kaufmännischen Ausbildung, die er auf Wunsch seines Vaters absolvierte, konnte er seinen Wunsch verwirklichen.

Ein Foto, das 1891, unmittelbar nach seiner Promotion, aufgenommen wurde, zeigt ein angenehmes Gesicht mit vollen Lippen und auffallend weichen Zügen, die reichen lockigen Haare sind mühsam nach hinten frisiert. Zwölf Jahre später rasierte Haber seine inzwischen leicht schütteren Haare vollständig ab und war von da an nur noch mit polierter Glatze zu sehen, was seiner eigentlich eher femininen Erscheinung mit einem Mal etwas Wuchtiges und Unheimliches gab.

Er war ein intensiver und ehrgeiziger Mann, der sich vor allem für physikalische Chemie interessierte. 1906 wurde er mit 38 Jahren zum Professor an der Technischen Hochschule Karlsruhe ernannt. Habers Stern ging auf. Von nun an bis zu seinem Lebensende arbeitete er immer rastloser, für seine hübsche und hochgebildete Frau hatte er ebenso wenig Zeit wie für seinen 1902 geborenen Sohn. Auch für sich selbst fehlte ihm die Zeit: Seine Studenten hatten den Eindruck, als würde er nicht einmal essen, dafür rauchte er pausenlos. Er ging nicht, er rannte, wobei er die Zigarren, die er rauchte, quasi verzehrte, denn er kaute auf ihnen ununterbrochen herum; die wie Pinsel zerfransten Stummel ließ er bei den Studenten und Assistenten liegen, die er jeweils besucht hatte. Die sammelten sie auf, bugsierten sie in Reagenzgläser, die sie oben zuschmolzen, und wanden aus den so präparierten Stummeln einen Ehrenkranz, mit dem sie Haber bei einer Feier krönten.

Habers Interesse galt zunächst den Gasen, die er nicht über Wasser auffing, sondern über Quecksilber. In seinem Institut besaß er einen eigenen Quecksilberraum, den er gern und stetig nutzte. Ein Schüler erinnerte sich später: »Die einzige Sicherheitsmaßnahme war, daß der große Arbeitstisch eine erhöhte Leiste besaß. Da aber das Quecksilber sich nicht bannen ließ und alle Augenblicke ein Apparat versagte, war der Raum mit Quecksilberkügelchen förmlich übersät.« Auch in diesem Raum rauchte Haber permanent und legte seine Zigarre hierhin und dorthin.

Haber fügte sich ständig stark wirkende Chemikalien zu. Um die anregende Wirkung des Nikotins abends vor dem Einschlafen herunterzufahren, warf er eine Morphintablette ein. Als sein Körper die hochtourige Lebensführung mit Herzattacken beantwortete, begann er mit der Einnahme von Nitroglyzerin.

Haber, der große Chemiker, war auch ein genialer Netzwerker; er kannte alle wichtigen Naturwissenschaftler seiner Zeit, mit Albert Einstein (1879–1955) stand er bis zum Ende seines Lebens in Kontakt. Neben seiner naturwissenschaftlichen hatte er eine bemerkenswerte sprachliche Begabung. Er schrieb ausgezeichnete Reden und war ein eifriger Gelegenheitsdichter, der auf nahezu alles mehr oder weniger erträgliche Verse reimen konnte. Zudem hatte er begriffen, dass moderne Wissenschaft Geld braucht; dieses Geld wusste er wie kein zweiter zu beschaffen, gerade auch in wirtschaftlich schwierigen Zeiten. Auch dabei dichtete er gern und trug seine Wünsche nach mehr Geld für die Wissenschaft nicht selten in Gedichtform vor.

Er ist einer der Gründer der »Notgemeinschaft für die Deutsche Wissenschaft«, aus der die Deutsche Forschungsgemeinschaft hervorging, heute die bedeutendste deutsche Wissenschaftsorganisation. Haber hätte mit seinen Talenten ein glücklicher Mensch, der Ruhm seines Zeitalters, werden können; tatsächlich aber ist sein Leben von erschütternder Tragik geprägt. Eine tiefe Zwiespältigkeit durchzieht fast alle seine wissenschaftlichen und privaten Unternehmungen.

Mit seinem Namen ist das »Haber-Bosch-Verfahren« verbunden – heute spielt es eine so große Rolle bei der Ernährung der Menschheit, dass es als eine der wichtigsten Erfindungen gilt, die je gemacht wurden. Aber auch das »Haber'sche Tötungsprodukt«, das die Wirksamkeit von Giftgasen misst, geht auf ihn zurück. Und nicht zuletzt wurde das Zyklon A, der unmittelbare Vorläufer des Zyklon B, unter seiner Leitung entwickelt.

Habers Versuch, Gold in unbegrenzter Menge zu gewinnen, war die letzte wissenschaftliche Großunternehmung seines Forscherlebens. Ausgelöst wurde sie, wie schon gesagt, durch die Reparationsforderungen der Siegermächte des Ersten Weltkrieges. Haber wollte helfen; er wollte keine politische, sondern eine chemische Lösung finden. Schaffte man es, Gold herzustellen, so überlegte Haber, dann könnten nicht nur die Reparationen bezahlt werden, Deutschland würde auch, indem es beliebige Goldmengen auf den Markt wirft, die von den Siegermächten dominierte Wirtschaftsordnung destabilisieren und die Machtverhältnisse erschüttern, die das Land unterdrückten.

Angeregt durch Forschungen des japanischen Physikers Nagoaka Hantaro (1865–1950), versuchte Haber, durch Bestrahlung von Quecksilber zu Gold zu kommen. Er griff eine alte alchemistische Idee auf, die er mit neuesten Erkenntnissen begründete. Die Entdeckung des radioaktiven Zerfalls, bei dem sich Elemente in andere umwandeln, hatte die Idee, auch das Gold künstlich zu erzeugen, wieder in den Bereich des Möglichen gerückt. Haber richtete dazu einen gigantischen Aufbau ein, der im Rückblick wie ein Kindertraum wirkt. Ein gewaltiger Apparat lieferte 80 Zentimeter lange künstliche Blitze. Mit diesen traktierte Haber seine

Quecksilberproben. Nicht einmal oder zweimal, sondern 50 Stunden lang, ununterbrochen blitzte und krachte es im Labor. Doch das Quecksilber kümmerte sich nicht um all die Blitze, es machte keine messbaren Anstalten, sich in Gold zu verwandeln.

Haber überlegte auch, ob es nicht Goldvorkommen gebe, die man bislang noch nicht ausgebeutet hatte. Alle Goldlagerstätten in Deutschland und in Europa waren wohlbekannt; hier war nichts Neues zu erwarten. Dann aber bemerkte er, vielleicht als er gedankenverloren den Globus drehte, dass es einen wahrlich riesigen Bereich gab, dessen Goldvorkommen noch niemals ausgewertet worden waren – die Meere! Das Meer und die Luft – beide sind ungeheuer ausgedehnt, fast unendlich. Und sie gehören niemandem.

Gold ist zwar keine besonders gut lösliche Substanz – sonst würden Eheringe nicht lange halten –, dennoch finden sich Spuren davon im Wasser. Anfang des 20. Jahrhunderts war bekannt, dass auch das Meerwasser Gold enthält. Wenn ein Weg gefunden würde, wie dieses Gold aus dem Meerwasser auf halbwegs wirtschaftliche Weise herauszuholen sei, dann hätte sich Deutschland mit dem Meerwasser eine prinzipiell unendliche Goldquelle erschlossen. Haber beschloss, die Ozeane zu entgolden.

Das Meergoldprojekt sollte ihn sechs Jahre beschäftigen. Für dieses Projekt wurden mit staatlichen Mitteln schwimmende Laboratorien eingerichtet, es flossen Fördermittel in beispielloser Höhe in die Ausrüstung, und Haber unternahm wochenlange Forschungsfahrten auf dem Nord- und Südatlantik.

Er nahm an, dass in einem Kubikmeter Meerwasser etwa sechs Milligramm Gold in gelöster Form enthalten sein müssten. Das ist zwar tausendmal weniger als in abbauwürdigen Goldminen. Dafür aber lässt sich das Gold aus dem Wasser viel leichter gewinnen als aus Gestein. Seiner Rechnung nach war die Entgoldung der Ozeane eine durchaus lohnende Sache! Doch wie auch alle anderen Goldgewinnungsprojekte der damaligen Zeit geriet das Meergoldprojekt zu einer gewaltigen Enttäuschung. Obwohl tonnenweise Meerwasser analysiert und zentrifugiert wurde, konnte nicht ein einziges Gramm Gold gewonnen werden. Vielmehr stellte sich heraus, dass der ohnehin schon winzig scheinende

Goldgehalt des Meerwassers, von dem Haber ausgegangen war, noch tausendmal kleiner ist, als er angenommen hatte. Seine präzisen Analysen zeigten am Ende, dass das Gold, das manche Forscher im Meerwasser nachgewiesen zu haben glaubten, in Wahrheit von ihnen selbst stammte. Auf diese Spur kam er, als einer seiner Mitarbeiter immer wieder besonders hohe Analyseergebnisse erreichte. Die Anomalie konnte Haber lange Zeit nicht aufklären, bis er irgendwann von den Kolben und Tabellen hochblickte und den Mann ansah: Er trug eine Brille mit Goldfassung. Da er seine Brille bei den Analysen gelegentlich anfasste, gelangte über seine Finger immer wieder frisches Gold in die Proben und schraubte das Resultat nach oben. In ähnlicher Weise waren, schloss Haber, auch alle anderen Forschungsergebnisse, die dem Meerwasser nennenswerte Goldkonzentrationen zusprachen, zustande gekommen. Was die Chemiker da gemessen hatten, war nicht der Goldgehalt des Meeres, sondern ihr eigener Goldbesitz. Ohne es zu wollen, hatten die Chemiker den alten Trick der Alchemisten wiederholt – sie hatten das Gold, das sie aus ihren Tiegeln holten, zuvor in verborgener Form selbst hineingebracht. In den Proben hatte man den Abrieb der Siegelringe, der Eheringe oder auch der goldenen Füllfederhalterfedern nachgewiesen, aber nicht einen im Meerwasser selbst liegenden Schatz. Haber gab das Meergoldprojekt 1926 auf.

Im Rückblick fragt man sich, wie es möglich war, dass die Verantwortlichen im damaligen Deutschland für ein solch verrücktes Projekt überhaupt begeistert werden konnten. Die Antwort ist, sie trauten es Haber einfach zu. Und nicht ohne Grund. Denn er hatte zuvor etwas geschafft, das sogar noch unwahrscheinlicher erscheint. Er hatte ein Verfahren entwickelt, durch das aus bloßer Luft und Kohle Kunstdünger hergestellt werden kann. Damit war ihm gelungen, förmlich Brot aus Luft zu erschaffen. Denn mit Kunstdünger lassen sich die Getreideernten verdoppeln.

Fritz Habers Ammoniaksynthese war 1909 patentiert worden. Von dem Chemieunternehmen BASF wurde sie industriell ausgewertet, ein Team um Carl Bosch (1874–1940) und Alwin Mittasch (1869–1953) entwickelte das sogenannte Haber-Bosch-Verfahren. Ammoniak kann man als Dünger verwenden, was in Europa nicht geschieht, in den USA aber durchaus üblich ist. Wo Ammoniak auf die Felder gespritzt wird, wächst der Mais doppelt so hoch.

Dieses Ammoniak ließ sich in einem weiteren Schritt in Salpeter umwandeln, jenen Stoff, den man ebenfalls für Dünger und zusätzlich auch für Munition verwenden kann. Das Haber-Bosch-Verfahren stellt insofern einen Wendepunkt in der Geschichte der Menschen und der Natur dar. Denn es ist nun möglich, unbegrenzte Mengen dieser für die Kriegsführung und die Landwirtschaft unentbehrlichen Substanz herzustellen.

Jemand, der den in der Luft umherziehenden Stickstoff fixiert, hat also den Stein der Weisen gefunden oder jedenfalls einen Motor des Lebens in die Hand bekommen. Er kann mit fixiertem Stickstoff zwar nicht das Leben in der Zeit verlängern, aber er kann es vermehren, in ganz wörtlichem Sinn. Er kann etwa die Ernte, die ein Acker bringt, verdoppeln, indem er ihn mit Salpeter oder mit Ammoniak düngt. Ein Acker aber, der doppelt so viel Ernte bringt, ernährt doppelt so viele Menschen.

Auf allen Kontinenten stehen heute Haber-Bosch-Anlagen. Der mit ihnen erzeugte Stickstoffdünger hat erhebliche ökologische Nebenwirkungen, weil nur 30 Prozent bei der Pflanze ankommt, während der Rest aus den Feldern ins Grundwasser sickert und das Grundwasser, die Gewässer, Flüsse und Binnenmeere belastet. Doch nicht einmal die radikalsten Umweltschützer fordern die Abschaltung der Haber-Bosch-Anlagen, hat das Verfahren doch wesentlich dazu beigetragen, dass der Hunger aus Europa und Nordamerika und einigen anderen Teilen der Welt verbannt werden konnte. Ohne dieses Verfahren, so hat man errechnet, müssten etwa 40 Prozent der heute lebenden Menschen hungern oder verhungern.

Haber hat also in der Tat einen Kunstgriff gefunden, um mehr Leben zu schaffen, jedenfalls mehr von solchem Leben, das die Menschen für sinnvoll halten. Mehr Weizen also, mehr Mais, mehr Kartoffeln und mehr Zuckerrüben und damit mehr Kühe, mehr Schweine, mehr Hühner. Und alles das genau so, wie die Alchemisten es sich oft erträumt hatten, aus reiner Luft!

Diese Erfindung war auch militärisch von höchster Bedeutung. Zwar wurde im Ersten Weltkrieg nicht mehr mit Schwarzpulver geschossen. Wie heute auch waren raucharme Pulver, insbesondere Nitrozellulose, in Gebrauch. Doch auch diese ist, wie der Wortstamm Nitro verrät, eine Salpeterverbindung, genauer eine Verbindung aus Zellulose (zum Beispiel

Baumwolle) und Salpetersäure. Salpetersäure wiederum lässt sich aus dem Ammoniak, den das Haber-Bosch-Rohr liefert, mit einem weiteren Verfahrensschritt, dem sogenannten Ostwald-Verfahren, darstellen.

Das erste Stickstoffwerk ging im September 1913 in Betrieb, der Erste Weltkrieg brach im August 1914 aus und löste, wie man weiß, beim Militär und bei der deutschen Bevölkerung zunächst große Begeisterung aus. In der Heeresleitung wich die Euphorie aber rasch der Ernüchterung, stellte sich doch nach wenigen Wochen heraus, dass man vergessen hatte, die Pulvervorräte aufzufüllen. Der Bewegungskrieg fuhr sich fest und erstarrte zum Stellungskrieg, bei dem es nicht vor und nicht zurück ging. Da die von den Engländern errichtete Seesperre den Salpeternachschub aus Chile abschnitt, schien die Niederlage vorprogrammiert. Anhand des Tagesbedarfs konnte die Rüstungsbehörde per Dreisatz leicht ausrechnen, dass der Krieg schon 1915 beendet sein würde, weil dann der letzte Schuss deutschen Pulvers verschossen sein würde.

Dass es nicht so kam, ist vor allem dem Haber-Bosch-Verfahren zu verdanken, das in kürzester Zeit ausgebaut wurde. Pulver konnte nun in beliebiger Menge bereitgestellt werden, der Krieg konnte weitergehen.

Doch es reichte Haber nicht, dass er mit seiner Erfindung dem deutschen Generalstab aus der Klemme geholfen hatte. Er wollte den raschen Sieg Deutschlands, und zwar um jeden Preis. Haber betrachtete den Krieg als Chemiker. Ihm war klar, dass die militärisch wichtigste Aufgabe darin bestand, Bewegung in die Front zu bringen, weil Deutschland bei einem Stellungskrieg auf mittlere Sicht verlieren musste. Dazu bedurfte es, so schien ihm, einer neuen Waffe, die Angst und Schrecken verbreitet und die man zugleich schnell und billig herstellen konnte.

Haber kam auf das Chlorgas. Chlor ist ein grünliches Gas, sein Geruch allen Gästen der Hallenbäder wohlbekannt, deren Wasser meist mit winzigen Chlorgaben desinfiziert wird. Wenig Chlor tötet Bakterien, viel Chlor tötet Menschen.

In einem späteren Vortrag behauptete Haber, nicht von ihm sei die Initiative für den Gaskrieg ausgegangen, vielmehr von den Militärs: »Als die Schlacht an der Marne den Vormarsch zum Stehen gebracht und den Stellungskrieg eingeleitet hatte, kam die überraschendste aller Forderungen: das Verlangen nach chemischen Waffen.« Laut Haber ging es ihm bei der Entwicklung chemischer Waffen darum, »die Zielscheibe Mensch mit ihren zwei Quadratmetern Körperoberfläche« aus der Deckung zu holen. Haber konnte zeitlebens nicht verstehen, weshalb seine kriegstechnische Innovation im In- und Ausland so heftig kritisiert wurde. Sehr ungerecht empfand es unser Erfinder, dass vom U-Boot und vor allem von der Luftwaffe so viel freundlicher gesprochen wurde als von *seinem* Beitrag zum modernen Krieg: »Die Luftwaffe hat die größten Ehren geerntet, weil sie das Heldentum des Einzelkampfes erneuerte, das im modernen Kriegsbild fast ausgestorben war. Die Gaswaffe hat die bitterste Verunglimpfung erfahren.«

Tatsächlich ging die Initiative für die Verwendung von chemischen Kampfstoffen anfangs vom Militär aus, insoweit hat Haber recht. Allerdings hatte man dabei an Stoffe gedacht, die den Gegner kampfunfähig machen würden – an Tränengas und andere Reizstoffe, denn eigentliche Gifte waren verboten. Haber kümmerte das wenig. Auf der Wahner Heide bei Köln, heute ein Naturschutzgebiet, erprobte er das Chlorgas. Eingesetzt wurde es erstmals in Ypern (heute Ieper, Belgien) am 22. April 1915. Bei stabilem Rückenwind wurde einfach eine ganze Batterie Chlorgasflaschen geöffnet. Der Wind blies das Gas in die feindlichen Schützengräben, denn Chlor ist schwerer als Luft.

Tatsächlich funktionierte der Angriff, die feindliche Front löste sich in dem vergasten Abschnitt weitläufig auf. Der erzielte Vorteil konnte allerdings kaum strategisch genutzt werden, wenige Tage später war der Frontverlauf schon wieder wie zuvor. Dennoch waren die Generäle angetan von dieser Art der Kriegsführung und beförderten Haber zum Hauptmann. Der hatte sich immer nach Anerkennung durch die Herrschenden gesehnt und war begeistert.

Nach dem ersten erfolgreichen Einsatz aber wandte sich die neue Waffe gegen ihre Erfinder, denn nun begannen die Feinde, ebenfalls Gas einzusetzen. Es war ja nicht schwer zu begreifen, was die Deutschen getan hatten. Man konnte es sehen und riechen. Und die Kriegsgegner hatten viel bessere Voraussetzungen für einen Gaskrieg, denn der Wind weht an den deutschen Grenzen viel häufiger von West nach Ost als von Ost nach West.

Der Tod durch Giftgas wird oft als besonders grausam beschrieben, die Engländer prägten dafür das Wort *dryland drowning*, weil dieser Tod einem Ertrinken an Land ähnelt. Die geschädigte Lunge füllt sich mit Gewebswasser, das Atmen wird schwerer und schwerer. Wer einen Gasangriff überlebt, ist krank für immer.

Auch aus diesen Gründen waren, anders als Haber sich erinnert, nicht alle im deutschen Heer begeistert von der neuen Waffe. Vielmehr kritisierte eine Anzahl preußischer Offiziere diese »unritterliche« Art der Kriegsführung, die zudem völkerrechtswidrig war. Auch in Habers engster Umgebung gab es jemanden, der seine Waffenerfindung unerträglich fand. Clara Haber, geborene Immerwahr, seine Frau, war selbst Chemikerin. Sie und Fritz Haber waren, als Haber sich als Gaskrieger neu erfand, seit 15 Jahren verheiratet und hatten einen 13-jährigen Sohn namens Hermann. Habers Vorbereitungen für den Giftgaseinsatz hatte Clara mitverfolgt, die qualvollen Tierexperimente mit angesehen, die zur Probe durchgeführt wurden. »Sie war verzweifelt über die grauenhaften Folgen des Gaskriegs, dessen Vorbereitungen und Prüfung an Tieren«, sagte später ein Freund des Ehepaares. Zugleich litt sie an ihrer Ehe mit Haber, an der sie, wie sie einmal einem Vertrauten schrieb, zugrunde gehe. In der Nacht vom 1. auf den 2. Mai 1915, unmittelbar nach der Party, mit der Haber und die Militärs den Erfolg des Giftgasangriffs feierten, erschoss sie sich im Garten der Villa, die die Habers in Berlin bewohnten, mit der Dienstpistole ihres Mannes. Der Sohn Hermann, von dem Schuss geweckt, fand die sterbende Mutter im Garten und weckte den vom Morphin betäubten Vater. Haber las den Abschiedsbrief seiner Frau, sorgte dafür, dass dieser verschwand, und verabschiedete sich noch am selben Tag »ins Feld«!

Nach dem Ende des Ersten Weltkriegs fürchtete Haber nicht ohne Grund, als Kriegsverbrecher gejagt und verurteilt zu werden. Er ließ sich einen Bart wachsen. Im In- und Ausland wurde er geschmäht. Als ihm, völlig überraschend, die Schwedische Akademie der Wissenschaften für seine Verdienste um die Haber-Bosch-Synthese den Nobelpreis für Chemie verlieh, hagelte es internationale Proteste.

Haber war rehabilitiert, vom Giftgas aber konnte er nicht lassen. Auch in der Weimarer Republik setzte er die nunmehr verbotene Forschung fort. Er beriet ausländische Mächte im Geheimen, wie man Menschen am wirksamsten mit Gas umbringt. Niemals betrachtete er sein Engagement als Irrweg, vielmehr kritisierte er den Chemiker Hermann Staudinger (1881–1965), der sich nicht wie er vorbehaltlos in den Dienst des Krieges gestellt, sondern diesen mutig kritisiert hatte, als weltfremden Pazifisten, der Deutschland in den Rücken falle.

Haber, der immer auch wirtschaftlich dachte, ging nach dem verlorenen Krieg daran, aus den ehemaligen Kampfgasen Schädlingsbekämpfungsmittel zu machen, die man auf den Markt bringen konnte. Im Zuge dieser Forschungen entwickelten Mitarbeiter von Haber 1919 in Berlin das Zyklon A, ein blausäure- und chlorhaltiges Gemisch, das für die Bekämpfung von Mäusen und schädlichen Insekten eingesetzt wurde. Der Name Zyklon ist möglicherweise ein Deckname, der erforderlich war (Zy vermutlich für Cyan=Blausäure und klo für Chlor), weil der Versailler Friedensvertrag das Experimentieren mit Giftgasen ausdrücklich verbot. Aus dem Zyklon A wurde 1923 in einer Weiterentwicklung, an der Haber nicht mehr direkt beteiligt war, das berüchtigte Zyklon B, ebenfalls als Schädlingsbekämpfungsmittel konzipiert. Habers Leben erhält durch diese Substanz ein Element ungeheurer Tragik, weil mit Zyklon B im Zweiten Weltkrieg in deutschen Konzentrationslagern Millionen jüdischer Menschen umgebracht wurden.

Fritz Habers Biografie zeigt die besondere Nähe der Chemie zur politischen Macht. Haber ist keineswegs der einzige Chemiker, der sich in dieser Nähe einrichtete: weil chemische Forschung in der Lage ist, seltene und strategisch wichtige Substanzen auf neuen Wegen »darzustellen«, wie es in der Laborsprache heißt, sie neu zu gewinnen aus dem Wasser, aus der Luft, aus Holz oder aus der Bierhefe; deshalb kann die Chemie Ohnmacht in Macht verwandeln. Sie kann leere Vorratsspeicher und Waffenarsenale über Nacht mit Korn und Munition füllen. Das aber ist die Schwarze Kunst, die alle Herrschenden interessiert. Fast alle berühmten Chemiker haben in Kriegs- und Notzeiten ihre Forschung in den Dienst der Mächtigen gestellt. Manche gerieten dabei in einen Sog, sie wurden nach unten gezogen, während sie glaubten, sie würden erhöht.

Die Nähe zur Macht blendete sie und verrückte ihnen die Maßstäbe von Gut und Böse – bis sie schließlich Dinge taten, die ihnen nicht zum

Ruhm, sondern zur Schande gereichten. Dennoch dürfen wir bei aller Kritik an Habers Giftgas eines nicht vergessen. Viele standen ihm zur Seite und waren von der Sache ebenso überzeugt wie er selbst, darunter auch spätere Nobelpreisträger wie Richard Willstätter, Otto Hahn und James Franck. Und auch die Kriegsgegner haben es ihm nachgemacht und ihn gar noch zu übertreffen versucht. Auch wenn die Initiative für die »Gaswaffe« von ihm ausging, so beeilten sich doch französische, amerikanische und englische Wissenschaftler, es den Deutschen gleichzutun. Kritik an diesen Wissenschaftlern wurde nach dem Ende des Ersten Weltkrieges kaum geäußert, weil sich aller Hass auf Haber konzentrierte. Wie in einer neueren schwedischen Untersuchung zu Recht gesagt wird, eignete sich Haber vor allem deshalb als Sündenbock für den Gaskrieg, weil er ein Vertreter der Besiegten war.

Als die Nationalsozialisten 1933 an die Macht gelangten, blieb Haber als »Frontkämpfer« zunächst von antisemitischen Maßnahmen verschont. Der Arierparagraph im »Gesetz zur Wiederherstellung des Berufsbeamtentums« zwang ihn aber schon bald, viele jüdische Mitarbeiter zu entlassen. Aus Protest legte Haber sein Amt nieder. Er begann eine rastlose Reisetätigkeit, weil er es in der nationalsozialistisch gewordenen Heimat nicht mehr aushielt. Er starb Ende Januar 1934 an den Folgen einer Herzattacke in einem Baseler Hotel und wurde in der Schweiz beerdigt. Er wurde 65 Jahre alt. Auf seinem Grabstein steht: »Im Krieg und Frieden, solange es ihm vergönnt war, ein Diener seiner Heimat.«

Buna-N/S

Der italienische Chemiker Primo Levi (1919–1987), dessen Buch *Das periodische System*, eine Sammlung von 21 Elementgeschichten, 2006 vom Imperial College in London zum besten Wissenschaftsbuch aller Zeiten gewählt wurde, schreibt in dem letzten und berühmtesten Kapitel, das dem Kohlenstoff gewidmet ist, von den mächtigen, regalfüllenden Nachschlagewerken der Chemiker, vom *Beilstein* und vom *Landolt*, in denen alle bekannten chemischen Substanzen und Methoden aufgelistet waren. Diese gewaltigen Buchserien, die stetig ergänzt wurden, sind heute noch unentbehrliche Nachschlagewerke. Vor der Digitalisierung standen sie weltweit in sämtlichen Hochschulbibliotheken.

Für Levi sind es Orakelbücher: »Mancher von uns«, so schreibt er, »hat sein Schicksal unauslöschlich an Brom, Propylen, an die NCO-Gruppe oder an Glutaminsäure gebunden; jeder Chemiestudent sollte sich angesichts eines Chemiehandbuches bewusst sein, dass auf einer der Seiten, vielleicht in einer einzigen Zeile, in einer einzigen Formel oder in einem einzigen Wort seine Zukunft geschrieben steht, zwar in unentzifferbaren Lettern, die aber ›später‹ – nach Erfolg oder Irrtum oder Schuld, nach Sieg oder Niederlage – klar und deutlich zu lesen sein werden. Jeden nicht mehr jungen Chemiker durchrieselt entweder Liebe oder Ekel, Freude oder Verzweiflung, wenn er dasselbe Handbuch auf der ›verhängnisvollen‹ Seite aufschlägt.«

Es fällt auf, dass Primo Levi in diesem Satz nicht nur von Erfolg und Irrtum spricht. Erfolg und Irrtum – das ist es, worin nach Meinung vieler Naturwissenschaftler und vieler Philosophen der Gang der Wissenschaft besteht. Entweder ein Versuch klappt – oder nicht. Entweder die Theorie stimmt – oder sie ist falsch. Doch bei Levi gibt es noch etwas. Er spricht da von *Schuld*, einer moralischen Kategorie. Offenbar hält er es für möglich, dass eine chemische Formel, eine Synthese auch auf eine böse Weise zum Schicksal werden kann. Levi sagt in dem Buch nicht, welche Substanz seine eigene Biografie bestimmt hat. Wer sein Leben kennt, weiß, dass es der deutsche Kunstgummi Buna ist.

Buna ist eine Abkürzung, zusammengesetzt aus dem Ausgangsstoff Butadien und Natrium, das als Katalysator eingesetzt wurde. Das Verfahren beginnt mit Kalk und Kohle; der Kalk wird gebrannt, dann mit Koks gemischt und hoch erhitzt: So bildet sich Calciumcarbid, ein Stoff, den manche Gärtner gegen Maulwürfe einsetzen. Calciumcarbid, vermischt mit Wasser, erzeugt Ethin oder Acetylen, ein brennbares Gas, und aus diesem wiederum stellt man Butadien her, die Grundsubstanz des Kautschuks. Butadien ist ein kleines Molekül, kann aber auch, wenn es unter Druck gesetzt wird, endlose Ketten bilden, Polymere, die aus zahllosen verbundenen Butadienmolekülen bestehen: So entsteht Kautschuk. Ich erinnere mich noch gut an den aromatischen Gummigeruch in den Walzenhallen der Kautschukprüfabteilung der Bayer AG, in der ich als Werkstudent vor vielen Jahren arbeitete. Dort wurde der frisch produzierte Buna ausgewalzt und geprüft.

Eine Variante ist das Buna-S, ein sogenanntes Mischpolymerisat, dem Styrol beigemischt ist. Buna-S ist nach wie vor international der mit Abstand wichtigste Kunstgummi, weil es sich besonders gut für Autoreifen eignet, die immer noch großenteils aus dem Material betehen. Neben Buna-S wird auch Buna-N hergestellt, das ebenfalls sehr abriebfest, zudem aber auch beständig gegen organische Lösungsmittel und Öle ist.

Buna war und ist bis heute der wichtigste künstliche Gummi. Es war die Keimzelle der modernen Plastikwelt, denn auch andere Kunststoffe, die heute bekannter sind, wie Polyvinylchlorid (PVC) oder Polyethylen (PE), wurden im Zuge seiner Entwicklung entdeckt. Buna ist eine deutsche Erfindung. Für die Industrialisierung wurde Gummi gebraucht. Die Autoindustrie benötigte Gummi für Reifen und Dichtungen, aber auch die Elektroindustrie und viele weitere Industriezweige waren auf Gummi angewiesen. In unseren Breiten ist es dem Gummibaum zu kalt, und im Gegensatz zu anderen europäischen Länder verfügte Deutschland nicht über Kolonien in den Tropen. Daher suchten die deutschen Chemiker einen Weg, wie man den kostbaren Stoff aus im Lande vorhandenen Rohstoffen gewinnen konnte. Kautschuk besteht, chemisch gesehen, nur aus Kohlenstoff und Wasserstoff. Man kann ihn also, theoretisch, aus Kohle und Wasser herstellen. Beides war und ist in Deutschland reichlich vorhanden. Nur das passende Kochrezept fehlte noch.

Mit alchemistischen Kochrezepten, die es ermöglichten, kostbare Substanzen aus gewöhnlichen Zutaten zu brauen, hatte man in Deutschland einige Erfahrung. Sie sind das Kennzeichen der deutschen Industrialisierung. Zuerst gelang die Methode beim Zucker: Der Berliner Chemiker Andreas Marggraf (1709–1782) zeigte, dass sich aus der Runkelrübe, einem bescheidenen Gemüse, mit viel Chemie Zucker gewinnen lässt, der identisch ist mit dem aus Zuckerrohr gewonnenen. Damit war die Grundlage für eine deutsche Zuckerindustrie gelegt; bald musste der Zucker nicht mehr *ein*geführt werden, man konnte ihn vielmehr *aus*führen; Rübenzucker war im 19. Jahrhundert das wichtigste Exportprodukt Preußens. Ähnliches gelang beim Indigo, der zuvor aus dem damals von den Engländern beherrschten Indien importiert wurde. Das britische Indigomonopol brach die BASF in Zusammenarbeit mit dem Chemiker Adolf von Baeyer (1835–1917), der den Indigo künstlich herzustellen lehrte. Durch das Haber-Bosch-Verfahren machten sich die Deutschen vom Chilesalpeter unabhängig – die chilenische Salpeterindustrie brach vollständig zusammen. Vielleicht würde man auch das richtige Rezept für den Gummi entdecken.

Die Initiative zur Kautschuksynthese ging von der deutschen Chemieindustrie aus: Die Bayer-Direktionskonferenz vom 18. Oktober 1906 lobte einen Preis von 20 000 Mark für denjenigen Chemiker aus, der bis November 1909 »ein Verfahren zur Herstellung von Kautschuk oder eines vollwertigen Ersatzes findet«. Der Chemiker Fritz Hofmann (1866–1956) nahm die Herausforderung an, verbrauchte mit der Entwicklung des Prozesses über eine Million Mark, doch er hatte am Ende Erfolg. Im Labor von Bayer in Elberfeld (heute ein Stadtteil von Wuppertal) gelang es ihm 1909, den Kohlenwasserstoff Isopren so zu behandeln, dass das Resultat sich wie normaler Gummi verhielt. Das Kaiserliche Patentamt erteilte den Farbenfabriken vorm. Friedr. Bayer & Co. in Elberfeld das Patent Nr. 250690 für ein »Verfahren zur Herstellung von künstlichem Kautschuk«. Später entwickelte Hofmann einen weiteren Kunstgummi, den Methylkautschuk. Der deutsche Kaiser Wilhelm II. unterstützte diesen deutschen Werkstoff demonstrativ: Er hatte sich 1912 Autoreifen aus Methylkautschuk auf seine Staatskarosse aufziehen lassen und telegrafierte an den Bayer-Generaldirektor Carl Duisberg, er sei »höchst befriedigt«. Hofmanns Methylkautschuk war aber zu teuer für Friedenszeiten, zudem lehnte die Continental in Hannover, ein großer Reifenhersteller, die Weiterverarbeitung ab, weil die Qualität nicht stimmte. Doch das war nicht das endgültige Aus. 1915 ging das teure Zeug in die großtechnische Produktion, da das Deutsche Reich während des Ersten Weltkriegs von der Zufuhr natürlichen Kautschuks abgeschnitten wurde. Das Material war von strategischer Bedeutung, man brauchte es unter anderem für die Batterien in den deutschen U-Booten. Bis Ende 1919 lieferte die Anlage in Leverkusen über 2000 Tonnen synthetischen Kautschuk, was nach heutigen Maßstäben nicht viel ist, für den Bedarf der damaligen U-Boot-Flotte aber ausreichte. Nach Kriegsende wurde die Produktion eingestellt, weil sie nicht wirtschaftlich war und der Methylkautschuk nicht wirklich für Autoreifen taugte.

Der verbesserte Kunstgummi Buna wurde dann in den 1930er-Jahren entwickelt, auch dieser Synthesekautschuk war zunächst so teuer, dass seine Verarbeitung für die Gummiindustrie nicht infrage kam. Trotzdem wurden bald Bunafabriken gebaut, denn Hitler wollte den Stoff.

In seiner im August 1936 im Berghof auf dem Obersalzberg bei Berchtesgaden verfassten geheimen *Denkschrift zum Vierjahresplan* befiehlt Hitler die Substanz herbei, koste es, was es wolle: »Es ist ebenso augenscheinlich, die Massenfabrikation von synthetischem Gummi zu organisieren und sicherzustellen. Die Behauptung, daß die Verfahren vielleicht noch nicht gänzlich geklärt wären, und ähnliche Ausflüchte haben von jetzt ab zu schweigen.« Der Ton dieser Sätze zeigt unmissverständlich, dass hier die Macht spricht. Hitler spricht in dem Dokument auch klar aus, dass die deutsche Wirtschaft innerhalb von vier Jahren kriegsfähig sein müsse. Der deutsche Kunstgummi, den man bisher nur erträumt hatte, wurde durch diesen Befehl Realität.

Durch eine geschickte Innovationspolitik setzte das NS-Regime Anreize, die Produktion zu verbessern, so dass der Kunstgummi rasch konkurrenzfähig wurde. Die deutschen Chemiker, die sich in ihrer Mehrheit für das NS-Reich begeisterten, hatten nun einen weiteren Grund zum Jubeln. Keine zweite Naturwissenschaft erfreute sich in den 1930er- und 1940er-Jahren solchen Prestiges. Chemiker waren die nationalen Helden unter den Naturwissenschaftlern der damaligen Zeit, weil sie mit ihren Erfindungen entscheidend dazu beitrugen, dass Deutschland sich von seiner Abhängigkeit von den großen europäischen Kolonialmächten, von Frankreich und insbesondere von England, Zug um Zug befreien konnte. Das Buch *Anilin* von Karl Aloys Schenzinger, in dem die befreienden Taten deutscher Chemiker verherrlicht wurden, war der meistverkaufte Roman im NS-Staat. Der letzte Abschnitt des Buches handelt vom Kunstgummi, der eine »Notwendigkeit« sei, weil das deutsche Volk leben wolle. In Nachkriegsauflagen fehlt dieser Abschnitt.

Die deutschen Chemiker waren stolz auf ihren Gummi, in dem sie ebenso eine chemische Meisterleistung sahen wie eine humanitäre Tat. Sie glaubten, sie würden mit ihrem Stoff der Menschheit einen Dienst erweisen, denn es war wohlbekannt, dass Plantagengummi und auch der amazonische Gummi unter Einsatz massiver Gewalt und Unterdrückung gewonnen wurden. Man sprach in Deutschland vorwurfsvoll vom »Blutgummi« und meinte damit sowohl den von den Belgiern im Kongo erpressten Gummi wie auch den von den britischen und niederländischen Plantagen und den aus Amazonien, wo die Indianer zum Gummisammeln gezwungen und mit sadistischen Strafen gequält wurden, wenn die Waage nicht die vorgeschriebene Menge anzeigte. »Wir dagegen«, so hieß es sinngemäß in den Chemieromanen, »machen eine saubere Sache aus Kohle und Kalk, beides ist bei uns im Lande vorhanden. Es ist ein Sieg der Vernunft.« Doch das Projekt geriet bald auf eine böse Bahn.

Die IG Farben, damals der weltweit größte Chemiekonzern, passte sich den Gegebenheiten im nationalsozialistischen Deutschland rasch an und stellte sich in den Dienst der Aufrüstung. Der aus Frankfurt am Main gelenkte Konzern plante im NS-Staat drei Kautschukwerke, die auch gebaut wurden (in Hüls, in Ludwigshafen und in Schkopau). Als 1939 mit dem Überfall auf Polen der Krieg begann, war klar, dass man ein viertes Werk benötigte, es wurde in Oberschlesien geplant. Das dort gelegene Konzentrationslager Auschwitz bestand damals schon und beeinflusste die Standortentscheidung der IG-Farben-Manager am Frankfurter Hauptsitz, denn es würde kostengünstige Arbeitskräfte liefern. Man gründete die IG Auschwitz, die das größte Chemiewerk Osteuropas werden sollte. Die IG Auschwitz war mit rund 600 Millionen Mark eine der größten Investitionen der NS-Zeit. Produziert werden sollte vor allem Buna für die hochmotorisierte Wehrmacht. Der Bau des Werkes begann 1941, ein Jahr später wurde ein eigenes Konzentrationslager für den Buna-Bau eingerichtet, das die Fußmärsche der Häftlinge verkürzte.

Für Heinrich Himmler, den obersten Chef der SS, war die Entscheidung der IG Farben ein Geschenk. Die IG Farben zahlte pro Häftling und Arbeitstag drei bis vier Reichsmark an die SS, was für diese fast einen reinen Gewinn darstellte, weil sie für die Versorgung der Häftlinge praktisch nichts aufwendete. So flossen Millionen in Himmlers Kassen.

Die Chemiker von der IG Farben stellten bald fest, dass die eingesetzten, ausgemergelten Lagerhäftlinge wenig produktiv waren. Sie zogen daraus aber nicht etwa nicht den Schluss, auf bessere Arbeitsbedingungen für die jüdischen Häftlinge zu pochen. Vielmehr regten sie an, »verbrauchte« Häftlinge rascher durch neue zu ersetzen.

Die »verbrauchten« Häftlinge wurden nach Birkenau in die Gaskammern geschickt. Auch Bestrafungen einzelner Häftlinge wurden von IG Managern gefordert und von der SS umgehend vorgenommen. So wurde etwa der Schriftsteller Fritz Löhner-Beda, der in Auschwitz ein trauriges »Buna-Lied« verfasst hatte, zu Tode geprügelt, nachdem sich ein IG-Farben-Manager über seine zu niedrige Arbeitsleistung beschwert hatte. Von insgesamt rund 35 000 beschäftigten Lagerinsassen starben mehr als 25 000. Die Lebenserwartung der jüdischen Lagerinsassen lag bei durchschnittlich drei Monaten, zeitweise nur bei wenigen Wochen.

Das Arbeitslager Buna war also nicht etwa der rettende Ausweg für »arbeitsfähige« Juden. In ihm wurde nur eine andere Form der Vernichtung praktiziert. Die Arbeitsbedingungen und die Verpflegung wurden so berechnet, dass für die jüdischen Insassen der Tod durch Erschöpfung innerhalb kurzer Zeit sicher war.

Primo Levi kam am 22. Februar 1944 im Lager an: »Man erkannte ein großes Tor und darüber die grell beleuchtete Schrift (die mich noch heute in meinen Träumen bedrängt) ARBEIT MACHT FREI.« Der damals frisch promovierte Chemiker hatte sich in Italien einer Widerstandsgruppe angeschlossen, doch eine faschistische Miliz hatte ihn aufgegriffen und als Juden nach Auschwitz geschickt.

Levi kam zunächst in ein Baukommando, das Materialien für die im Bau befindliche Fabrik transportierte. Schon nach zwei Monaten ist er so entkräftet, dass ein polnischer wohlgenährter Häftling, der ihn mustert, sagt: »Du Jude kaputt. Du schnell Krematorium fertig.« Levi will nicht glauben, dass das Lager Buna ein Vernichtungslager ist. Ein Bettnachbar namens Schmulek lässt sich Levis Aufnahmenummer zeigen: »Du bist also 174 517.« Weil fortlaufend nummeriert wurde, hätten also über 174 000 Häftlinge in Auschwitz sein müssen. Dann rechnet er vor, dass derzeit aber insgesamt höchstens 30 000 Menschen in Haft seien. »Wo sind die andere?«, fragt er auf Jiddisch. Levi schlägt vor: »Vielleicht in andere Lager versetzt ...« Schmulek schüttelt den Kopf und sagt: »Er will nix verstayen.« Schon wenige Tage später ist Levi belehrt, denn er wird Zeuge, wie ebenjener Schmulek bei einer Selektion von einem SS-Mann aussortiert und ins Gas geschickt wird.

Die einzelnen Syntheseschritte des Buna-Verfahrens werden für die Buna-Häftlinge, die aus allen von den Deutschen eroberten Ländern zusammengetrieben wurden, zu Stationen ihres Leidensweges: »Den Karbidturm, der sich mitten in Buna erhebt und dessen Spitze im Nebel nur selten sichtbar wird, haben wir errichtet. Seine Bausteine werden Ziegel, mattoni, briques, tegula, cegli, kamenny, bricks, téglak genannt, Haß hat sie gefügt, Haß und Zwietracht, wie den Turm zu Babel; und so nennen wir ihn auch: Babelturm ... Und hassen in ihm unserer Herren wahnwitzigen Traum von Größe, ihre Verachtung gegenüber Gott und den Menschen, uns Menschen.«

Levi überlebt das Lager, weil er Chemiker ist. Die werden für die Buna-Labore gebraucht. Nach einer Chemieprüfung bei einem Doktor Pannwitz in der Polymerisationsabteilung des Buna-Werks wird er in das Chemiekommando versetzt. Hier stiehlt er Cer-Zündsteine, die er im Lager gegen Brotrationen tauschen kann, da die nichtjüdischen Häftlinge die Zündsteine für ihre Feuerzeuge brauchen. Am 18. Januar 1945 wird das Lager von der Roten Armee befreit. Weil Levi eine Woche zuvor mit einer Scharlacherkrankung in den Krankenblock eingewiesen worden und zu schwach zum Laufen war, entgeht er dem Todesmarsch. Er war gerettet, kehrte über viele Umwege nach Italien zurück, wo er zunächst als Chemiker, dann als Schriftsteller arbeitete. Die Erinnerung an Auschwitz quälte ihn zeit seines Lebens.

Nach dem Krieg wurden die Verantwortlichen für die IG Auschwitz von den alliierten Behörden als Verbrecher zur Fahndung ausgeschrieben. Als Otto Ambros (1901–1990), der Verantwortliche für die Standortentscheidung, festgenommen wurde, handelte er mit Seife. Seife, dieses nützliche Chemieprodukt, war begehrt, im Nachkriegsdeutschland hatten viele schmutzige Hände. Die Alliierten stellten ihn wegen der IG Auschwitz vor Gericht. Doch Ambros, dessen Name übrigens auch im Kampfgas Sarin verewigt ist, verstand nicht, weshalb er angeklagt war. Er saß seine paar Jahre Strafe im Kriegsverbrechergefängnis in Landsberg am Lech ab, dann wurde er gleich wieder in der Chemieindustrie tätig, wurde geehrt und hatte bald wieder Vorstands- und Aufsichtsratsposten inne. Auch die übrigen Verantwortlichen für die IG Auschwitz wie etwa die Chemiker Carl Krauch (1887–1968), Walter Dürrfeld (1899–1967), Heinrich Bütefisch (1894–1969) und Fritz ter Meer (1884–1967) verließen nach kurzer Haft das Landsberger Kriegsverbrechergefängnis und nahmen sofort ihre Tätigkeit in der deutschen chemischen Industrie wieder auf, alle in Spitzenpositionen. Gewiss: Keiner dieser Chemiker hat persönlich Häftlinge vergast oder erschossen oder zu Tode geprügelt.

Sie haben das Böse vielmehr auf die Art und Weise getan, wie es meist getan wird, indem sie nämlich billigend in Kauf nahmen, dass andere quälten und mordeten. Alle verantwortlichen Chemiker wussten, was in Auschwitz geschah, waren über Details der Vernichtung informiert und hatten wirtschaftlichen Nutzen von den Abläufen in Auschwitz. Einige trafen sich regelmäßig mit dem Auschwitz-Kommandanten Höß, mit dem bestes Einvernehmen bestand.

In der westdeutschen Chemie fand man nicht nur nichts dabei, die verurteilten Kriegsverbrecher wieder einzustellen. Im Gegenteil glaubte die Mehrheit in der Chemieindustrie, den verdienten Herren sei Unrecht widerfahren. In den Jubiläumsbänden der westdeutschen Chemie wird das Werk Buna IV in Auschwitz nie erwähnt. Eine Primo-Levi-Stiftung zu errichten, die die Verstrickung von Chemie und Holocaust aufarbeiten könnte, ist bislang niemand in den Sinn gekommen. Stattdessen gab es aber bei der Bayer AG in Leverkusen seit 1964, gegründet zum 80. Geburtstag des langjährigen Aufsichtsratschefs, eine Fritz-ter-Meer-Stiftung, die nach diesem obersten Chef der IG-Auschwitz, einem verurteilten Verbrecher, benannt war und bis 2006 Stipendien an Chemiestudenten vergab.

Buna war ein wichtiger Teil von Auschwitz. Manche Historiker sagen sogar, Buna war der entscheidende Teil von Auschwitz, weil erst durch die Investitionsentscheidung der IG Farben die Aufmerksamkeit von SS-Chef Himmler auf das Lager im Osten gelenkt und dieses in der Folge zum zentralen Ort für den Holocaust ausgebaut wurde.

Chemie hat mit Macht zu tun, und eben deshalb kann Chemie auch etwas mit Schuld zu tun haben. Sie steht nicht von vornherein, als »reine Wissenschaft«, jenseits von Gut und Böse, dazu ist sie nicht harmlos genug. Darum ist es notwendig, dass wir uns nicht nur mit Erfolgsgeschichten beschäftigen, in denen Chemiker durch ihre Kunst der menschlichen Gesellschaft oder jedenfalls ihrem Land einen Dienst erweisen, indem sie zur Erkenntnis der Natur beitragen, Krankheiten besiegen, den Hunger bekämpfen, zum wirtschaftlichen Aufschwung, zur Bewusstseinserweiterung oder zum Umweltschutz beitragen. Wir müssen uns auch mit den Geschichten befassen, in denen Chemiker Schuld auf sich geladen haben oder sich gar, verblendet, am Bösen beteiligten. Nicht, um auf andere herabzublicken, nicht, um zu schwören, dass wir so etwas nie täten. Sondern um sich auf das eigene Tun zu besinnen und sich zu fragen, wie man auch in schwierigen Situationen ethisch handeln kann.

Heroin und Aspirin

Vor einiger Zeit nahm ich an einem internationalen Forschungsprojekt mit dem Titel *Genesis of technoscientific objects*, kurz Goto, teil. Zweck des Projektes war es, einzelne wissenschaftlich-technische Objekte ganz konkret auf ihrem Weg durch die Menschenwelt zu verfolgen. Dabei wählten die einen die Brennstoffzelle, wieder andere untersuchten Kohlefasern. Ich selbst schwankte. Eigentlich wollte ich mir den Feinstaub vornehmen. Doch es erschien mir nicht leicht, ihn wirklich zu verfolgen, denn man kann ihn kaum sehen und schon beim leisesten Hauch segelt er auf und davon. Daher verlegte ich mich auf ein anderes Thema: das Heroin. Goto? Go Heroin! Später habe ich das bereut und oft gedacht: wärst du nur beim Feinstaub geblieben. Denn Heroin ist noch schwerer zu fassen als Staub.

Zunächst schien alles ganz einfach. Bei einem Urlaub in Athen, der eigentlich den antiken Stätten gewidmet war, besuchte ich auch die Aristoteles-Universität im Stadtzentrum, um dort vielleicht Kontakte zu knüpfen. Doch die Universität war geschlossen, also sah ich mir die eindrucksvollen Wandmalereien im Eingangsbereich an. Der schielende bayerische König Otto, früher auch mal griechischer König, blickte von oben auf eine Versammlung großer Denker. Der Boden war mit schwarzem und weißem Marmor gepflastert. Darauf verstreut lagen die Reste eines Drogenfrühstücks, das sich irgendjemand vor Kurzem dort zugeführt hatte. Kleine Fläschchen mit gereinigtem Wasser, Spritzen, rote Wachsflecken von einer Kerze. Großartig, dachte ich, und fotografierte die Szene. Dann kam mir in den Sinn, ich könnte doch einiges von diesem Zeug mitnehmen, als Schaustück für den Kongress unseres Goto-Projektes. Die Spritze schien mir zu riskant. Wenn man die bei der Sicherheitskontrolle entdeckt? Also nahm ich ein kleines Plastikfläschchen an mich, in dem sich gereinigtes Wasser befunden hatte. Das steckte ich in die Hosentasche. Doch es war nicht ganz leer, es enthielt noch ein Tröpfchen Wasser, das auslief, mit Schrecken fühlte ich es. Um Himmels willen! Vielleicht waren in dem Wasser Aidserreger?! Vielleicht hatte der Heroinfreund seine blutige Spritze hineingesteckt? Ich warf das Fläschchen in einen Mülleimer und hätte am liebsten sogleich die Hose ausgezogen und hinterhergeschmissen. Auf dem riesigen Platz vor der Universität, auf dem jetzt gerade eine Schulklasse vorbeimarschierte, schien mir das nicht ratsam. Daher rannte ich zum Hotel, wechselte meine Hose und versuchte Hose und Bein mit dem Chemoreiniger zu desinfizieren, den ich neben dem Klo fand, bis ich innehielt, weil mir der Gedanken durch den Kopf schoss, dass ich so womöglich erst die Wunden schuf, durch die das Virus dann in meinen Blutkreislauf gelangt. Ich tupfte alles ab und warf den Computer an, um mich bei Google zu erkundigen, ob Aidserreger in Wasser überhaupt überdauern können. Erleichtert knipste ich den Bildschirm aus. Nach wenigen Minuten in reinem Wasser sind sie erledigt.

Zurück in Augsburg, beschloss ich, die Suche nach Heroin systematisch und ordnungsgemäß fortzusetzen. Ich knüpfte einen Kontakt zur Augsburger Polizei und stellte mich bei dem zuständigen Drogenpolizist vor. Ich legte ihm den wissenschaftlichen Hintergrund des Goto-Projektes dar. Er fand das alles recht seltsam und wurde misstrauisch. Ich sah ihm an, dass er sich fragte: Weshalb ist der Kerl *wirklich* hier? Plant er ein Geständnis? Der Kommissar war unschlüssig. Er erläuterte mir die »drei Pfeiler« der bayerischen Drogenpolitik. Sie lauten Unterdrückung (Repression), Vorsorge (Prävention) und Beratung. Man erwäge derzeit eine vierte Säule hinzuzunehmen, so etwas wie Hilfe oder

Schadensminderung. Dass man sich also auch um die Leute kümmern wolle, die von der Droge einfach nicht wegkommen, dass man ihnen Möglichkeiten geben wolle, gesünder zu leben. Dann suchte er im Internet den Text des *Betäubungsmittelgesetzes* und begann, ihn mir vorzutragen. Auf dem Regal sah ich eine blau lackierte, getrocknete Mohnkapsel. Ich fragte ihn, ob denn der Anbau von Schlafmohn nicht verboten sei. »Nein«, entgegnete er, suchte in seinem Text und las vor, dass der Anbau von Mohn zu Zierzwecken nicht verboten, vielmehr erlaubt sei. »Dann werde ich mir mal welchen in den Garten setzen!«, sagte ich spontan. »Das empfehle ich Ihnen nicht, denn nehmen wir mal an, Sie schnipseln da an ihrer Mohnpflanze herum und der Nachbar sieht das, dann kann es leicht sein, dass der bei der Polizei anruft, und schon haben Sie Ärger. So Anrufe bekommen wir immer wieder, meist aus Kleingartenanlagen.« Ich versprach, auf den Schlafmohn im Garten zu verzichten.

Dann fragte ich, ob er denn hier im Raum irgendwo Heroin habe. Der Mann riss die Augen auf: »Hier im Raum?«, rief er. »Ja«, sagte ich verzagt, »Teil des Forschungsprojektes ist, die Substanz einmal selbst in die Hand zu nehmen.« Der Polizist nickte. »Natürlich habe ich hier Heroin«, sagte er, »als Beweismittel.« Er rollte mit seinem Bürostuhl ein paar Meter zur Seite. Oha! Da stand ein Tresor! Mein Gegenüber sah mich bedeutungsvoll an. Dann kniete er nieder und öffnete die Metalltür. Darin waren viele beschriftete Briefumschläge. »Heroin, Cocain, Cannabis«, las er vor. »Alles Beweisstücke«, erklärte er, »und deshalb darf ich Ihnen auch nichts davon in die Hand geben.« »Ich will es ja nicht mitnehmen!« »Egal, Sie kriegen es nicht in die Hand!« Zack, schon verschloss er den Tresor und nahm wieder am Schreibtisch Platz. »Heroin ist heute eher eine Unterschichtendroge«, fuhr er fort, »Kokain ist viel hipper.« Er erläuterte mir, dass ein Gramm Heroin auf dem Schwarzmarkt rund 60 Euro kostete. Oft sei es mit allen möglichen Substanzen gestreckt. Weil das Zeug so teuer ist, sei der Schmuggel, rein ökonomisch betrachtet, eine ganz reizvolle Sache. »Ein Gramm kostet 60 Euro. Für ein Kilogramm müsste man theoretisch 60 000 Euro bezahlen, wegen Mengenrabatt kostet es aber eher 20 000. Für die Herstellung braucht man nur ein paar Hundert Euro. Der Rest ist Gewinn. Man benötigt nicht viel Lagerfläche. Ein Kilo Heroin passt in eine Tüte Milch. Nicht ganz, aber fast. Und man kann es mit allen möglichen Substanzen strecken, mit gepulverten Kopfschmerztabletten zum Beispiel. Je nachdem, wie rein oder unrein man das Zeug verkauft, verdoppelt man den Profit. Deshalb ist die Sache so attraktiv.« Ich fragte ihn, ob er wisse, wie Heroin riecht. Das muss der Moment gewesen sein, an dem er beschloss, die Wissenschaft nicht weiter mit seiner kostbaren Zeit zu unterstützen. Er sah auf die Uhr. Ich bat: »Der Geruch?« »Also gut. Es riecht nach Essig!« Ich dankte und verabschiedete mich.

Nachdem ich auch bei diesem Versuch kein Heroin zu Gesicht bekommen hatte, überlegte ich, es beim Chemielieferanten der Universität zu besorgen. Tatsächlich war Diacetylmorphin, so der aktuelle Name von Heroin, im Katalog verzeichnet. Aber siehe da, es kostete zehnmal so viel wie auf dem Schwarzmarkt! 600 Euro pro Gramm fand ich für eine Anschaffung zu teuer. Auch wusste ich nicht so recht, wie ich der Verwaltung die Rechnung über ein Gramm Heroin erläutern sollte.

Daraufhin kam mir der Gedanke, das Heroin selbst herzustellen. Oder zumindest den Vorläufer, das Morphin. Denn Heroin ist eigentlich Morphin, mit Essigsäure gekocht. Schon der Alchemist Glauber hatte ein Rezept für das Gewinnen des Morphins angegeben, er nannte das Morphin *Magisterium opii*, Meister des Opiums. Opium ist der getrocknete Saft des Schlafmohns. Als Entdecker des Morphins gilt Friedrich Sertürner (1783–1841), ein Apotheker aus Paderborn.

Das Rezept ist einfach. Sertürner kochte Opium in Wasser und setzte dann eine Lauge hinzu, daraufhin erhielt er einen weißen Niederschlag, der sich in Säuren wieder auflöste. Es handelt sich um eine alkalische Substanz, und genau die bringt die Wirkung des Opiums hervor, wie Sertürner durch Tierversuche und Selbstversuche feststellte. Opium selbst wird gewonnen, indem unreife Mohnkapseln angeritzt werden, dabei tritt ein weißer Saft heraus, den man sammelt und trocknen lässt. Man kann auch gleich Mohnkapseln einsetzen. Da sie im Juli und August viel verkauft werden, besorgte ich mir im Blumenladen ein paar Stück. Ich pürierte sie in der Küche und filterte den Saft durch unseren Kaffeefilter, als meine Frau hereinkam.

Ich erzählte ihr vom Goto-Projekt und meiner Idee, mich experimentell an das Thema anzunähern. Ich sei kurz davor, das Morphin hinzubekommen, ich müsse nur noch ... »Stop!«, rief sie. Diese Küche sei keine Drogenküche, und Geräte, die sonst zur Bereitung des Mittagessens verwandt würden, dürften keinesfalls zur Darstellung von Giften, schon gar nicht von verbotenen Drogen dienen. Ich brachte den hoffnungsvollen Ansatz auf den Kompost.

Und so kommt es, dass ich bis heute nicht ein einziges Mal Heroin in der Hand gehabt habe! Chemisch ist die Substanz ebenso wie Morphin wenig kompliziert und wenig problematisch. Versuche mit Morphin und Heroin könnten einfache Lehrversuche sein; man könnte an ihnen ideal die Säure-Base-Theorie erläutern. Aber der Stoff ist dermaßen dämonisiert, dass eine Begegnung mit ihm das eigene Leben ändert. Wer unerlaubt mit Heroin und Morphin hantiert, wird in Deutschland zum Straftäter und kann in manchen Ländern sogar zum Tode verurteilt werden.

Wie ist es dazu gekommen? »Ohne Morphin möchte ich kein Arzt sein«, erklärten viele Mediziner noch vor 60, 70 Jahren. Ursprünglich galten Morphin und, in einigem Abstand, auch Heroin als große Errungenschaften der Chemie. Und sie sind es auch, weil die Isolation des Wirkstoffes Morphin die genaue Dosierung viel einfacher macht. Und Heroin wirkt rascher als Morphin. Beides sind eigentlich Schlaf- und Schmerzmittel. Die Muttersubstanz sowohl des Heroins wie auch des Morphins ist der getrocknete Mohnsaft, das Opium. Der Name leitet sich her vom griechischen *opós*, das einfach »Saft« bedeutet. Mohn wurde schon von den Steinzeitmenschen angebaut, einmal wegen der Samen, mit denen man wohlschmeckenden Mohnkuchen bereitet, zum andern aber auch wegen des Opiums. Mein Urgroßvater, der aus Schlesien stammte, erzählte gern, dort habe man die Kinder mit einem Schluck Mohnaufguss ruhiggestellt, wenn die Erntearbeiter aufs Feld mussten, um den Weizen zu mähen. Schlafmohn wurde in Schlesien viel angebaut. Das Problem bestand darin, dass man nie genau wusste, wie viel Wirkstoff der jeweilige Tee eigentlich hatte.

War es zu viel, konnte es sein, dass die so Beruhigten nie mehr erwachten. Das ist immer wieder vorgekommen, wie schon der Alchemist Rudolph Glauber bezeugte. In einem seiner Bücher schildert er, wie das Opium die Leute sanft beruhigte, so dass sie einschliefen, oder aber derart müde machte, »das mancher nicht wieder hat erwachen wollen / sondern biß zum Jüngsten Tag hat ruhen müssen«. Glauber verweist dann darauf, dass viele Alchemisten aus diesem Grund »je lenger je mehr fleiß angewant haben daß Opium zu corrigieren«. Man wollte seine positiven Eigenschaften weiternutzen, ohne seine Gefahren fürchten zu müssen.

Die Isolierung des Wirkstoffs Morphin aus dem Opium war einer von vielen Versuchen, das Opium zu »temperieren« und zu »corrigiren«, es also zu zähmen. Glaubers Verfahren bestand darin, dass er den wässrigen Opiumauszug mit Schwefelsäure behandelte, filtrierte und dann mit einer Pottaschelösung ausfällte. Er erhielt ein grauweißes Pulver, das überwiegend aus Morphin bestand. Auch nach modernem Wissensstand ist es ein praktikables Verfahren, Morphin zu extrahieren und zu reinigen, indem man es erst sauer extrahiert, dann mit Basen ausfällt, wobei in der Regel anstelle von Pottasche Ammoniak verwendet wird.

Diesen Kenntnisstand der Alchemisten hat Friedrich Sertürner, der Paderborner Apotheker, nicht unbedingt groß erweitert. Er arbeitete allerdings sauberer und testete seine Kristalle zuerst an einem Hund, der dabei das Zeitliche segnete, dann an sich selbst und an »drei jungen Freunden«. Wer diese Freunde waren, hat die Wissenschaft nie geklärt. Sertürner verwandte schrittweise immer größere Dosen. Das Präparat wurde verteilt und geschluckt, die Wirkung entfaltete sich und riss alle mit, auch den Versuchsleiter. Wir hätten nie von dem Versuch und seinen Ergebnissen erfahren, wenn nicht Sertürner im letzten Moment die Notbremse gezogen hätte und sich selbst und seinen inzwischen fast im Koma liegenden Freunden mit letzter Kraft ein Brechmittel eingeflößt hätte, woraufhin sie die gefährliche Substanz wieder von sich gaben.

Und worin bestand nun der Erkenntnisgewinn des Apothekers? Zum einen war sein Präparat, wie bereits erwähnt, viel reiner. Dann ließ er sich einen schönen Namen einfallen – Morphin, in Erinnerung an den Gott des Schlafes. Und dann schloss er richtig, dass Morphin keine *Säure*, sondern im Gegenteil eine *Lauge* sei. Deshalb kann man es isolieren, indem man in den Saft stärkere Laugen, etwa Ammoniak, kippt. Das war eine Erkenntnis, weil man bis dahin aus Pflanzen vor allem Säuren extrahiert hatte, wie die Kleesäure, die Weinsäure oder die Zitronensäure. Sertürner sagte auch voraus, dass Pflanzen vermutlich noch viele solcher Stoffe enthielten. Das hat sich bestätigt, man nennt sie heute Alkaloide, laugenähnliche Substanzen. Zu ihnen gehören das Morphin, das Koffein, das Kokain, das Chinin, aber auch das Tubocurarin und viele andere Stoffe. Sie sind in der Medizin von größter Bedeutung.

Deshalb wurde Sertürners Morphinentdeckung im 19. und auch im 20. Jahrhundert als Wohltat für die Menschheit gefeiert. Was sie auch ist, denn Morphin linderte und lindert stärkste Schmerzen. Das Problem an der Sache ist, dass Morphin noch leichter abhängig macht als Opium. Das liegt zum einen daran, dass der Wirkstoff nun konzentriert vorliegt. Zum Zweiten, dass man eine neue Methode der Verabreichung fand, das Einspritzen mit der Nadel. Auf die Nadel kam man, weil Morphin, wenn es geschluckt wird, leicht Übelkeit verursacht. Die vermeidet man durch die Spritze. Die allererste Substanz, die je unter die Haut injiziert wurde, war Morphin. Was man nicht wusste und nicht wissen konnte: Durch das Spritzen entfaltet sich die euphorisierende und schmerzstillende Wirkung mit einer zuvor nicht bekannten Wucht, mit dem sogenannten Kick. Und dieser Kick fördert die Suchtentstehung ungemein. Das Schmerzmittel machte Karriere, zuerst in Feldlazaretten, dann auch im zivilen Leben. Schon im 19. Jahrhundert definierte man ein neues Krankheitsbild, den Morphinismus, also die Morphinsucht. Es gibt Menschen, die vom Morphin, nachdem sie es einmal kennengelernt haben, nie mehr loskommen. Tägliche Zufuhr von hohen und immer höheren Dosen über Jahre hinweg führt zum körperlichen und geistigen Verfall, auch wenn Morphin sich als Schmerzmittel vor allem dadurch auszeichnet, dass es, verglichen mit anderen Mitteln, wenige Nebenwirkungen hat, vorausgesetzt, es wird vom Arzt vernünftig dosiert gegeben.

Der Morphinismus war Anlass, das wilde Zeug erneut chemisch zu zähmen. Vielleicht, so war die Hoffnung, konnte man durch leichte Abwandlung des Stoffes die guten Eigenschaften erhalten, die negativen – das Suchtpotential – aber entfernen? Daher nahm sich in Elberfeld, heute ein Stadtteil von Wuppertal, ein Chemiker namens Felix Hoffmann (1868–1946) am 10. August des Jahres 1897 den inzwischen schon recht verrufenen Stoff erneut vor. Er kochte ihn mit entwässerter Essigsäure. Dieses Verfahren war damals in Mode, viele altbekannte Präparate wurden so »veredelt«. Zwei Wochen zuvor hatte Hoffmann mit denselben Geräten und am selben Arbeitsplatz nach dem gleichen Verfahren einen anderen Stoff »acetyliert«, die Salicylsäure. Es entstand Acetylsalicylsäure, heute bekannt als Aspirin und eines der berühmtesten Medikamente überhaupt.

Nun acetylierte Hoffmann das Morphin und produzierte Diacetylmorphin. Heraus kam das Heroin, damals geschätzt, heute verrufen. Der Stoff wurde getestet – an Tieren, dann auch an Arbeitern des Werks und ihren Familien. Es wirkte prima, und zwar als Hustenmittel. Gegen Husten hatte man schon Morphin eingesetzt, Husten war die große Krankheit der damaligen Zeit. Sie rührte von der verschmutzten Luft her. Die Schwerindustrie war auf dem Siegeszug, und Reinigungsfilter für die rauchenden Schlote kannte man nicht, und wo man sie kannte, wandte man sie nicht an. Stattdessen erfand man Hustenpräparate. Heroin war eines davon. Es wirkte hervorragend, und das Unternehmen riet in seinen Broschüren, es Kindern zu geben, auch als Heilmittel für Morphinisten wurde es empfohlen, der Vorstandsvorsitzende selbst schluckte es und empfahl es gern weiter. In den Zeitungen erschienen Werbeanzeigen, auf denen zu sehen ist, wie glückliche Kinder Heroinsaft schlucken und mehr davon wollen. Viele solcher Anzeigen wurden weltweit geschaltet, einige Jahre war der Stoff der Hoffnungsträger der Firma. Dann wurde man vorsichtiger, weil sich, was eigentlich niemanden überrascht haben kann, herausstellte, dass auch dieser Stoff süchtig macht, genau wie das Morphin. Als bekannt war, dass Stoffe wie Heroin, Morphin, Kokain und so weiter einerseits viel Positives bewirken, andererseits die negativen Folgen nicht von der Hand zu weisen sind, insofern manche Menschen von diesen Stoffen abhängig werden, also immer höhere Dosen brauchen, hätte man eine Menge vernünftiger Maßnahmen ergreifen können. Zum Beispiel strenge Rezeptpflichten für diese Stoffe einführen und Kuren und andere Hilfen für die Menschen vorsehen, die von ihnen abhängig sind. Man hätte sich den Spruch des großen Berliner Pharmakologen Louis Lewin (1850–1929) zum Leitstern nehmen können, der sagte: »Wir müssen Wege finden, dieses weltweite Übel zu bekämpfen, doch ganz beseitigen wird man es niemals können.«

Solche maßvollen Sätze bestimmten die weitere Geschichte des Heroins jedoch nicht. Vielmehr begann der »Krieg gegen die Drogen«, der *war on drugs*. Die Initiative für diesen Krieg ging von den USA aus. Begonnen wurde er paradoxerweise mit einem Friedensvertrag, dem Versailler Vertrag, der den Ersten Weltkrieg beendete und im Paragraphen 295 die Verlierer, insbesondere Deutschland, verpflichtete, Drogen zu verbieten.

Wen oder was bekämpft man? Nicht die Drogen, sondern zunächst die Drogenabhängigen, dann die, die mit den Drogen handeln, und die, die sie herstellen. Da die Drogenabhängigen die größte und am schlechtesten organisierte Gruppe bilden, sind sie es auch, die man am leichtesten fassen kann.

Selbstverständlich gibt es gute Gründe, gegen gewohnheitsmäßigen Drogengebrauch einzuschreiten. Abhängigkeit von Morphin oder Heroin ist ungesund. Nach fast 100 Jahren *war on drugs* stellt sich aber die Frage, ob Krieg und Repression die geeigneten Mittel sind, Drogensucht zu bekämpfen, ganz davon abgesehen, dass nicht verständlich ist, weshalb manche Drogen, wie beispielsweise Alkohol, von diesem Krieg ausgenommen sind.

Es wird oft behauptet, dass Heroin eben deshalb so unnachsichtig bekämpft werden müsse, weil es viel gefährlicher als normale Drogen sei. Dazu werden gern, vor allem im Internet, Bilder von Drogenabhängigen vorher und nachher gezeigt. Tatsache ist aber: Die Gesundheit der meisten Drogentoten wird nicht in erster Linie durch die Droge selbst zerrüttet, sondern vor allem durch die von der Drogenpolitik geschaffenen Bedingungen.

Heroin ist erst durch den Krieg, den man gegen es führt, so richtig gefährlich geworden. Zum einen ist es 20-mal teurer, als es wäre, wenn man es legal beziehen könnte. Abhängige müssen stehlen oder ihren Körper verkaufen, um an den Stoff zu kommen. Als es noch ganz normal aus den Fabriken von Bayer kam, war es wenigstens rein, und seine Konzentration war immer dieselbe. Heute stammt Heroin aus illegalen Drogenküchen, unterliegt keiner Kontrolle und ist oft mit giftigen Substanzen versetzt, zudem enthält es häufig gefährliche Krankheitskeime.

Die Gewinne der Drogenkartelle sind nur möglich, weil Heroin und andere Drogen illegal sind und der Handel mit diesen Stoffen infolgedessen binnen kürzester Zeit größte Gewinne verspricht. In Mexiko sind die Herren der illegalen Drogen, die es ohne den *war on drugs* gar nicht gäbe, inzwischen so mächtig, dass sie den Staat gefährden.

Wir dürfen uns fragen, ob die Reaktion auf den Problemstoff Heroin nicht einer allergischen Überreaktion gleicht. Bei einer Allergie wird der Körper nicht durch den Stoff selbst geschädigt, sondern durch die Überreaktion und ihre Folgen.

Vielleicht können wir lernen, mit diesem Stoff etwas gelassener umzugehen, denn es ist ethisch nicht zu rechtfertigen, kranke Menschen – nichts anderes sind Heroinabhängige, genau wie Alkoholabhängige – mit Strafen zu verfolgen, statt ihnen medizinische Hilfe zukommen zu lassen.

Damit komme ich zum Aspirin.

Beide Stoffe sind Halbgeschwister, nicht nur, weil sie vom selben Chemiker, Felix Hoffmann, am selben Labortisch mit denselben Geräten im selben Sommer hergestellt wurden. Sie haben ähnliche dreisilbige Namen und auch chemisch denselben Vater, die Essigsäure. Nur die Muttersubstanz ist jeweils eine andere, im einen Falle Morphin, im anderen Salicylsäure. Aspirin entstand in derselben Absicht wie Heroin. Felix Hoffmann wollte auch hier die bekannten Probleme eines alten Arzneimittels, das gegen Schmerzen und Fieber eingesetzt wurde, reduzieren, indem er den Stoff ein wenig modifizierte.

Aspirin ist zweifellos ein großartiges Medikament. Einen Kopfschmerztag macht Aspirin erträglicher und eine Erkältung oder Grippe ebenfalls. Seit sich herausstellte, dass die Einnahme kleiner Dosen von Aspirin außerdem eine sinnvolle Vorbeugemaßnahme gegen Schlaganfälle ist, kennt die Begeisterung kaum noch Grenzen. Es wird, nicht nur vom Markeninhaber, der Bayer AG, als Wundermittel, als Jahrhundertmedikament gefeiert. Ein größerer Kontrast ist kaum denkbar: Hier die »Satansdroge«, dort das »Wundermittel«. Wir haben aber schon gesehen, dass Heroin kein Teufelszeug ist, sondern ein wirksames Schmerzmittel mit massiven Nebenwirkungen.

Auch Aspirin hat übrigens Nebenwirkungen. Aus genau diesem Grund wollten es die Mediziner, die es in Elberfeld testeten, ursprünglich gar nicht auf den Markt bringen. So setzt Acetylsalicylsäure die Blutgerinnung herab, was aus heutiger medizinischer Sicht für viele Menschen ein positiver Nebeneffekt ist, da hierdurch das Risiko, einen Schlaganfall oder Herzinfarkt zu erleiden, herabgesetzt ist. Andererseits steigt das Risiko, bei schweren Verletzungen zu verbluten, drastisch an. Die Schmerzunterdrückung, die Aspirin gewährt, hält nur wenige Stunden, die Blutverdünnung aber einige Tage. Auch mit Aspirin muss man vorsichtig umgehen, und die Tatsache, dass es in Apotheken frei verkäuflich ist, sollte nicht zu der Meinung verleiten, es sei harmlos. Der Chemiker und Nobelpreisträger Linus Pauling (1901–1994) warnte seit den 1970er-Jahren vor dem Stoff: »60 bis 90 Tabletten genügen, einen Erwachsenen zu töten. Kein anderer einzelner Giftstoff wird so häufig zu Selbstmordversuchen benutzt wie Aspirin.« Zudem sei Aspirin für 15 Prozent aller Todesfälle von kleinen Kindern infolge fahrlässiger Vergiftung verantwortlich. Aspirin kann zudem, wie wir heute wissen, schwere Erkrankungen auslösen, und manche Menschen sind gegen Aspirin allergisch. Schon nach der Einnahme einer einzigen Tablette erleiden sie schwerwiegende Gesundheitsstörungen.

Wir können froh sein, dass dem Aspirin trotzdem die Karriere eines »Teufelszeugs« erspart blieb. Leicht ist eine Welt denkbar, in der das Aspirin per Gesetz verboten ist, es hätte nur einiger spektakulärer, prominenter Todesfälle bedurft.

Zum Glück kam es nicht dazu. Eigentlich weiß jeder: Alle hochwirksamen Stoffe haben beträchtliche Nebenwirkungen, die meist umso drastischer sind, je eindrucksvoller die Hauptwirkung ausfällt. Je schärfer ein Messer, desto leichter kann man sich daran schneiden. Niemand würde daraus den Schluss ziehen, künftig nur noch mit stumpfen Messern zu hantieren, mit denen man sich übrigens auch verletzen kann. Die Nebenwirkungen des Aspirins sind bekannt, und viele Nutzer gehen mit dem Stoff umsichtig um. Insgesamt ist der Lebenslauf des Aspirins ein Beispiel für eine chemische Erfindung, der mit Vernunft und Maß begegnet wurde. Der Lebenslauf des Heroins hingegen zeigt, was passieren kann, wenn durch Überreaktionen die Probleme nicht verkleinert, sondern gesteigert werden.

Seltene Erden

Die Kinder von Bullerbü sind durch die Romane der schwedischen Autorin Astrid Lindgren weltweit bekannt. Die Kinder von Ütterbü dagegen kennen nur die Chemiker, und, neuerdings, die Finanzleute. So wie Bullerbü wörtlich Lärmdorf heißt, bedeutet Ütterbü abgelegenes, äußeres Dorf. Eigentlich wird es Ytterby geschrieben. Das stille Dorf gibt es tatsächlich, es liegt am äußersten Rand einer kleinen Insel in der Nähe von Stockholm. Auf seltsame Weise passt der Ort zu den Elementen, die aus den in der dortigen Mine entdeckten Mineralien erstmals isoliert wurden. Denn diese Elemente, die sogenannten Seltenen Erden, sind recht entlegene, schwer zu erreichende Stoffe. Ihre lange Reihe wird aus dem Periodensystem meist ausgekoppelt und als untere Fußnote hinzugefügt. Sie stehen direkt über der Reihe der radioaktiven Actiniden, mit denen sie in mehrfacher Hinsicht verwandt sind und mit denen zusammen sie meist vorkommen.

Sie heißen:

Scandium
Yttrium,
Lanthan,
Cer,
Praseodym,
Neodym,
Promethium,
Samarium,
Europium,
Gadolinium,
Terbium,
Dysprosium,
Holmium,
Erbium,
Thulium,
Ytterbium und
Lutetium.

Die Hälfte dieser Namen weist irgendwie auf Schweden hin, zwei weitere Namen verweisen darauf, dass die Stoffe äußerst entlegen sind, so heißt Lanthan das »Verborgene« und Dysprosium das »Unnahbare«. Hier ist also alles recht schwer zugänglich. Mit diesen entlegenen Elementen haben sich besonders die skandinavischen Chemiker befasst, weil für sie im Norden Europas diese Unnahbarkeiten vor der Haustür lagen. Sie hatten direkten Zugang zu den Mineralien aus Ytterby. Den Anfang machte der Finne Johan Gadolin (1760–1852), der in den Mineralien aus Ytterby das Yttrium entdeckte, dann folgte Jöns Jakob Berzelius (1779–1848), der das Cer entdeckte und außerdem das radioaktive Element Thorium. Dieses gehört zwar nicht zur Reihe der Seltenen Erden, zählt aber zu ihrer unmittelbaren Nachbarschaft und taucht in der Natur sehr oft mit ihm zusammen auf. Berzelius war es übrigens auch, der die heute gültige Formelsprache der Chemie und die geläufigen Elementabkürzungen einführte. Berzelius' Schüler Carl Gustav Mosander (1797–1858) entdeckte Lanthan, Erbium (nach Ytterby) und Terbium (auch nach Ytterby), dann kam Per Teodor Cleve (1840–1905), der das Thulium (nach Thule, einem alten Namen für eine mythische Insel im Norden) und das Holmium (nach Stockholm) in den Ytterby-Mineralien fand. Die skandinavischen Chemiker haben sich und ihrem Land und sogar den alten nordischen Göttern (Thor!) an diesem entlegenen Ort des Periodensystems ein Denkmal errichtet.

Was man womöglich aus den merkwürdigen Stoffen machen könnte, damit befassten sich die Schweden nicht. Es war der Österreicher Carl Auer von Welsbach (1858–1929), der diesen kaum begangenen Ort des Periodensystems systematisch erforschte und nutzbar machte. Auer war das vierte Kind des österreichischen Hofdruckereidirektors Alois Auer und wuchs in behüteten, gutbürgerlichen Verhältnissen auf. In der Schule glänzte der Junge in Physik und Mathematik, am meisten aber liebte er die Chemie. Sein Abschlusszeugnis bescheinigte ihm die Note »musterhaft« im »sittlichen Betragen«, »vorzügliche« Leistungen im Turnen, in der Geometrie, im Zeichnen und in der Chemie. Nur in den Sprachen haperte es ein wenig. Zeit seines Lebens konnte sich Auer weder für das Lesen noch für das Schreiben begeistern. Nicht einmal eine Dissertation fertigte er an, sein Heidelberger Lehrer Robert Wilhelm Bunsen (1811–1899) promovierte ihn aber auch ohne eine solche. Die von ihm selbst publizierten Schriften passen in ein schmales Bändchen, Auer hasste es, Worte zu machen. Sein liebster Ort war das Labor, das er bevorzugt nachmittags betrat, wenn die anderen Chemiker gingen, und morgens verließ, wenn sie kamen. Sein Lebenstraum bestand darin, auf einer Jacht über den Ozean zu fahren, einer Jacht freilich, die mit einem vollständig ausgestatteten Chemielabor ausgestattet war, so dass er auf den Wellen forschen könnte. Diesen Traum hat er nicht verwirklicht, aber in den Häusern und Schlössern, die er sich später dank seiner Erfindungen kaufen konnte, ließ er immer ein großes Labor einrichten, in dem er sich die meiste Zeit aufhielt. Dort tat er alles selbst, pulverisierte, rührte, köchelte und filtrierte. Organisierte Forschung in Gruppen war ihm zuwider, weshalb er auch eine Universitätskarriere ausschlug.

Auer fühlte sich im Trubel nicht wohl, und so ist es zu erklären, dass er sich als sein Arbeitsgebiet die damals entlegenste Ecke des Periodensystems wählte, die Seltenen Erden. Darauf hatte ihn sein Lehrer Bunsen aufmerksam gemacht, dem er zeitlebens in rührender Treue verbunden blieb. Die Seltenen Erden, die entlegenen Inseln am Rande, die kaum jemand ansteuerte, entsprachen ganz Auers Vorstellung von einem idealen Forschungsgegenstand. Zumal es zu diesen Stoffen praktisch keine Literatur gab, was Auer entgegenkam, denn er las nur ungern.

Auer untersuchte zunächst ein Selten-Erd-Element namens Didym, dessen Name Zwilling bedeutet, weil man es als ganz engen Verwandten des Lanthans empfand, das ihm zum Verwechseln ähnelte. Auer verfeinerte die schon von den Schweden entwickelten Methoden der Trennung und überflügelte die Skandinavier, indem er nachwies, dass der vermeintliche Zwilling seinerseits aus zwei Zwillingen bestand, die einander sogar noch mehr ähnelten und die er Grüner Zwilling (Praseodym, wegen der grünen Farbe der daraus gebildeten Salze) und Neuer Zwilling (Neodym) nannte. Bei den griechischen Namen ließ sich Auer fachkundig von einem Altphilologen beraten, denn wie wir schon feststellten, lag ihm das Sprachliche nicht. Mit nur 27 Jahren war er somit Entdecker zweier neuer Elemente. Im selben Jahr, 1885, erwarb er gleich noch ein Patent, nämlich auf das Gasglühlicht. Dieses Licht kennen alle Camper und die Berliner, denn die Erfindung erstrahlt heute nur noch auf den Campingplätzen oder in Berlin. Früher wurden hingegen fast alle Städte weltweit und die meisten Wohnungen vom Auer'schen Gasglühlicht erleuchtet.

Auer hatte festgestellt, dass die Oxide mancher Seltenen Erden sehr hell leuchten, wenn sie mit einer Gasflamme erhitzt werden. Er hatte die Idee, ein Baumwollgewebe mit einer Lösung von Salzen des Lanthans zu tränken und dann in der Bunsenbrennerflamme zu verbrennen. Zu seiner Verwunderung – die heute noch von vielen Campern geteilt wird – blieb die Asche stehen und war relativ stabil. Auer erprobte immer neue Baumwollstrümpfe, die er von seiner Mutter in Wien stricken ließ, und stabilisierte sie durch weitere Zusätze. Er hatte damit eine vollkommen neuartige Lampe erfunden, die doppelt so hell leuchtete wie die bisher gebräuchlichen Gaslampen, dabei aber nur halb so viel Gas verbrauchte. Noch im selben Jahr verkaufte Auer das Patent für eine Million Gulden und war fortan steinreich. Er experimentierte weiter und verbesserte das Gasglühlicht immer mehr, wobei er herausfand, dass das schwach radioaktive Thorium, in unmittelbarer Nähe der Selten-Erd-Reihe gelegen, noch bessere Ergebnisse lieferte. Auer entwickelte auch die erste Metallfadenglühbirne, wobei er Osmium einsetzte. Dieses wurde bald durch Wolfram ersetzt; Auer kreierte daraufhin den aus den beiden Elementen zusammengesetzten Namen Osram, der heute noch existiert. Ebenfalls weiter in Gebrauch sind die Cer-Eisen-Zündsteine in den Feuerzeugen. Auers Lehrer Bunsen hatte seinem Studenten im Labor gezeigt, dass Cer, wenn man es mit einem Hammer schlägt oder mit einer Feile ritzt, Funken sprüht. Später entsann sich Auer dieser eindrucksvollen Demonstration und entwickelte eine optimale Legierung aus Cer, Eisen, ein wenig Kupfer und Magnesium, die einen perfekten Funkensprüher ergab, der noch heute in den meisten Feuerzeugen verwandt wird.

Aber er betrieb auch Grundlagenforschung und wäre im Jahre 1907 fast erneut als Entdecker zweier neuer Elemente gefeiert worden, denn er konnte zeigen, dass sich das vermeintlich einheitliche Ytterbium aus zwei verschiedenen, wieder zwillinghaft ähnlichen Elementen zusammensetzte, die er Aldebaranium und Cassiopeium nannte. Ein wenig früher als er hatten aber schon andere Chemiker dieselbe Entdeckung gemacht. Auer war von den Seltenen Erden so begeistert, dass er bis an sein Lebensende überzeugt war, es gebe noch weit mehr von diesen Elementen zu entdecken. Er meinte sogar, in dieser Reihe liege ein ganzes neues Periodensystem verborgen, was auch plausibel war, wenn man bedenkt, dass sich vermeintliche Elemente mehrfach in neue Elemente aufspalten ließen. Warum sollten diese nicht auch ihrerseits aus neuen Elementen bestehen, so dass in dem Irrgarten immer neue Zwillinge auftauchen? Schließlich war er davon überzeugt, dass die damals entstehende Quantenphysik »seine« Seltenen Erden nie so recht verstehen werde, vielmehr benötige man dafür eine neue eigene Theorie.

Auer wandte sich auch den radioaktiven Stoffen zu. Die ersten größeren Mengen des durch das Ehepaar Curie entdeckten Radiums, von dem ich im folgenden Kapitel berichte, stammten aus seiner Fabrik in Atzgersdorf bei Wien. Aus 10 000 Kilogramm radiumhaltigen Gesteins aus der österreichischen Bergbaustadt Joachimsthal isolierten seine Angestellten im Auftrag der Österreichischen Akademie der Wissenschaften vier Gramm Radium, was etwa einem Stück Würfelzucker entspricht und damals anderthalb Millionen Kronen und damit ein Vermögen wert war.

Auer war aber nie nur auf den eigenen Gewinn bedacht. In den 1920er- und 1930er-Jahren versorgte er die im Entstehen begriffene Gemeinde der Kernphysiker und Kernchemiker großzügig mit gereinigten Proben. Für seine Verdienste um Wissenschaft und Industrie wurde er 1901 vom österreichischen Kaiser Franz Joseph I. in den erblichen Freiherrenstand erhoben und durfte sich ein Wappen aussuchen. Er wählte die Devise *Plus lucis* – Mehr Licht! Auer glaubte, dass in der Natur, weil sie vom Gott der Liebe geschaffen ist, alles belebt ist, sogar die Materie. Alles ist Geist – alles ist Licht. Er starb im Kreise seiner Familie im August 1929.

Heute noch sind zahlreiche der Seltenen Erden im Dienste der Beleuchtung aktiv, auch wenn sie inzwischen weniger in Glühstrümpfen und eher in Leuchtstofflampen ihre Lichtarbeit verrichten. Die von Auer entdeckten Elemente Neodym und Praseodym werden für besonders starke Magneten verwandt, die in Windrädern, aber auch in Mobiltelefonen und Motoren Anwendung finden. So ist auch diese entlegene Gegend des Periodensystems heute so gut wie vollständig mobil gemacht und in unsere Dienste gestellt.

Woher kommen aber nun alle die Seltenen Erden, die wir nutzen? Schon lange nicht mehr von jener ruhigen Insel bei Stockholm, das dortige kleine Vorkommen ist nahezu erschöpft. Schon Auer ließ seine Seltenen Erden aus Brasilien kommen, denn dort fand man besondere Sande, die Monazite, die schon lange Zeit als Ballast auf Schiffen dienten, weil sie sehr schwer sind. An sich sind die Seltenen Erden gar nicht so selten, selbst die seltenste Seltene Erde kommt immer noch häufiger vor als Platin oder Gold. Aber es gibt nicht viele konzentrierte Vorkommen, die den Abbau lohnen.

Heute stammen fast 95 Prozent der Seltenen Erden aus China, es gibt jedoch auch beträchtliche Vorkommen in den USA und ein bedeutendes in Westaustralien, den sogenannten Mount Weld, der mitten im Outback liegt, wo nur Goldsucher und Kängurus unterwegs sind. Dieses Vorkommen wird von einer Bergbaugesellschaft namens Lynas abgebaut. Nun ist es aber sehr aufwendig, die Seltenen Erden voneinander zu trennen, eben weil sie einander wie eineiige Zwillinge ähneln. Es gehört viel Chemie dazu, sie in mühsamen Operationen zu isolieren, man benötigt starke Säuren. Lynas tut dies nicht vor Ort, weil dazu sehr viel Wasser nötig ist, das in Australiens Westen teuer ist. Auch billige Arbeitskräfte sind knapp. Und dann sind da ja noch die vielen Umweltauflagen ...

Deshalb kam Lynas auf die Idee, die Erze in Malaysia aufbereiten zu lassen. Dort versprach die Regierung dem Unternehmen zwölf steuerfreie Jahre, sofern es in eine Anlage in Kuantan im Süden des Landes investiere. Der Ort schien günstig, an einem Fluss gelegen, der das reichlich benötigte Wasser liefern und das täglich tonnenweise entstehende Abwasser aufnehmen und ins südchinesische Meer spülen würde.

Meine Kollegin Luitgard Marschall beschäftigt sich schon lange mit der Geschichte der Seltenen Erden. Sie hat eine ausgezeichnete Geschichte des Aluminiums geschrieben, konnte aber damals die riesigen Aluminiumanlagen in Amazonien nicht besuchen und war dem Stoff nur in Archiven und Büchern gefolgt. Bei den Seltenen Erden war sie fest entschlossen, der Sache nachzugehen, und wenn sie das um die halbe Erde führen würde. Viele Stoffe haben heute weite Reisen hinter sich, ehe sie in Europa ankommen. Luitgard beschloss, nach Malaysia zu fliegen und sich die Anlage zur Aufarbeitung der Seltenen Erden vor Ort anzusehen.

Als sie leicht gebräunt zurückkam, brachte sie eine spannende Geschichte mit. In dem idyllischen, tropischen Ort am südchinesischen Meer, gelegen an einem weiten Sandstrand, hatte Lynas sie mit ausgesuchter Höflichkeit empfangen. Bei einer Informationsveranstaltung für Kunden stellte das Unternehmen viele Pläne vor, wie die Reinigung und Trennung der von Australien nach Malaysia transportierten Seltenen Erden, neuesten Standards entsprechend, so vorgenommen werden sollte, dass Umwelt und Anwohner kaum Nachteile hätten. Die aggressiven Chemikalien, die für die Aufbereitung des Erzkonzentrats nötig sind, erhält Lynas von einer Tochterfirma der BASF, die gleich nebenan angesiedelt ist. Alles ganz sauber? Luitgard hatte sich auch mit Anwohnern getroffen. Sie stellte fest, dass gegen die Selten-Erd-Aufbereitungsanlage eine wahre Volksbewegung entstanden war, die größte Protestbewegung, die Malaysia je gesehen hat. Sie heißt SMSL – *Save Malaysia, Stop Lynas!* Ist den Protestierenden nicht bewusst, dass Seltene Erden unentbehrlich sind für neue und neueste Ökotechnologien, für Energiesparlampen, Elektroautos, aber auch für Smartphones und andere gute und schicke Dinge? »In Malaysia war schon einmal eine Aufbereitungsanlage für Seltene Erden, die von Mitsubishi betrieben wurde«, sagte Luitgard. »Die bestand seit 1982 und wurde nach etlichen Gerichtsentscheidungen 1994 geschlossen. Eine ordentliche Entsorgung der radioaktiven Abfälle hat dort nie stattgefunden.« Die inzwischen geschlossene Anlage lag auf der anderen Seite Malaysias, Luitgard nahm einen Mietwagen und durchquerte die Insel. Das Land ist vor allem an den Küsten besiedelt, in der Mitte ist Regenwald. Oder besser: war Regenwald. Nun erstreckten sich dort kilometerweit Palmölplantagen, die Palmöl erzeugen, einen sogenannten regenerativen Rohstoff. In Bukit Merah traf Luitgard Yoshihiko Wada, einen japanischen Wissenschaftler, der mit ihr in der Gegend der ehemaligen Anlage einige Exkursionen unternahm. Mit dem Geigerzähler. Selten-Erd-Mineralien kommen, wie gesagt, meist gemeinsam mit radioaktiven Substanzen wie insbesondere Thorium vor. Deshalb ist der Abfall einer Anlage, die Seltene Erden aus Erzen gewinnt, meist radioaktiv. »Teilweise wurden die Abfälle in Nacht- und Nebelaktionen mit dem Lkw abtransportiert und irgendwo an den Straßenrand gekippt.« Mit dem japanischen Forscher machte sie mehrere solcher Stellen ausfindig, zum Teil hatten ahnungslose Malaysier schon ihre Häuschen auf solchen radioaktiven Müllkippen errichtet. »Was dort stattfand, wird von den Malaysiern als *pollution export*, als Ausfuhr von Umweltverschmutzung, bezeichnet. Und dagegen wehren sie sich. Sie wollen auf keinen Fall, dass sich die Geschichte mit dem japanischen Unternehmen jetzt mit einem australischen wiederholt.« In den um die ehemalige Anlage gelegenen Dörfern ist die Leukämierate angestiegen, auch Kinder mit Behinderungen werden vermehrt geboren, wofür man die Radioaktivität verantwortlich macht. Die Malaysier haben viele Demonstrationen und Protestzüge organisiert und Studien durchführen lassen, die zeigen, dass das Entsorgungskonzept von Lynas erhebliche Mängel aufweist. Bislang waren die Aktionen der Umweltschützer aber erfolglos. Lynas hat seine Anlage inzwischen in Betrieb genommen. Die Preise für Seltene Erden sind gefallen. Für Umweltschutz steht damit noch weniger Geld zur Verfügung.

Export von Umweltverschmutzung kann nicht das sein, was wir mit der Nutzung umweltfreundlicher Technologien bezwecken. Für Luitgard kommt es deshalb darauf an, dass unsere Nutzung der Selten-Erd-Elemente so gestaltet wird, dass wir sie wiederverwerten können. Derzeit ist das kaum möglich, zum einen, weil die Verfahren fehlen, zum anderen auch, weil in den Produkten, in Mobiltelefonen zum Beispiel, Seltene Erden in so geringen Mengen Verwendung finden, dass man sie später nicht mehr aus dem Produkt zurückgewinnen kann. Nur knapp ein Prozent der technisch genutzten Seltenen Erden werden wiederverwertet. In einem Mobiltelefon stecken bis zu 40 unterschiedliche Metalle, darunter auch Selten-Erd-Elemente. Auch die Seltenen Erden in Energiesparlampen werden aus den weggeworfenen Leuchtstoffröhren kaum wieder herausgeholt. »Das ist eine unbegreifliche Verschwendung«, sagt Luitgard. »Eigentlich sind diese seltenen Metalle ideal zum Recycling. Denn sie werden nicht schlechter, man kann sie unendlich oft nutzen.« Für sich selbst hat sie die Konsequenz gezogen, mehr Dinge zu leihen oder gebraucht zu kaufen. »Man kann das Rad nicht zurückdrehen und die Seltenen Erden wieder in den Dornröschenschlaf schicken, in dem sie früher dahinschlummerten. Aber das, was mit viel chemischem Aufwand gewonnen wurde, müssen wir so oft wie möglich wiederbenutzen, sonst können wir kaum von umweltfreundlicher Technik sprechen.«

Radium in der Zahnpasta

»An Tschernobyl erinnere ich mich noch genau, das war Ende April 1986«, sagt Tom Gratza, Chemiker beim Umweltamt der Stadt Augsburg. »Ich hatte gerade zwei oder drei Monate vorher im Gesundheitsamt der Stadt angefangen, mit Recherchen zu Altlasten. Und dann war plötzlich die radioaktive Wolke da.«

Sehen konnte man freilich nichts, erklärt Tom: »Natürlich hat alles so ausgesehen wie immer. Zuerst haben wir mit einem Geigerzähler Proben von Kies und von Pflanzen gemessen. Wir haben dann ein Gammaspektrometer angeschafft und Tag und Nacht Proben untersucht. Sechzehntausend Untersuchungen haben wir durchgeführt.« In Augsburg weht meist Westwind. Doch an den Tagen, als der Reaktor in der Sowjetunion – in der heutigen Ukraine, nahe bei Kiew – explodierte, kam der Wind aus Osten, daher also, wo der Reaktor brannte. Die Radionuklide, insbesondere Cs-137 und Cs-134, anfangs aber auch viel radioaktives Jod, wurden überall abgelagert. Die Politik bemühte sich zu beschwichtigen: »Der bayerische Umweltminister schluckte vor laufenden TV-Kameras einen Esslöffel Molkepulver und erklärte, das sei unbedenklich. Bloß haben es die Leute nicht geglaubt. Und er selbst hat's wohl auch nicht geglaubt.« Manche Politiker warnten, es würden absichtlich Ängste geschürt: »Stadträte wetterten in den Sitzungen gegen das Strahlenlabor. Gleichzeitig brachten deren Frauen Körbe voll Lebensmittel zur Untersuchung ins Labor.« Die Leute kamen auch mit Dingen vorbei, die sie auf dem Speicher gefunden hatten. Tom erinnert sich: »Sie brachten Sachen aus einer Zeit, als Radium eine Hoffnungssubstanz war. Ich hatte schnell eine Sammlung von radioaktiven Gegenständen wie Fliesen, Campingglühstrümpfen, Halbedelsteinketten und einen Radonbecher. Aus solchen Trinkbechern, die unten eine radioaktive Quelle haben, trank man früher Wasser, weil man glaubte, das so bestrahlte Wasser sei heilkräftig.« Tom packte die Becher und andere radioaktive Alltagsgegenstände zusammen und lieferte sie beim Bayerischen Landesamt für Umwelt ab, wo sie in einer der hintersten Ecke ausgestellt sind. Es ist eine schöne Sammlung, ich habe sie mir angesehen. Viel Schmuck ist darunter, denn mit einer kleinen Prise Uranoxid lässt sich Uranglas herstellen, das ist ein Glas, das gelbgrün schimmert. Auch bemalte Kacheln sind dabei und natürlich Wecker und Armbanduhren mit nachtleuchtenden Zifferblättern.

Tschernobyl hat zu einer panischen Angst vor jedweder Radioaktivität geführt. Darüber gerät leicht in Vergessenheit, dass die Entdeckung des Radiums und der Radioaktivität eines der größten Ereignisse in der Geschichte der modernen Naturwissenschaften ist. Zwar hat jedes einzelne neu entdeckte Element unser Wissen über die Natur erweitert. Radium und die radioaktiven Elemente aber haben unserem Wissen eine neue Grundlage gegeben.

Die Entdeckung und Erforschung des Radiums hat zu einer neuen Chemie und zu einer neuen Physik geführt, sie erneuerte die Astronomie, sie half, geologische Fragen zu lösen, sie ist für die moderne Archäologie unentbehrlich. Auch die Medizin wurde durch das Radium revolutioniert, und nicht zuletzt die Politik, weil alle moderne Politik im Schatten der Kernwaffen steht und sich mit der Frage der friedlichen Nutzung der Kernenergie auseinandersetzen muss. Indem wir das Uran, das Thorium, das Polonium, das Radon und schließlich das Radium und sein Verhalten verstehen lernten, erschloss sich der innere Zusammenhang des periodischen Systems der Elemente. Zahlreiche alte Rätsel der Naturwissenschaft konnten nach der Entdeckung der Radioaktivität gelöst werden.

Wie kam es dazu? Gegen Ende des 19. Jahrhunderts, im Dezember 1896, entdeckte der Würzburger Physikprofessor Wilhelm Conrad Röntgen (1845–1923) die nach ihm benannten Röntgenstrahlen. Das Wunder, dass es nun möglich war, unter die Haut zu sehen, begeisterte die Zeitgenossen so sehr, dass alle ein Röntgenbild ihrer Hand oder ihres Schädels besitzen wollten. Bald suchten die Forscher nach weiteren Vorkommen von Röntgenstrahlen. An der Suche beteiligte sich auch Henri Becquerel (1852–1908), ein Pariser Physikprofessor. Da die Crookes'sche Röhre, mit der man die Röntgenstrahlen produzierte, aus Glas besteht, das grünlich fluoresziert, wenn es Röntgenstrahlen aussendet, lag der Gedanke nahe, dass auch Stoffe, die im Sonnenlicht fluoreszieren, solche Strahlen aussenden.

Fluoreszenz bedeutet, dass eine Substanz, wenn sie von Sonnenlicht beschienen wird, verstärkt leuchtet. Zu den Stoffen, die das tun, zählen vor allem Uranverbindungen. Uran, das 1789 entdeckt worden war, bildet viele schön gefärbte Mineralien, die oft einen unnatürlichen Schimmer haben – sie fluoreszieren. Man färbte auch Glas mit Uran und erhielt wunderschöne Farbtöne, die gelb bis grünlich schimmerten. Die Leute liebten jenes Glas, und bis weit in die Jugendstilepoche hinein war es in Mode, bis es schließlich, nach Tschernobyl, aus den Schmuckkästen gezerrt und entsorgt wurde.

Weil also die Uranmineralien und Uranprodukte so wunderbar schimmerten, hielt Becquerel, der eine ansehnliche Mineraliensammlung besaß, für möglich, dass sie, wenn man sie mit Sonnenlicht bescheint, auch Röntgenstrahlen aussenden. Er verpackte eine Fotoplatte lichtdicht, legte eine Probe eines Uranminerals darauf und ließ das Ganze von der Sonne bescheinen. Das Sonnenlicht kann die Platte nicht schwärzen, aber die von der Sonne vielleicht im Mineral erzeugten Röntgenstrahlen würden, so vermutete Becquerel, sich durch Schwärzungen bemerkbar machen.

Und siehe da: Das Urankaliumsulfat schwärzte die Fotoplatte. Becquerel meldete am 24. Februar 1896 die Entdeckung einer Substanz, die Sonnenlicht in eine den Röntgenstrahlen ähnliche Strahlung umwandelt. Er war zufrieden, glaubte er doch, etwas zum Fortschritt der Wissenschaft beigetragen zu haben. Die eigentliche Entdeckung war das aber noch nicht. Bei dieser spielte schlechtes Wetter eine entscheidende Rolle.

An den folgenden Februartagen war der Himmel über Paris bedeckt, wie es um diese Jahreszeit häufig der Fall ist. Becquerel ließ seine Versuchsanordnung – die lichtdicht verpackte Fotoplatte und den Kristall Urankaliumsulfat darauf – in einer Ecke liegen, entwickelte die Platten aber gleichwohl in der Erwartung, er würde sehr schwache Umrisse finden. In seinem Bericht von diesem vermeintlich schlichten Experiment schreibt er: »Die Umrisse zeigten sich im Gegenteil mit großer Intensität.« Die Schwärzung hatte also auch ohne viel Licht stattgefunden – ja, Becquerel zeigte kurz darauf, dass sie sogar im völligen Dunkel stattfindet. Die Sonne war überhaupt nicht nötig! Die Strahlen kamen aus dem Stoff.

Dies war die Entdeckung der Radioaktivität.

Es gab offenbar Substanzen, die Strahlen entsandten, die den Rontgenstrahlen ähnlich waren. Aber diese Stoffe strahlen, anders als die Geräte, mit denen Röntgenstrahlen produziert wurden, ganz von selbst, ohne jegliche Zufuhr von elektrischer Energie. Die neue Strahlung, die Becquerel entdeckt hatte, wurde zunächst kaum beachtet. Nur wenige Fachleute interessierten sich für die Entdeckung des Pariser Professors. Kein Wunder – denn alles, was er zustande brachte, waren mehr oder weniger wolkige Gebilde; nichts im Vergleich zu den scharfen Aufnahmen von Knochenhänden und Schädeln, ja ganzen Skeletten, die zeitgleich von der weltweit wachsenden Zahl der Röntgenamateure fabriziert wurden!

Damit mehr aus der Entdeckung Becquerels werde, bedurfte es weiterer Forschung. Damit bin ich wieder beim Ehepaar Curie. Die aus Polen stammende Physikstudentin Maria Skłodowska (1867–1934) und Pierre Curie (1859–1906), damals Laboratoriumsvorstand an der École municipale de physique et de chimie industrielles – Städtische Hochschule für angewandte Physik und Chemie –, hatten im Juli 1895 geheiratet. Im September 1897 kommt die erste Tochter zur Welt.

Marie Curie liebt die Wissenschaft, sie will nicht nur Mutter sein. Sie denkt über ein Dissertationsthema nach und entscheidet sich für die Strahlen des Henri Becquerel. Als Arbeitsraum stellt ihr der Arbeitgeber ihres Mannes einen Werkraum im Erdgeschoss des Schulgebäudes zur Verfügung. Maria Skłodowska-Curie macht sich daran, die Strahlungsintensität verschiedener Proben zu messen. Nach einigen Wochen ist sie sicher, dass die Intensität der Strahlung der in den Proben enthaltenen Uranmenge entspricht und von nichts anderem beeinflusst wird. Nun geht die Forscherin daran, alle weiteren bekannten chemischen Elemente zu untersuchen. Beim Thorium wird sie fündig, es strahlt ebenfalls. Für die beim Uran und beim Thorium beobachtete Eigenschaft prägt sie den Namen Radioaktivität. Damit hätte sie sich zufriedengeben können, längst hätten diese Resultate für eine Dissertation ausgereicht. Aber Marie Curie geht weiter. Und nur deshalb gelangt sie auf den Weg, der innerhalb weniger Jahre zur Entdeckung des Radiums führt und eine Wende in der Geschichte der Wissenschaften, ja in der Menschheitsgeschichte einläutet.

Sie untersucht die Mineraliensammlung der École auf etwaige Strahlung und macht bei zwei Uranmineralien eine Entdeckung: Sie strahlen weit stärker als das Uran.

Weil sie zuvor alle bekannten chemischen Elemente durchgemessen hatte, kommt sie zu dem Schluss, dass die Radioaktivität nur von einem neuen, bislang unbekannten Element stammen kann. Ihre Hypothese teilt sie der Französischen Akademie der Wissenschaften mit, wo sie am 12. April 1898 vorgetragen wird.

Dies ist der Moment, da Pierre Curie, der Ehemann, erkennt, dass seine Frau auf der Spur einer ganz großen Neuheit ist. Sie hat, so spürt er, eine Tür aufgestoßen, durch die nie zuvor ein Mensch gegangen ist. Monsieur Curie entschließt sich zur Aufgabe seiner bisherigen Forschungen und beteiligt sich stattdessen an den Forschungen seiner Frau. Schon zuvor hatte er ihr entscheidend geholfen, denn die Geräte zur Messung der Radioaktivität hatte er selbst entwickelt.

Eine alchemistische Lehre besagt, dass männliche und weibliche Eigenschaften nötig seien, um das Große Werk zu vollbringen. Daher kann man in den alchemistischen Bilderhandschriften immer wieder Doppelwesen abgebildet sehen, die Mann und Frau zugleich sind. Sie symbolisieren den höchsten Zustand des Geistes. Die Curies sind zwar von esoterischen Spekulationen weit entfernt, gleichwohl aber ein perfektes Team. Gemeinsam vollbringen sie in der Tat ein großes Werk, vollkommen auf sich gestellt. In einem kaum geheizten Schuppen zerlegen sie, ganz allein, ein Uranerz, über das sie verfügen, nämlich die Pechblende, mit den

Mitteln der analytischen Chemie. Sie finden zwei radioaktive Bestandteile, von denen sich eines näher charakterisieren lässt. Marie Curie nennt es zu Ehren ihrer Heimat Polonium. Eine politische Provokation, denn Polen ist zu der Zeit von der Landkarte radiert, es war zwischen Russland, Preußen und Österreich-Ungarn aufgeteilt worden.

Zur Isolierung des zweiten Elements reichen den Curies die kleinen Mengen Pechblende, mit denen sie arbeiten, nicht aus. Dank der Großzügigkeit der Bergwerksverwaltung der Österreichischen Monarchie erhalten sie ein paar Tonnen eines Abfalls, der bei der Uranaufbereitung im Bergwerk in Joachimsthal anfällt. Daraus isolieren sie einige Krümel eines zweiten Elementes, das weit stärker strahlt: Es ist das Radium.

Dieses leuchtet von selbst, und zwar fortwährend. Selbst kleinste Mengen ergeben ein klares Licht. Wenige Milligramm Radium leuchten so hell, dass man in seinem Licht lesen kann. Sie sind auch stets warm – aus sich selbst heraus. Sie geben kontinuierlich Energie ab und lassen sich dabei nicht stoppen. Man kann das Radium erhitzen, es abkühlen, es gibt immer weiter stets dieselbe Energie ab. Eine ganz rätselhafte Eigenschaft, die sich sofort herumspricht und für eine wahre Radiumeuphorie sorgt. In Joachimsthal in Österreich, wo die für die Radiumproduktion erforderliche Pechblende herstammt, geht man mit der Zeit und verkauft in den Gasthäusern »Radiumbraten« und »Radiumgebäck«. Auch »Radiumseife« oder »Radiumzigarren« können die Touristen erwerben. Eine radioaktive Zahnpasta namens Doramad wird in Berlin hergestellt und verkauft, ist man doch davon überzeugt, der neue Stoff sorge für strahlend weiße Zähne. Der englische Physiker Frederick Soddy (1877–1956) vermutet, die Sonne selbst bestehe aus Radium, während Albert Schweitzer Jesus Christus mit dem Radium vergleicht.

Denn Radium strahlt, schimmert und verbreitet Wärme, ohne sich dabei in irgendeiner merklichen Weise zu verzehren. Einstein erklärt den rätselhaften Stoff mit der berühmten Formel $E = mc^2$. Alle radioaktiven Stoffe strahlen Energie aus und verlieren dabei Masse – allerdings nur ganz gemächlich. Die Formel sagt, dass aus ganz wenig Masse (m) sehr viel Energie (E) gewonnen werden kann. Denn der Faktor c, mit dem die Masse malgenommen wird, ist die Lichtgeschwindigkeit und damit eine sehr große Zahl, die zudem noch mit sich selbst multipliziert wird.

Für Marie Curie ist die Radioaktivität nichts Beängstigendes und die moderne Wissenschaft keine feindliche Macht. In berührenden, schlichten Worten hat sie 1933, ein Jahr vor ihrem Tod, ihre Überzeugung formuliert: »Ich gehöre zu jenen, die glauben, daß die Wissenschaft etwas sehr Schönes ist. Der Wissenschaftler in seinem Laboratorium ist nicht nur ein Techniker. Vor den Geheimnissen der Natur steht er mit der gleichen Andacht wie ein Kind vor einem schönen Märchen.«

An der Erforschung der Radioaktivität beteiligen sich immer mehr Forscher, überall auf der Welt. 1899 stellte der Neuseeländer Ernest Rutherford fest, dass die »Uranstrahlung« aus zwei Komponenten besteht. Die eine Sorte wird schon von einem Blatt Papier weitgehend abgefangen, sie nannte man »Alpha-Strahlung«. Die andere Form, die stärker durchdringt, erhielt den Namen »Beta-Strahlung«. Später definierte man noch eine dritte radioaktive Strahlungsart, die »Gamma-Strahlung«. Man nutzte diese Strahlen, um etwas über den Aufbau der Atome zu lernen. Sie wurden gewissermaßen als Pistolenkugeln gebraucht, die man auf Atome schoss. Dabei ergab sich sehr schnell eine Vorstellung, die auch heute noch gültig ist: Das Atom besteht aus einem kleinen, positiv geladenen Kern, der fast die gesamte Masse des Atoms ausmacht. Der Kern wird von negativ geladenen Elektronen in relativ großen Entfernungen umgeben. Diese Vorstellung wurde vor rund 100 Jahren von dem dänischen Physiker Niels Bohr (1885–1962) erstmals theoretisch beschrieben, mit Mitteln, die die klassische Physik überschritten.

Zumindest die radioaktiven Elemente zerfallen von selbst, ganz ohne unser Zutun. Sie strahlen – und wandeln sich dabei um, in andere Elemente. Dieser Prozess vollzieht sich beim Radium, beim Polonium, beim Uran und beim Thorium von selbst. Der Atomkern, so stellte sich heraus, besteht nicht nur aus positiven Teilchen, den Protonen, sondern auch aus neutralen Teilchen, den Neutronen.

Ehe die Radioaktivität entdeckt wurde, hatte man sich die Materie als etwas ziemlich Homogenes vorgestellt. Man dachte, die Elemente seien unwandelbar. Nun aber wurde deutlich: Es gibt Elemente, die sich in andere Elemente umwandeln und dabei strahlen. Die Energie, die bei dieser Umwandlung von einem Element in ein anderes frei wird, ist stärker als die bei allen anderen bislang bekannten Metamorphosen. Jetzt wurden viele alte Rätsel lösbar. Man verstand nun die innere Ähnlichkeit bestimmter Elemente, die in einer Gruppe zusammengeschlossen waren – ihr atomarer Aufbau war ähnlich! Die chemischen Elemente des Periodensystems begriff man nun als Atomsorten, die ihrerseits aus bestimmten Elementarteilchen zusammengesetzt waren – aus Protonen, Neutronen und Elektronen, und zwar auf eine sehr einfache, nachvollziehbare Weise. Der Wasserstoff, das leichteste Element, besteht aus einem Proton und einem Elektron, die sich gegenseitig neutralisieren. Das Uran, das nach damaligem Wissen schwerste Element, besteht aus 92 Protonen und 92 Elektronen, hinzu kommen noch an die 100 ungeladene Neutronen, die für die Stabilität der Atomkerne wichtig sind, das chemische Verhalten aber nicht beeinflussen. In den Zeilen des Periodensystems kommt von einem Element zum nächsten immer ein Proton und ein Elektron hinzu, zusätzlich Neutronen. Elemente in einer Gruppe weisen ein ähnliches chemisches Verhalten auf, weil sie die gleiche Anzahl von Außenelektronen haben.

Die Radioaktivität ist das Tor zu einer ganz neuen, großartigen Weltsicht, die in der Geschichte des menschlichen Geistes alles bislang Dagewesene übertrifft!

Durch das Studium der Radioaktivität können wir heute Dinge verstehen, die den Menschen des 19. Jahrhunderts noch völlig rätselhaft erscheinen mussten.

Wie alt ist die Erde? Der schottische Physiker William Thomson (1824–1907), der später zum Lord Kelvin ernannt wurde, meinte: höchstens 94 Millionen Jahre. Kelvin dachte ganz logisch. Seiner Ansicht nach war die Erde irgendwann einmal glühend gewesen und hatte sich seither abgekühlt. Immer noch ist die Erde warm, wie man besonders in Bergwerken merkt, in denen es, je tiefer man kommt, desto heißer wird. Kelvin hielt diese Wärme für die Restwärme des einst glühend heißen Erdkörpers und rechnete zurück. Was einmal glühend war, das kühlt sich ab, und zwar nach bekannten Gesetzen. Misst man also die noch vorhandene Wärme der Erde, kann man errechnen, wie lange es her ist, dass sie glühend heiß war. Kelvin kam in seinen Rechnungen auf die erwähnten 94 Millionen Jahre. Aus der Zahl leitete Kelvin die Annahme ab, dass die Evolutionstheorie von Charles Darwin (1809–1882) nicht stimmen könne. Er schloss aus seinen Rechnungen, eine Evolution könne nicht stattgefunden haben, und meinte stattdessen, dass die Lebewesen schon weitgehend fertig mit einem Meteoriten herbeigesegelt wären. Denn für eine Evolution in Darwins Sinn sei die Erde viel zu jung. Darwin nahm seine Einwände sehr ernst.

Mit der Entdeckung der Radioaktivität war klar, dass Kelvins Rechnung auf falschen Voraussetzungen beruhte. Die Erde ist radioaktiv, und eben deshalb ist sie immer noch warm, mancherorts geradezu heiß und vulkanisch. Etwa die Hälfte der Erdwärme stammt aus radioaktiven Prozessen! Wir leben auf einem Reaktor. Daher sind wir heute der Ansicht, dass die Erde wesentlich älter ist, als die Physiker des 19. Jahrhunderts glauben wollten! Weil wir wissen, dass die Erde radioaktive Stoffe enthält, die konstant Energie produzieren – genau deswegen sind wir heute überzeugt, dass sie nicht nur wenige Millionen Jahre, sondern einige Milliarden Jahre alt ist – alt genug für die Evolution. Unser Planet ist radioaktiv und deshalb warm und lebendig und viel älter, als man früher dachte.

Durch die Radioaktivität wurde das Periodensystem der Chemiker verständlich. Die Mediziner bekamen neue Untersuchungsmethoden und neue Therapien, die gerade bei Krankheiten wirksam waren, die bislang als hoffnungslos galten, vor allem bei Krebs. Die Archäologen und Geologen bekamen Mittel, mit denen sie das Alter von Scherben, Knochen und Steinen bestimmen konnten. Die Biologen durften sich erleichtert zurücklehnen, weil die Evolution doch möglich war. Zudem kam man bald zu der Erkenntnis, dass die leichte radioaktive Strahlung, denen alle Geschöpfe auf der Erde ausgesetzt sind, für die Evolution unerlässlich ist, weil erst sie die Mutanten hervorbringt, die notwendig sind für die Entwicklung der Arten. Wäre die Atombombe nicht gefallen – jeder wäre sich dessen bewusst. Der überhelle Blitz der Atombomben auf Hiroshima und Nagasaki und die strahlende Wolke von Tschernobyl haben die enorme theoretische Bedeutung der Radioaktivität für unser modernes Verständnis der Natur verdunkelt.

Pierre und Marie Curie erhielten 1903, zusammen mit Henri Becquerel, den Nobelpreis für Physik für ihre Arbeiten zur radioaktiven Strahlung. Pierre Curie kam 1906 bei einem Verkehrsunfall ums Leben. Er wurde in Paris von einer Pferdedroschke überfahren und erlag noch am

Unfallort seinen Verletzungen. Von da an setzte Marie Curie ihre Arbeiten allein fort. 1911 erhielt sie zum zweiten Mal den Nobelpreis – nunmehr den für Chemie für ihre Entdeckung des Radiums und des Poloniums.

Wir haben in diesem Buch immer wieder auf die enge Verbindung von Chemie und Macht aufmerksam gemacht. Kriege sind Situationen, in denen Naturwissenschaftler vor schwierige ethische Entscheidungen gestellt werden. Wie steht es in dieser Hinsicht mit Marie Curie? Anders als Fritz Haber und viele, viele Chemiker und Physiker weltweit sah sie sich, als 1914 der Erste Weltkrieg ausbrach, nicht in der Pflicht, sich an der Entwicklung neuer Waffen zu beteiligen. Dabei wäre sie mit den teilweise hochgiftigen und hochenergetischen radioaktiven Substanzen durchaus in der Lage gewesen, zweckdienliche Vorschläge zu machen. Marie Curie zeigt auch im Krieg auf vorbildliche Weise, wie eine Wissenschaftlerin ihrem Heimatland dienen kann, ohne der Welt gleich neue Vernichtungstechniken in die Hand zu geben.

Was tat sie? Die Materialschlachten des Ersten Weltkrieges führten täglich zu Tausenden von Verletzten, die in Lazaretten nur unzureichend behandelt werden konnten. Marie Curie, die Strahlenexpertin, erfand fahrbare Röntgenwagen, in denen man die Verletzten untersuchen konnte. Nun konnten die Ärzte sehen, wo die Granatsplitter saßen, und entsprechend operieren. Aus allen Laboren ließ Marie Curie Röntgengeräte kommen, verbesserte sie so, dass sie im mobilen Feldeinsatz tauglich waren. Sie erwarb sogar den Führerschein und fuhr die mobilen Röntgenlabore selbst an die Front. Und sie richtete in den Lazaretten ständige Röntgenapparaturen ein, wie ihre Tochter Eve Curie später berichtete: »Der Chirurg steht zusammen mit Frau Curie in dem dunklen Saal, der nur durch den geheimnisvollen Schein der Apparaturen beleuchtet ist. Die Verwundeten werden auf den Röntgentisch gelegt. Maria richtet den Apparat auf die aufgerissenen Wunden und reguliert die Schärfe des Abbilds der Knochen und Organe, unter denen sich eine dunkle Stelle zeigt, eine Kugel oder ein Granatsplitter. Maria kopiert das Bild, das der Chirurg dann bei der Operation verwendet. Manchmal werden die Verwundeten gleich unter den Strahlen operiert.«

Mehr als eine Million Menschen werden in den von Marie Curie eingerichteten Röntgenlaboren untersucht und behandelt. Zudem spendet sie ihr gesamtes, aus den beiden Nobelpreisen und einem weiteren Preis stammendes Vermögen als Kriegsanleihe. Vergleicht man ihr Tun im Krieg mit dem ihrer Chemiker- und Physikerkollegen, dann ist klar, dass sie einen weitaus überzeugenderen Weg gefunden hat als die Giftgaserfinder, die Atombombenbauer, die Napalmköche. Sie diente ihrem Land, ohne dabei die Menschheit zu verraten. Ihr großartiges Beispiel zeigt, dass es für einen Wissenschaftler, für eine Wissenschaftlerin in jeder Lage die Möglichkeit gibt, gut zu handeln, so nämlich, dass man sich später nicht schämen muss.

Marie Curie starb 1934 im Alter von 66 Jahren. Mit Pierre hatte sie zwei Töchter, Eve, die Journalistin wurde, und Irène, die wie ihre Mutter als Wissenschaftlerin arbeitete und gemeinsam mit ihrem Ehemann Frédéric Joliot-Curie ebenfalls den Nobelpreis für Chemie erhielt, im Jahre 1935, für die Entdeckung künstlicher radioaktiver Substanzen.

Die beiden folgten dem Beispiel von Marie Curie und engagierten sich, nachdem andere Wissenschaftler die Kernwaffen erfunden hatten, mit aller Macht für die Ächtung derselben. Und auch ihre Kinder Hélène und Pierre, die Enkel also von Marie und Pierre Curie, wurden Wissenschaftler. Als Hélène 2003 befragt wurde, was sie zur Angst vor der Radioaktivität sage, da antwortete sie: »Die Erde ist von Natur aus radioaktiv, wäre sie es nicht, wäre sie schon längst ein toter Planet. Wir leben in einem Bad von radioaktiver Strahlung, die aus den Felsen, aus der Atmosphäre und aus dem Weltraum kommt, und sind selbst, ganz von Natur aus, beträchtlich radioaktiv, mit etwa 7 000 Becquerel. Wir haben ungeheuren Nutzen von der radioaktiven Strahlung, vor allem in der Medizin.«

Daran gibt es keinen Zweifel! Hélène Curie ist zudem davon überzeugt, dass es sinnvoll ist, Radioaktivität zur Energieerzeugung zu nutzen, und dass die dabei entstehenden Probleme bald befriedigend gelöst werden können. Die allgemeine Meinung in Frankreich gibt sie damit nicht wieder. Wohl aber liegt ihre Ansicht auf einer Linie mit der traditionellen französischen Energiepolitik: Das Land, in dem die Radioaktivität entdeckt wurde, bezieht derzeit immer noch 78 Prozent seines Stroms aus Kernkraftwerken.

»Wir in Deutschland gehen unseren eigenen Weg«, sagt Tom, der Chemiker aus dem Augsburger Umweltamt. »Wir schalten die Kernkraftwerke ab, und dafür haben wir auch gekämpft. Andererseits haben wir heute in Deutschland so starke Berührungsängste, dass wir das Thema fast komplett ausblenden. Die eigene Fachkompetenz darf uns aber nicht verloren gehen. Zumal diese Materialien eine starke Faszination ausüben.«

Umweltgifte

In diesem chemischen Labor stand die Neutronenquelle, die eigentlich nur in einem Kübel untergebracht war und ein bisschen mit Blei abgeschirmt – und das zu bestrahlende Uran. Das war also der Versuch, lächerlich klein, er stand nur fünf Meter von meinem Arbeitsplatz entfernt.« So beschreibt die Chemikerin Erika Cremer (1900–1996) den vielleicht berühmtesten Versuch des 20. Jahrhunderts, jedenfalls den folgenreichsten. Sie arbeitete damals für einige Zeit in Berlin im Kaiser-Wilhelm-Institut für Chemie bei dem Chemiker Otto Hahn (1879–1968) und erlebte 1938 die Kernspaltung aus nächster Nähe mit. Bei dem Versuch wird Uran mit neutralen Elementarteilchen, sogenannten Neutronen, beschossen, und dabei spaltet es sich, wobei es selbst Neutronen abschießt, die dann ihrerseits weitere Uranatome zerschießen und so weiter. Bei jeder einzelnen Kernspaltung wird Energie frei. Wenn nun eine Kettenreaktion sich spaltender Atome ausgelöst wird, bei der jeder gespaltete Atomkern zwei weitere zerschlägt, summiert sich diese Energie, es kommt zu einer Explosion. Und weil bei der Kernspaltung mehr Energie frei wird als bei allen anderen bislang bekannten Prozessen, ist die Explosion gewaltiger als alle bislang bekannten. Sie ist der Ursprung sowohl der späteren Atombombe als auch der sogenannten friedlichen Nutzung der Kernenergie, die wiederum eine verzögerte Kettenreaktion ist. Erika Cremer erinnert sich, wie Hahn auf der Institutstreppe zu ihr und den Kollegen sagte: »Wir haben jetzt was gefunden, nee Kinder, wenn det stimmt!« Er behielt recht, er hatte in der Tat das Streichholz gefunden, mit dem sich die Welt in Brand setzen lässt. Auf der Weihnachtsfeier dichtete die Arbeitsgruppe noch fröhlich: »Unser Chef, der Otto Hahn, spaltet fleißig das Uran.« Die Heiterkeit verflog schnell, denn die NS-Machthaber zeigten höchstes Interesse an der Bombe, die sich auf der Grundlage der Uranspaltung bauen ließ. Aber auch die meisten Kernphysiker waren begeistert, dass sie dem Dritten Reich eine neue, kriegsentscheidende Waffe liefern konnten.

Zwecks Entwicklung dieser Bombe wurde alsbald eine Arbeitsgruppe namens Uranverein gebildet. Ihr gelang es aber weder, eine funktionierende Atombombe zu bauen noch einen funktionierenden Kernreaktor.

Erika Cremer zählt zu der verschwindend geringen Anzahl Frauen, die in der ersten Hälfte des letzten Jahrhunderts Chemie studierten und anschließend wissenschaftlich tätig blieben. Das war kein einfacher Weg.

Nach ihrer Promotion war sie vier Jahre lang ohne feste Anstellung und hatte vor lauter Verzweiflung eine Stelle in der Bioklimatischen Forschungsstelle auf der Insel Sylt angenommen. Über der Nordsee weht ein rauer Wind, und eines Tages riss ein Sturm so heftig an der Eingangstür, dass sie aus den Angeln flog und der Forscherin auf den Kopf schlug. Sie erlitt eine Gehirnerschütterung und trug eine große Beule davon. Die Kunde von ihrer Beule erreichte Otto Hahn und bewog ihn, die talentierte Frau von der sturmumtosten Insel zu retten, ihr ein Stipendium zu verschaffen, damit sie weiter wissenschaftlich arbeiten konnte. Offenbar musste in der damaligen Zeit schon ein Nordseesturm mithelfen, ehe sich die Pforten der Naturwissenschaften für eine Frau öffneten.

Als geborene Münchnerin blieb Erika Cremer immer dem Süden verbunden, insbesondere den Bergen, die sie liebte. Deswegen nahm sie gern einen Ruf an die Universität Innsbruck an, den sie 1940 erhielt. Sie musste freilich bis 1959 warten, bis die Universität sie tatsächlich zur Lehrstuhlinhaberin ernannte.

Ihre bahnbrechenden Arbeiten waren da schon weltweit bekannt.

Erika Cremer hatte zunächst über Kettenreaktionen geforscht und dabei außergewöhnliche Ergebnisse erzielt, von denen sie später meinte, dass sie durchaus nobelpreisverdächtig gewesen seien. Während des Zweiten Weltkriegs, schon in Innsbruck, hatte sie sich mit den chemischen Verbindungen Ethen und Ethin befasst und über ein neuartiges Verfahren geforscht, wie diese recht ähnlichen Stoffe getrennt werden könnten.

Nach dem Krieg arbeitete sie ihr Projekt mit ihrem Schüler Fritz Prior (1921–1996) weiter aus. Der Kern des Verfahrens ist, wie so oft in der Chemie, eine lange Röhre. Unten bringt man das Gemisch auf, das man testen möchte. Mit etwas Wärme lässt man es verdampfen. Der Dampf durchwandert nun mit dem Gasstrom die Röhre. Anfangs war die Röhre mit Aktivkohle oder Kieselgel beschickt. Auf die Gase, aber nicht auf alle gleichmäßig, wirkt sie wie ein Hindernis, das sie aufhält.

Wir können uns das Ganze wie einen Marathonlauf vorstellen. In einem dicken Pulk starten die Sportler, aber schon bald zieht sich der Pulk auseinander, und eine Spitzengruppe hagerer, gut trainierter Läufer setzt sich ab. Ganz hinten sind die übergewichtigen Tollkühnen unterwegs, die trotz schlechten Trainings, schlechter Blutwerte und dickem Bauch unbedingt mitlaufen wollen, aber schon nach wenigen Kilometern die erste Pause brauchen. Auch sie erreichen am Ende vermutlich das Ziel, nur eben viel später und vielleicht erst mit der Kehrmaschine. Ganz ähnlich kommen auch die schlanken, kleinen Moleküle in dem von Erika Cremer ersonnenen Verfahren als Erste oben an der Röhre heraus. Man kann also auf diese Weise Stoffgemische auftrennen.

Das klingt wenig aufregend. Man gibt unten in die Röhre etwas Unsichtbares hinein, oben kommt etwas Unsichtbares heraus, nur eben gut getrennt. Vergessen wir's. So etwa dachten und sagten Erika Cremers Kollegen, die ihre Methode für eine Eintagsfliege hielten.

Erika Cremer brachte am Ende der Röhre einen Detektor an, ein Gerät, das ihr zwar nicht sagte, *welcher* Stoff da gerade austrat, das aber immerhin anzeigte, *dass* gerade ein Stoff herauskam. Zunächst war dieser Detektor eine Wärmeleitzelle. Damit war bereits alles beisammen, was auch heute noch einen Gaschromatographen ausmacht: ein Rohr und ein Detektor. Die geniale Idee besteht in der Einsicht, dass jeder besondere Stoff eine nur für ihn charakteristische Laufzeit durch die Röhre hat, die man genau bestimmen und an der man ihn erkennen kann. Cremer und ihr Mitarbeiter Prior arbeiteten das Verfahren so weit aus, dass deutlich wurde, dass damit selbst kleine Substanzmengen auf eine neuartige Weise nachgewiesen werden können.

Heute stehen in allen chemischen Analyselaboren auf der ganzen Welt Gaschromatographen. Die mit Aktivkohle gefüllte Röhre ist durch einen sehr dünnen, innen beschichteten Schlauch ersetzt, durch den man das Gas strömen lässt. Mit den Gaschromatographen werden die chemischen Substanzen im Tabakrauch ebenso nachgewiesen wie Pestizidrückstände in Biogemüse. Und damit ist auch klar, worin die gesellschaftliche und politische Bedeutung der neuen Technik liegt.

Ohne die von Erika Cremer entwickelte Gaschromatographie wäre zum Beispiel das Ozonloch vermutlich erst viel später bemerkt worden. Denn nur mit der Gaschromatographie konnte man zeigen, dass eine bislang als harmlos geltende Gruppe von Verbindungen, die fluorierten Chlorkohlenwasserstoffe (FCKW), die zum Beispiel in Sprays, Kühlschränken und Klimaanlagen eingesetzt werden, zur Vergrößerung des Ozonlochs beiträgt. Dieser Vorgang spielt sich in großer Höhe ab, hat aber auch in der Tiefe seine Auswirkungen. Weniger Ozon in der Höhe führt zu mehr Hautkrebs, denn die besonders aggressiven UVB-Strahlen werden nur durch Ozon aufgehalten. Der englische Chemiker James Lovelock wies mit einem verbesserten Detektor am Gaschromatographen nach, dass die Chlorkohlenwasserstoffe tatsächlich in der Atmosphäre vorhanden sind. Nach langen internationalen Verhandlungen wurde die FCKW-Produktion weltweit drastisch reduziert.

Viele andere umwelt- und gesundheitsschädliche Chemikalien wie etwa DDT oder Dioxin lassen sich mit der Gaschromatographie noch in winzigsten Spuren nachweisen, das heißt, in Verdünnungen, für die es zuvor nicht einmal Worte gab. Heute spricht man von ppm, ppb und sogar ppt, also Teilchen pro Million, pro Milliarde und pro Billion, und kann solche verschwindend kleine Mengen auch wirklich nachweisen. Noch die feinste Menge an Dopingmitteln, Drogen oder Schadstoffen lässt sich nunmehr aufspüren.

Ebenso ist es möglich geworden, Prozesse in der Natur mit zuvor nicht bekannter Genauigkeit zu verfolgen. Die Lehre, dass die Erde ein großer lebendiger Organismus sei, hat durch Messergebnisse der Gaschromatographie wesentlich an Überzeugungskraft gewonnen.

Erika Cremers Erfindung ist in der modernen Naturwissenschaft unentbehrlich geworden. Sie selbst hat wenig davon gehabt. Sie beantragte für ihre Entdeckungen keine Patente. Und anders als ihre männlichen Kollegen verfügte sie nicht über Netzwerke, die ihr wichtige Preise zugetragen hätten. Im Gegenteil musste sie erleben, dass andere den Ruhm für die Entdeckung der Gaschromatographie einheimsten – zwei englische Forscher, die unabhängig von ihr, jedoch deutlich später, Ähnliches vorschlugen. Den Nobelpreis hat sie nie erhalten.

Um sich in der von Männern dominierten Chemikerwelt zu behaupten, hatte Erika Cremer sich eine Haltung der Bescheidenheit zugelegt: »Du *darfst* Wissenschaft machen. Du *darfst* eine männliche Arbeit machen. Frühere Generationen durften das nicht, also, du musst dafür bescheiden sein.« Ihre Bescheidenheit schützte sie sicherlich vor Angriffen, aber sie verhinderte auch, dass Erika Cremer die Anerkennung erhielt, die sie verdient hätte.

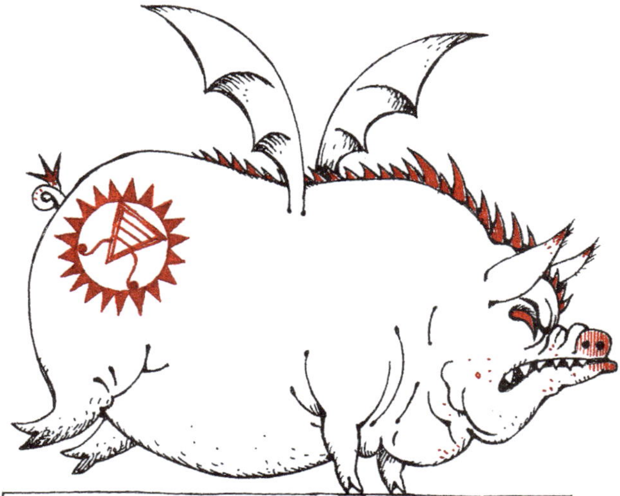

Goldmachender Schimmel

Im Jahre 1962, die Bildungsreform nahm langsam Fahrt auf, schrieb der damals 80-jährige deutsche Pädagoge Eduard Spranger ein schmales Buch mit dem seltsamen Titel *Das Gesetz der ungewollten Nebenwirkungen in der Erziehung*. Es wurde sein Vermächtnis, ein Jahr später starb er. In dem Buch dämpft er den Reformeifer der 1960er-Jahre, indem er zeigt, dass es die perfekte Organisation des Bildungswesens nicht geben kann: »Überall muß man Nachteile in Kauf nehmen, die von den Vorzügen unabtrennbar sind.« Das hört sich nach einer Lebensweisheit an, wie sie alte Leute gern verkünden, wenn sie mit den neueren Entwicklungen nicht mehr klarkommen. Spranger besteht aber darauf, dass es ihm nicht um allgemeine Betrachtungen, sondern um ein *Gesetz* geht. Ein Gesetz, das nicht nur in der Erziehung, vielmehr im gesamten Bereich menschlichen Handelns gilt. Wo immer etwas getan wird, passiert mehr, als man gewollt hat. Spranger unterscheidet drei Arten ungewollter Nebenwirkung: nämlich eine erste Sorte, die voraussehbar und im Sinne unserer ursprünglichen Absicht korrigierbar ist; eine zweite, die voraussehbar ist, aber nicht korrigierbar; und eine dritte, die weder vorausgesehen noch korrigiert werden kann. Der Grund dafür ist, dass wir mit unseren Handlungen immer in zusammenhängende Gebilde eingreifen, die wir nur teilweise überblicken. Man kann zum Beispiel Pflanzen und Tiere züchten, um irgendwelche erwünschten Eigenschaften hervorzubringen oder zu steigern. Wie die Erfahrung zeigt, gehen damit aber stets auch unvorhergesehene Änderungen einher. Man kann schnellere Pferde züchten – doch diese Pferde verlieren ihre Tragfähigkeit. Man kann weiße Katzen mit blauen Augen züchten. Die sind ausgesprochen schön, doch sie können keine Mäuse fangen, denn sie sind meist taub. Der Organismus der Lebewesen ist komplex und hängt so eng zusammen, dass die Änderung einer Eigenschaft immer auch andere Eigenschaften ändert, ohne dass man von vornherein sagen könnte, welche. Das gilt für einzelne Organismen und gleichermaßen für Lebensgemeinschaften von Organismen wie für Ökosysteme. In ihren Lebensräumen sind die Lebewesen wiederum eng miteinander verbunden. Ändert man ein Ökosystem an einer Stelle, indem man eine Tier- oder Pflanzenart ausrottet, dann bewirkt man automatisch unvorhergesehene Änderungen an anderer Stelle.

Was hat das aber mit Chemie zu tun? Sehr viel. Angewandte Chemie will ja Missstände beseitigen und Unvollkommenes perfektionieren. Schon Paracelsus sah im Alchemisten den Assistenten des Schöpfers, der mit seinen Erfindungen die Welt vollkommener macht, und sein Traum vom guten Handeln der Alchemisten und Chemiker beflügelte zahlreiche Forscher. Er wurde immer wieder zeitgemäß umformuliert; Antoine-Jérôme Balard, der Entdecker des Broms, den wir bereits kennengelernt haben, nannte es eine »heilige Mission« der Wissenschaft, die Naturkräfte so zu nutzen, dass die Produktion gesteigert werden könne, damit der allgemeine Wohlstand angehoben und die Ungleichheit der Menschen beseitigt werde.

Es gibt genügend moderne Chemiker, die an solch treffliche Utopien glauben und mit Feuereifer an einer schönen Neuen Welt mit neuen Wundermaterialien, Medikamenten und Nahrungsergänzungsmitteln arbeiten. Sie wollen kranke Menschen gesund machen und Ökosysteme so optimieren, dass sie für den Menschen mehr leisten. Andere Chemiker sind bedächtiger und warnen vor allzu viel Optimismus. Gerade die moderne Chemie lässt uns nicht vergessen, dass die Natur ein eng aufeinander abgestimmtes Ganzes ist, in dem alle Wandlungen miteinander in Verbindung stehen.

Wir kennen die Geschichten von Heroin, von Asbest, von Thalidomid (Contergan). Alles moderne Stoffe, die Missstände beseitigten, dadurch aber neue schufen – Missstände, die manchmal unvorhersehbar waren, manchmal geahnt, aber verschwiegen wurden. Die neuen Missstände werden oft erst mit Verzögerung sichtbar und im räumlichen Abstand vom Ort des Erfolges. Der Erfolg blendet. Man erkennt die Probleme meist erst später, so wie auch die Taubheit der weißen Katzen erst allmählich auffiel – zunächst glaubte man, dass sie zu vornehm zum Jagen waren.

Eine kleine Geschichte soll das Gesetz der ungewollten Nebenwirkungen illustrieren. Es ist die Geschichte des Aureomycins, und sie beginnt in den späten 1940er-Jahren. Die sensationellen Erfolge des Penicillins veranlassten damals die Suche nach weiteren Schimmelpilzen, die ähnlich wie der gewöhnliche Pinselschimmel, aus dem das Penicillin hergestellt wird, antibakteriell wirken und Krankheiten bekämpfen können.

Der US-amerikanische Biologe Benjamin M. Duggar (1872–1956), der in New York arbeitete, ließ sich aus dem ganzen Land Bodenproben schicken und untersuchte sie auf antibakterielle Schimmelpilze. Auch von der Universität von Missouri erhielt er eine Probe. Sie stammte von einem Versuchsfeld, das seit 1888 mit Gras bepflanzt und nie gedüngt worden war. Aus dieser Bodenprobe wurde ein Schimmelpilz isoliert, der sein Nährmedium golden färbte und in jeder Hinsicht ein Goldjunge werden sollte: *Streptomyces aureofaciens* produzierte Stoffe, die wirksam gegen viele Mikroorganismen sind, insbesondere gegen Streptokokken, einen gefährlichen Krankheitserreger. Aus dem Pilz wurde das Aureomycin isoliert, ein hochwirksames Antibiotikum.

Aber der Pilz produzierte noch weitere wirksame Substanzen, darunter auch das Vitamin B12. So kam es, dass man ihn in Tierversuchen einsetzte: Man wollte erproben, ob bestimmte Bestandteile des Schimmelpilzes Vitaminmangelerkrankungen vorbeugen könnten.

Mit der Kontrolle dieser Versuche war Thomas H. Jukes (1906–1999) betraut, ein englischer Biochemiker, der als junger Mann zunächst nach Kanada, dann in die USA ausgewandert war. Jukes entdeckte, dass die mit dem goldmachenden Schimmel versorgten Küken viel schneller wuchsen als ihre Kameraden, die normal gefüttert wurden. Rasch kam er dahinter, dass keinesfalls das Vitamin B12 dieses Wachstum beförderte. Vielmehr rief das vom Schimmelpilz produzierte Antibiotikum die merkwürdige Wirkung hervor.

Jukes entdeckte weiter, dass selbst die Abfälle von der Antibiotikaproduktion Wirkung zeigten; die Hühner wurden fetter. Aus Dreck konnte er Fleisch herstellen! Binnen Kurzem wurde die Beigabe von Antibiotika Standard in der Geflügelmast und später auch in der Schweinemast. Nicht nur setzten die Tiere schneller Fett und Fleisch an, sie wurden auch seltener krank und konnten noch enger gehalten werden. Mit geringerem Aufwand an Zeit, Platz und Futter konnten mehr Tiere großgezogen und verkauft oder, wie es in der Branche heißt, »mehr Fleisch erzeugt« werden. Mehr für weniger: Das spart Geld. Und das wiederum erzeugt anderswo Geld, denn die Landwirte in den USA kauften das Aureomycin, um es ihren Tieren vorzusetzen. Der goldmachende Schimmel bescherte dem Hersteller, der American Cyanamid Company (die heute größtenteils in Pfizer aufgegangen ist) märchenhafte Gewinne. Was Jukes entdeckt hatte, war eine ungeahnte Nebenwirkung des Medikaments. Aus seiner Sicht war sie äußerst positiv, weil sie es gestattete, für weniger Geld in kürzerer Zeit mehr Fleisch zu produzieren. Das sah er, ganz im Sinne Balards, als einen Beitrag zur Gerechtigkeit an, konnten doch jetzt nicht nur wohlhabende, sondern auch ärmere Menschen häufiger Fleisch essen.

Nun hat aber die massenhafte Verabreichung kleiner Antibiotikamengen an Nutztiere wiederum eine Nebenwirkung, und mit der mochte sich Jukes nur ungern beschäftigen, weil sie negativ ist. Denn sein Fleischdoping wirkte als Trainingsprogramm für Bakterien. Die werden durch die niedrigen, für sie nicht tödlichen Konzentrationen animiert, Abwehrstoffe gegen die Antibiotika zu entwickeln, also Resistenzen auszubilden. Die Antibiotika werden dadurch mittelfristig unbrauchbar, was für Tiere und Tierärzte, mehr aber noch für die Menschen und die Menschenärzte zum Problem wird, da krank machende Tierkeime oft von Tieren auf Menschen übergreifen. Nachdem resistente Keime mehrmals Epidemien verursacht hatten, zog man 2006 in Europa Konsequenzen: Die Beigabe wachstumsfördernder Antibiotika zur Tiernahrung wurde verboten.

Ist damit der Missstand beseitigt? Sicherlich ist das Antibiotikaverbot ein Schritt nach vorn. Doch die Geschichte endet damit noch nicht. Zum einen, weil bei einem globalen Problem lokale Maßnahmen nur begrenzt nutzen. In den USA werden auch heute noch 70 bis 80 Prozent *aller* verkauften Antibiotika in der Tierhaltung eingesetzt. Das ist aber nicht die einzige Schwierigkeit.

Spranger spricht in seinem Buch von Nachteilen, die von den Vorzügen nicht abzutrennen sind. Von Nebenwirkungen, die man nicht abstellen kann. Einerseits wird Aureomycin zur Mast verwandt, andererseits auch ganz normal zur Bekämpfung von Infektionskrankheiten eingesetzt, bei Menschen ebenso wie bei Tieren. Die Antibiotika haben ja genau dadurch ihren Ruhm erworben, dass sie Krankheiten wie Blutvergiftung, Lungenentzündung, Mittelohrentzündung, Diphterie, Hirnhautentzündung, Pest, Tuberkulose, Syphilis und viele andere, die zuvor kaum heilbar waren und oft tödlich ausgingen, wirksam bekämpfen konnten.

Und können.

Noch können.

Auch die medizinische Behandlung von Menschen mit Antibiotika ist ein Trainingscamp für Bakterien. Diese Bakterien, talentierte Chemiker, sind in der Lage, sich so umzuprogrammieren, dass sie Enzyme produzieren, welche die eingesetzten Antibiotika zerlegen und damit wirkungslos machen. Wenn heute von multiresistenten Keimen die Rede ist, dann stammen sie zum einen aus Ställen. Häufiger ist ihre Heimat das Krankenhaus. Wir begegnen hier also einer Nebenwirkung der hartnäckigen Sorte.

Dafür gibt es keine wirkliche Lösung. Auf Antibiotika wird kaum ein Arzt verzichten wollen. Was wir aber tun können, ist zweierlei: neue Antibiotika entwickeln und die vorhandenen sparsamer einsetzen. Beides hatte der schottische Bakteriologe und Nobelpreisträger Alexander Fleming (1881–1955), der Entdecker des Penicillins, bereits angemahnt. Er warnte stets vor einem sorglosen und zu reichlichen Gebrauch des Penicillins und prophezeite, man werde es verlieren, wenn man es leichtfertig verschreibe.

Seine Mahnung ist noch nicht überall angekommen. In Indien sind Antibiotika nicht einmal verschreibungspflichtig. Sie unterliegen keiner

Kontrolle. Genau dort tauchten auch die ersten panresistenten Erreger auf, Superkeime also, die gegen fast alle Antibiotika resistent sind.

Sprangers Gesetz der ungewollten Nebenwirkung ist eine Unsicherheitsrelation, die gleichwohl streng gilt und daher auch in der Chemikerausbildung bekannt gemacht werden sollte. Das Gesetz bedeutet nicht, dass wir am besten die Hände in den Schoß legen. Es ist keine Rechtfertigung für Fatalismus. Aber es ermahnt uns, dass wir das Neue, das mit chemischen Entdeckungen und Technologien in die Welt gesetzt wird, mit besonderem Bedacht begleiten und uns von allen Hoffnungen auf technologische Lösungen verabschieden, die »für alle Zeiten« Krankheiten besiegen oder immerwährenden Wohlstand bringen.

Wir sollten dabei nicht nur rein technisch prüfen, ob die Mittel, die wir einsetzen, auch zweckmäßig sind oder nicht im Gegenteil von schädlichen Nebenwirkungen überwuchert werden. Wir müssen unsere Ziele und Werte immer wieder neu überdenken.

Das Gesetz der ungewollten Nebenwirkung mahnt uns zur Langsamkeit, zur Umsicht und zur steten Bereitschaft zur Veränderung. Die Chemie ist die Lehre von den Wandlungen. Der Chemiker darf sich nicht darauf beschränken, Wandlungen im Labor oder im Chemiewerk zu veranlassen, zu beobachten und zu deuten. Er muss auch selbst bereit zu Wandlungen sein.

Die Luft der Biosphäre

Chemiker fühlen sich meist nur für einige wenige Stoffe zuständig, die sie mit einer solchen Akribie untersuchen, dass sie bisweilen einzelnen Substanzen ihr ganzes Leben widmen. Manche grenzen ihr Fachgebiet immer weiter ein, bis sie schließlich, wie das Sprichwort sagt, mehr und mehr über weniger und weniger wissen. Dass diese Haltung einerseits zu enormen Leistungen führen, andererseits auch eine ziemliche Kurzsichtigkeit mit sich bringen kann, liegt auf der Hand.

Große Visionen von den Zusammenhängen zwischen allen Stoffen – damit haben sich vor allem die russischen Chemiker hervorgetan. Jedenfalls war es ein Russe, Dmitri Mendelejew (1834–1907), der den grundlegenden Zusammenhang der chemischen Elemente, das Periodensystem, erstmals klar erkannte. Mendelejew, der auch Mendelejeff oder Mendeleev geschrieben wird, stammte aus dem sibirischen Tobolsk. Er war das jüngste von 14 Kindern. Sein Vater war Gymnasialdirektor, zudem betrieb die Familie eine Glashütte. Der Vater starb, als Mendelejew 13 Jahre alt war, wenig später brannte zu allem Unglück die Glashütte der Familie nieder. Da verkaufte die Mutter ihren verbliebenen Besitz, nahm ihren jüngsten Sohn an die Hand und machte sich auf eine lange Reise in das über 2 000 Kilometer entfernte Sankt Petersburg. Sie wollte ihrem jüngsten Sohn, der schon früh eine außergewöhnliche Begabung zeigte, eine akademische Ausbildung ermöglichen. In Petersburg wurde Mendelejew im Pädagogischen Institut aufgenommen, aufgrund einer Ausnahmegenehmigung des Ministers, die Mendelejews Mutter erwirkt hatte. Kurz darauf starb sie; die lange Reise hatte ihre letzten Kräfte aufgezehrt.

Für ihren heldinnenhaften Einsatz war ihr Mendelejew zeitlebens dankbar und widmete ihr später mit ergreifenden Worten eine seiner wichtigsten wissenschaftlichen Veröffentlichungen. Schon mit 23 Jahren zum Privatdozenten an der Petersburger Universität ernannt, begab er sich nach Heidelberg, wo er sich mit den neuesten Methoden der Chemie vertraut machen wollte. Er ließ sich dort für ein Jahr nieder, richtete sich in seiner Pension ein kleines Labor ein und schrieb alle paar Wochen einen Brief an seine Verlobte in Russland. Ihr gegenüber schimpfte er auf die Deutschen, insbesondere auf die deutschen Frauen, in Wirklichkeit scheint er sich in Heidelberg recht wohl gefühlt zu haben, ging oft ins Theater und unterhielt eine Liaison mit einer deutschen Schauspielerin, aus der eine uneheliche Tochter namens Rosa Voigtmann hervorging, die Mendelejew finanziell unterstützte, bis sie volljährig war.

Zurück in Sankt Petersburg, heiratete Mendelejew seine Verlobte und wurde alsbald Lehrstuhlinhaber für Chemie. 1869, im Alter von 35 Jahren, fand er, dass es in den damals bekannten 62 Elementen eine innere Ordnung gab. Ursprünglich wollte Mendelejew, eben erst Professor geworden, allerdings gar keine Entdeckung machen, ihm lag vielmehr daran, den Chemielernstoff für seine Studenten optimal aufzubereiten. Wie schon sein Vater war er ein leidenschaftlicher Lehrer. Wie konnte er seinen Studenten die Chemie noch übersichtlicher nahebringen? 62 chemische Elemente waren damals bekannt; deren Eigenschaften und chemisches Verhalten würde man sich weit besser einprägen können, wenn ähnliche Stoffe in Gruppen gebracht werden und zusammen behandelt werden könnten. Eine rein pädagogische Frage wurde so zum Ausgangspunkt für die wichtigste chemische Entdeckung des 19. Jahrhunderts. Gute Lehre ist vor allem eine Frage der Reihenfolge. Mendelejew überlegte, wie er das Wissen über die einzelnen Elemente für seine Vorlesungen möglichst organisch darstellen könnte, so dass Analogien und Querver-

Дмитрій Ивановичъ
Менделѣевъ
MDCCCXXXIV ~ MCMVII
V·K
ВОДКА
40%

bindungen das Lernen erleichtern. Eine optimale Reihenfolge für den Lehrstoff suchend, nahm er einzelne Kärtchen und schrieb darauf mit großen Buchstaben die Bezeichnung des Elements, sein Atomgewicht und einige wichtige chemische Eigenschaften. Dann legte er die Kärtchen vor sich hin, in etwa so, wie man eine Patience legt. Die Entdeckung des Periodensystems begann als Kartenspiel.

Er ordnete die Elemente in der Reihenfolge ihres Atomgewichts, beginnend mit dem leichtesten Element, dem Wasserstoff. Bei dieser Anordnung zeigte sich, dass die Eigenschaften der Elemente sich in bestimmten Abständen wiederholten, mit nur wenigen Ausnahmen. Nun legte er die folgenden Kärtchen unter die der ersten Reihe, begann eine zweite und nach sieben Elementen eine dritte Reihe, die länger wurde, und eine vierte. Das ging nicht ganz glatt; einige Stellen blieben frei. Hier fehlten die passenden Elemente und die entsprechenden Karten. Als er sein Kartenspiel auf Papier zeichnete, ergab sich eine Tabelle, in der die Elemente mit wenigen Ausnahmen in der Reihenfolge ihres Atomgewichtes aufeinanderfolgten. Die einander ähnlichen Elemente waren in senkrechten Reihen untereinander angeordnet.

Er sah schnell, dass er nicht nur eine pädagogisch wertvolle Lehrmethode geschaffen, sondern eine objektive existierende Ordnung, ein Naturgesetz entdeckt hatte. Er verfeinerte also die Tabelle und stellte sie im März 1869 erstmals der Physikalisch-Chemischen Gesellschaft in Petersburg vor.

Im Laufe seiner Überlegungen wurde ihm klar, dass in seiner Tabelle, wie er es auch drehte und wendete, leere Stellen bleiben würden. Für diese leeren Stellen hinter dem Silicium, hinter dem Bor und hinter dem Aluminium, so erklärte er mit Bestimmtheit, würden spätere Forscher neue Stoffe finden, ja, er sagte sogar die Eigenschaften jener Stoffe voraus, die er aus seiner Tabelle folgerte. Woher der junge Professor sein Selbstbewusstsein nahm, wissen wir nicht. Alles hätte auch falsch sein können; er ging mit seiner kühnen Vorhersage, die eigentlich eine Wette war, bewusst ein Risiko ein. Hätte er falschgelegen, die europäischen Kollegen hätten ihn als den russischen Visionär des mysteriösen Eka-Siliciums verspottet. Zumal die Eigenschaften der Elemente kaum erforscht, ihre Atomgewichte zum Teil schlecht bestimmt waren. Aber er behielt recht. Wenig später wurden die von ihm vorhergesagten Elemente entdeckt, man nannte sie Gallium, Germanium und Scandium. Schließlich wurde sogar eine ganze Elementengruppe entdeckt, die Mendelejew nicht vorhergesagt hatte, die aber sehr gut in sein System passte, die Edelgase. Heute sind im Periodensystem über 100 Elemente organisiert.

Die geniale Frechheit und der kühne Weitblick unterschieden Mendelejew von dem Karlsruher Professor Lothar Meyer (1830–1895), der zur selben Zeit auf das periodische Gesetz stieß, jedoch allzu zögerlich mit seiner Erkenntnis umging, seine Beobachtungen nicht ausreichend publizierte und auch keine Vorhersagen wagte.

Daher wird die Entdeckung des Periodensystems heute eher mit dem Namen Mendelejew verbunden. Nach wie vor ist es die zentrale Ordnung chemischen Wissens. Gleichermaßen dient es der Forschung wie der Lehre. In seinen Vorlesungen an der Sankt Petersburger Universität begeisterte Mendelejew, der mit langen Haaren, dichtem Bart und wildem Blick an einen Derwisch erinnerte, eine ganze Generation junger russischer Studenten für die Chemie. Unter ihnen war Wladimir Iwanowitsch Wernadski (1863–1945, sein Name wird unter anderem auch Vernadsky, Wernadsky oder Wernadskij geschrieben), der über Mendelejews Vorlesungen später schrieb: »Der Vortragende wirkte auf uns mit seiner gesamten prächtigen Erscheinung.« Wernadski gefiel es, dass der Meister die Elemente nicht nur in den systematischen Zusammenhang des Periodensystems stellte, sondern immer auch in geologische und biologische Kontexte: »Er behandelte das chemische Element nicht als ein abstraktes, vom Kosmos getrenntes Objekt, sondern es war für ihn ein untrennbarer Bestandteil einer großen Einheit, vom selben ›Fleisch und Blut‹ wie die Planeten und das Weltall.«

Ob er damit wirklich die Intentionen des großen Mendelejew wiedergab oder nicht eher sein eigenes Programm formulierte? Wernadski war es nämlich, der die Dynamik der Elemente auf der Erde untersuchte. Seine Familie stammte aus der Ukraine, er selbst wurde 1863 in Sankt Petersburg geboren, wo sein Vater als Professor für Ökonomie lehrte. Die Familie war wohlhabend, sie besaß ein riesiges Landgut. Wernadski interessierte sich von Kindesbeinen an so ziemlich für alles, besonders für Botanik, aber auch für Chemie, und so studierte er zunächst »Naturwissenschaften«, ohne stärkere Spezialisierung. Auch dies wurde ihm bald zu eng, wie er als 23-Jähriger seinem Tagebuch anvertraute: »Es ist nötig, möglichst viel zu wissen, sich mit Philosophie, Mathematik, mit Musik und Kunst bekanntzumachen. Um möglichst großen Nutzen zu bringen, darf ein Wissenschaftler kein enger Spezialist sein.« Zeitlebens blieb Wernadski dieser Einsicht treu, und seine Bücher zeugen von einer Belesenheit in der französischen, der deutschen, der englischsprachigen und selbst der italienischen Literatur, die ihn vorteilhaft unterscheidet von heutigen Wissenschaftlern, die in aller Regel nur englischsprachige Werke zur Kenntnis nehmen. Wernadski las sogar Latein; und in einer vorbildlichen Offenheit sah er in den Forschern früherer Zeiten alles andere als veraltete, überwundene Fantasten, erkannte stets ihre Vorzüge und ließ sich von ihnen inspirieren.

Er wollte auch ferne Länder sehen, denn, so schrieb er, »nur dann, wenn der Mensch in die unterschiedlichsten Länder reist, wenn er nicht nur eine Gegend, sondern die verschiedensten gesehen hat, nur dann bildet sich der nötige Horizont heraus, die Tiefe des Verstandes, Wissen, das man nicht in Büchern findet. Ich will mich auch nach oben erheben, in die Atmosphäre ...« Hoch hinaus wollte dieser junge Mann, blieb aber zunächst auf dem Boden der akademischen Wirklichkeit, indem er sich auf die Mineralogie und Kristallografie spezialisierte. Als Mineraloge erhielt Wernadski seine erste akademische Stelle. Er wurde Aufseher der Mineraliensammlung an der Petersburger Universität. In dem damaligen Russland war die Übernahme dieses Postens zugleich mit einem Adelstitel verbunden. Wernadski wurde Kollegiensekretär und hatte damit auf der seit Peter dem Großen gültigen Adelsskala, die 14 Rangstufen umfasste, den 10. Rang inne. Das war 1885, Russland wurde noch von Zar Alexander III. regiert. Wernadski, der 1862, nur zwei Jahre nach Abschaffung der Leibeigenschaft in Russland, zur Welt kam, lebte in einer Zeit heftiger Umbrüche. Ohne es zu wollen, wurde er bald in hochgefährliche Affären verwickelt.

So bewahrte er arglos eine Kiste mit Kieselgur, die ihm ein Freund eines Freundes gegeben hatte, in seiner Mineraliensammlung auf. Eines Tages kam die Polizei; die Kiste wurde beschlagnahmt, Wernadski terroristischer Umtriebe verdächtigt. Die Kieselgur sollte zur Konstruktion einer Nitroglyzerinbombe dienen. Was Wernadski nicht ahnte: Sein Freund, der begabte Naturforscher Alexander Uljanow, der für eine zoologische Studie über Würmer gar eine Goldmedaille erhalten hatte, gehörte einer revolutionären Organisation an, die durch Terroranschläge den Sturz des Zaren herbeiführen wollte. Wernadski konnte seine Unschuld beweisen, Uljanow wurde 1887 gehängt. Uljanows jüngerer Bruder Wladimir Iljitsch setzte den Kampf gegen die Zarenherrschaft fort, nahm später den Kampfnamen Lenin an und gründete die Sowjetunion.

Wernadski sah in seinem langen Leben vier Russlands, das zaristische, das gemäßigt demokratische der Jahre nach 1905, dann das kommunistische Lenins und zuletzt das stalinistische. Er, der seine Karriere mit einem kleinen Adelstitel im zaristischen Russland begonnen hatte, wurde 1943 von Stalin mit dem Stalinpreis I. Klasse und dem Orden »Rotes Arbeitsbanner« ausgezeichnet. Die Kapitulation Hitlerdeutschlands, die er vom ersten Kriegstag an vorausgesagt hatte, erlebte er nicht mehr. Wernadski starb am 6. Januar 1945.

Was war die Frucht seines Gelehrtenlebens? Wir verdanken ihm ein neues Bild des Zusammenhanges der großen Prozesse auf der Erde. Wernadski wurde der Humboldt der Chemie, weil er wie Humboldt das Ganze zum Thema seines Denkens machte, statt sich in Einzelheiten zu verlieren. Wernadski prägte den Begriff der Biosphäre und meinte damit das globale Ökosystem als Ganzes.

Zwar hat er das Wort nicht selbst erfunden, sondern der österreichische Geologe Eduard Suess (1831–1914), der es in einem Buch über die Alpen auf der vorletzten Seite kurz erläutert. Wernadski aber füllte das Konzept mit Inhalt und gab der Forschung damit eine neue Richtung: Die Lebewesen, die Gewässer, die Böden und die Atmosphäre sind durch umfassende chemische Prozesse miteinander verbunden. Über die Luft, aber auch durch Wasser und Steine sind wir eng verbunden mit allen anderen Lebewesen auf der Erde, mit den jetzt lebenden ebenso wie mit den toten. Leben und vermeintlich unbelebte Elemente stehen also in enger Beziehung zueinander. Dass der Boden, über den wir laufen, in der Regel ein Produkt von Lebewesen ist, können wir erkennen, sobald wir eine Hand voll Erde aufheben: Zahllose winzige Tiere springen darin herum. Doch Wernadski ging weiter: Auch die Steine seien vom Leben geschaffen, insbesondere der Kalkstein, den es ohne Lebewesen nicht oder jedenfalls nicht in so großen Massen auf der Erde gäbe.

Während es zu seiner Zeit üblich war, sich die Erde als anorganischen Block vorzustellen, der sich dann, man weiß nicht wie, das Leben wie eine Blume ins Knopfloch steckt, nimmt Wernadski an, dass das Leben von Beginn an die Oberfläche des Planeten verändert hat.

Er spannte so eine Brücke zwischen getrennten Disziplinen, zwischen der Geologie, der Chemie, der Biologie und der Anthropologie; das von ihm geschaffene Forschungsfeld wird heute meist als Biogeochemie bezeichnet. Es könnte ebenso gut Geochemobiologie heißen oder Biochemoanthropologie, weil Wernadski auch den Menschen in sein Konzept einbezog.

Die Idee, dass das Leben viel stärker mit den vermeintlich unbelebten Elementen Erde, Wasser und Luft zusammenhängt, als bisher angenommen wurde, ist nicht neu. Schon die stoischen Philosophen und nicht zuletzt auch der Philosoph Poseidonios, dem wir in einem früheren Kapitel begegnet sind, sahen in der Erde ein Lebewesen. Sie vererbten diese Auffassung an die Alchemisten.

Wernadski hat die alte Idee so erneuert, dass sich daraus konkrete chemische Forschungsfragen ergaben. Für ihn war die Welt lebendig organisiert, kein toter Mechanismus. Als Beispiel diente ihm zunächst das Erdöl. Zu Wernadskis Zeiten meinten viele Forscher, das Erdöl wäre anorganischen Ursprungs und würde im Erdinneren zusammengebraut. In einer langen Indizienkette zeigte Wernadski, dass das Erdöl von lebender Substanz herstammt. Heute ist seine Ansicht allgemein anerkannt, Erdöl besteht aus dem Saft, dem Fleisch und dem Blut untergegangener Lebewesen. Gerade deshalb ist es chemisch so komplex. Der organische Ursprung des Erdöls diente Wernadski als Mahnung. Der Stoff sei zu kostbar, um ihn einfach zu verbrennen: »Die Menschen zerstörten und zerstören noch fortlaufend mit größter Rücksichtslosigkeit diese wertvollen Produkte, wie es nur Unwissende zu tun vermögen, ohne an die Zukunft zu denken.«

Noch deutlicher wird der Einfluss des Lebens bei einem allgegenwärtigen Stoff, der Luft nämlich. Die Luft wird in modernen Chemiebüchern meist als Gemisch aus verschiedenen Gasen dargestellt, aus Stickstoff, Sauerstoff, Argon, Kohlendioxid und weiteren Spurengasen. Überall auf der Welt ist die Luftzusammensetzung mehr oder weniger gleich. Wernadski lehrt uns aber, dass die Luft keineswegs eine Zusammenwürfelung von Elementen ist, kein Gemisch. Luft ist vielmehr ein Gebräu, welches das weltweite Leben im Laufe seiner Evolution hervorgebracht hat und jeden Tag und jede Nacht neu zusammenbraut, und zwar in immer gleichbleibender Qualität. Die Luft, an der von der winzigsten Alge bis zum größten Elefanten alle Lebewesen mitwirken, ist die Summe aller Atemzüge und nicht ein anorganisches Gemisch. Sie ist, so sieht es Wernadski, das Vermächtnis früherer Lebewesen und in ihrer Zusammensetzung einzigartig. Die Luft erhält das Leben, aber das Leben erhält auch die Luft. Beide sind so eng miteinander verbunden, dass Wernadski davon ausgeht, dass Planeten im All, die eine ähnliche Luft wie die Erde aufweisen, auch Heimat von Lebewesen sind. Diese Auffassung leitete später verschiedene Forschungsprojekte der amerikanischen Raumfahrtbehörde NASA.

Bei seinen Überlegungen zur Luft stand wieder einmal der Sauerstoff im Mittelpunkt, der Schicksalsstoff der modernen Chemie. Am Ende des 18. Jahrhunderts hatte Lavoisier gefragt, ob der Sauerstoff ein Element oder eine Verbindung sei und welche Rolle er bei Verbrennungen spiele. Mendelejew ging es dann um die Frage, in welche Gruppe seines Periodensystems der Sauerstoff gehörte. Schon in seiner ersten Tabelle stellt er ihn direkt hinter das Fluor und betonte die enorm hohe chemische Reaktivität dieser Substanz, wie er in seinem wunderbaren Lehrbuch *Grundlagen der Chemie* schreibt: »Der Sauerstoff zeichnet sich dadurch aus, dass er sehr leicht und im chemischen Sinne sehr energisch mit vielen Stoffen in Reaktion tritt.« Sauerstoff ist, so erklärt Mendelejew, in den meisten Stoffen enthalten, die wir kennen, in Wasser zu acht Neunteln des Gewichts, in Sand etwa zur Hälfte, in Erden und Gesteinen bis zu einem Drittel. Abgesehen vom Wasser, enthalten die Pflanzen bis zu 40 und die Tiere bis zu 20 Gewichtsprozente Sauerstoff.

Das Merkwürdigste aber beachtet Mendelejew kaum: dass nämlich die Luft einen so hohen Anteil an freiem Sauerstoff enthält. Wie ist das möglich bei einem so reaktiven Stoff? Hier setzt Wernadski an. Er fragt nach der Geschichte des Sauerstoffs und nach seiner, wie wir heute sagen würden, ökologischen Funktion. Ausgehend von seiner Annahme, dass das Leben eine viel größere Rolle bei der Erschaffung der Substanzen auf Erden hat als gemeinhin angenommen, kam er zu dem Schluss, dass der Sauerstoff selbst von Anfang an ein Produkt des Lebens ist. Die hohe Sauerstoffkonzentration in der Luft wird vom Leben geschaffen und vom Leben aufrechterhalten. Darin liegt eine komplette Umkehrung der üblichen Perspektive. Denn normalerweise sagt man, dass die Lebewesen, ihre Zellen, Gewebe und Stoffe aus anorganischen Substanzen aufgebaut werden, und forscht im Labor, wie dies funktioniert. Wernadski lehrt umgekehrt, dass in der Natur die anorganischen Stoffe, wie insbesondere der Kalk, das Erdöl und der Sauerstoff der Luft, von den Organismen erzeugt werden.

Wernadski war so fest vom biologischen Ursprung der Luft überzeugt, dass er vorhersagte, man könne, falls im Weltall Planeten aufgefunden würden, die eine ähnliche Luftzusammensetzung wie unser Planet haben, davon ausgehen, dass auf diesen Planeten Leben existiere. Und umgekehrt: Wenn die Luft sich global verändert, ist auch mit erheblichen Konsequenzen für das Leben zu rechnen.

Die damit formulierten Forschungsfragen waren ungeheuer anregend und inspirierten viele Forscher. Heute besteht allgemeiner Konsens, dass der Sauerstoffgehalt der Luft biologischen Ursprungs ist. Es gilt als wahrscheinlich, dass die konstante Zusammensetzung der Luft in der Tat von den Lebewesen reguliert wird.

Der Sauerstoffgehalt von derzeit 21 Prozent ist nämlich für das Leben ein Optimum; wären es nur wenige Prozent mehr, dann würde das kleinste Feuer leicht einen Weltbrand nach sich ziehen, weil bei zum Beispiel 25 Prozent Luftsauerstoff selbst nasses Gras und feuchte Bäume brennen. Bei einem geringeren Anteil an Luftsauerstoff wäre höheres Leben schwierig, da der anspruchsvolle Stoffwechsel der Säugetiere auf hohe Sauerstoffkonzentrationen angewiesen ist; nur dieser Brenn-Stoff erlaubt es, schnell hohe Energiemengen bereitzustellen. Chemie wäre unmöglich, brauchen wir doch mindestens zwölf Prozent Sauerstoff in der Luft, wenn wir ein Feuer entfachen wollen.

Der Mensch ist, wie Wernadski als einer der Ersten klar formulierte, Teil der Biosphäre, er bringt neue Substanzen in Umlauf und verändert die Wege vieler natürlicher Stoffe. Nachdem seine Überlegungen allmählich durch den Eisernen Vorhang gesickert waren, der Ost und West bis 1989 trennte, fand Wernadskis Ansatz einer planetaren Chemie auf der ganzen Welt Anhänger.

Amerikanische Wissenschaftler stellten Wernadski kürzlich auf eine Stufe mit Darwin: »Was Charles Darwin für die Zeit geleistet hat, das vollbrachte Wernadski für den Raum. So wie wir alle in der Zeit durch die Evolution verbunden sind mit gemeinsamen Vorfahren, so sind wir auch durch den Raum verbunden.«

Die Biogeochemie, die Wernadski begründete, zeigt uns, dass der Mensch ein Geschöpf ist, das auf der Erde wirkt und sie umwandelt. Sie lehrt uns, dass die Erde in uns Menschen ist und dass wir die gesamte Geschichte des Universums und des Lebens in uns tragen. Der Mensch ist wirklich, wie Paracelsus sagt, aus »Himmel und Erde gemacht«. Die Atome, aus denen wir aufgebaut sind, wurden in den Sternen geschmiedet, die vor unserer Sonne existierten; sie sind die Asche jener erloschenen Sonnen; und die meisten der Atome, die uns aufbauen, dienten schon unzähligen anderen Kreaturen, weil das Baumaterial des Lebens so kostbar ist, dass es immer wieder verwendet wird. Die Erde ist in uns, wie wir gleichzeitig auf der Erde sind. Wir stehen nicht außerhalb, vielmehr sind wir eingebunden in lokale und globale Ökosysteme. Wir leben nicht nur *auf* der Erde, sondern *in* der Erde, in der Biosphäre nämlich, die uns mit dem Wasser, mit der Luft, mit dem Boden und den anderen Lebewesen verbindet. Was auch immer wir wegwerfen, um es loszuwerden, das kommt irgendwann zu uns zurück.

Deshalb kann die Biogeochemie, die ich planetare Chemie nennen möchte, unser Denken erneuern. Sie gibt der Mikrokosmos-Makrokosmos-Spekulation der Alchemisten einen neuen Sinn. In dieser Gestalt ist die Chemie nicht mehr Dienerin eines brutalen technischen Fortschritts, der nicht selten mehr Schaden anrichtet als Nutzen stiftet. Stattdessen macht sie uns bewusst, dass jener kleine, im Weltall verlorene Planet namens Erde unsere Heimat ist, in der wir mit allen anderen Lebewesen verbunden sind.

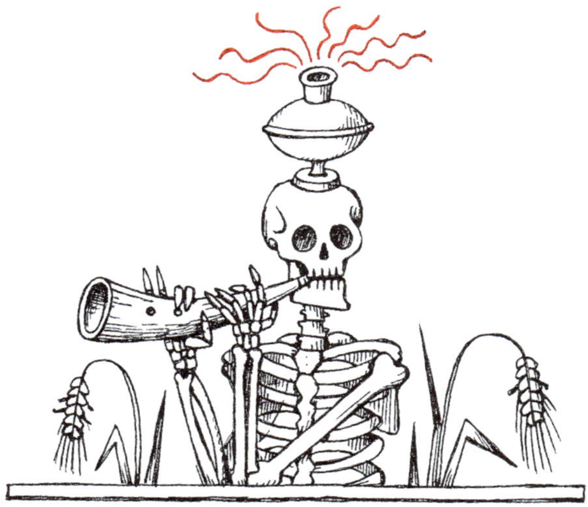

Mutterkorn

Ein Chemiker, der nicht Mystiker wird, ist auch kein Chemiker.« Der Schweizer Chemiker Albert Hofmann (1906–2008), der den Satz aussprach, wirkte äußerlich keineswegs wie ein Mystiker. Er war stets glattrasiert, die Haare sorgfältig nach hinten gekämmt, war immer korrekt und meist mit Krawatte gekleidet und lehnte ungepflegte Kleidung auch bei anderen ab. Mit seiner Frau Anita, mit der er vier Kinder hatte, lebte er ein sehr langes, glückliches Eheleben, das von traditioneller Rollenteilung geprägt war. Er selbst widmete sich mit großem Ehrgeiz und Fleiß seinem beruflichen Aufstieg, seine Frau hielt ihm dabei die Kinder vom Leibe. Jedes ließ er ein Instrument erlernen und verlangte hin und wieder, dass sie, wenn Besuch kam, Proben ihres Könnens darboten.

Fleiß, Ordnungsliebe, Anstand und Ehrlichkeit rangierten in Hofmanns Wertesystem ganz oben. Der äußerlich angepasste, ja überangepasste Chemiker hat es gleichwohl überschritten.

Zu seinem 80. und mehr noch zu seinem 100. Geburtstag, den er 2004 in bester Gesundheit feierte, gratulierte ihm das Establishment der Schweiz, die meisten Freunde aber hatte er unter den Unangepassten. Langhaarige Freaks gingen in seinem Haus auf der Rittimatte in der

Nähe von Basel ein und aus; in der Szene wird er als spiritueller Meister verehrt. Hofmann trat regelmäßig auf Kongressen auf, die der Bewusstseinserweiterung gewidmet waren, und freute sich stets auf die anschließenden Tanzpartys, bei denen er mit den 60 oder 70 Jahre jüngeren Dancern locker mithielt.

2007 wählte ihn eine Jury der britischen Tageszeitung *Guardian* zum größten lebenden Genie. Hofmann war damals 101 Jahre alt, weiterhin körperlich rüstig und geistig hellwach. Sein hohes Alter trug dazu bei, dass viele Menschen auf der ganzen Welt ihn als Weisen verehrten und in ihm nicht nur einen Chemiker und Naturstoffexperten sahen. Und Hofmann hatte auch etwas zu sagen.

Schon als Kind hatte er eine tiefe mystische Erfahrung gemacht, bei einem Waldspaziergang. Während er an einem Maimorgen durch den Wald wandert, scheint es ihm, als erklinge der Gesang der Vögel mit einem Mal klarer als je zuvor, als erstrahle das frische Grün um ihn herum in einem viel helleren Licht. Sein Herz wird berührt, er fühlt sich vom Wald aufgenommen und hat den Eindruck, die Bäume wollten ihm ihr Wesen offenbaren. Er fühlt »ein unbeschreibliches Glücksgefühl der Zugehörigkeit und seligen Geborgenheit«. Solche Erlebnisse wiederholen sich von Zeit zu Zeit, sie geben ihm »die Gewißheit vom Dasein einer dem Alltagsblick verborgenen, unergründlichen, lebensvollen Wirklichkeit« und festigen seinen tiefen, wenn auch nicht kirchlich gebundenen Glauben.

Bis ins hohe Alter widmete er sich der Meditation. Sein Enkel Simon Duttwyler, der ebenfalls Chemiker wurde, erinnert sich: »Er konnte um sieben Uhr morgens vor seiner Klause sitzen, das Gras mit den Tautropfen anschauen, eine halbe Stunde darüber meditieren und dann sagen: ›Schau, wie schön das ist.‹« In einem letzten Interview, das er wenige Tage vor seinem Tode gab, beantwortete er die Frage, was der Sinn des Lebens sei, mit den Worten: »Sich an der Schöpfung zu erfreuen. Die Schönheit der Schöpfung ist die beste Droge der Welt.« Für ihn hatte die Naturwissenschaft und insbesondere die Chemie weniger die Aufgabe, zu immer neuerer Technologie beizutragen. Die Aufgabe der Naturwissenschaft lag für ihn vielmehr darin, den Sinn für die Schönheit der Natur zu wecken und die Einsicht in ihre inneren Zusammenhänge zu vertiefen.

Dabei war sich Hofmann wohl bewusst, dass die Naturwissenschaft die Welt nur unter einer bestimmten Perspektive wahrnimmt. Er wird nicht müde, ihre »titanenhafte Einäugigkeit« zu kritisieren, die nur das Messbare erfasst: »Alles, was sie beinhaltet, ist zwar wahr, aber dieser Inhalt stellt nur die Hälfte der Wirklichkeit, nur ihren materiellen, quantifizierbaren Teil dar.« Gleichwohl sind die Resultate der Chemie und der Physik für ihn mehr als belanglose Rechenergebnisse, denn sie zeigen tiefere Zusammenhänge auf. So hat zum Beispiel die moderne Chemie die Einheit des Lebens, das Faktum, dass alle Lebewesen wirklich zusammengehören, aufgeklärt. Alle Lebewesen vollziehen ihr Leben mit ähnlichen stofflichen Prozessen. Diese Erkenntnis war ihm selbst in schwierigen Zeiten ein Trost, und sie führte ihn dazu, in einem Baum ein Mitgeschöpf, ja einen Bruder zu sehen.

Eine zentrale Rolle kommt dabei der Fotosynthese zu: »Mit Licht aus der ursprünglichen kosmischen Energiequelle entwickelte sich und erhält sich alles Leben, das pflanzliche, tierische und menschliche. Auch der Denkprozess des menschlichen Gehirns wird von dieser Energiequelle gespeist, so dass also der menschliche Geist, unser Bewusstsein, die höchste, sublimste energetische Umwandlungsstufe von Licht darstellt. Wir sind Lichtwesen ...« Das ist für ihn gleichzeitig eine mystische Erfahrung wie auch eine naturwissenschaftliche Erkenntnis. Während viele Menschen durch naturwissenschaftliche Erkenntnisse veranlasst werden, ihre Religion infrage zu stellen, hat die Naturwissenschaft Hofmanns Glauben eher gefestigt. Für ihn steht fest, dass die innere Komplexität auch der kleinsten Zelle nicht durch den Zufall erklärt werden kann. Für ihn verweist sie auf einen Schöpfer.

Hofmann stammte aus ärmlichen Verhältnissen. Nur dank der Großzügigkeit seines Patenonkels, der sein Schulgeld übernahm, konnte er das Gymnasium besuchen. Er entschloss sich für ein Chemiestudium, was damals nicht allen gefiel. Die Erinnerung an den Ersten Weltkrieg und sein Giftgas war noch frisch, und einer seiner Lehrer fragte entsetzt: »Willst du etwa das Gift für den nächsten Krieg herstellen?« Hofmann, der Naturfreund, hatte anderes im Sinn, er wollte mithilfe der Chemie tiefer in die Geheimnisse der Pflanzenwelt eindringen.

In seiner Dissertation befasste er sich mit Chitin, jenem Stoff, aus dem die Panzer der Insekten, aber auch die Zellwände der meisten Pilze aufgebaut sind. Wie war aber der Baustoff selbst aufgebaut? Dazu müsste man Chitin auf eine bestimmte Weise zerschneiden können, doch es fehlte die passende Schere. Hofmann fand heraus, dass die gewöhnliche Weinbergschnecke Chitin verdauen, also aufzuspalten vermag. Mithilfe des Magensaftes von Weinbergschnecken zerlegte er das Chitin kunstgerecht und konnte so zeigen, dass es der Zellulose ähnelt, die die Schnecke ebenfalls verdaut. Das gelang ihm so gut, dass sein Lehrer, der Nobelpreisträger Paul Karrer (1889–1971), ihn »mit Auszeichnung« promovierte. Hofmann trat in die pharmazeutische Abteilung der Chemiefabrik Sandoz in Basel ein.

Als er dort ankam, war das Mutterkorn schon da. Der damalige Leiter der pharmazeutischen Abteilung, der Naturstoffchemiker Arthur Stoll (1887–1971), hatte es untersucht und daraus ein erfolgreiches Arzneimittel entwickelt. Die Firma Sandoz stellte es aus Mutterkorn her, das sie auf den umliegenden Feldern wachsen und ernten ließ. Mutterkorn ist seit Jahrhunderten, wenn nicht seit Jahrtausenden bekannt. Wo immer Menschen Ackerbau betreiben, stellt sich meist auch das Mutterkorn ein. Es ist keine besondere Pflanzenart. Vielmehr handelt es sich um ein schwarzviolettes, ziemlich auffälliges Riesenkorn, das auf den Ähren insbesondere des Roggens, aber auch anderer Getreidearten und Wildgräser auftaucht. Produziert wird das Riesenkorn von einem Pilz, was man daran erkennen kann, dass das Mutterkorn, wenn man es feucht lagert, im Frühjahr jede Menge reizender violetter Pilze hervorbringt. Die sind allerdings so winzig, dass sie von Pilzsammlern übersehen und in den meisten Pilzbüchern übergangen werden.

Doch so klein die Pilze sind, sie haben es in sich. Denn sie sind geborene Chemiker und als solche imstande, wie Arthur Stoll schrieb, »aus einfachen chemischen Bausteinen die kompliziertesten Stoffe zu synthetisieren«. Pilze, vor allem Schimmelpilze oder Hefepilze, können das, was sie zum Leben benötigen, weitgehend selbst herstellen. Der Mensch dagegen muss viele essenzielle Stoffe mit der Nahrung aufnehmen, er ist weitaus abhängiger von anderen Lebewesen. Der Mutterkornpilz produziert eine Menge hochwirksamer Substanzen, die sogenannten Mutterkornalkaloide. Kaum ein anderer Pilz ist in seiner

Stoffproduktion so kreativ wie der winzige *Claviceps purpurea.* Wie wohl alle körperlich wirksamen Stoffe sind auch die Mutterkornsubstanzen in größeren Mengen äußerst giftig, ja, das Mutterkorn kann mit gutem Grund als das schrecklichste Gift in der bisherigen Menschheitsgeschichte bezeichnet werden.

An Mutterkornvergiftungen starben allein in Europa viele Hunderttausend Menschen, Männer, Frauen und Kinder, meist im Verlauf einer quälenden, entsetzlichen Krankheit, die den Namen »heiliges Feuer« trug. Heilig war an diesem Feuer aber nichts, stattdessen fielen den Erkrankten die Glieder, Hände, Füße, Genitalien, nacheinander ab, ehe sie unter furchtbaren Schmerzen starben. Kein anderes Gift forderte in Europa so viele Opfer. Schon dann, wenn jedes hundertste Getreidekorn einer Ernte ein Mutterkorn ist, kann die Krankheit ausbrechen. Oft aber wurde in Notzeiten Getreide geerntet, bei dem jedes dritte oder gar jedes zweite Korn ein Mutterkorn war. Das Brot war dann rot oder violett gefärbt. Nur Arme und Hungernde aßen es.

In Russland kam es noch im 20. Jahrhundert zu Mutterkornepidemien. Die Kirche sah die Epidemien als Strafe Gottes an; Wallfahrten zum heiligen Antonius, der Hilfe bringen sollte, wurden gemacht, teilweise erfolgreich, entweder weil der angerufene Heilige half oder weil die Wallfahrenden in den Klöstern und Kirchen besseres Brot bekamen. Wie verheerend Mutterkornepidemien waren, sieht man heute noch an den vielen Sankt-Antonius-Kapellen, die überall in Europa errichtet wurden. In manchen sind alte Fresken erhalten, auf denen die Kranken ihre Armstümpfe flehend zum Heiligen erheben.

Dass das Mutterkorn in die Heilkunde gelangte, verdankt es den Hebammen. Ihnen war vermutlich aufgefallen, dass schwangere Frauen, die von der Mutterkornkrankheit befallen waren, bald heftige Wehen hatten und dadurch ihr Kind verloren. Aus dieser Beobachtung muss schon vor vielen Hundert, wenn nicht vor vielen Tausend Jahren eine Hebamme geschlossen haben, dass das Mutterkorn, wenn es gesunden Schwangeren, die aber zu geringe Wehen haben, gegeben wird, eine Wehenverstärkung bewirkt. So konnten häufig Mutter und Kind gerettet werden. Zugleich vermindert es die Blutungen nach der Geburt. Die Dosierung betrug meist drei Körner. Auch zur Abtreibung wurde es verwandt, allerdings in höherer Dosierung, die nicht selten den Tod der Schwangeren nach sich zog.

Auf die traditionellen Anwendungen in der Geburtsheilkunde weist der Name hin: Es ist das Korn der Mütter. Die akademischen Ärzte hielten wenig von dem traditionellen Heilmittel. Nur eine geringe Anzahl männlicher Ärzte erwähnt in ihren Schriften den Einsatz von Mutterkorn, noch weniger Ärzte empfahlen ihn. Meist wird vor Gefahren des Mutterkorns gewarnt, weil es neben den erwünschten Wirkungen viele unerwünschte hat, darunter gravierendste wie das Abfallen einzelner Zehen oder Finger oder gar ganzer Glieder.

Erst Ende des 19. Jahrhunderts überschreitet das Mutterkorn, das nur von Frau zu Frau gereicht wurde, die Schwelle zur etablierten, männlichen Wissenschaft. Zunächst in Amerika, dann auch in Europa nehmen einzelne Ärzte das alte Wissen ernst und gehen ihm auf den Grund. Um die Nebenwirkungen des Mutterkorns in den Griff zu bekommen, versuchen Chemiker und Pharmazeuten, die wirksamen Stoffe zu isolieren, was aber gar nicht einfach ist, denn die Mutterkornsubstanzen sind sehr sensibel und zerfallen leicht. Man stellt wässrige und alkoholische Auszüge her, doch vielfach erweisen sich die Präparate als wirkungslos.

Damit sind wir wieder in Basel. Denn hier gelingt es Arthur Stoll, eines der Mutterkornalkaloide, das Ergotamin, zu isolieren. Bald wird es industriell aus dem Mutterkorn gewonnen, wobei ein Kilogramm Mutterkorn ungefähr 0,1 bis zwei Gramm Ergotamin ergibt. Unter dem Namen »Gynergen« wird es fortan in der Geburtsheilkunde eingesetzt, wobei schon kleinste Mengen ausreichen. Gegenüber dem natürlichen Mutterkorn hat es den Vorzug, dass es genau dosierbar und immer von gleicher Qualität ist. Das Präparat stillt nachgeburtliche Blutungen und hat vielen Müttern das Leben gerettet.

Auch in Amerika wird das Mutterkorn erforscht; der Chemiker Walter A. Jacobs (1883–1967) zerlegt die bis dahin bekannten Alkaloide mithilfe konzentrierter Kalilauge. Sie weisen als gemeinsamen Kern meist eine Substanz auf, die er Lysergsäure nennt, da sie bei der Auflösung, griechisch *Lysis*, der Alkaloide entsteht. Die Silbe »erg« leitet sich ab von *ergot*, dem französischen und englischen Wort für Mutterkorn.

Ungefähr so weit sind die Dinge gediehen, als Albert Hofmann die

Bühne betritt. Irgendwie zieht ihn das dunkle, zapfenförmige Korn an. Sein Chef Stoll warnt ihn vor dem heiklen Stoff. Als Hofmann sich die winzige Menge von 0,5 Gramm eines Mutterkornabkömmlings für seine Versuche bestellt, erscheint Stoll persönlich in seinem Labor und rügt ihn, er müsse lernen, bei so kostbaren Stoffen mit viel kleineren Mengen zu arbeiten. Stoll war eine Respektsperson. Er war Inhaber von nicht weniger als 16 Ehrendoktoraten, war dekoriert mit sieben Wissenschaftsmedaillen und zwei Orden und stand in der Sandoz-Hierarchie ganz oben. Er hatte das Mutterkorn erforscht, außerdem das Chlorophyll und überdies die nichtstinkende Knoblauchpille erfunden. Auf alle Publikationen seiner Untergebenen ließ er, wenn er sie für gut befand, seinen Namen als Koautor hinzusetzen. Die Mitarbeiter ärgerte das, was Stoll aber nicht weiter kümmerte, denn so vermehrte er seinen Ruhm.

Hofmann ging die Sache unerschrocken an, und tatsächlich konnte er die noch ungelösten Rätsel zur chemischen Struktur der Lysergsäure

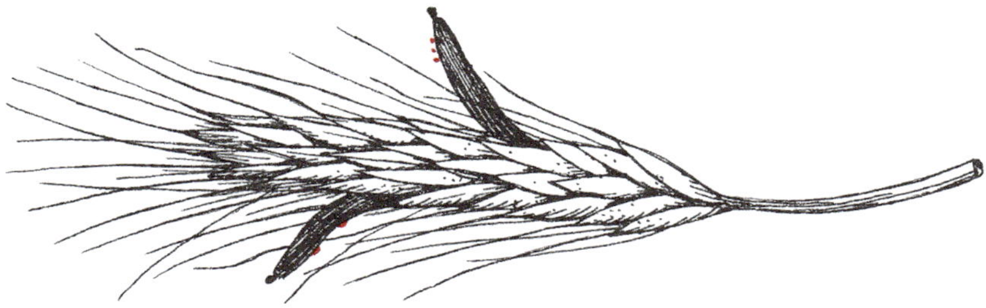

Mutterkorn
(Claviceps purpurea)

weitgehend lösen. Dank seiner Forschung konnte die Substanz nun leichter hergestellt werden. Daraufhin stellte Hofmann sich die Aufgabe, den Stoff abzuwandeln. Er ließ ihn mit verschiedenen anderen Substanzen reagieren und erhielt sogenannte halbsynthetische Stoffe, die teilweise wirksamer waren als die natürlichen Präparate.

Auf diesem Wege entwickelte er mit einem Kollegen eine Substanz namens »d-Lysergsäure-L-butanolamid-(2)«, die sich zur Behandlung nachgeburtlicher Blutungen noch besser als die bisher bekannten Präparate eignete und unter der Markenbezeichnung Methergin bis heute in der Gynäkologie eingesetzt wird. Immer neue Mutterkornabkömmlinge kamen aus Hofmanns Labor. Sie wurden an Tieren ausprobiert, meist ohne Erfolg. Unter diesen wirkungslosen Stoffen war auch das 25-Lysergsäurediäthylamid, das Hofmann 1938 herstellte, als 25. Verbindung in der Reihe der synthetischen Lysergsäureamide. Weil die Tierversuche keine besondere Wirkung erkennen ließen, wurde es verworfen.

Eine merkwürdige Ahnung veranlasste Hofmann später, sich erneut mit diesem Mutterkornsprössling zu beschäftigen. Vielleicht war er ja doch keine taube Nuss? Am 16. April 1943, an einem Freitag, stellte er erneut LSD-25 her, allerdings nur einige Hundertstel Gramm. Er hatte die Strukturformel mit bekannten Medikamenten verglichen und daraus den Schluss gezogen, dass LSD ein brauchbares Kreislaufstimulans sein könnte.

Da befiel ihn ein leichtes Unwohlsein, ein Schwindel. Er musste die Arbeit einstellen, fuhr nach Hause und versank in einen »nicht unangenehmen rauschartigen Zustand, der sich durch eine äußerst angeregte Fantasie kennzeichnete«. Ununterbrochen drangen fantastische Bilder mit intensivem, kaleidoskopartigem Farbenspiel auf ihn ein. Über das Wochenende hatte Hofmann reichlich Zeit, über seine Erlebnisse nachzudenken; er entschloss sich, der Sache auf den Grund zu gehen. Zunächst dachte er, das verwendete Lösungsmittel habe vielleicht die Wirkung hervorgerufen, aber ausgiebiges Schnüffeln führte zu gar nichts. Daraufhin entschloss er sich zu einem Selbstversuch mit dem LSD-25, den er am Nachmittag des folgenden Montags unternahm. Dabei löste er ein viertel Milligramm, eine Menge, so groß wie ein Staubkorn, in Wasser auf und trank es. Schon bald stellte sich Schwindel ein, Hofmann bat seine Assistentin, ihn nach Hause zu begleiten. Es folgte die vielleicht berühmteste, jedenfalls bekannteste Fahrradfahrt der Weltgeschichte: »Alles in meinem Gesichtsfeld schwankte und war verzerrt wie in einem gekrümmten Spiegel. Auch hatte ich das Gefühl, mit dem Fahrrad nicht vom Fleck zu kommen. Indessen sagte mir später meine Assistentin, wir seien sehr schnell gefahren.« Hofmann war »auf Droge«, doch immerhin kam er heil zu Hause an. Dort freilich schien ihm alles verändert, die Möbel zogen Fratzen, und die herbeigerufene Nachbarsfrau, die ihm Milch brachte, kam ihm wie eine Hexe vor. Die Schreckensvisionen wichen langsam und machten erfreulicheren Fantasien und am Ende einem »Gefühl des Glücks und der Dankbarkeit« Platz.

Dieser Apriltag wurde zum Wendepunkt in Hofmanns Leben. Wir können Hofmanns Beziehung zum LSD fast als eine schwierige Liebesaffäre ansehen, und es ist auffällig, dass Hofmann die meisten seiner LSD-Experimente unternahm, wenn seine Frau *nicht* zu Hause war. Auch an jenem Aprilwochenende des Jahres 1943, rings um die neutrale Schweiz tobte der Zweite Weltkrieg, war Anita Hofmann mit den Kindern bei ihren Eltern in Luzern und erfuhr erst bei ihrer Rückkehr von dem Geschehen.

Hofmanns Affäre mit dem LSD war zeitlebens kompliziert. Bis ins hohe Alter rang er damit, was er von dem Stoff eigentlich halten sollte. Die chemische Struktur und die pharmazeutische Einordnung waren ihm klar. LSD war ein halluzinogenes Präparat, ähnlich wie das zuvor schon bekannte Meskalin, das aus dem Peyotl-Kaktus gewonnen wird, mit dem sich bereits die Azteken berauschten. Man nannte solche Stoffe »Phantastica«, weil sie die Einbildungskraft anregten. Später wurde die Bezeichnung psychodelisch, seelenerhellend, populär. Nur zeigte diese Tochter des Mutterkorns eine weit stärkere Wirkung als alle zuvor bekannten psychodelischen Stoffe, schon winzigste Mengen bewirkten den Rausch.

Zunächst versuchte Hofmann, den Stoff in seine Karriereplanung einzubauen als ganz normales neues Medikament, wobei er an ein Präparat für die Psychotherapie dachte. Es könnte ja helfen, aus psychisch kranken Menschen wieder leistungsfähige Gesunde zu machen. Doch das LSD ließ sich nicht auf diese Weise disziplinieren. Relativ rasch startete es in sein eigenes Leben. LSD gewann schnell Freunde, erst unter

Künstlern und Schriftstellern, dann unter der akademischen Jugend der 1960er-Jahre. Weltweit schätzten die kreativen Eliten das LSD, weil es sie anregte. Musiker wie die Beatles, Naturwissenschaftler wie etwa die Nobelpreisträger Francis Crick und Richard Feynman und viele andere nahmen es regelmäßig, um ihre Kreativität zu steigern. Der französische Philosoph Michel Foucault bezeichnete einen LSD-Trip, den er in Kalifornien erlebte, als die beste Erfahrung seines Lebens.

Hofmann selbst nannte das LSD mal ein »Wunderkind«, mal ein »Sorgenkind«, mal eine »äußerst gefährliche Droge« und hielt doch seinem LSD sein Leben lang die Treue. Er verurteilte das weltweite LSD-Verbot und fand es unbegreiflich, dass Menschen anderswo, etwa in den USA, wegen Besitzes oder Herstellung von LSD zu langen, bisweilen lebenslangen Haftstrafen verurteilt wurden und werden. In einem seiner letzten Interviews sagte er: »Unsere Zeit braucht LSD.«

Hofmanns Ruf als Weiser und spiritueller Lehrer verdankt sich aber nicht irgendwelchen außerordentlichen Erlebnissen, die ihm dieser oder jener LSD-Rausch eintrug. Seine Größe besteht vielmehr darin, dass er seine Spiritualität und sein Weltbild als Chemiker in Einklang zu bringen wusste. Anders als viele andere hat er niemals für die Einnahme von LSD geworben, und er bezweifelte auch, ob der alte Hippiespruch, alle Generäle müssten LSD nehmen, dann gebe es nie wieder Krieg, seine Berechtigung hatte. (Immerhin meinte er aber: »Es wäre einen Versuch wert.«)

Es ist ein Zeichen der Weisheit Hofmanns, dass er im Alter den eitlen Stolz ablegte, als Entdecker oder »Vater« des LSD zu gelten. Dass die Entdeckung des LSD ein Ergebnis langwieriger, gezielter Untersuchungen gewesen war, war für ihn bedeutungslos geworden. Er erklärte schlicht: »Das LSD hat mich gerufen und gefunden.« Er fand in Mexiko Pflanzen, die LSD-ähnliche Stoffe enthielten und dort bei schamanistischen Séancen verwendet werden. Zudem entdeckte er in Mexiko die den mittelamerikanischen Völkern ebenfalls bekannten Zauberpilze neu, isolierte ihren Wirkstoff und fand durch den Tipp eines Schweizer Bergbauern heraus, dass ähnliche Pilze auch auf Almen nicht selten sind. Seiner Ansicht nach kannten schon die alten Griechen LSD-ähnliche Substanzen und verwendeten sie in ihren Mysterienkulten, etwa in Eleusis.

So reiht sich Hofmann ein in die lange Kette der Menschen, die sich über viele Generationen mit dem Mutterkorn beschäftigten. Er hat dazu beigetragen, die Schätze zu heben, die in dem schwarzen Korn verborgen sind, betonte aber immer, dass vor ihm schon längst heilkundige Frauen um die Kräfte in dem Korn gewusst hatten. Bis heute werden aus ihm neue Medikamente gewonnen, die Forschung geht weiter. Wirksame Mittel gegen Migräne hat man ebenso gefunden wie Präparate, die eine (leider nur eine) Sorte von Hirntumoren, die sogenannten Prolaktinome, zum Schrumpfen bringen. Bei diesen wie auch bei vielen anderen Mutterkornmedikamenten steht auf dem Beipackzettel als Nebenwirkung: »Kann Halluzinationen auslösen.« Das nehmen die Patienten gern in Kauf, denn es kommt einem Wunder gleich, dass dank pharmazeutisch-chemischer Forschung Wirkstoffe gefunden wurden, die Tumore mitten im Gehirn zum Schrumpfen bringen. Das schrecklichste Gift, das Mutterkorn, erweist sich als größte Wohltat, und die alte Mahnung des Paracelsus, man dürfe die Gifte nicht meiden, sondern müsse sie nutzen und erforschen, könnte keine eindrucksvollere Bestätigung finden. LSD ist nur der auffallendste und bekannteste Sprössling in der langen Reihe außergewöhnlicher Kinder jener alten, schwarzen Mutter.

Es gibt nicht viele Chemiker in den letzten zwei-, dreihundert Jahren, die so etwas wie Weisheit ausstrahlen. Albert Hofmann aber beeindruckt, weil er mit fortschreitendem Alter nicht verbissener und enger, sondern offener und spontaner wurde. Mit 90 wirkte er jünger als mit 40. Denjenigen, die ihn besuchten, stand seine Tür immer offen, sie kamen aus aller Welt und sahen nicht immer so aus wie Besucher, die leitende Angestellte der chemischen Industrie normalerweise empfangen. »Opa, da draußen steht ein Indianer«, rief der Enkel Simon, als Christian Rätsch vor der Tür stand, der deutsche Ethnopharmakologe, der einem Schamanen ähnelt. Albert Hofmann war kein Schamane und wollte nie einer sein, er vermochte es, Chemie und Spiritualität zu verbinden, ohne in Esoterik abzudriften. Er lehrt, dass Naturwissenschaft nicht nur einer vermeintlichen Beherrschung der Natur dienen kann, sondern vielmehr eine Öffnung bewirken muss. Die Naturwissenschaft vermittelte Hofmann Einsicht in die »Unendlichkeit des Sternenhimmels und der Schönheit unserer Erde«. Die Chemie als Wissenschaft von den Wandlungen habe ihm gezeigt, dass es nichts gebe, das zu nichts wird, »es gibt nur Wandel in dieser Welt, alles ist schon da, ich bin in diesem Wandel drin und fühle mich wohl und geborgen darin«. Naturwissenschaft und Meditation ergänzen einander und könnten »die Grundlage einer neuen, erdumfassenden Spiritualität werden«.

Das LSD kann dabei helfen, wie auch ein Medikament helfen kann. Hofmann träumte von einem modernen Eleusis, einer modernen Meditationsstätte, in der Menschen gemeinsam und unter erfahrener Anleitung sich für spirituelle Erfahrungen öffnen. Dass das LSD-Verbot nicht das letzte Wort über seine Entdeckung sein würde, war ihm klar.

Hofmann liebte die Menschen, er liebte die Chemie und die Natur. »In meinem Alter«, so schrieb er in einem seiner letzten Briefe, »sollte man überhaupt nichts anderes tun, als staunend und träumend durchs Leben gehen.«

Gilt das nur für Hundertjährige?

DNA – Desoxyribonukleinsäure

Dafür, dass er sich der Biochemie und keiner anderen Naturwissenschaft zuwandte, nennt der Kalifornier Kary B. Mullis zwei Gründe. Zum einen liege es an den Sternen, sagt Mullis, der ein Freund der Astrologie ist. Es sei am 28. Dezember 1944 um 17.58 Uhr geboren und sei damit ein Steinbock. Als solcher aber sei er recht erdverbunden und an regelmäßigen Einkommen interessiert. Einkommen aber könne man sich vor allem mit Chemie verschaffen.

Der andere, noch verblüffendere Grund ist, dass sich die Biochemie eher als andere Naturwissenschaften eigne, um auf Partys Frauen zu beeindrucken. Frauen spielen in Mullis' Leben, neben den Sternen, der Chemie, dem Surfen und der DNA zweifellos die Hauptrolle. Er war viermal verheiratet und hatte, wie er in seiner Autobiografie erzählt, etliche Affären. Als Kind hatte er nach Ansicht seiner Mutter ein *overactive brain*, als Mann war er insgesamt *overactive*.

Am Nobelpreis, den er 1993 erhielt, schätzte er vor allem, dass der ihm »alle Türen dieser Welt wenigstens einmal öffnete«. Wahrscheinlich dachte Mullis dabei auch an Schlafzimmertüren. Auf dem Umschlag seiner wenige Jahre später publizierten Autobiografie mit dem seltsamen Titel *Dancing naked in the mind field*, was grob übersetzt heißt *Nackttanz im Feld des Geistes* (oder im *Minenfeld*, wie man mithört), ist ein nicht mehr ganz junger blonder Mann mit breitem Mund und etwas irrem Blick zu sehen, der mit schwarzer Neopren-Surferhose und freiem Oberkörper geradewegs aus dem Pazifik steigt, das riesige, schräg erhobene Surfboard unter dem Arm. Mullis lebt in Kalifornien in unmittelbarer Nähe weltbekannter Surfstrände, jeden Morgen schwingt er sich zusammen mit Surfkumpels aufs Board, paddelt los und wartet auf die perfekte Welle.

Durch einen Chemiebaukasten der Firma Gilbert, den er zu Weihnachten geschenkt bekam, erwachte sein Interesse an der Chemie. Auf dem Kasten stand, dass die »wissenschaftlichen Abenteuer von heute das Amerika von morgen bauen«, was sich bewahrheiten sollte. Mullis hatte das Glück, dass seine Mutter sein Hobby liebevoll förderte und, wenn er im Garten mal wieder neue Explosivstoffe erprobte, allenfalls vom Balkon herunterflötete: »Kary B., pass auf, dass du dir nicht die Augen wegsprengst!« Kary B., der unten gerade Kaliumnitrat mit Zucker mischte und untersuchte, welche Mischung die größte Sprengkraft entfalte, rief dann zurück: »Okay, ich pass auf!«, und die Sache war geklärt. Seine Mutter sandte ihm in späteren Jahren, als Mullis längst ein berühmter Chemiker war, regelmäßig Ausschnitte aus Illustrierten, sofern diese Chemie betrafen, um ihn weiterzubilden. Als Mullis den Nobelpreis erhielt, bat er seine Mutter, das künftig zu unterlassen, er wisse nun genug über Chemie.

Einer von Mullis' ersten Jobs führte ihn zu der Firma Cetus in Berkeley, Kalifornien. Das war 1979, Cetus war damals noch ein kleines Unternehmen. Man beschäftigte sich mit verschiedenen biotechnischen Prozessen, unter anderem mit dem Klonieren von Organismen. Die Wissenschaftler hatten enorme Freiheiten. Im Zentrum der meisten Aktivitäten stand die DNA, die Desoxyribonukleinsäure, früher auch DNS genannt. Was ist das für ein Stoff? Wie die meisten heute wissen, ist die Erbsubstanz in der DNA »codiert«. Ursprünglich entdeckt hat den Stoff der Schweizer Mediziner Friedrich Miescher (1844–1895) während seiner chemischen Ausbildung in einem Tübinger Labor, und zwar in Eiterzellen (weißen Blutkörperchen). Daraus hatte er 1868/69 einen neuartigen phosphorhaltigen Stoff isoliert, den er als »Kernstoff« (Nuklein) bezeichnete. Eiterzellen hatte Miescher gewählt, weil sie strukturell besonders einfach sind. Er gewann sie aus gelben Wundverbänden, die er vom Tübinger Krankenhaus erhielt und aufarbeitete. Bislang hatte man aus den Geweben von Lebewesen an organischen Stoffen Fette, Kohlenhydrate (wie Zucker oder Stärke), Vielfachzucker (wie Zellulose) und Proteine (Eiweißstoffe) herausgefiltert. Der Kernstoff war etwas Neues. In Basel, wo Miescher später als Professor der Physiologie forschte, setzte er seine Untersuchungen am Kernstoff fort und wechselte dabei die Arbeitsgrundlage. Anstelle von eiterigen Verbänden begann er nun mit dem Sperma von Lachsen und Forellen, die es im Rhein, der durch Basel fließt, damals in großen Schwärmen gab. Er vermutete, dass sein Nuklein bei der Befruchtung eine entscheidende Rolle spielte. Bei der Befruchtung verschmilzt der Zellkern des Spermas mit dem Ei, und daraus entwickelt sich dann das neue Lebewesen. Miescher erwartete, dass das Nuklein verschiedener Lebewesen stofflich voneinander verschieden sein müsse, doch konnte er das mit den ihm zur Verfügung stehenden Methoden nicht beweisen. Überall ließen sich nur dieselben Elemente Wasserstoff, Kohlenstoff, Phosphor, Sauerstoff und Stickstoff nachweisen. Miescher rätselte, was es denn dann sei, das die Samenzelle dem Ei hinzufüge. Ohne den Zellkern des Spermiums tut sich nichts im Ei; es steht, wie es bei Miescher heißt, »chemisch und physikalisch still, wie eine unaufgezogene Uhr«. Warum? Was geschieht chemisch im Moment der Befruchtung? Durch welche chemischen Prozesse, durch welche Substanzen werden Eigenschaften vererbt? Damit formulierte er ein Rätsel, das die Biochemie noch viele Jahre umtreiben sollte. Die Vorstellung liegt nahe, dass allen besonderen Eigenschaften von Lebewesen womöglich auch besondere Stoffe entsprechen. Mieschers visionärer Weitblick bewährte sich nun darin, dass er über eine Alternative nachdachte und damit nicht nur ein neues Rätsel aufgab, sondern auch die Grundlage seiner Lösung. In einem Brief an seinen Onkel, den Anatom Wilhelm His, dem er von Davos aus schrieb, wo er wegen seiner Tuberkulose zur Kur weilte, erklärt er, es sei eigentlich unnötig, aus der Eizelle oder der Spermazelle »eine Vorratskammer zahlloser chemischer Stoffe zu machen, deren jeder der Träger einer besonderen erblichen Eigenschaft sein soll«.

Das Resultat seiner Untersuchungen sei ja gerade, dass sich im Zellkern immer dieselbe Substanz finde, das Nuklein. Die sei vermutlich aber sehr kompliziert aufgebaut, auch wenn die Elemente immer dieselben seien. Miescher verdeutlicht dies durch ein Gleichnis. Wenn alle Worte und Begriffe aller Sprachen, so schreibt er, mit den 24 bis 30 Buchstaben des Alphabets ausgedrückt werden können, dann sei es auch möglich, mit relativ einfachen Substanzen, die aber vielleicht kompliziert angeordnet sind, die unendliche Menge erblicher Eigenschaften zu übermitteln. Das Buchstabengleichnis sollte für die Molekularbiologie und die Biochemie später zentrale Bedeutung erlangen. Es macht klar, weshalb dem Nuklein mit den normalen Methoden der analytischen Chemie nicht beizukommen war. Die herkömmliche analytische Chemie ermittelt nur die relativen Verhältnisse der Elemente. Das ist immerhin etwas und hilft auch oft weiter. Im Falle des Kernstoffs könnte dieses Verfahren jedoch ähnlich sinnlos sein wie das Bemühen, einen Text »aufzuräumen«, indem man ihn nach seinen Buchstaben sortiert. Miescher starb 1895 im Alter von nur 51 Jahren, sein Onkel schrieb in einem Nachruf die freundlichen Worte, dass die Würdigung Mieschers und seiner Arbeiten »mit der Zeit nicht abnehmen, sondern wachsen« werde. Damit sollte er recht behalten. Wie sehr, das ahnte er freilich nicht im Entferntesten.

Rund 80 Jahre nach der erstmaligen Entdeckung des Kernstoffes zeigte der britische Bakteriologe Oswald T. Avery 1944, dass Nuklein, wenn es bestimmten Bakteriensorten entnommen und anderen Bakteriensorten zugefügt wird, dafür sorgt, dass diese und auch ihre Nachkommen Eigenschaften der Spender annehmen. Dazu hatte er hochgereinigte DNA, die er aus Bakterien einer bestimmten Gruppe isoliert hatte, in eine Kultur einer anderen Bakteriensorte eingerührt. Wie freilich eine Substanz, die damals von vielen Biologen und Chemikern als »dummer Stoff« angesehen wurde, solch spezifische Wirkungen haben konnte, war vollkommen rätselhaft. Avery war zum Zeitpunkt der Veröffentlichung dieses ersten gentechnischen Experiments der Welt schon 67 Jahre alt und empfand die Untersuchung als äußerst schwierig, wie er seinem Bruder in einem Brief gestand: »Eine ziemliche Arbeit, mit viel Kopfzerbrechen & Herzeleid.« Man hatte inzwischen herausgefunden, dass einige wenige relativ einfache Substanzen den Hauptanteil der DNA bilden, nämlich zum einen ein bestimmter Zucker, die Ribose, und dann eine Phosphatgruppe. Hinzu kommen vier sogenannte Basen, Adenin, Thymin, Guanin und Cytosin. Sie sind das eigentliche Geheimnis der DNA. Das Nuklein lässt sich in Bausteine namens Nukleotide zerlegen, sie bestehen stets aus einer Base, einem Zucker und einer Phosphatgruppe. Immer sind dieselben Nukleotide in der DNA (wie wir das Nuklein heute nennen), immer diese vier: Wie kann ein so einfacher Aufbau etwas dermaßen Komplexes wie neue Eigenschaften eines Bakteriums hervorbringen? Entweder ist die Transformation gar nicht von der DNA, sondern von einer anderen Substanz ausgelöst worden, oder die DNA ist gar kein so »dummer Stoff«, wie man glaubte.

Der junge Biochemiker Erwin Chargaff (1905–2002), der aus Czernowitz in der Bukowina stammte, die damals zu Österreich, heute zur Ukraine gehört, wurde durch Averys Mitteilung in höchste Erregung versetzt, denn er sah, wie er Jahre später erklärte, »in dunkeln Umrissen die Anfänge einer Grammatik der Biologie« vor sich. Chargaff, der in Wien, dann in Bonn, schließlich, nach dem Beginn der NS-Herrschaft 1933, in Paris und New York forschte, erkannte Anfang der 1950er-Jahre, dass die Bausteine der DNA immer in bestimmten Verhältnissen auftauchen, Adenin in ebenso großer Menge wie Thymin und Guanin in ebenso großer Menge wie Cytosin. Die Stoffe sind also gepaart. Ihre jeweiligen Mengen in einer bestimmten DNA sind in den weitaus meisten Zellen eines Lebewesens dieselben. Die Hirnzelle eines Menschen hat dieselbe DNA wie eine Leberzelle oder eine Samenzelle oder Eizelle, auch wenn die Funktionen völlig verschieden sind. Auch innerhalb bestimmter Arten findet man meist dieselbe chemische Zusammensetzung der DNA.

Chargaff war es auch, der als Erster aussprach, dass die ungeheure biologische Wirksamkeit der DNA auf der *Anordnung* der immer gleichen Bausteine beruhe. Adenin, Thymin, Guanin und Cytosin sind gewissermaßen das Alphabet des Lebens, das demnach nur vier Buchstaben umfasst. Aber die können in der DNA auf unbegrenzt vielfältige Weise angeordnet werden. Jede der Anordnungen ergibt eine biologisch sinnvolle Funktion, so wie auch mit nur vier Buchstaben, wie schon die alten Römer wussten, eine bemerkenswerte Anzahl Wörter gebildet werden kann, so zum Beispiel aus *Roma*, dem lateinischen Namen Roms, die im

Lateinischen ebenfalls sinnvollen Worte *Amor, armo, Maro, mora, oram, ramo.* Worte, die durch bloßes Versetzen der Buchstaben zustandekommen, nennt man Schüttelworte oder auch Anagramme, und das Anagramm ist die beliebteste Form der Unsinnspoesie. Bekannt ist etwa der Vers: »Es klapperten die Klapperschlangen, bis ihre Klappern schlapper klangen.« Dieser leichten Neigung des genetischen Codes zur komischen Literatur ist es vielleicht zu verdanken, dass die genaue Struktur der DNA am Ende nicht von einem so ernsthaften und strengen Forscher wie Chargaff entdeckt wurde, sondern von zwei Chaoten namens Francis Crick (1916–2004) und James Watson (*1928), die von Chemie relativ wenig Ahnung hatten. Sie besuchten Chargaff, um von ihm das Neueste über seine Forschung zu erfahren. Chargaff hatte von den beiden einen ungünstigen Eindruck, wie er später sagte: »Die beiden beeindruckten mich durch ihre enorme Ahnungslosigkeit. Ich habe noch nie zwei Männer getroffen, die so wenig wußten und so hoch hinauswollten.« Watson und Crick, Biologe der eine, Physiker der andere, die Forschungsergebnisse Dritter flink und nicht immer mit deren Wissen oder Zustimmung verwerteten, hatten aus den Chargaff'schen Regeln und aus Röntgenbildern von Rosalind Franklin (1920–1958) kühn geschlossen, dass die DNA eine gewundene und gewendelte Doppelspirale sei, deren beide Stränge durch die Bausteine Adenin, Thymin, Cytosin und Guanin verbunden werden. Dieses Modell veröffentlichten sie 1953 in der Zeitschrift *Nature*. Und sie behielten recht! Die von ihnen ausgetüftelte Anordnung wurde seither durch ungezählte neue Experimente bestätigt und brachte den beiden 1962 den Nobelpreis ein. Bestimmte Abschnitte einer DNA nennen wir Gene. Teilt sich eine Zelle, dann dupliziert sich ihre DNA – und weil die Basen, die in der Mitte liegen, immer gepaart sind, eine bestimmte Base also immer eine bestimmte andere auf der gegenüberliegenden Seite der Spirale als ihre Ergänzung braucht, gelingt diese Verdoppelung meist fehlerlos. Deshalb bringt, wie schon Aristoteles feststellte, ein Mensch immer einen Menschen hervor und nicht etwa einen Fisch oder einen Nasenbär.

An dieser Stelle kommen wir wieder auf Kary B. Mullis zurück. Mullis war gerade neun Jahre alt, als die DNA-Struktur bekannt wurde. Während er aufwuchs, wuchs zugleich in den biochemischen Laboren der

Welt das Wissen über die DNA. Für Mullis war die DNA längst nicht mehr ein »dummer Stoff«, sondern das Molekül der Moleküle, weil es »alles über alles« weiß. »The big one.« Er war als Chemiker und sah in der DNA vor allem einen Stoff. Dieser Stoff bewirkt, dass die einen blond werden, die anderen schwarze Haare haben, wieder anderen die Haare bald ausfallen, von gravierenderen Eigenschaften und erblichen Erkrankungen ganz abgesehen. Dieser vielleicht wichtigste biologische Stoff ist in den Zellen des Körpers nur in winzigen Konzentrationen vorhanden. Wenn man bei der weiteren Forschung an der DNA Fortschritte machen wollte, dann musste die Substanz chemisch besser verfügbar sein, das war Mullis klar.

Der entscheidende Gedanke kam ihm 1983 auf einer Autofahrt von Berkeley nach Mendocino, wo er ein Wochenendhäuschen im Wald besaß. Es war Mai, die kalifornischen Kastanien blühten und erfüllten die Nacht mit betörendem Duft. Zugleich rauscht in der Nähe das Meer, denn der Highway führt an der Pazifikküste entlang. Mullis hat die Fahrt auf seinem Nobelpreisvortrag 1993 selbst beschrieben. Als Muse hat er eine Laborkollegin namens Jennifer dabei, die allerdings die ganze Zeit schläft und auch dann nicht weiter beeindruckt ist, als Mullis »Holy shit!« ruft, mitten auf dem Highway anhält und ihr seine Geistesblitze mitteilt. Sie gähnt und schläft weiter.

Mullis war ein Verfahren eingefallen, wie jede DNA vervielfältigt werden kann. Ausgangspunkt ist eine Substanz namens Polymerase. Das ist ein Stoff, der auch in der Natur vorkommt, mit ihm sorgt die Zelle selbst dafür, dass ihre DNA dupliziert wird. Die Polymerase ist in gewisser Weise der Kopierautomat. Man gebe ihr eine DNA, zerlege diese in ihre zwei Hälften, gebe zusätzlich hinreichend viele Buchstaben in Gestalt von Nukleotiden dazu, dann macht die Polymerase aus der einen DNA eine zweite, die vollkommen identisch mit der ersten ist. So weit ist das alles keine Entwicklung von Mullis, sondern eine Erfindung der Natur. Mullis' Erkenntnis lag darin, dass man diesen Prozess nicht nur einmal, sondern zehn-, zwanzig-, ja hundertmal hintereinander laufen lassen und damit beliebige Mengen genau identischer DNA produzieren kann. Man muss nur immer wieder die DNA in zwei Teile zerlegen, dann Polymerase zum selben Ansatz hinzugeben, und schon erhält man aus einer DNA erst zwei, dann vier und nach zehn Durchgängen schon 1024 neue, vollkommen identische DNAs. Und so weiter; bald ist die Milliardengrenze übersprungen. Theoretisch kann man auf diese Weise eine bestimmte DNA – etwa die der Gletschermumie Ötzi – kiloweise herstellen. Das Aufschneiden der DNA geschieht im Labor einfach dadurch, dass auf 90 Grad Celsius erhitzt wird, dabei trennt sich die DNA in ihre beiden Spiralenhälften auf. Dann muss man wieder abkühlen, denn die Polymerase wirkt nur bei tiefen Temperaturen; gewöhnliche Polymerasen werden von hohen Temperaturen sogar zerstört. Man muss also immer wieder kühlen und erwärmen, kühlen und erwärmen. Dafür aber kann man prinzipiell unbegrenzte Mengen ein- und derselben DNA herstellen. Das aber war nur die eine Hälfte von Mullis' Erfindung. Die Polymerase benötigt nämlich einen Starter, um aktiv zu werden. Der Starter ist ein Stoff, der sich an einer bestimmten Stelle der DNA festsetzt, ähnlich wie man ein Lesebändchen in einen dicken Roman einlegt. Nur von diesem Lesebändchen ab wird kopiert. Wo das Lesebändchen liegen soll, kann man ziemlich genau bestimmen, weil die Biochemiker über viele DNAs halbwegs im Bilde sind und zumindest teilweise wissen, was darin steht. Damit ist es möglich, nur bestimmte Teile einer DNA zu kopieren, das heißt, man kann selektiv bestimmte Passagen der DNA gezielt vervielfältigen und untersuchen.

Mullis war sich schon während der Autofahrt darüber im Klaren, dass diese seine Entdeckung ihm den Nobelpreis sichern würde. Seine Freundin Jennifer teilte seinen Enthusiasmus nicht. Sie verließ ihn ohnehin wenig später. Auch die Kollegen bei Cetus begriffen zunächst nicht, welches Potenzial der Polymerasekettenreaktion (Polymerase-Chain-Reaction, PCR) innewohnt. Es wirkte auch reichlich kompliziert, denn man musste dazu Reagenzgläser immer wieder kühlen und erwärmen, kühlen und erwärmen, und zwar auf ganz bestimmte Temperaturen. Immerhin billigte die Unternehmensleitung Mullis eine Prämie von 10 000 Dollar zu. Wenige Jahre später war PCR in allen biotechnischen Labors etabliert, und Cetus verkaufte das Patent für 300 Millionen Dollar an das Schweizer Pharmaunternehmen Roche. Von diesen 300 Millionen Dollar sah Mullis, der mittlerweile nicht mehr bei Cetus arbeitete, keinen Cent.

Wenn es stimmt, dass die DNA wie ein Buch ist, in dem die Erbinformation in den vier Buchstaben des genetischen Alphabets niedergelegt ist, dann können wir Mullis' Polymerasekettenreaktion mit der Erfindung des Buchdrucks vergleichen – oder auch mit der Erfindung der Fotokopie. In jedem Fall geht darum, einzelne Teile des Buches oder das ganze Buch prinzipiell beliebig oft reproduzierbar zu machen. Und so, wie die Erfindung des Buchdrucks und später die Erfindung der Fotokopie revolutionär wirkten, weil Informationen nun viel besser verfügbar wurden, so revolutionierte auch die PCR die Wissenschaft.

In der Medizin dient sie etwa bei der Diagnose von Krankheiten. Oft sind nur kleine Mengen von Viren, von Bakterien oder auch von Tumorzellen vorhanden. Für die Diagnose müssen bestimmte Bereiche aus ihnen vervielfacht werden. Das gelingt mit PCR. Auch in der Gentechnologie ist die Methode unentbehrlich. Deshalb wird die PCR nicht selten als die entscheidende Entdeckung auf diesem Gebiet angesehen. Wie sich später herausstellte, wurde eine sehr ähnliche Reaktion bereits 1971 von dem norwegischen Biochemiker Kjell Kleppe (1934–1988) skizziert, jedoch nicht ausgearbeitet.

Die bekannteste Anwendung ist die Gerichtsmedizin. Man findet nämlich am Tatort fast immer nur einzelne Zellen, etwa Haarwurzeln, die vom Täter stammen. Die darin enthaltene DNA ist nur in verschwindenden Mengen verfügbar. Sie enthält, wie der britische Genetiker Alec Jeffreys 1984 feststellte, bestimmte Bereiche, die für einen ganz bestimmten Menschen charakteristisch sind und an denen sich zugleich Familienverhältnisse ablesen lassen. Durch PCR kann die DNA aus wenigen Zellen vervielfältigt werden, und zwar in so großen Mengen, dass man sie analysieren und bestimmten Personen zuordnen kann. Seit der genetische Fingerabdruck in der Rechtsmedizin etabliert ist, wird über Schuld und Unschuld auf neuer Grundlage verhandelt. Zahlreiche Mörder konnten zur Verantwortung gezogen, doch auch zahlreiche unschuldig Verurteilte freigesprochen werden.

Wie schon gesagt, war Mullis gleich überzeugt, dass seine Entdeckung ihm den Nobelpreis eintragen werde, und es dauerte auch nicht lange, da galt sie allgemein als nobelpreisverdächtig, doch Mullis und seine Freunde fürchteten, der Preis könne ihm wegen seines unkonventionellen

Lebensstils versagt bleiben. Mullis liebt und lebt nicht so, wie konservative Zeitgenossen es gern sehen, und war (und ist vermutlich immer noch) ein Freund verschiedener Drogen, wie insbesondere Lachgas und LSD sowie anderer Substanzen, die er selbst fachkundig zubereitete. Vom LSD-Konsum versuchte ihn seine Mutter abzubringen. Als sie daran scheiterte, bat sie ihren Sohn, doch wenigstens nicht mehr von seinen LSD-Trips zu reden. Sie rief ihn sogar deshalb an, er aber sagte: »Du willst doch, dass ich die Wahrheit sage?« Darauf sie: »In der Tat, das will ich. Sag die Wahrheit, aber bitte nicht diese Wahrheit!« Mullis aber blieb bei seiner Überzeugung, dass er nun einmal alles auf den Tisch legen müsse. Glücklicherweise kümmerte dies die schwedische Jury nicht, die schließlich kein Moralapostel ist.

Seither hat sich seine Neigung zu unkonventionellen Aktionen noch deutlich vertieft. So ließ er sich 1994 von den Verteidigern des mordverdächtigen amerikanischen Sportstars O. J. Simpson engagieren. Er sollte die DNA-Beweise des Staatsanwaltes zerpflücken. Experte Mullis kam zwar nicht zum Einsatz, er winkte aber glücklich in die Kamera und bat Simpson um die Telefonnummer von einer Exfreundin, die ihm aufregend vorkam. Mullis ist darüber hinaus ein sogenannter Aidsskeptiker, er lehnt die Auffassung ab, dass Aids durch ein Virus übertragen werde. Auch an einen menschgemachten Klimawandel glaubt er nicht, er ist ein sogenannter Klimaskeptiker. Zudem hält er nichts vom Verbot der FCKW, die nach allgemeiner Meinung das Ozonloch verursachen. Dagegen ist sich Mullis sicher, dass er eines Nachts im Wald bei seinem Wochenendhaus von einem unnatürlich phosphoreszierenden Waschbären mit »Guten Abend, Doktor!« angeredet worden sei.

Von den vielen ungewöhnlichen bis seltsamen Positionen, die er vertritt, ist seine Liebe zur Astrologie vielleicht die rührendste. Als Astrologiegläubiger stellt sich Mullis in eine jahrhundertelange, ja jahrtausendealte Tradition, schließlich waren bis zum 18. Jahrhundert viele Chemiker und Alchemisten, wenn auch keineswegs alle, von der Wahrheit der Astrologie überzeugt. Auch viele berühmte Naturwissenschaftler glaubten an die Astrologie, Johannes Kepler (1571–1630), der bekanntlich ein merkwürdig treffendes Horoskop für den Feldherrn Wallenstein stellte, ist nur einer von vielen. Mullis' Argument für die Wahrheit der

Astrologie ist erstens, dass er selbst von drei Menschen unabhängig voneinander als Steinbock erkannt worden sei; die Wahrscheinlichkeit, dass solches geschehe, liege bei eins zu 1728. Zweitens sei das Geburtshoroskop seiner Tochter eine exakte Kombination seines eigenen und des Horoskops der Mutter des Kindes. Als er sich drittens ein Geburtshoroskop stellen ließ, waren darin nach seiner und seiner Freunde Auffassung eine Reihe unpassender Aussagen über ihn enthalten. Er ging dem nach, und es stellte sich heraus, dass eine falsche Geburtsstunde angesetzt worden war. Der Fehler wurde korrigiert, und er erhielt ein wesentlich treffenderes Horoskop. Viertens gibt er zu bedenken, dass die moderne Wissenschaft aus vielen anderen vorwissenschaftlichen Lehren ihren Nutzen ziehen konnte und sich etwa mit Gewinn das botanische Wissen indigener Völker angeeignet habe. Auch in der Astrologie könne viel Wahres stecken, man müsse ihr nur ohne Vorurteile begegnen.

Auch sonst setzt Kary B. Mullis alte alchemistische Projekte vielfach fort; eine seiner Ideen ist es, einen Schwamm durch Biotechnologie so umzuprogrammieren, dass er Gold aus dem Sacramento River filtern kann. Seine wichtigste Entdeckung, die Polymerase-Kettenreaktion, ist eine Neuauflage des alten alchemistischen Traums, seltene und kostbare Substanzen durch neue Reaktionen und mithilfe des Feuers (bei ihm Wärmequelle genannt) verfügbar zu machen.

Andererseits sind sein Lebensstil und seine Persönlichkeit auf wohltuende Weise entspannter als die der Generationen von Alchemisten und Chemiker vor ihm. Der Surfer und Sonnyboy ist in den meisten Situationen relaxed. Als Devise für das menschliche Leben propagiert er kalifornisches Surferlebensgefühl statt tiefsinniger Bücherweisheit: »Entspann dich. Willkommen auf Erden!« Ebenso müsse die Wissenschaft mit Kreativität und Freude, also unverkrampft angegangen werden. Mullis ist fest überzeugt, dass es sehr viele Dinge zwischen Himmel und Erde gibt, die nicht erklärbar sind und sich wissenschaftlichen Untersuchungen entziehen. Und doch hat die Naturwissenschaft für ihn etwas Bezauberndes, gedeiht sie doch jedes Jahr »wie ein Unkraut«. Und die Früchte, die das lästige Unkraut bringt, sind »jedes Jahr neue wunderbare Wahrheiten und nagelneue Geräte, die unser Leben bereichern«. Wir sollten das Unkraut nicht nur beim Wachsen beobachten und uns nicht darauf beschränken, uns passiv an den Früchten zu erfreuen: »Jeder von uns kann ein kreativer und aktiver Teil der Naturwissenschaft werden, wenn wir das wünschen.«

TEIL ZWEI: Experimente

Die folgenden Experimente machen dich mit wichtigen Stoffen und Prozessen bekannt. Die meisten der Substanzen, von denen in den Geschichten die Rede war, kommen vor. Einige altbewährte Versuche sind dabei – und viele Neuerungen, denn wie sagt Paracelsus: »Noch haben nicht alle Sterne ihre Wirkungen getan, und deshalb sind auch alle Erfindungen noch lange nicht zu Ende.«

Die Versuche habe ich nach folgenden Prinzipien entwickelt:

Eine Chemie ohne Chemikalien

Dies ist eine Chemie ohne Chemikalien; von drei Ausnahmen abgesehen, benötigst du keine Chemikalien, keine Stoffe also, die du *nur* im chemischen Fachhandel oder in der Apotheke kaufen kannst. Alle Substanzen werden entweder in der Natur gefunden oder selbst hergestellt, oder aber sie sind im Haushalt vorhanden bzw. im Supermarkt oder im Baumarkt erhältlich.

Du musst also nicht in die Apotheke gehen und betteln, dass man dir diese oder jene gefährlichere Substanz verkauft. In den Apotheken hat ein völliger Kulturwandel stattgefunden. Als ich ein Junge war, erhielt ich problemlos Salzsäure, Kaliumnitrat oder Kaliumpermanganat in unser Bensberger-Park-Apotheke. Heute würde der Apotheker vermutlich gleich im Hinterzimmer die Polizei anrufen, wenn vorn ein Junge steht, der fünf Gramm Kaliumnitrat bestellen will. Sollen wir das gut und richtig oder hirnverbrannt und hysterisch finden? Wie auch immer: So ist die Lage, und ein modernes Experimentierbuch muss sich darauf einstellen.

Wenn wir uns mit gefundenen oder alltäglichen Stoffen begnügen, hat das einen weiteren Vorteil – wir müssen uns nicht darum kümmern, wie diese Stoffe zu entsorgen sind. Sie dürfen in den Ausguss gegossen oder in den Restmüll gegeben werden. Sei trotzdem nicht leichtfertig im Umgang mit Stoffen! Die Gefäße, in denen du die Substanzen aufbewahrst, die du hergestellt hast, musst du beschriften, es muss daraufstehen, was darin enthalten ist. Sie sind unbedingt an einem Ort aufzubewahren, der für kleine Kinder unzugänglich ist.

Eine Chemie ohne Reagenzglas

genaues Lesen

Hilfe von Erwachsenen

keine Haustiere!

Brand-/Verbrennungsgefahr

Schutzbrille

Einen Chemiker stellt man sich meist in weißem Kittel vor, mit einer Schutzbrille und in der Hand ein Reagenzglas, das er betrachtet. Es wäre interessant, einmal zu untersuchen, wann das Reagenzglas zum dominierenden Gerät in der Chemie wurde. Eines ist sicher: Wann immer heute in der Schule oder im Labor mit Stoffen experimentiert wird – diese landen früher oder später im Reagenzglas. Das hat manche Vorzüge, aber auch etliche Nachteile, weil das Reagenzglas eine sehr unvollkommene Bühne für die stofflichen Prozesse ist. Schon allein deshalb, weil es lang und schmal ist. Man muss die Stoffe pulverisieren, um sie hineinzubekommen. Damit nimmt man ihnen ihre gewachsene Struktur. Die Prozesse im Reagenzglas gehen meist so schnell vor sich, dass ihre einzelnen Phasen kaum zu erkennen sind, was durch eiliges Schütteln verstärkt wird. Das ist effizient und zeitsparend, doch gehen dabei wesentliche, vor allem ästhetische Aspekte verloren.

Dies hier ist eine Chemie ohne Reagenzglas. Wenn du Reagenzgläser besitzt – gönne ihnen ab heute eine Pause, verwende sie als Blumenvase! Für die Versuche, die ich im Folgenden vorstelle, brauchst du sie nicht.

Stattdessen verwenden wir gereinigte Marmeladengläser (bzw. Senf-, Gurken- und Tomatensoßengläser), die sonst im Müll landen würden. Auch die übrigen Geräte brauchst du nicht teuer im Fachhandel zu erstehen. Alle Versuche kannst du mit Haushaltsgegenständen durchführen. Wenn ich dir gleichwohl eine Anschaffung empfehlen darf – kaufe Petrischalen, und zwar in verschiedenen Größen, 20 oder 30 Zentimeter, möglichst einige Sets. Sie bestehen immer aus Schale mit Deckel, ich empfehle Petrischalen aus Glas. Im Internet und im Fachhandel werden sie günstig angeboten.

Was du außerdem ab und zu brauchst, ist ein Topf. Du kannst einen aus der Küche nehmen, ich empfehle aber, du schaffst dir einen eigenen Topf ausschließlich für deine Experimente an, der sich auch farblich von den sonst verwendeten absetzt. Nimm einen emaillierten mit Deckel, der sich auf dem Herd, den du nutzt, gut erwärmen lässt. Sinnvoll ist eine Größe von zwei bis drei Litern.

Unerlässlich ist bei mehreren Versuchen eine gut sitzende Schutzbrille mit Seitenschutz, die du im Baumarkt erhältst. Die Brille vom Optiker reicht nicht! Ferner benötigst du eine Vorratspackung Einweghandschuhe aus Latex in deiner Größe. Die erhältst du in jedem Supermarkt. Lederarbeitshandschuhe sind ebenfalls nötig, wenn du etwas Heißes anfassen musst, hierzu taugen die Latexhandschuhe nicht. Bisweilen benötigst du einen Kittel aus Baumwolle oder ersatzweise alte Baumwollkleidung, die befleckt werden darf. Versuche, die besondere Vorsichtsmaßnahmen erfordern, sind gekennzeichnet.

Die Chemie ist an Feuerstellen entstanden, trotzdem brauchst du nicht oft offenes Feuer. Die meisten Experimente funktionieren am Herd, an unserer modernen elektrischen Feuerstelle. Wenn du dich mit dem Herd nicht auskennst, wird es Zeit, dass du es lernst. Lass dir zeigen, worauf du achten musst!

Für einige wenige Experimente benötigst du einen Holzkohlegrill, der höhere Temperaturen erzeugt. Diese Experimente darfst du nur durchführen, wenn du Erfahrung im Umgang mit dem Grill hast. Wenn nicht, lass dir helfen von Leuten, die sich auskennen. Am besten funktionieren diese Experimente mit einem Grillstarter oder Grillkamin, den du in der Grillsaison, also in den Sommermonaten, für etwa fünf Euro kaufen kannst. Er hat den Vorteil, dass weniger Kohlen verbraucht werden. Bei Experimenten am Grill oder am offenen Feuer muss

Grill/
offenes Feuer

Kochen

Giftig!

Kittel

Handschuhe

Der Grillstarter

alles Brennbare zuvor entfernt werden. Wenn du lange Haare hast, binde sie nach hinten. Trage Baumwollkleidung, keine leicht brennbare Synthetikkleidung. Feuerlöscher (6 kg) oder Gartenschlauch bereithalten!

Eine Chemie der Stoffe

Nichts gegen Atome. Es gibt sie. Die Einsicht in ihre Eigenschaften, die wir der Chemie und der Physik verdanken, zählt zu den großen Errungenschaften der modernen Naturwissenschaften. Dennoch spielen Atome bei unseren Experimenten nur eine Nebenrolle. Die Chemie, die hier präsentiert wird, ist eine Chemie der Stoffe. Warum?

Weil Stoffe wichtiger sind als Atome.

Nicht nur, weil es zuerst und zuletzt Stoffe sind, die wir essen und trinken, die wir einatmen und auf die Haut auftragen, Stoffe – und nicht Atome. Sondern auch, weil wir zuerst und zuletzt aus dem Verhalten der Stoffe auf die Atome und Moleküle schließen. Fast alles Wissen, das wir über Atome haben, ist nicht durch Atome gewonnen worden, sondern durch Experimente mit Stoffen. Auch der Physiker am Elektronenmikroskop, der behauptet, er könne einzelne Atome sichtbar machen, hantiert in Wahrheit nur mit Stoffen, etwa mit kleinen Siliciumplättchen. Ein Wissen über Atome, das nicht auf einem soliden Wissen über Stoffe aufbaut, hängt in der Luft und ist bloßes Scheinwissen.

Mit Stoffen meine ich das, was wir im Alltag so bezeichnen, also etwa Sand, Holzleim, Butter, Wasser, Aluminium, Silber und Luft. Meist unterscheidet man solche Stoffe von Dingen. Dinge sind etwa Messer, Gabeln, Tische, Flaschen, Becher, Mobiltelefone oder Fahrräder. Sie bestehen aus Stoffen, sind aber keine Stoffe. Stoffe kann man nämlich beliebig zerkleinern, ohne dass sie aufhören, dieser oder jener Stoff zu sein. Wenn man eine Portion Butter halbiert, kommen zwei Butterportionen heraus. Wenn man einen Tisch halbiert, kommen aber nicht zwei Tische heraus, sondern ein kaputter Tisch.

Unsere ganze Welt ist aus Stoffen aufgebaut, und auch die nichtstofflichen Objekte – Töne, Geräusche, Licht, Farben, Gedanken und Gefühle – scheint es ohne Stoffe nicht geben zu können. Was wir denken, was wir fühlen, lässt sich durch bestimmte Substanzen beeinflussen. Weil alles, was auf der Erde geschieht, im Universum und in unserem Kopf mit konkreten Stoffen eng verbunden ist, hat die Chemie eine universale Bedeutung. Anders als die Geologie oder die Meteorologie oder die Biologie befasst sich die Chemie nicht nur mit einem bestimmten, abgegrenzten Bereich der Wirklichkeit, vielmehr untersucht sie einen universellen Aspekt, der überall von Bedeutung ist. Darin ähnelt sie der Mathematik. Denn wie überall Zahlen im Spiel sind, sind auch überall Stoffe im Spiel. Chemische Untersuchungen gibt es daher in allen Disziplinen. Es gibt eine Psychochemie, eine Astrochemie ebenso wie eine Biochemie und eine Geochemie und eine Biogeochemie.

Anders als Zahlen, mit denen die Mathematiker sich befassen, sind Stoffe höchst konkret. Auch wenn wir nicht über sie nachdenken, existieren sie, und sie machen sich bemerkbar: Sie stinken, duften, rufen Allergien hervor, machen uns gesund oder krank. Der Mathematiker kann mit seinen Zahlen alles Mögliche tun, er kann sich Formeln, Gleichungen, ganze Zahlenräume ausdenken. Er produziert Gedankengebilde, die seine Fachkollegen begeistern oder langweilen, die aber außerhalb der Fachkreise niemanden stören, weil es sich um bloße Kopfgeburten handelt. Die Produkte des Chemikers aber erregen immer wieder auch die Welt der Nichtchemiker, ja, sie wirken auch auf nichtmenschliche Lebewesen, die von Chemie nie etwas gehört haben. Das liegt daran, dass Stoffe im Gegensatz zu Zahlen ein Eigenleben besitzen, das nur teilweise erforschbar und planbar ist. Sie agieren und reagieren und begeben sich meist schon in dem Moment, in dem sie zum ersten Mal das Licht der Welt erblicken, aktiv auf Wanderschaft. Wir haben oben gehört, dass das LSD in winzigen Mengen aus dem Kolben, in dem es der Chemiker Albert Hofmann umkristallisiert hatte, entwischte und sich durch die Haut in Hofmanns Hirn begab.

Das kann nicht nur das LSD. Alle Stoffe entfalten eigene Aktivitäten, indem sie verdunsten, sich verkrümeln, sich über die Welt verteilen, indem sie mit anderen Stoffen reagieren. Und in jedem Stoff, nicht nur im Lysergsäurediethylamid, liegen unbekannte Welten verborgen! Mit diesen Welten und mit den Wandlungen der Stoffe befasst sich die Chemie.

Weil wir uns für die Stoffe interessieren, kommen wir auch prima ohne Formeln zurecht. Uns reichen die normalen Stoffnamen, wir sprechen zum Beispiel von »Gebranntem Kalk« statt von CaO. Die normalen Stoffnamen sagen oft, aus welchen Prozessen ein Stoff hervorgegangen ist, hier: aus dem Brennen von Kalk. Auch die chemischen Stoffnamen denken den Stoff vom Prozess her, aber sie gehen dabei immer von ganz bestimmten Ausgangspunkten aus, den Elementen. Calciumoxid, CaO, erhält man durch Oxidation (O) des Calciums (Ca). Prozesse sind das große Thema der Chemie.

Ab und zu werden wir auch Formeln diskutieren. Nur sollen die »Atome«, die »Orbitale«, die »Außenschalenelektronen« usw. sich nie und nirgends in den Vordergrund schieben. Diese Begriffe sind erst zu verstehen, wenn man sehr viele Erscheinungen der stofflichen Welt kennengelernt hat. Ohne diese Grundlage mag man zwar schlau darüber reden können, begreift aber nicht, was diese Worte eigentlich besagen. Man entfernt sich so von der Naturwissenschaft, statt sich in ihr zu üben. Uns kommt es darauf an, eine breite Erfahrungsbasis aufzubauen, das Staunen zu fördern und nicht das Besserwissen.

Eine Chemie im Kontext

Der Chemiker lehrt mit seinen Analysen und mit seinen Synthesen die Natur besser verstehen. Gelegentlich schafft er auch neue gesellschaftliche oder politische Fakten, indem er zum Beispiel neue Waffen erfindet. Deswegen muss er über sein Tun philosophisch und ethisch reflektieren. Den Alchemisten des Mittelalters und der Frühen Neuzeit war das selbstverständlich. Paracelsus etwa wandte ähnlich viel Energie und Zeit für seine ethischen, theologischen und philosophischen Überlegungen auf wie für seine chemischen und medizinischen Untersuchungen.

Später ist die ethische Reflexion aus der Mode gekommen, da viele die Auffassung des französischen Chemikers Marcellin Berthelot teilten, dass das Betreiben von Naturwissenschaft an sich schon ein moralischer Akt sei, weil es angeblich von Illusionen befreit und das Glück der Menschheit befördert. Diese Auffassung lässt sich spätestens nach der Erfindung der Atombombe durch Naturwissenschaftler nicht mehr aufrechterhalten.

Daher bieten die folgenden Experimente hier und da Anregungen, nicht nur chemisch zu denken, sondern auch über Chemie nachzudenken. Wie zur Physik die Metaphysik gehört, so gehört zur Chemie die Metachemie. Meine Anregungen hierzu habe ich als Gedankenspiele gekennzeichnet.

Umsichtiges Experimentieren

Dieses Buch macht nur ganz wenige Voraussetzungen, aber ganz bei null fangen wir nicht an. Einiges musst du mitbringen – und einiges musst du können.

Nicht schwer zu erraten: Du solltest *kochen* können. Das heißt, alle Fertigkeiten, die nötig sind, um einfache Mahlzeiten oder besondere Getränke zuzubereiten, wie schneiden, abwiegen, abmessen, Zutaten zusammensuchen, Wasser kochen, Kaffee oder Kräutertee filtern, Zutaten zusammenrühren usw. Wer ein einfaches Gericht, etwa Spaghetti mit Tomatensoße, auf den Tisch bringen und ein einfaches Getränk wie Kamillentee zubereiten kann, der kann genug. Zudem wäre es gut, wenn du auch etwas Erfahrung mit Feuer hast und mit dem Grill umgehen kannst. Wenn du das beherrscht, sind die Experimente für dich nicht weiter schwierig. Wenn nicht, dann lass es dir zeigen und lerne es. Die Chemie und die Alchemie sind nichts anderes als ein erweitertes Kochen. Man kocht mit anderen Geräten, mit anderen Zutaten und anderen Zielen. Die Handgriffe sind aber ähnlich.

Nun noch ein paar Hinweise für sicheres und erfolgreiches Experimentieren. Die wichtigste Regel für alle, die experimentieren wollen, ist das genaue Lesen der Beschreibungen. Der Philosoph und Alchemist Henricus Nollius (ca. 1583–1626) sagt treffend in seiner *Physica Hermetica*, seiner Hermetischen Physik, dass der, der seine Aussprüche nicht verstehe, eben noch mal lesen müsse und noch mal, zur Not bis zu zehnmal.

Leg dir vorher alles zurecht und geh die einzelnen Schritte gedanklich durch. In den jeweiligen Experimenten wird nicht nur genau gesagt, was du brauchst, auch Sicherheitshinweise werden gegeben. Wie schon gesagt, empfehle ich gelegentlich das Tragen einer Schutzbrille, eines Kittels, von Einweghandschuhen oder Lederhandschuhen. Denke nicht nur an deine eigene Sicherheit. Vielleicht laufen dort, wo du experimentierst, auch Haustiere umher oder kleine Kinder. Räume deshalb nach dem Experimentieren immer alles auf. Bewahre alle Stoffe in verschließbaren und beschrifteten Gefäßen auf. Diese bewahrst du so auf, dass kleine Kinder sie nicht in die Hand bekommen können.

Anspruchsvolle Versuche, das heißt Versuche, die etwas mehr Erfahrung im Experimentieren voraussetzen, gibt es in diesem Buch ebenfalls, weil ich es wichtig finde, dass du einen Ausblick erhältst auf das, was noch alles möglich ist. Diese Versuche sind mit einem Stern gekennzeichnet ★. Du solltest nicht mit ihnen beginnen, widme dich ihnen erst, wenn du einige Erfahrung hast; es ist sinnvoll, sie mit anderen gemeinsam zu machen.

Das Risiko, die folgenden Versuche durchzuführen, ist sicher nicht größer als das Risiko, das wir eingehen, wenn wir Fahrrad fahren. Es ist aber auch nicht gleich null. Experimente sind riskant. Fahrradfahren ist auch riskant, selbst mit Helm. Aber es macht Spaß, es erweitert den Horizont, man lernt Neues kennen und kommt voran.

Fahrradfahren lernt man nicht aus Büchern, sondern durch jemanden, der es schon kann und zeigt, wie es geht. Auch das Experimentieren lernt man am besten mit jemandem, der Erfahrung hat und einem hilft. Ein Buch ist nur eine Notlösung, und eine riskante dazu. Es tut zwar so, als könne es den Meister ersetzen. Der Eindruck täuscht aber. Denn das Buch kann nicht sehen und nicht sprechen, auch wenn es den Anschein zu erwecken versucht. Es liegt stumm und hilflos herum, während sich vielleicht einen Meter weiter gerade ein Desaster zusammenbraut. Ein Mensch könnte eingreifen.

Bücher sind wegen ihrer Blindheit und Stummheit nur ein unvollkommener Ersatz für Lehrer aus Fleisch und Blut. Auch deshalb bleibt beim Experimentieren ein Risiko, das ich nicht durch noch so gute Anleitungen ausschließen kann. Daher handelt jeder, der nach diesen Anleitungen experimentiert, auf eigene Gefahr und Verantwortung. Gedacht sind die Experimente für Kinder und Jugendliche ab zwölf sowie für Erwachsene, die Freude am Experimentieren haben.

Wer nur mit hundertprozentig harmlosen Stoffen hundertprozentig gefahrlose Experimente, die immer gelingen, durchführen möchte, für den ist die Chemie nicht das Richtige. Denn die Alchemie und die Chemie stehen in einer jahrtausendealten Tradition, in der es genau darum geht, das Unbekannte, das andere als Gefahr meiden, aufzusuchen, um es kennenzulernen und womöglich zu nutzen. Der erste Mensch oder Menschenaffe, der sich dem Feuer näherte, statt vor ihm wegzulaufen, steht am Anfang dieser Tradition.

Die Alchemie und die Chemie stehen im Zeichen des Feuers. Die Pharmazie, der medizinische Zweig der Chemie, steht im Zeichen des Giftes, denn *pharmakon* bedeutet nicht nur Heilmittel, sondern auch Gift. Und das Wort »Gift« bedeutet umgekehrt »Gabe«. Der Alchemist Paracelsus lehrte nicht umsonst, dass die Gifte nicht einfach zu meiden, vielmehr zu erforschen seien, um die in ihnen liegenden positiven Kräfte kennenzulernen.

Die Natur lässt sich nicht verstehen, wenn man Gifte und Gefahren meidet. Die Natur produziert etliche hochgiftige Substanzen, weil sie sonst Gebilde, die nicht weglaufen und die sich nicht wehren können, nicht schützen könnte. Selbst der süße Apfel hat einen giftigen Kern, der

Blausäure freisetzt, sobald man daraufbeißt. Wer giftige und gefährliche Substanzen prinzipiell meidet, kann sie nicht erkennen, noch kann er sich richtig verhalten, wenn sie ihm durch Zufall begegnen. Eine weichgespülte Chemie, die auf »gefährliche« Stoffe ganz verzichtet und nur noch an Wasser, Kochsalz und Teelichtern ihr Genüge findet, meidet zwar viele Risiken. Sie schafft aber neue. Ganz abgesehen davon lässt sich nicht jeder durch Kochsalz, Teelichter und Wasser davon überzeugen, dass Chemie eine interessante Sache ist …

1 Feuer machen ohne Zündhölzer

Stoffe und Dinge: einige Flusen feiner Stahlwolle, Markasit, Flintstein, 9-Volt-Batterie, Schutzbrille!, Lederhandschuhe!
Zeit: fünf Minuten
Ort: draußen

(1) »Lehre mich das Geheimnis, wie die Menschen Feuer machen«, fleht im *Dschungelbuch* der Affenkönig King Louie. Mogli, auf einer Banane kauend, muss zugeben, dass er das Geheimnis nicht kennt. Später aber verjagt er mit einem brennenden Ast, den er von einem Baum abbricht, in den der Blitz einschlug, den Tiger Shir Khan. Um das Feuer ranken sich, wie schon diese Geschichte zeigt, viele Mythen. Die merkwürdigsten Theorien wurden aufgestellt, um zu erklären, wie die Menschen auf die Idee gekommen sind, sich das Feuer zunutze zu machen.

(2) Karl von den Steinen (1855–1929), ein deutscher Ethnologe, hat als Erster festgestellt, dass Buschbrände die Tierwelt keineswegs nur in Angst und Schrecken versetzen. Vielmehr eilen, wie er bei mehreren Waldbränden in Amazonien beobachtete, sogleich Raubtiere herbei, auf der Suche nach verkohlten Feueropfern, und Wild leckt gern die Asche. Der Boden strahlt eine angenehme Wärme aus. Menschen beobachteten, wie sich die Tiere zufällige Buschfeuer, die sich beispielsweise nach Gewittern ausbreiteten, zunutze machten, und zogen den richtigen Schluss, dass Feuer nicht nur etwas sehr Schreckliches, sondern auch etwas sehr Praktisches ist. Die verkohlten Tiere, die in den Aschen abgebrannter Wälder liegen, bieten ein schmackhaftes Fleisch, das überdies viel länger hält als ungebratenes. Von da ist es nur ein kleiner Schritt bis zur künstlichen Unterhaltung eines Feuers.

(3) Die ersten von Menschen genutzten Feuer dürften von natürlichen Waldbränden herstammen. Menschen nahmen sich brennende Äste, die dann mit weiterem Holz zu Lagerfeuern kultiviert wurden. Wie aber lässt sich ohne Blitzschlag ein Feuer anzünden? Das geht, wie du im

Internet in vielen Filmen sehen kannst, mit Ästen und trockenem Zunder. Allerdings ist es nicht gerade leicht. Hier zwei Methoden, die einfacher funktionieren.

(4) Von feiner Stahlwolle, wie sie zum Scheuern von Töpfen verwendet wird, schneidest du mit einer Schere einen kleinen Bausch ab. Breite den Bausch etwas aus und leg ihn in ein kleines Stück (DIN A4) Zeitungspapier. Diesen Versuch draußen durchführen; auf dem Grillrost oder auf einer feuerfesten Unterlage (z.B. ein Stein, es reicht aber auch ein altes Brett, denn das wird nicht sogleich brennen). Alles möglicherweise Brennbare entfernen! Wenn du lange Haare hast, binde sie zusammen. Nimm eine 9-Volt-Batterie und berühre mit beiden Polen die Stahlwolle. Sie fängt sofort an zu glühen. Wenn du nun das Zeitungspapier vorsichtig mit den Händen um die glimmende Stahlwolle hüllst und behutsam hineinbläst, brennt das Papier. Vorsicht! Schnell ablegen. Damit hast du eine Flamme, mit der du Reisig und damit ein richtiges Feuer entzünden kannst.

(5) Eine andere Methode besteht darin, zwei Steine aneinanderzuschlagen, bis Funken sprühen. Schutzbrille aufsetzen! Lederhandschuhe anziehen! Den Versuch draußen machen! Schon mit zwei Quarzsteinen oder auch mit Flintstein funktioniert es. Vorsicht vor scharfen Splittern. Die Funken sind allerdings sehr kurzlebig. Noch etwas näher an die Steinzeit kommst du, wenn du eine Markasitknolle nimmst, wie man sie an den Stränden der Nordsee und Ostsee findet oder im Mineralienhandel erhält. Markasit ist eine Art Pyrit; er ist schwer und hat meist eine schwärzliche Kruste. Aufgeschlagen zeigt er innen eine strahlige, kristalline Struktur und grünlich gelben Metallglanz. Wenn du eine solche Markasitknolle an einen Flintstein oder Quarz schlägst, entstehen langlebige Funken, die Stahlwolle entzünden. Allerdings benötigst du dazu etwas Geduld.

(6) Ich kenne eine schwedische Abhandlung, bei der mit vielen Fotos gezeigt wird, wie ein altes Bäuerlein in seinem Holzhaus an allen möglichen und unmöglichen Stellen Feuer hervorreibt, mal mit einem

Stock, den er an einem anderen reibt, mal mit einem Balken. Den Mann kann ich nur bewundern. Ich selbst habe das nie hinbekommen. Nicht einmal mit einem Akkuschrauber, in den ich einen Dübel steckte, um damit ein Holzbrett zu traktieren. Immerhin entstanden schwarze Löcher, und es qualmte unglaublich.

2 Das Farbspray der Steinzeitmenschen

Stoffe und Dinge: Ocker, Hammer, Pappe, Drahtsieb, Schalen, grundierte, gerahmte Leinwand (z.B. 24 x 30 Zentimeter), Langhaarpinsel (alternativ: saubere 0,5-Liter-Plastikflasche mit Deckel, Nadel, Zange, Kerze), Eimer mit warmem Wasser, Handtuch, Haarspray (Haarlack)
Zeit: Das Ganze dauert insgesamt etwa eine halbe Stunde. Wenn du den Ockerstaub nicht selbst herstellst, sind es eher fünf Minuten.
Ort: auf einer Wiese

(1) Ocker findet man vielerorts und garantiert in jenen Gegenden, in denen Höhlen mit Malereien aus der Steinzeit entdeckt wurden, wie etwa in Südfrankreich und in Nordspanien. Es sind auffallend farbige und bröckelige Steine, die rötlich oder gelblich, manchmal orange oder geradezu violett sind und die abfärben, entweder schon dann, wenn man sie anfasst, spätestens aber dann, wenn man mit ihnen auf einen anderen Stein schreibt. Ocker ist eine Mischung aus Ton und Eisenoxiden, also Rost. Du findest ihn auch überall da, wo natürliche Sprudelquellen, sogenannte Säuerlinge, zutage treten, zum Beispiel in der Eifel und in Hessen, aber auch in Baden-Württemberg. Der rote Ocker, auch Rötel genannt, setzt sich unten an den Quellen ab und gibt ihnen ihr braunrotes Aussehen. Man kann ihn aus den Quellen und ihren Abflüssen herausschaufeln. An Flussufern liegen oft alte, verwitterte, abgeschliffene Ziegelsteine, die du als Ockerersatz verwenden kannst. Neue Ziegelsteine dagegen sind zu hart. Neben dem normalen und ungiftigen Eisenocker

kommen in Bergbauregionen giftiger Uran- und Antimonocker vor. Außerhalb dieser Regionen sind sie sehr selten.

(2) Pulverisiere den Ocker, indem du ihn auf ein Stück Pappe oder Zeitung legst, wiederum mit Pappe oder Zeitung bedeckst und mit dem Hammer zerschlägst. Das solltest du nicht in der Wohnung tun, da Ocker stark färbt. Siebe den Ocker, denn je feiner dein Pulver, desto besser haftet es, und fülle ihn mit einem Trichter (das kann auch ein schnell gebastelter Papiertrichter sein) in ein Marmeladenglas, das du gleich beschriftest.

(3) Stell einen Eimer mit warmem Wasser bereit. Gib ein paar Tropfen Spülmittel hinein und leg ein Handtuch zurecht. So kannst du deine Hände gleich reinigen.

(4) Befeuchte mit einem nassen Schwamm oder Tuch ein Papier oder den Leinwandrahmen, lege dies in den Rasen und presse deine Hand flach darauf. Als Unterlage dient dir ein altes Brett oder ein Tuch, das nicht mehr gebraucht wird. Mit der anderen Hand nimmst du den Pinsel, tauchst ihn in das Ockerpulver und stäubst etwas davon über deine Hand; wiederhole das, bis die Umgebung der Hand gut eingepudert ist. Nun hebst du die Hand vorsichtig ab und tauchst sie sofort in den bereitgestellten Wassereimer, um den Ocker abzuwaschen.

(5) Das Blatt oder die Leinwand lässt du etwas trocknen, dann fixierst du das Bild mit ein wenig Haarlack. Der hält die Partikel gut fest, leider nicht dauerhaft, sondern nur für einige Monate …

(6) Du kannst den Ocker auch in eine gereinigte und trockene PET-Getränkeflasche füllen, deren Plastikdeckel du mit einer heißen Nadel ein paarmal durchbohrt hast. Wenn du die Flasche ein bisschen schüttelst und drückst, entweicht durch die kleinen Löcher eine Wolke Ockerstaub, die besonders feine Effekte hat. Diese Technik solltest du wirklich nur im Garten anwenden, da du sonst den Ocker in der ganzen Wohnung verteilst. Wie die Steinzeitmenschen hohle Vogelknochen als Blasrohre für den Ocker zu verwenden ist nur in Höhlen zu empfehlen, weil es sonst eine riesige Sauerei gibt.

(7) Wie den Ocker kannst du auch andere Substanzen, zum Beispiel Kohle, Kreide oder Braunstein pulverisieren und auf einen nassen Untergrund auftragen. Am besten geht das natürlich in Höhlen, wo die Farbe mit der Zeit regelrecht in die feuchte Höhlenwand einwächst. Im Gegensatz zu den Steinzeitmenschen malen wir heute normalerweise nicht, indem wir etwas Trockenes auf etwas Nasses auftragen. Wir handhaben es umgekehrt, wir tragen etwas Nasses – die Farbe – auf etwas Trockenes, das Papier oder die Leinwand, auf. Die trockenen Pigmente werden zuvor mit etwas Klebrigem angerührt, mit Leinöl oder mit Eigelb oder auch mit Wasser aufgeschwemmt und auf die Leinwand aufgetragen. Der farbliche Effekt ist aber intensiver, wenn man mit trockenem Pulver arbeitet.

Tipp: geeignet für Feste!

3 Ocker umwandeln

Stoffe und Dinge: gelber Ocker, alter Teelöffel, Topflappen oder Küchenhandschuh, Kerze
Zeit: fünf Minuten

(1) Vielleicht ist dir an Feuerstellen am Strand schon einmal aufgefallen, dass der gelbe Sand neben der Asche des erloschenen Feuers rötlich ist. Die Quarzkörner, aus denen Sand im Wesentlichen besteht, sind mit einer dünnen Schicht gelben Ockers umhüllt. Der wird in der Hitze rot. Auch gelbes Ockerpulver wird zu rotem, wenn du es erhitzt.

(2) Gib eine Prise gelben Ockers auf einen Teelöffel und erhitze ihn über einer Kerzenflamme. Der Ocker rötet sich. (Mit Ocker aus dem Wasserfarbkasten funktioniert der Versuch übrigens nicht, unter anderem, weil dieser Bindemittel enthält!)

(3) In jener Zeit, als die Höhlenmalereien entstanden, muss roter Ocker kostbarer gewesen sein als gelber, weil er schöner aussieht. Durch Erhitzen konnte man den einen in den anderen umwandeln. Dies ist sicher oft praktiziert worden. Im südfranzösischen Ort Roussillon in der Provence, wo Ocker abgebaut wird, brennt man ihn heute noch, um verschiedene Farbtöne zu erzielen.

(4) Wahrscheinlich versuchten die prähistorischen Menschen, auch andere Farbstoffe im Feuer umzuwandeln. Insbesondere grüne Farbstoffe – das sind Kupferverbindungen wie Malachit oder Azurit – hat man sicher erhitzt, um ihre Farbe zu »verbessern«. Dabei wurde Kupfer freigesetzt, das man nicht als Puder und Schminke, wohl aber als Schmuck und später auch für Geräte verwendete. Mit anderen Worten: Der Ocker hat die Menschen auf die Spur der Metalle gebracht. Zumindest hat diese Vermutung einiges für sich.

4 Tinte aus dem Wald

Stoffe und Dinge: Eichengallen (das sind knubbelige Auswüchse an Eichenblättern und Eichenzweigen, die durch Gallwespen entstehen) oder als Alternative schwarzer Tee, ein Teelöffel Eisensulfat, eventuell etwas aufgelöstes Kirschgummi (Harz von Kirsch- oder Pflaumenbäumen) oder Gummiarabicum aus der Apotheke, Leitungswasser, Einwegplastikbecher, kleines Teesieb
Zeit: im Spätsommer. Der Versuch dauert, wenn alles beisammen ist, etwa zehn Minuten.

(1) Womit schreiben? Mit Ruß, der in Wasser aufgeschwemmt wird, kann man schreiben, doch verwischt die Rußtinte leicht. Eisengallustinte ist besser. Sie wird auch heute noch bei Staatsverträgen als dokumentenechte Tinte verwendet, weil sie mit Wasser und Alkohol nicht abgewaschen werden kann. Ursprünglich wurde sie aus Wasser, Galläpfeln, Eisen(II)-sulfat (alter Name: Vitriol) und Gummiarabicum bereitet.

Gummiarabicum ist ein lösliches Harz, das durch Kirschgummi, das gleichfalls wasserlösliche Harz von Kirsch- und Pflaumenbäumen, ersetzt werden kann. Es dient der Stabilisierung der Tinte und verbessert sie, ist aber nicht unbedingt nötig und kann daher auch weggelassen werden.

(2) Eisen(II)-sulfat besitzen viele Hobbygärtner, die es zur Moosbekämpfung und als Antischneckenmittel einsetzen. Du kannst es in kleinen Mengen in der Apotheke kaufen. Geh sorgfältig mit Eisen(II)-sulfat um. Es ist nicht giftig, sonst dürfte man es nicht auf den Rasen kippen, aber es ist auch nicht gerade gesundheitsfördernd.

(3) Galläpfel findest du an Eichen. Suche junge Eichen, deren Äste hängen niedrig. Die Insekten, die diese Knollen bewohnen, schlüpfen meist im Spätsommer. Danach kannst du das leere Haus ernten. Zerbrösele einen Gallapfel, gib ihn in einen Einwegplastikbecher und gieß Wasser darüber, bis alles bedeckt ist. Lass das Ganze ein, zwei Tage stehen, gieß dann das Wasser in einen anderen Einwegplastikbecher, so dass die Brösel zurückbleiben. Nun löst du einen Teelöffel Eisensulfat in einem Esslöffel Wasser auf und vermischt es mit den Bröseln. Sofort wird die Flüssigkeit tiefschwarz: Eisengallustinte ist entstanden, eine Verbindung aus Gallussäure und Eisen. Wenn du keine Galläpfel findest, nimm einen starken schwarzen Teesud. Damit funktioniert es auch.

(4) Mit der schwarzen Tinte kannst du schreiben, indem du einen Füllfederhalter hineintunkst. Die Tinte dunkelt auf dem Papier nach. Wenn du damit Werke für die Ewigkeit verfassen möchtest, empfehle ich allerdings genauere Rezepte als das hier angegebene (siehe dazu die Literatur im Anhang), da wir mit einem Überschuss an Eisensulfat arbeiten. Dieses frisst sich leider im Laufe der Jahrhunderte durch das Papier.

(5) Du kannst die Tinte auch *ausschließlich* mit Fundsachen aus der Natur herstellen. Das gekaufte Eisen(II)-sulfat kannst du durch ein Naturprodukt ersetzen. Das ist eine ziemlich umständliche Sache. Man benötigt Markasit, den schon erwähnten Feuerstein. Den findest du an vielen Nord- und Ostseestränden. Diese pyritähnlichen, mit einer dunklen Kruste überzogenen schweren Knollen werden vielfach für Meteoriten gehalten, was sie aber nicht sind. Markasit wird als Feuerstein verwendet, weil er, wenn man ihn mit Quarz oder besser noch mit Flintsteinen zusammenschlägt, lang glühende Funken produziert. Wenn du eine kleine Markasitknolle mit einem Stück Pappe bedeckst, mit dem Hammer zerschlägst und die Splitter an einem feuchten Ort stehen lässt, zerfallen sie nach zwei oder drei Monaten. Markasit ist eine Verbindung aus Eisen und Schwefel. Mit dem Sauerstoff der Luft bildet sich daraus eine Verbindung aus Eisen, Schwefel und Sauerstoff: Eisensulfat. Gib die zerfallenen Markasitsplitter in einen halben Becher warmen Wassers, und du hast eine Eisensulfatlösung. Mit der verfährst du dann wie oben beschrieben.

5 Ruß

Stoffe und Dinge: ein Teelöffel Kampfer (aus der Apotheke) oder auch einige Brocken trockenes Fichtenharz (findet man im Wald an Fichtenstämmen, unbedingt gut verpacken, da Fichtenharz bekanntlich sehr klebrig ist), feuerfeste Unterlage, eine Porzellantasse oder Porzellanteller, Feuerzeug, möglichst weicher Pinsel (weicher Wasserfarbpinsel)
Zeit: fünf Minuten
Ort: draußen, da recht viel Ruß entsteht. Es darf kein Wind wehen.

(1) Rußpartikel entstehen bei Verbrennungen. Sie sind deshalb außergewöhnlich fein, weitaus feiner als jedes Pulver aus dem Mörser. Darum wird Ruß als Farbpigment verwendet, zum Beispiel in manchen schwarzen Tuschen. Wegen seiner Feinheit kann man damit auch gut feinste Strukturen auf Oberflächen sichtbar machen. Die Kriminalpolizei verwendet ihn gern, um Fingerabdrücke und andere winzige Oberflächenveränderungen aufzuspüren. Dazu wird er mit Pinseln aufgetragen, die aus den äußerst feinen Haaren des sibirischen Eichhörnchens gefertigt sind. Auch Marabufedern kommen zum Einsatz. Noch raffinierter ist es, den Ruß von dem feinsten Pinsel, den es gibt, von warmer

Luft nämlich, auftragen zu lassen. Meist wird dazu Kampfer verwandt, den man entzündet. Der Kampfer verbrennt mit hell leuchtender Flamme und erzeugt viel feinen Ruß, der sich auf dem Spurenträger, der in den Rußstrom gehalten wird, niederschlägt. Mit einem feinen Pinsel wird dann der überschüssige Ruß entfernt – die Spuren werden sichtbar.

(2) Zunächst produzierst du einige Fingerabdrücke, indem du den Teller bzw. die Tasse anfasst. Eventuell reibst du dir mit den Fingern zuvor die Stirn oder Kopfhaut, dann nimmt dein Finger etwas Fett auf und die Abdrücke werden besser. Du kannst auch andere bitten, ihre Fingerabdrücke zu hinterlassen.

(3) Stell dann die feuerfeste Unterlage, zum Beispiel eine Kachel, einen flachen Stein oder auch einen Blumentopfuntersetzer, auf ein Holzbrett vor dich auf den Tisch und streue einen Teelöffel Kampfer darauf. Zünde diesen mit dem Feuerzeug an und halte deinen Spurenträger – die Tasse oder den Teller – in den Rußstrom über der Flamme. Also *nicht* in die Flamme, sondern darüber. Der schwarze Ruß schlägt sich auf der Tasse oder dem Teller nieder. Ruße möglichst alles gut ein.

(4) Jetzt kommt der interessante Teil. Wische mit dem Pinsel sehr sachte den Ruß von der Oberfläche. Plötzlich werden die Fingerabdrücke sichtbar!

(5) Du kannst statt Kampfer auch die gleiche Menge (einen Teelöffel) Fichtenharz verwenden. Es brennt ebenfalls mit rußender Flamme und liefert genauso schöne Spuren. Wenn du also mitten im Wald gezwungen bist, Spuren zu sichern, musst du nicht nervös werden, wenn du deine Tatortlampe und deinen Spurensicherungskoffer nicht dabei hast. Solange du Fichten oder Kiefern findest, gibt es auch Harz; und auch einen Pinsel kannst du mit ein paar gut gezupften Flusen von deinem Pulli improvisieren.

6 Blausäure aus Kirschlorbeer ★

Stoffe und Dinge: Blätter vom Kirschlorbeer, Glas mit Deckel (z.B. Untertasse)
Zeit: wenige Minuten

(1) Kirschlorbeer *(Prunus laurocerasus)*, auch Lorbeerkirsche genannt, ist ein wintergrüner Strauch, der praktisch in jedem Dorf, in jeder Stadt in Gartenhecken wächst. Er hat dunkelgrüne, glänzende Blätter, blüht im April bis Juli, später trägt er schwarze Beeren. Der ganze Busch ist giftig! Die Blätter entwickeln, wenn sie verletzt werden, Blausäure, und zwar in großen Mengen. Nimm zwei Blätter und reiße sie klein, leg die Schnipsel in ein Glas und verschließe es. Wenn du nach fünf Minuten das Glas öffnest, dir daraus etwas Luft zufächelst und ganz vorsichtig schnupperst, riechst du den schwer zu beschreibenden Duft der Blausäure. Aber *Vorsicht!* Blausäure ist sehr giftig. Auf keinen Fall dürfen die Blätter verzehrt werden. *Nicht* die Nase in das Glas halten und *nicht* tief einatmen!! Auch dann nicht, wenn du meinst, du hättest nichts gerochen. In diesem Fall: warten. Nochmals zufächeln. Wenn du auch dann nichts riechst, wiederhole den Versuch *nicht,* sondern lass jemand anders schnuppern! Es kann ja sein, dass du zu denjenigen Menschen zählst, die Blausäure mit der Nase nicht wahrnehmen können! Dann wäre es ungut, vor lauter Ungeduld tiefe Züge zu nehmen.

(2) Blausäure ist eine stickstoffhaltige Säure mit der Formel HCN. Sie hat ihren Namen – die Säure aus dem Blau – daher, dass sie ursprünglich aus einem Farbstoff, nämlich Berliner Blau, gewonnen wurde. Blausäure selbst ist aber farblos.

(3) In früheren Zeiten wurde die Blausäure durch Destillation aus dem Kirschlorbeer gewonnen, so erhielt man ein tödliches Gift, das sogenannte Lorbeerwasser.

(4) Sehr viele Pflanzen produzieren, wenn sie verletzt werden, Blausäure. Das ist ein Teil der chemischen Kriegsführung, mit der sich die Pflanze vor ihren Fressfeinden schützt.

7 Andere Giftpflanzen

Eibe

Die Eibe steht in manchen Gärten, kenntlich ist sie an den dunkelgrünen, recht weichen Nadeln und an den eigenartigen kleinen roten Früchten, die im Spätsommer reif werden. Das rote Fruchtfleisch ohne Kern ist essbar, doch der Kern selbst wie auch die Nadeln und das Holz sind hochgiftig. Die Eibe, ihre Nadeln, ihre Wurzeln und ihre Samen wurden zur Giftbereitung eingesetzt.

Eisenhut

Der Eisenhut kommt als gelb- oder blaublühende Staude vor allem in Bergwäldern vor. Er wird unvorsichtigerweise auch in Gärten gepflanzt, weil die Blüten wunderschön aussehen. Eisenhut zählt zu den gefährlichsten Giftpflanzen. Das Gift findet sich vor allem in der Wurzel und ist schon in kleinen Mengen tödlich. Früher mischte man klein geschnittene Eisenhutwurzel unter Hackfleisch, rollte daraus Kügelchen und legte sie aus. Wölfe, die von dem Köder fraßen, verendeten. Daher heißt die Pflanze mancherorts auch Wolfswurz.

Schierling

Der Schierling wächst häufig, meist unerkannt, an Bächen und an Wegrändern. Im alten Griechenland mussten die zum Tode Verurteilten bei Hinrichtungen den »Schierlingsbecher«, gefüllt mit dem Saft der Pflanze, trinken. Im Museum der Agora in Athen sind die kleinen Becher, die im antiken Gefängnis ausgegraben wurden, ausgestellt. Aus dem Schierling bereitete man auch ein Mäusegift, indem man Weizenkörner und reichlich klein gehackte Schierlingswurzel in heißem Wasser einweichte. Die Körner wurden getrocknet und vor die Mäuselöcher gelegt. Auch auf Maulwürfe und selbst auf Ameisen wirkt das Gift.

Eibe
(Taxus baccatta)

Gefleckter Schierling
(Conium maculatum)

Giftpflanzen

Eisenhut
(Aconitum anthora)

Kirschlorbeer
(Prunus laurocerasus)

Fliegenpilz
(Amanita muscaria)

Fliegenpilz

»Sie essen einige dieser getrockneten Schwämme (nämlich Fliegenpilze) in ganzen Stücken ungekauet herunter, und trinken eine gute Portion kalt Wasser darauf. Nach Verlauf einer halben Stunde sind sie davon toll und besoffen, und bekommen die wunderlichsten Einbildungen; dünken sich übergroß und riesenmäßiger Statur zu seyn, glauben mit Geistern zu reden, prophezeyen zukünftige Dinge, und was dergleichen mehr ist; gemeiniglich singen und schreyen sie dabey aus vollem Halse, auf dem Rücken liegend, mit den Beinen in der Luft. Tödtlich soll es seyn, wenn, während dieses giftigen Rausches, ein Mensch das eheliche Werk verrichtet. Aller dieser schrecklichen Wirkungen ungeachtet sind diese heydnische Nationen dergestalt darauf erpicht, daß diejenigen unter ihnen, welche sich aus Armuth keine Schwämme anschaffen können, den Urin der damit berauschten Leute auffangen und austrinken, wovon sie denn eben so rasend und noch toller werden; ja, es wirkt diese wunderbare Kraft des Schwammes bis auf den 4ten und 5ten Mann.« Mit diesen drastischen Worten beschreibt der Aufklärer Johann Krünitz in seiner großartigen *Oeconomischen Enzyklopädie* die Nutzung des Fliegenpilzes bei den Völkern Sibiriens. Er selbst empfiehlt den giftigen Pilz als Mittel gegen Bettwanzen, ein blutsaugendes Insekt, das heute selten geworden ist. Man solle ihn zermanschen und in die Ritzen schmieren – der Erfolg sei unfehlbar.

8 Ein Indianerblasrohr

Stoffe und Dinge: Watte, Kleber, Schaschlikspieße, Kneifzange, Plastikrohr aus dem Baumarkt (50 Zentimeter bis ein Meter Länge, etwa 1,5 Zentimeter Innendurchmesser. Gut geeignet sind sogenannte Kaltwasserrohre aus PE), Styroporplatte, mindestens drei Zentimeter dick (als Zielscheibe)

Zeit: 15 Minuten

(1) Die Indianer Amazoniens nutzen meterlange, aus tropischen Riesengräsern gefertigte Holzrohre, mit denen sie ihre Pfeile sehr weit schießen können. Die Pfeile bestehen aus Knochensplittern oder aus Hartholz. Meist sind sie vergiftet. Vom Vergiften sehen wir hier ab. Aber so ein Blasrohr ist auch ohne Gift eine eindrucksvolle Sache.

(2) Kürze einen Schaschlikspieß etwa auf die Hälfte seiner Länge, streiche über die untere Hälfte etwas Kleber. Wickele über diesen unteren Teil Watte, dreh sie um den Spieß, so dass sie halbwegs hält und auch in dein Rohr passt. Die Watte dient der Stabilisierung des fliegenden Pfeils in der Luft. Die Indianer verwenden etwas Ähnliches: Baumwolle.

(3) Jetzt stopfst du deinen Pfeil in das Rohr, zielst auf die Styroporplatte und – bläst.

9 Entgiften und Entbittern mit Katzenstreu

Stoffe und Dinge: Naturkatzenstreu (das sieht grau aus und besteht aus getrockneten Tonkügelchen, oft aus Bentonit, einem besonders saugfähigen Ton). Geeignet ist das sogenannte Klumpstreu. Wenn du etwas Wasser daraufgibst und die Masse geduldig knetest, erhältst du Ton, der zwar keine hohe Qualität besitzt, weil er meist Sand und Steinchen enthält, mit dem du aber theoretisch töpfern könntest. (Inzwischen werden auch künstlich hergestellte Streusorten angeboten. Davon rate ich ab.) Zudem Orangenlimonade, naturtrüber Apfelsaft, Pfefferminztee, frisch gemahlenes Kaffeepulver, ein sauberes Marmeladenglas mit Deckel, Kaffeefilter, passendes Kaffeefilterpapier
Zeit: fünf Minuten

(1) Gegen viele Gifte gibt es spezielle Gegenmittel; so wirkt gegen Blausäure etwa Natriumthiosulfatlösung. Sie schmeckt nicht besonders gut, scheint aber zu wirken. Säuren, die man verschluckt hat, werden durch aufgeschlämmten Kalk neutralisiert oder durch Natronlösung;

auch auf die Haut gespritzte Säuren können so neutralisiert werden. Umgekehrt können starke Laugen, etwa Natronlauge, die man geschluckt hat, mit Zitronensäure behandelt werden. Das ist natürlich allenfalls Erste Hilfe, immer wenn ätzende und giftige Substanzen verschluckt wurden, den Notarzt rufen!

(2) Neben den spezifischen Gegenmitteln gibt es auch solche, die allgemein gegen giftige Stoffe wirken. Hierher gehört in erster Linie der Lehm. Schon die Tiere verzehren Lehm, wenn sie sich durch den Genuss bestimmter Früchte den Magen verdorben haben. Von den Papageien in Amazonien etwa, auch von Waldelefanten in Südostasien ist dieses Verhalten bekannt. Die Menschen verzehren weltweit »Erde« bei bestimmten Krankheiten. Das ist natürlich keine »normale« Erde, keine Blumentopferde, die im Gegenteil jede Krankheit verschlimmern würde. Vielmehr handelt es sich in der Regel um gelbliche und blasse Erdsorten, die hier und da vorkommen und sich bei genauerem Hinsehen oft als getrockneter Lehm entpuppen.

(3) Diese Erden heißen Tonerde. Das Erdessen ist weltweit verbreitet und auch bei uns nicht völlig verschwunden. Teure Heilerde kann man immer noch im Reformhaus kaufen. Sie besteht meist aus fein gemahlenem Lösslehm. Tatsächlich hat diese Erde einen kraftvollen Effekt. Sie bindet nämlich bestimmte Stoffe und entfernt sie damit aus dem Organismus. Manchen Leuten hilft Heilerde bei Magenverstimmungen.

(4) Katzenstreu wirkt ähnlich wie die teure Heilerde im Reformhaus, kostet allerdings nur ein Hundertstel. Auf der Katzenstreupackung steht groß: Bindet Gerüche! Was Gerüche bindet, das bindet auch viele andere Sachen. Fülle ein Marmeladenglas zu einem Drittel mit Orangenlimonade. Jetzt gibst du zwei, drei Esslöffel Katzenstreu hinzu. Deckel drauf und gut verschließen, dann kräftig schütteln! Das Ganze wird gräulich-trübe. Du kannst es stehen lassen, nach einem Tag setzt sich der Ton unten ab, du erhältst oben eine klare Flüssigkeit. Schneller geht es, wenn du das Gebräu mit einem Kaffeefilter filtrierst.

(5) Du erhältst auf dem einen oder anderen Weg eine ganz klare Flüssigkeit! Wenn du sie probierst, stellst du fest, dass sich auch der Geschmack verändert hat. Das Katzenstreu hat den Farbstoff komplett aus der Flüssigkeit gezogen und einige Aromastoffe gleich mit. Sie schmeckt nun wesentlich süßer, obwohl kein Zucker hinzugekommen ist. Es wurde ja nur etwas entfernt. Der Farbstoff ist bei Orangenlimonaden meist Karotin (wird auf dem Etikett meist als »E 160a« bezeichnet). Den Versuch kannst du anderen vorführen und ihnen erklären, du wüsstest jetzt, wie man aus Fanta Sprite macht ... Dass der Filter rein gar nichts mit dem Ergebnis zu tun hat, stellst du fest, indem du normale Orangenlimonade durch den Filter gießt – sie bleibt unverändert.

(6) Interessant ist, den Versuch zu variieren. Rühre einen Esslöffel Katzenstreu in ein Glas naturtrüben Apfelsaft ein. Wenn sich nach zwei, drei Stunden der Ton unten abgesetzt hat, ist die Lösung klar: Die Tonpartikel haben die Trübungen mitgenommen. Behandle (abgekühlten) Pfefferminztee mit dem Katzenstreu. Geh genauso vor wie bei der Orangenlimonade! Hebe etwas von dem ursprünglichen Tee zum Vergleich auf. Den Pfefferminzgeschmack und die Farbe bekommst du nicht weg. Aber doch fehlt dem gefilterten Tee etwas, wie du beim Probieren feststellst – nämlich die Gerbstoffe. Die werden vom Ton besonders effektiv zurückgehalten. Deshalb schmeckt der mit Katzenstreu geschüttelte Tee wässriger und kraftloser als der unbehandelte.

(7) Auf dem Entfernen von Gerbstoffen beruht ganz wesentlich die entgiftende Wirkung von Tonerde. Viele Früchte und viele Pflanzen enthalten nämlich diese zusammenziehend und bitter schmeckenden Substanzen. Sie sind in größeren Mengen giftig. Und ebendiese Substanzen zieht die Tonerde an sich und führt sie ab, so dass sie dem Körper nicht mehr schaden.

(8) Du kannst außerdem in einer Kaffeetasse einen Esslöffel Katzenstreu mit einem Esslöffel frisch gemahlenen Kaffee mischen. Decke die Kaffeetasse mit der Untertasse ab und gib in eine zweite Tasse einen Esslöffel desselben Kaffees. Decke auch diese Tasse ab. Wenn du nach

wenigen Minuten die Untertassen entfernst und an den Tassen riechst, stellst du fest, dass die Tasse mit dem Katzenstreu deutlich weniger riecht. Der Geruch ist von den Tonkügelchen absorbiert worden.

(9) Die Tonerde ist nicht die einzige Substanz, wenn auch die einfachste und weltweit am weitesten verbreitete, die solche Wirkungen entfaltet. Es gibt andere »Erden«, die noch wirksamer sind, zum Beispiel die sogenannte Kieselgur, das »Bergmehl«, das vor allem in Norddeutschland in größeren Mengen gefunden wird. Es handelt sich um die Schalen winziger Kieselalgen. Damit lassen sich sogar bestimmte Bakterien aus dem Wasser herausholen, einfach, indem man Wasser hindurchlaufen lässt. Bei Choleraepidemien wurden früher solche Filter benutzt. Oft verwendet man zum Filtern auch eine besonders behandelte Kohle, die sogenannte Aktivkohle. Diese erhältst du im Aquarienfachhandel, sie wird dort als Filter verkauft. Obwohl sie schwarz ist, reinigt sie das Wasser von Bakterien und Algen, die beide so klein sind, dass sie jeden normalen Filter ohne Weiteres passieren. Aktivkohle wird auch in Gasmasken eingesetzt; sie nimmt Giftgase auf, allerdings nicht in unbegrenzter Menge. In der Apotheke bekommst du sie, weil sie bei Magenverstimmungen hilft. Normale Grillkohle taugt nicht für diesen Zweck. Allenfalls frisch geglühte Holzkohle hat eine ähnliche Wirkung. Aktivkohle ist eine sehr poröse Kohle, die auf besondere Weise geglüht wurde. In mikroskopischen Poren hält sie die Stoffe fest. Man gewinnt Aktivkohle zum Beispiel aus Kokosnussschalen oder aus Tierknochen.

10 Gedankenspiel: Was ist ein Gift?

Woran erkennst du ein Gift? Überlege dir typische Gifte, die du kennst. Mit welchen Gesten reagierst du auf Gifte?

Wir Menschen sind intuitiv so programmiert, das wir für uns schädliche Substanzen eher vermeiden. So meiden wir bittere Stoffe, und in der Tat sind bittere Substanzen oft giftig. Auch üble Gerüche halten uns von Giftstoffen fern. Zu den angeborenen Mechanismen kommen kulturelle Giftvorstellungen. Heute glauben viele, Produkte der chemischen Industrie seien giftig, Stoffe, die aus der Natur kommen, hingegen gesund. Das ist eine Reaktion auf viele Chemieskandale. Es ist aber Unsinn, die Produkte der Chemieindustrie, die viel Gutes tun, pauschal zu verdammen. Noch unsinniger und gefährlicher ist die Illusion, die Natur für ungiftig zu halten. Pflanzen wollen vor allem eines: nicht gefressen werden. Deshalb haben sie Dornen, lagern mikroskopische Steinchen in ihre Blätter und produzieren Gifte.

Unser Verhalten gegenüber Giften ist: vermeiden, ausspucken, wegwerfen. Die Wissenschaft beginnt da, wo man dieses instinktive Verhalten bewusst ändert. Wo nämlich im Wald ein gefährliches Gift wächst, da wächst oft auch ein rettendes Medikament. Zu den vielen Ruhmestaten des Paracelsus zählt, dass er die zentrale methodische Rolle der Gifte für die Medizin ganz klar herausgearbeitet hat. »Wer Gifft verachtet / der weiß umb das nit / das im Gifft ist«, schreibt er und verteidigt den Einsatz der giftigen Kröte und des Arsens in der Heilkunst. Wer Gefahren immer nur meidet, der handelt gerade nicht vernünftig, sondern verpasst Chancen.

Paracelsus stellt auch klar heraus, dass auch diejenigen Dinge, die wir für ungiftig halten und essen, Gift enthalten: »Alle Ding sind Gifft / und nichts ohn Gifft«, sagt er, wäre es anders, könnte der Mensch seine Nahrung vollständig behalten und müsste nichts ausscheiden. »Allein die Dosis macht / daß ein ding kein Gifft ist.« Zucker zum Beispiel ist ein wichtiges Lebensmittel und kann doch, wenn er im Übermaß verzehrt wird, Karies und sogar Diabetes, eine lebensgefährliche Erkrankung, auslösen.

Wer also ein Gift findet, sollte nicht panisch davor zurückschrecken. Besser ist es, das Gift mit der gebotenen Umsicht zu studieren. Denn jedes Gift, so giftig es sein mag, ist zugleich ein offenes Fenster, durch das man den Zusammenhang der Natur erkennen kann, und eine Gabe, der oft Heilkräfte innewohnen.

11 Stoffe haltbar und bekömmlich machen: Sauerkraut ★

Stoffe und Dinge: bis zu fünf Köpfe Weißkohl (gibt es ab August/September bis ca. Februar/März zu kaufen), Menge je nach Gefäß; Kochsalz (etwas weniger als ein Esslöffel pro Kilogramm Kohl), Kümmel, Wachholderbeeren als Gewürz, Waage, großer Steinguttopf oder lebensmittelgeeigneter Eimer (kein Metall!), ein schwerer, sauber geschrubbter Stein (Granit, kein Kalkstein!) als Gewicht oder eine gereinigte, mit Wasser gefüllte Vierliterflasche, die sich in den Topf oder Eimer hineinstellen lässt, ein Brotmesser oder ein Krauthobel
Zeit: für die Zubereitung: eine Stunde. Fürs Gären: zwei bis vier Wochen

(1) Wiege den Kohl auf der Waage. Miss pro Kilogramm einen knappen Esslöffel Kochsalz ab, eher etwas weniger, und gib das Salz in eine große Tasse. Halbiere die Kohlköpfe und schneide den Weißkohl in feine Streifen, das Herz entfernst du. Lass dir dabei helfen; es ist nicht einfach, Kohlköpfe klein zu schneiden. Der geschnittene Kohl wird in den großen Steinguttopf oder Plastikeimer gefüllt.

(2) Streue dabei immer wieder etwas Salz aus deinem vorher abgemessenen Vorrat über den Kohl. Das Salz zieht den Saft aus dem Kohl. Zugleich konserviert es den Kohl, weil viele schädliche Bakterien und Pilze in Salzlösungen Schwierigkeiten haben zu überleben. Zusätzlich kannst du ein wenig Kümmel und Wachholderbeeren hinzugeben; je nach Geschmack.

(3) Jetzt kommt es darauf an, das Kraut so zu quetschen, dass der Saft austritt. Am einfachsten und wirksamsten ist es, barfuß, natürlich mit gewaschenen Füßen, in den Topf oder Eimer zu steigen; so geht es am bequemsten, und so ist der Druck am höchsten. Pass auf, dass du nicht umkippst oder umknickst! Wenn der Topf oder der Eimer nicht breit genug zum Hineinsteigen sind, fülle das Kraut für diesen Schritt in einen größeren sauberen Eimer oder in eine Wanne. Mach ab und zu eine Pause und stampfe dann weiter. Je mehr Saft austritt, desto besser gelingt das Kraut. Fülle nun das Kraut wieder in das Gefäß, in dem du es gären lassen willst. Das Kraut sollte nun von Saft bedeckt sein. Wenn nicht, etwas abgekochtes (und abgekühltes) Wasser nachgießen. Falls du von früheren Sauerkrautansätzen noch etwas Saft übrig hast, gib ihn dazu, dann gärt das Kraut deutlich schneller und besser.

(4) Auf das angesetzte Kraut kommt nun der große, mit Wasser gefüllte Krug. Er soll das Kraut unten halten, damit es immer von der salzigen Brühe bedeckt ist. Du kannst auch einen passenden Teller verwenden, den du mit einem Stein beschwerst. Den Topf oder Eimer deckst du mit einem Tuch ab und stellst ihn an einen ruhigen, nicht zu warmen Ort, wo das Kraut gären kann.

(5) Schon bald macht sich die einsetzende Gärung durch den Geruch bemerkbar, der nicht jedem gefällt. Auch an dem sich bildenden Schaum siehst du, dass das Zeug gärt. Sieh immer wieder nach deinem Kraut. Es muss stets von Flüssigkeit bedeckt sein, nur dann hält es wirklich lange. Gib gegebenenfalls abgekochtes, gesalzenes Wasser hinzu. Trocknet es an irgendeiner Stelle aus, kann sich Schimmel bilden. Falls du bemerkst, dass auf der Oberfläche ein wenig Schimmel schwimmt, fisch ihn mit einem Löffel heraus. Sollte sich viel Schimmel gebildet haben, musst du das Kraut wegwerfen, es ist verdorben.

(6) Nach wenigen Tagen kannst du das Kraut schon probieren; es dürfte noch etwas hart sein, wird aber bald weicher. Nach zwei bis drei Wochen ist die Gärung weitgehend abgeschlossen, und du stellst den Topf oder Eimer an einen kühleren Ort. Das Kraut kannst du roh, mit Salatöl angemacht, essen oder auch gekocht. Es enthält viele Vitamine und ist, vor allem wenn es roh und ungewaschen genossen wird, eine sehr gesunde und wohlschmeckende Kost. Es ist monatelang haltbar, sofern es immer mit Salzlake bedeckt bleibt. Die Milchsäure, die von den Milchsäurebakterien während der Gärung gebildet wird, ist eine schwache Säure. Sie bestimmt den Geschmack.

(7) Wenn du anstelle von Weißkohl Rotkohl verwendest, wirst du noch weitere Beobachtungen machen. Der Rotkohl, der eigentlich eher violett aussieht, wird zusehends rot – je mehr Säure sich im Laufe der Gärung bildet. Lass eine Portion davon auf einem Teller an einem stillen Ort verschimmeln. Dann stellst du fest, dass der Rotkohl um den Schimmel herum blau wird: Der Schimmel erzeugt eine »basische« Umgebung. Er produziert Basen, das sind Stoffe, die Säuren neutralisieren. Säuren aber sind das, was die Milchsäurebakterien erzeugen. Schimmel wird nur so lange von dem Kohl ferngehalten, wie die Säure der Bakterien für ihn zu stark ist. Wenn aber der Kohl an manchen Stellen austrocknet, geht der Schimmel zum Angriff gegen die Bakterien über und erzeugt in einer Art chemischer Kriegsführung basische Stoffe, die sein Reich vergrößern und die aus menschlicher Sicht »guten« Milchsäurebakterien zurückdrängen.

(8) Aufgrund des hohen Vitamin-C-Gehalts und weil es – anders als Früchte – auch im Winter und bei langen Schiffsreisen haltbar und verfügbar ist, war Sauerkraut ein wichtiges Mittel gegen Skorbut, eine Krankheit, von der im Zeitalter der Entdeckungen vor allem Seefahrer befallen wurden.

(9) Das Säuern ist eine weltweit verbreitete Methode, um Ungenießbares oder Unbekömmliches genießbar und zugleich haltbarer zu machen. Roher Kohl ist zwar nicht direkt giftig, sorgt aber für Blähungen und liegt schwer im Magen. Der gesäuerte Kohl ist, verglichen damit, veredelt. Er ist auch nahrhafter, denn bestimmte Vitamine sind darin angereichert. In Osteuropa werden auf ähnliche Weise wie Sauerkraut auch schwer verdauliche oder sogar giftige Pilze genießbar gemacht. Jedenfalls erzählte mir das kürzlich ein aus Russland stammender Pilzsammler, den ich im Wald traf. Sein riesiger Korb quoll über von allen möglichen, teilweise giftigen Pilzen.

(10) Nicht nur Menschen mögen Sauerkraut, auch Tiere lieben es! Der Bauer legt deshalb im Sommer große Haufen mit Grassauerkraut (Grassilagen) an. Bereitet wird es, indem man geschnittenes Gras auf einen Haufen legt, mit einer Plastikfolie abdeckt und dann mit dem Traktor ein paarmal darüberfährt. Der Ansatz gärt bald, riecht angenehm säuerlich und hält sich bis in den Frühling hinein. So kann der Bauer sein Vieh während des ganzen Winters mit gesundem Futter versorgen.

12 Wenn mal kein Aspirin da ist: Weidenrindenextrakt herstellen

Stoffe und Dinge: Rinde von jungen Weidenzweigen (Weiden stehen an Bächen und Teichen; suche sie mithilfe eines Bestimmungsbuchs, eine Hand voll Rinde kannst du mit dem Messer von den Zweigen ablösen), Wasser, etwas hochprozentiger Alkohol (z.B. Rum oder Wodka), Topf
Zeit: zehn Minuten

(1) Gib ein Glas Wasser und ein Glas Alkohol zusammen mit einem Esslöffel (fünf Gramm) geschälter Rinde von Weidenzweigen in einen kleinen Topf und erwärme das Ganze. Die Flüssigkeit soll nicht kochen! Nach etwa zehn bis zwanzig Minuten nimmst du die Weidenrinden heraus. Die Lösung kannst du probieren – sie schmeckt bitter.

(2) Dies ist ein leichtes Schmerzmittel, das einen Stoff enthält, der mit dem Wirkstoff des Aspirins (Acetylsalicylsäure) eng verwandt ist. Aus diesem macht der Körper Salicylsäure, und die wirkt zusammen mit anderen Stoffen aus der Rinde schmerzlindernd. Auch gegen Fieber wurde Weidenrinde früher angewandt. Inzwischen wird Weidenrinde wieder manchen Erkältungstees zugesetzt.

(3) Sie hat allerdings den Nachteil, dass sie oft zu Magenbeschwerden (Übelkeit) führt. Deshalb versuchte man, den Wirkstoff zu modifizieren. Dazu stellte man ihn zunächst rein her und ließ ihn mit Essigsäure reagieren. Diese leichte Abwandlung führte zum Erfolg – zum Aspirin.

Weidenzweig: Korbweide
(Salix viminalis)

Aspirin ist verträglicher als Weidenrindenextrakt, harmlos ist es aber nicht, wie der Beipackzettel zeigt. Vorsicht! Manche Menschen reagieren auf Salicin wie auch auf Aspirin allergisch.

13 Bast

Stoffe und Dinge: Äste auf der Straße, Brennnesseln, Handschuhe
Zeit: im Herbst oder Winter
Ort: an Einfahrten oder in Wohnstraßen

(1) Herbst- und Winterstürme brechen oft junge Äste ab und werfen sie auf die Straßen. Dort liegen sie dann wochenlang bei Wind und

Wetter herum. Autos fahren darüber. Durch den Druck der Reifen und die Wirkung der Nässe und der Bakterien zerlegen sich diese Äste, und du erkennst drei Bestandteile: Das Holz, die äußere Rinde und den Bast, das heißt die Fasern, die zwischen äußerer Rinde und Holz liegen und die durch das langsame Verrotten auf der Straße freigelegt werden.

(2) Sammle ein paar dieser Äste ein. Die Bastfasern hängen in Büscheln herunter, oft noch mit Rinden- und Holzresten, die du entfernst. Im lebenden Ast sind die Bastfasern miteinander verwachsen. Bisweilen findest du im späten Winter auch reinen Bast in Einfahrten und an Straßen; die Holzstücke sind dann ebenso wie die Rinde von Schmelzwasser und Regen fortgespült worden.

(3) Die Fasern kann man vielfältig verwenden. Kocht man sie lange mit Lauge (zum Beispiel in einer Sodalösung), werden sie zu einem lockeren Matsch, aus dem man Papier schöpfen kann. Dies ist aber recht aufwendig. Lege sie in Wasser ein, reinige und trockne sie anschließend. Wenn du sie zwischen den Handflächen rollst und den entstehenden Faden aufwickelst, kannst du grobe Fäden spinnen. Diese werden zunächst ziemlich ungleichmäßig aussehen – sie ähneln »schwangeren Regenwürmern«, wie man in der Spinnerszene sagt. Immerhin aber sind es Fäden, aus denen man Seile knüpfen könnte, wenn es nötig wäre. Je nachdem, welcher Ast da auf der Straße lag, können diese Fäden sehr robust sein: Weiden- und Lindenäste zum Beispiel ergeben einen sehr stabilen Bast. Mit Bast und mit Lehm haben die Alchemisten früher ihre Apparaturen abgedichtet.

(4) Die Brennnessel liefert Fasern, die wesentlich feiner sind als die Fasern aus Holzrinden. Lege Brennnesseln einige Wochen lang in Wasser ein, sie beginnen zu faulen. (Handschuhe anziehen, wenn du die Brennnesseln berührst!) Du kannst dann die äußere Schale und die Blätter leicht abstreifen. Lass den Stängel trocknen, nimm ihn in die Hand und spalte ihn. Dann trennen sich die Fasern von der äußeren Rinde. Du kannst sie abstreifen und sammeln. Sie sind sehr zäh und lassen sich leicht verspinnen. Man kann aus ihnen wie aus Lindenbast Kordeln anfertigen, aber auch feinere Stoffe. In früheren Zeiten wurde die Brennnessel als Faserpflanze angebaut, wurde dann aber von der Importbaumwolle verdrängt. Doch heute beginnen einige Pioniere wieder mit dem Brennnesselanbau!

14 Alkohol aus Weintrauben

Stoffe und Dinge: möglichst süße Bioweintrauben (ein Pfund), zwei große Gläser oder zwei Schüsseln (0,5 Liter), Backhefe, eventuell Kristallzucker, Tuch oder Küchenpapier sowie Gummiringe, leere, gereinigte Glasflasche (0,5 Liter) mit Schraubverschluss, Schüssel, Sieb, Trichter, Luftballons
Zeit: am besten im August oder September, dann sind Weintrauben relativ billig. Du brauchst: 15 Minuten für das Ansetzen der Maische, ein paar Tage für die Gärung, die von selbst blubbert und nur ab und an begutachtet werden muss.

(1) Pflücke die Trauben von ihren Stielen, spüle sie ab und gib sie in die Schüssel. Sortiere diejenigen aus, die nicht mehr in Ordnung sind. Zerdrücke dann die Trauben mit der Hand bzw. Faust.

(2) Fülle den Traubenmatsch in das Glas und gib ca. einen halben Teelöffel Backhefe hinzu, diese gut einrühren. Du kannst noch einen Teelöffel Zucker zufügen, so erhöhst du den Alkoholgehalt des Endprodukts. Mit einem Mulltuch oder einem Küchentuch deckst du das Glas ab, befestigst die Abdeckung mit einem Gummi und stellst das Glas für ein, zwei Tage an einen warmen Ort. Immer mal wieder die Abdeckung abnehmen und mit einem Löffel umrühren.

(3) Der Traubenmatsch mit der Hefe nennt sich Maische, er beginnt recht bald zu blubbern und steigt womöglich auch im Glas hoch. Nachdem der Ansatz gut angegärt ist, was etwa drei, vier Tage dauert, kippst du ihn auf ein Drahtsieb und drückst, wieder mit der Hand, den Saft in eine daruntergestellte Schüssel. Aus der Schüssel gießt du den Ansatz, der hefig riechen sollte und trübe ausschaut, mithilfe eines Filters in die Flasche, bis sie zu zwei Dritteln gefüllt ist. Die Flasche verschließt du mit einem Luftballon, den du darüberstülpst, und stellst das Ganze wieder an einen warmen Ort.

(4) In kurzer Zeit füllt sich der Luftballon. Nimm ihn ab, lass die Luft heraus und setze ihn wieder auf. Nun wird er sich mit reiner Kohlensäure füllen. Die kannst du riechen, wenn du den Ballon vorsichtig, so dass er gefüllt bleibt, abnimmst, die Öffnung vor die Nase hältst und den Inhalt langsam herauslässt. Das Gas hat den typischen bizzeligen Geruch von Kohlensäure, der uns vom Sprudel wohlvertraut ist.

(5) Weil in Wein- und Bierkellern gefährlich große Mengen von Gärungskohlensäure entstehen, sind sie heute mit Kohlensäurewarngeräten ausgestattet. Die Kohlensäure ist schwerer als Luft. In geschlossenen Räumen sammelt sie sich daher am Boden an; infolgedessen sind die Warngeräte meist in Kniehöhe angebracht. Auch heute noch kommt es immer wieder zu tödlichen Unfällen in Weinkellern und Brauereien.

(6) Wenn die Gärung nachlässt – nur noch wenige Bläschen steigen auf –, kannst du sie wieder in Gang bringen, indem du einen Teelöffel Zucker hinzugibst. Die Hefeorganismen haben dann wieder Nahrung. Falls sich in der Maische nichts tut, ist sie möglicherweise zu sauer. In diesem Fall gib einen halben Teelöffel Natron oder auch etwas Heilkreide hinzu. So stumpft die Säure ab, und die Hefezellen können wieder besser arbeiten.

(7) Nach ein paar Tagen, wenn die Gasentwicklung aufgehört hat und du die Hefe nicht mehr füttern willst, kannst du einen kleinen Schluck kosten: Es schmeckt jetzt herb und trocken, völlig anders als Traubensaft. Es hat sich Alkohol gebildet, meist vier oder fünf Prozent. Prozent bedeutet: Teil von 100 Teilen. Damit sind normalerweise Gewichtsteile, also Gramm von 100 Gramm gemeint. Beim Alkohol sind es aber meist Raumteile. Fünf Prozent heißt hier also: Aus 100 Tassen des entstandenen Weins könnte man theoretisch vier bis fünf Tassen reinen Alkohol gewinnen. Der Wein aus dem Supermarkt enthält deutlich mehr Alkohol. Er wird mit speziellen Hefen hergestellt, die resistent gegen Alkohol sind und daher mehr davon produzieren können, ohne Schaden zu nehmen. Alkohol ist für die Hefen das, was für Menschen und Säugetiere der Urin ist – Abfall, der in höheren Konzentrationen für sie toxisch ist.

(8) Du könntest den Wein nun filtrieren, auf eine kleinere Flasche ziehen und lagern und ihm sogar, wenn du einen Eichenholzspan hineinwirfst, etwas »Barrique«, Fassgeschmack also, vermitteln. Nach einigen Monaten der Reife entsteht so womöglich ein ganz akzeptabler Wein. Meine Versuche in dieser Richtung verliefen allerdings erfolglos. Meine Frau behauptete, mein Wein schmecke »wie Scheibenwischerflüssigkeit«.

(9) Weshalb funktioniert die Alkoholherstellung überhaupt mit der Backhefe? Die ist doch eigentlich zum Brotbacken da? Grundsätzlich sind Backhefe und Weinhefe ein und dasselbe. Auch beim Brotbacken bildet sich immer etwas Alkohol, und zwar im Teig, der daher oft spürbar nach Alkohol riecht. Beim Backen verflüchtigt sich dieser Alkohol normalerweise, es sei denn, das Gebäck wird nur bei sehr niedrigen Temperaturen erhitzt. Toastbrot (ungetoastet) enthält daher oft 0,1 bis ein Prozent, manchmal bis zu drei Prozent Alkohol. Man könnte sich an Toastbrot also theoretisch einen Rausch anfuttern, allerdings platzt man vorher …

(10) Wein kann man auch ohne Backhefe herstellen. Tatsächlich sitzen auf den Trauben selbst schon die passenden Mikroorganismen, die auf ihre Chance warten. Allerdings auch etliche unpassende (die ebenfalls auf ihre Chance warten). Und daher kann es geschehen, dass, wenn man sich auf die Natur verlässt, zwar eine Gärung stattfindet, aber nicht unbedingt diejenige, die zu Alkohol führt. Die Maische kann schimmeln, statt zu gären. Oder sie gärt falsch. Das Ergebnis kann nach Nagellack riechen. In dem Fall hat sich Aceton gebildet, man spricht von einer Fehlgärung.

(11) Und warum muss der Ansatz mit einem Ballon verschlossen werden? Um die Sauerstoffzufuhr zu unterbinden. Sie begünstigt die falschen Mikroorganismen, jene nämlich, die das Getränk sauer werden lassen. Der Luftballon ist eine simple Methode, er nimmt das Gas auf, das im Ansatz durch die Gärung entsteht (Kohlensäure = Kohlendioxid), lässt aber keines von außen herein. Dafür gibt es auch spezielle Geräte.

(12) Wenn du keine Trauben hast, kannst du auch mit reinem Zuckerwasser arbeiten, indem du etwa einen halben Esslöffel Zucker in einem kleinen Glas Wasser (0,2 Liter) auflöst und dann Hefe einrührst. Auch zuckerhaltiger Baumsaft, etwa Birken- oder Ahornsaft, den man angeblich (mir ist das nie gelungen) kurz vor Beginn des Frühlings, ehe die Bäume austreiben, abzapfen kann, lässt sich vergären.

(13) Prinzipiell lässt sich aus nahezu allen Früchten, aus Brombeeren, Himbeeren oder Schlehen, sogar aus Vogelbeeren Alkohol gewinnen. Der so entstehende Wein ist meist recht dünn; sein Alkoholgehalt liegt nur bei zwei bis drei Prozent: In den Früchten ist zu wenig Zucker. Aus Bananen, Pflaumen oder Mirabellen kann man dagegen, mit den richtigen Turbohefen, bis zu zehnprozentige Weine gewinnen, weil diese Früchte ziemlich viel Zucker enthalten.

(14) Da in Gefängnissen Alkohol absolut verboten ist, versuchen viele Gefängnisinsassen, ihn mit Zucker und Fruchtkonserven, die vom Nachtisch abgezweigt werden, selbst herzustellen. Meist sind die Früchte verarbeitet, das heißt, sie wurden eingekocht, wodurch die Mikroorganismen zerstört werden, die auf der Schale von Biotrauben oder Bioäpfeln normalerweise leben. Die Leute im Gefängnis sind aber einfallsreich und können aus scheinbar hoffnungslosen Ausgangsstoffen noch besten Knastwein herstellen. Sie lassen die Früchte im Sommer eine Weile an der Luft stehen. In der Luft sind immer etliche Hefepilze unterwegs, die sich auf passenden Biotopen, wie etwa einem Obstsalat, gern niederlassen und vermehren. Die zum Gären bestimmte Flüssigkeit oder der Brei kommen dann in eine Plastiktüte, die sich mit fortschreitender Gärung aufbläht und immer mal wieder kurz geöffnet wird, damit die entstehende Kohlensäure entweichen kann.

(15) Alkohol ist ein arabischer Name für den Weingeist, der beim Destillieren von Wein entsteht. Das arabische Wort *kuhl* bezeichnet allgemein Substanzen, die durch chemische Prozesse, insbesondere durch Destillation und Sublimation, gewonnen werden. Wie andere Begriffe, zum Beispiel Alchemie, erinnert das alte Wort an die Zeit, in der die Naturwissenschaften in den großen arabischen Städten gepflegt wurden.

15 Spontane Gärung

STOFF UND DINGE: eine Kiwi
ZEIT: drei Wochen

(1) Etliche Früchte beginnen spontan zu gären, vor allem, wenn sie gequetscht und dann eng aneinanderpresst gelagert werden. Tiere, zum Beispiel Hunde, lieben solche Früchte und essen sie gern; danach laufen sie im Zickzack durch den Garten. Am besten funktioniert das Gärenlassen nach meiner Erfahrung bei der Kiwi. Bei der Banane geht es auch, doch wird hier der Alkoholgeruch durch den starken Bananengeruch überdeckt.

(2) Lass eine Kiwi drei bis vier Wochen an einem warmen Ort liegen. Sie schrumpelt. Wenn sie sehr schrumpelig ist, rieche daran. Falls sie eindeutig nach Alkohol riecht, schneide sie auf, der Geruch dürfte dann überdeutlich sein. Du kannst von der Kiwi probieren, der Geschmack ist scharf und erinnert entfernt an Rumtopf.

16 Alkohol destillieren

STOFFE UND DINGE: Rotwein (mit Alkoholgehalt über zwölf Prozent), Eiswürfel oder einige Kühlpads aus dem Eisfach, kaltes Wasser, hoher Topf mit gewölbtem Deckel, kleine Dessertschalen aus Porzellan oder

Ton, die sich stapeln lassen und bequem in den Topf passen, Glas, Topflappen oder Handschuhe, Elektroherd
Zeit: 15 Minuten

(1) Das Destillieren ist eine der ältesten Methoden der Stofftrennung. Früher dachte man, durch das Destillieren könnte man den Geist, der eine bestimmte Substanz von innen her steuert und ihre Wirksamkeit und Tätigkeit bestimmt, herausholen. Das Wort kommt vom lateinischen *destillare*, tröpfeln; ursprünglich bezog es sich vor allem auf die beim Schnupfen tropfende Nase. Destillieren besteht im Wesentlichen darin, dass eine Flüssigkeit, ein Mus oder auch ein Feststoff erhitzt wird, der entstehende Dampf gekühlt und separat gesammelt wird. Schon Aristoteles berichtet, dass Seeleute Meerwasser in Kesseln erhitzt und die entstehenden Dämpfe in Tüchern aufgefangen hätten, die dann ausgewrungen wurden: So sollen sie aus dem Salzwasser Trinkwasser erhalten haben. Später verwendete man für Destillationen Retorten, das sind bauchige Flaschen mit einem langen, abgeknickten Hals.

(2) Man kann alles Mögliche destillieren oder es zumindest versuchen. Wenn bestimmte Salze, zum Beispiel Salpeter, im Kohlenfeuer erhitzt werden, erhält man starke Säuren. Sogar Metalle, das Quecksilber etwa, können destilliert werden. Die berühmteste und am meisten verbreitete Destillation ist die, bei der aus alkoholhaltigen Flüssigkeiten oder auch Breien Branntwein, Feuerwasser, Alkohol gewonnen wird. Wer diese Kunst zuerst praktiziert hat, wissen wir nicht. Sie scheint an verschiedenen Orten unabhängig voneinander entstanden zu sein. So hat man in Mexiko uralte Destillationsgefäße ausgegraben, die sicher noch vor der Ankunft der Spanier getöpfert wurden. Heute noch destilliert man in Mexiko traditionelle Schnäpse, den Mescal zum Beispiel.

(3) Wenn Chemiker planen zu destillieren, dann stellen sie sich einen ordentlichen Aufbau mit Glasgeräten, Stativ, Bunsenbrenner und Liebigkühler vor. Wo alle diese Dinge nicht vorhanden sind, da, so meinen viele, kann man eben nicht destillieren. Doch überall wird aus alkoholhaltigen Flüssigkeiten Schnaps gebrannt; sogar in der einfachsten Hütte.

Wie machen die Leute das nur, ganz ohne Liebigkühler? Mit Fantasie und Experimentierfreude kannst du aus den unterschiedlichsten Gegenständen ohne viel Aufwand eine Destillationsapparatur zusammenbauen, die vielleicht nicht perfekt ist, aber ihren Zweck erfüllt. Gib im Internet die Suchworte »Schnapsbrennen im Knast« ein. Falls die Einträge nicht inzwischen gelöscht wurden, findest du ausgesprochen kreative Lösungen.

(4) Für die meiner Meinung nach einfachste und schnellste Methode brauchst du nur einen Topf mit passendem Deckel, einen Herd und ein paar kleine Schüsseln, kaltes Wasser und Wein. Alles dies sollte in jedem Haushalt vorhanden sein.

(5) Zuerst stellst du, wie auf der Abbildung zu sehen, drei oder auch vier kleine Keramik- oder Glasschüsseln ineinander. Du kannst auch Tassen oder Gläser nehmen, solange sie nicht zu hoch sind und sich gut stapeln lassen. Gieße in die zwei oder drei unteren kaltes Wasser, das aber nicht überlaufen darf. Zweck ist, die oberste Schüssel möglichst kühl zu halten. Den kleinen Schüsselturm stellst du jetzt in den Topf, und zwar in die Mitte. Der Schüsselstapel darf nicht zu hoch sein; wenn sich der Deckel nicht mehr umgekehrt hineinsetzen lässt, musst du eine Schüssel herausnehmen. Jetzt kommt der Topf auf eine passende Herdplatte. Dann gießt du den Rotwein hinein. Es sollte etwa ein halber Liter sein; der Wein darf nicht in die gestapelten Schüsseln gelangen. Dann wird der Topfdeckel umgekehrt aufgesetzt: In die Wölbung des Deckels gießt du kaltes Wasser, das du mit Eiswürfeln gut kühlst. Natürlich darf der Deckel kein Loch haben …

(6) Jetzt wird der Topfinhalt auf der Herdplatte möglichst rasch erhitzt, so dass der Wein zu sieden beginnt, dann etwas herunterschalten. Ist der Topfdeckel, den du verwendest, aus Glas, dann siehst du, wie sich an der Innenseite des gekühlten Deckels Tropfen bilden, die nicht wie Wasser aussehen, weil sie anders fließen. Sie strömen zur Mitte hin und tropfen in die oberste Schale. Jetzt ist auch klar, warum die Schalen mit Wasser gekühlt werden – damit sie sich nicht zu schnell erhitzen. Klar ist auch, dass du nach dieser Methode nicht stundenlang destillieren

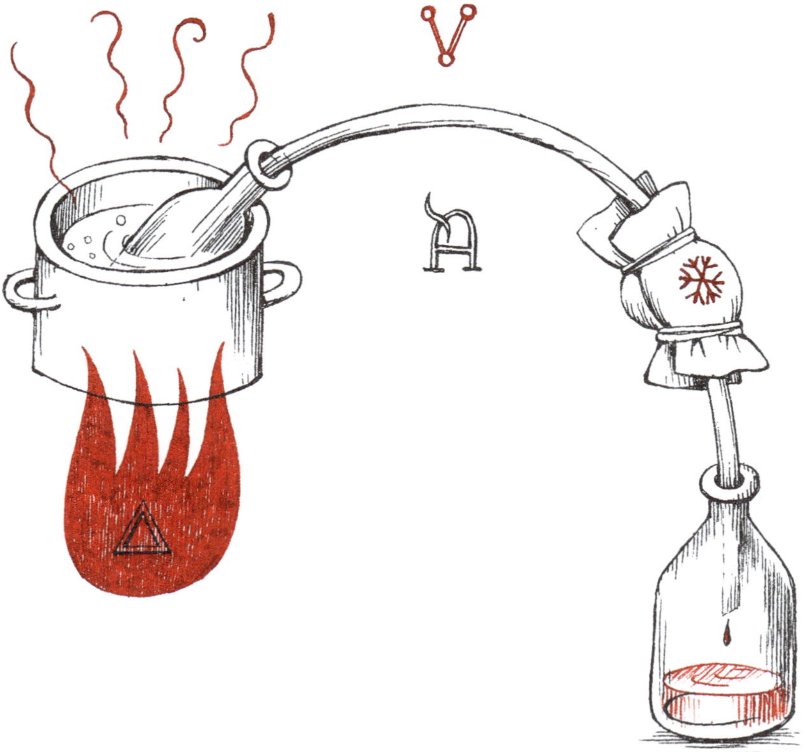

EXPERIMENT 16: *Alkohol destillieren*

kannst – irgendwann werden nämlich die Schalen heiß und der Alkohol in der obersten Schale verdampft wieder. Falls die Eiswürfel im Deckel zu schnell schmelzen, gib neue nach.

(7) Nach etwa fünf bis zehn Minuten Köcheln schalte den Herd aus; nimm vorsichtig (eventuell Handschuhe benutzen) den Deckel hoch und kipp das Wasser weg. Hebe vorsichtig (wieder Handschuhe benutzen, trotz der Wasserkühlung können die Schalen heiß sein!) die oberste Schale heraus und stell sie beiseite. In ihr befindet sich das Destillat.

(8) Der Inhalt ist durchsichtig. Ist er milchig, dann besteht eventuell der Griff des Topfdeckels aus PVC. PVC wird von heißem Alkohol angegriffen, dieser sieht dann trübe aus. So oder so: Die Flüssigkeit riecht sehr stark. Es ist kein reiner Alkohol, aber so etwa 40 bis 50 Prozent hat er schon. Wenn die Flüssigkeit klar ist (nur dann!), kannst du mit dem Finger etwas auf deine Zunge bringen: Es brennt: Feuerwasser!

(9) O Schreck, denkst du jetzt vielleicht, enthält die Flüssigkeit das gefürchtete Methanol, von dem ich blind werden kann? Nun, wenn kein Methanol (Methylalkohol) in dem Wein war, dann ist auch keines im Destillat. Umgekehrt: Wenn Methanol in dem Wein ist, dann geht es auch in das Destillat über. Nun darf aber im handelsüblichen Rotwein kein Methanol enthalten sein. Methanol entsteht bei der Vergärung, wenn die Maische viele holzige Teile (Stängel usw.) enthält.

(10) Gieße etwas (ca. einen Esslöffel) von der Flüssigkeit auf einen Teller und entzünde sie mit einem Streichholz. Sieh zu, dass alles Sonstige, das brennen könnte, weit entfernt wurde. Der Alkohol brennt mit einer sehr schönen, geisterhaft blauen Flamme, die besonders im Dunkeln eindrucksvoll ist. Meist klappt das. Wenn sich der Alkohol nicht entzünden lässt, hatte der Wein entweder zu wenig Alkohol, oder es ist irgendwie Wasser in die Schale gespritzt.

(11) Um höherprozentigen Alkohol zu erhalten, müsstest du das Produkt nochmals destillieren. Dann könntest du bis zu 96-prozentigen Alkohol herstellen. 100-prozentigen bekämest du, wenn du die vier Prozent Wasser chemisch entziehst, etwa mit wasserfreiem Kupfersulfat. 100-prozentiger Alkohol wird auch als absoluter Alkohol bezeichnet. Ihn zu trinken ist nicht empfehlenswert – schon ein kleines Glas kann zu einer tödlichen Vergiftung führen.

17 Alkohol als Lösungs- und Konservierungsmittel

Stoffe und Dinge: etwas hochprozentigen Alkohol (selbst destilliert oder ein relativ geschmackloser Alkohol wie z.B. Wodka), Himbeere, Schnapsglas

(1) Gieße in einem Schnapsglas etwas Wodka über eine reife Himbeere und lass das Ganze ein paar Tage stehen.

(2) Die Himbeere entfärbt sich, und wenn du deinen Finger in den Alkohol tauchst und ein Tröpfchen auf die Zunge bringst, schmeckt es deutlich nach der Frucht. Alkohol ist ein sehr gutes Lösungsmittel für viele Aromastoffe, oftmals sogar dem Wasser überlegen! Unter anderem deshalb sind Parfums meist alkoholische Lösungen. Aus demselben Grund wird der Alkohol auch als Genussmittel geschätzt: Er nimmt eben sehr viele Frucht- und Blütenaromen auf. Die Chemiker verwenden den Alkohol in ihren Laboren gern als Lösungsmittel.

(3) Noch ein zweites Phänomen kannst du beobachten: Die Himbeere und der Himbeeralkohol schimmeln nicht. Alkohol ist ein Antibiotikum, er tötet diejenigen Bakterien und anderen Mikroorganismen, die den Zerfall herbeiführen. Deshalb ist Alkohol ein gutes Konservierungsmittel: Alkoholischer Traubensaft – Wein also – hält sich viel länger als normaler. Und verglichen mit Wasser, das mit Keimen verunreinigt sein kann, sind leicht alkoholische Getränke bisweilen die bessere Wahl. Der in ihnen enthaltene Alkohol tötet die Keime ab. Darum gaben die Menschen in Zeiten, als in Europa noch keine vernünftige Trinkwasserversorgung existierte, auch Kindern gelegentlich dünnes Bier zu trinken. Es war ein weitgehend keimfreies Getränk. Zwar benebelte es den Kopf, aber die Cholera bekam man davon nicht. Konzentrierter Alkohol, Branntwein also, kann auch Wunden desinfizieren. Reiner Alkohol ist sehr giftig.

18 Das Licht der Neuen Welt

Stoffe und Dinge: einige Teelöffel flüssigen Latex – erhält man im Bastelbedarf, an Karneval oder Halloween auch im Supermarkt. Vorsicht: Manche Menschen sind gegen Latex allergisch, sie bekommen Hautausschlag. Falls du zu dieser Gruppe zählst, musst du auf Experimente mit Latex verzichten. Zudem Schaschlikspieße, Teller, evtl. Umluftherd, Stück feste Pappe
Zeit: wenige Minuten, benötigt Zeit zum Trocknen
Ort: draußen

(1) Als Christoph Kolumbus die Neue Welt entdeckte und sich auf den Inseln der Karibik umsah, begrüßten ihn die damals dort lebenden Indianer, die Taino, bekanntlich sehr freundlich und versorgten die Seeleute mit allem Nötigen.

(2) Als Beleuchtung dienten den Indianern, wie Kolumbus und seine Begleiter feststellten, große Leuchtkäfer, die sie in Käfigen hielten, mit süßen Fruchtsäften ernährten und die ihre Behausungen mit Licht versorgten. War das Licht nicht ausreichend, wurde der Käfig geschüttelt. Diese Käfer wurden »Cucuyos« genannt, sie leben (im Gegensatz zu den Indianern, die ausgerottet wurden) heute noch in den Wäldern der großen karibischen Inseln. Cucuyos versahen noch im 19. und 20. Jahrhundert ihren Dienst als Nachtleuchte der Armen. Man fing sie ein, indem man auf einem gut sichtbaren Hügel eine Fackel bei Nacht hin und her schwenkte. Die dicken Käfer wähnten dann, ein besonders heller Kollege suche ihre Gesellschaft, und eilten herbei.

(3) Die zweite Beleuchtung war das, was wir heute Gummi oder Kautschuk nennen. Man ritzte, so notierten die zeitgenössischen Chronisten, bestimmte Bäume an, fing ihre Milch, bestrich damit Holzspäne, ließ das Ganze trocknen und nutzte das imprägnierte Holz als Fackel. In anderen Gegenden Südamerikas war es üblich, kleinere Gummistücke in einem zur Tüte gerollten Bananenblatt zu sammeln und dann

anzuzünden. Die Azteken verbrannten die Herzen der Geopferten ebenfalls mithilfe von Gummi.

(4) Nun ist den meisten bekannt, dass Gummi sehr gut, wenn auch ziemlich rußend brennt, aber wir alle wissen auch, dass er dabei fürchterlich stinkt. Wie haben die Indianer ihre Gummifackeln nur ertragen? Sie müssen ganz schön abgehärtete Leute gewesen sein. So denken wir. Tatsache ist jedoch, dass nur *unser* Gummi beim Verbrennen stinkt. Unser Gummi ist mit Schwefel und anderen Zusatzstoffen gedopt und daher haltbarer und leistungsfähiger. Andererseits erzeugt er mehr Schadstoffe, wenn er verbrennt. Die Indianer dagegen räucherten ihren Gummi mit bestimmten Nüssen, um ihn stabiler zu machen. Dies war eine biologische Vulkanisation. Geräucherter Gummi riecht aromatisch wie Schwarzwälder Schinken. Und beim Verbrennen duftet er nach Harz, denn er ist schwefelfrei.

(5) Probiere Folgendes: Schüttele deinen Latex in der Flasche gut durch, damit sich die zwei Schichten, die sich oft mit der Zeit bilden, wieder mischen. Lege zwei Schaschlikspieße auf einen Teller nebeneinander und gib oben einen dicken Tropfen Latex darauf. Das Ganze muss nun eine Weile – etwa drei bis vier Stunden – trocknen. Du kannst den Vorgang beschleunigen, indem du den Teller bei 90 Grad Celsius in den Heißluftherd stellst, dann sollte alles schon nach einer knappen Stunde durchgetrocknet sein.

(6) Schneide dir aus Pappe einen runden Handschutz von vielleicht zehn Zentimetern Durchmesser aus, stecke die Spieße hindurch. Draußen kannst du deine Fackel entzünden. Sie qualmt ganz schön (nicht einatmen!), duftet aber aromatisch. Ab und zu können sich brennende Tropfen lösen, daher die Minifackel vom Körper entfernt halten. Dies ist das Licht, mit dem in der Neuen Welt nachts die Häuser erleuchtet wurden und mit dem sicher auch heute noch in entlegenen Waldgebieten Amazoniens geleuchtet wird! Kautschuk gibt übrigens auch einen guten Zunder für Feuer ab und wurde von den Indianern entsprechend verwendet, zudem nutzte man ihn für Brandpfeile.

19 Eine »geniale Erfindung« in fünf Minuten: vulkanisierter Gummi

Stoffe und Dinge: Latex, fünf Gramm pulverisierter Schwefel (aus der Apotheke), Plastikbecher, Teller
Zeit: im Sommer. Der Versuch ist schnell gemacht, du musst den Ansatz allerdings einige Wochen stehen lassen.

(1) Nach Ansicht der Nordamerikaner ist Charles Goodyear einer der bedeutendsten Erfinder aller Zeiten, weil er ein Verfahren entdeckt hat, wie man Gummi auch ohne Räuchern haltbar machen kann. Das Verfahren wird heute als Vulkanisation bezeichnet. Die Vulkanisation besteht im Wesentlichen darin, zwei Stoffe zu mischen. Ihre Grundidee war vor Goodyear bereits von dem Berliner Chemiker Friedrich Lüdersdorff entwickelt worden.

(2) Nimm zwei Plastikbecher, fülle in jeden zwei, drei Esslöffel Latex. In einen der Becher rührst du zusätzlich einen Esslöffel Schwefel. Gründlich rühren, damit keine Klumpen in der Flüssigkeit bleiben!

(3) Gieße beide Becher getrennt auf einer glatten Unterlage – einem Porzellanteller zum Beispiel – aus und lass das Ganze trocknen. Das dauert wenige Tage.

(4) Zieh die getrockneten Schichten von dem Teller ab und lege sie auf einem Holzbrett im Freien an einen Platz, wo die Sonne möglichst ungehindert und lange darauf scheinen kann. Es macht nichts, wenn auf den Gummi auch Regen fällt.

(5) Nach vier oder acht Wochen – je nach Wetter – prüfst du das Ergebnis. Der nichtbehandelte, einfach getrocknete Gummi ist klebrig und reißt leicht, wenn man ihn dehnt, der mit Schwefel behandelte hingegen ist viel stabiler und hat eine nicht klebrige Oberfläche.

(6) Der Schwefel hat dieselbe Funktion wie das Räuchern, mit dem die Indianer ihre Gummiprodukte behandeln. Er schützt den Gummi vor der verderblichen Wirkung des Sonnenlichts. So simpel die Erfindung scheinen mag, so wichtig war sie langfristig, weil sie den Aufbau einer eigenen Gummiindustrie in Europa und Nordamerika ermöglichte.

(7) In der Industrie wird die Mischung zusätzlich erhitzt. Man kann auch auf speziellen Walzen getrockneten Gummi mit Schwefel mischen.

20 Gedankenspiel: künstliche und natürliche Stoffe?

Viele Menschen glauben, dass Stoffe »aus der Natur« besser sind als Stoffe »aus der Retorte«, also Stoffe, die von der Chemieindustrie künstlich aus mineralischen Rohstoffen, insbesondere aus Erdöl, Erdgas oder Kohle, hergestellt werden. »Echtes Karminrot« hört sich besser an als »synthetisches Karminrot«. Das eine hat das Kürzel E120 (echtes Karmin), das andere E124. Was meinst du? Im Zweifelsfall natürlich, regenerativ, biologisch – das klingt doch allemal besser als synthetisch? Wer für Naturschutz ist, muss natürliche Stoffe vorziehen, oder etwa nicht?!

Wie auch immer es klingt – »natürliche« Stoffe, die aus »natürlichen, regenerierbaren Rohstoffen« gewonnen werden, müssen nicht naturschützender oder tierschützender sein als chemisch hergestellte Stoffe, die aus fossilen Rohstoffen wie Erdöl, Erdgas, Kohle und Kalk gewonnen werden. Es kommt auf jeden Einzelfall an, und es kommt auf deine Werte an. Wer nicht will, dass Tiere getötet werden, der wird synthetische Farbstoffe besser finden als solche, die aus zerquetschten Läusen (Cochenille-Schildlaus: echtes Karmin) oder zerquetschten Schnecken (echter Purpur) hergestellt werden. Man kann Turnschuhe aus Plastik (das aus Erdöl gewonnen wird) besser finden als Turnschuhe aus Leder, weil für die Plastikturnschuhe keine Tiere getötet werden.

Es ist denkbar und häufig auch der Fall, dass natürliche Rohstoffe nicht nur zum Leid der Tiere, sondern auch zur Naturzerstörung mehr beitragen als chemisch-industriell hergestellte Substanzen, die das ungeliebte, aber hier und da auch heute noch vorhandene Chemiewerk am Fluss herstellt.

Natürliche Stoffe können der Natur mehr schaden als künstliche und tun das auch oft. Da können sie so natürlich sein, wie sie wollen. So stellt der Chemiker aus Erdöl verschiedene Fette her. Diese dienen als Ausgangsstoffe für viele weitere Stoffe, zum Beispiel für Hautcremes oder Waschmittel. Man kann diese Stoffe auch aus einem biologischen, nachwachsenden Rohstoff herstellen, aus Palmöl. Umweltfreundlicher ist das normalerweise nicht. Nicht alles, was »aus dem Grünen« kommt, ist auch grün. Nicht selten ist das Produkt aus dem Chemiepark, selbst wenn dieser nicht immer gut riecht, ökologischer als das Bioprodukt mit dem Ökosiegel. Palmölplantagen werden normalerweise dort gepflanzt, wo zuvor Regenwald stand, etwa in Indonesien. Chemieprodukte aus mineralischen Rohstoffen können Produkten aus sogenannten nachwachsenden Rohstoffen, die oft für natürlicher gehalten werden, sowohl in der Wirkung als auch ökologisch überlegen sein, weil sie die Umwelt weniger belasten.

Zudem gibt es Stoffe, die man biologisch gar nicht in ausreichender Menge herstellen kann. Insulin etwa, das Diabeteskranke benötigen, wurde früher aus inneren Organen von Rindern und Schweinen gewonnen. Heute stellt man es gentechnisch her, wodurch es viel leichter verfügbar geworden ist. Zudem ist seine Qualität besser.

21 Andere Baumsäfte

Nicht nur der Gummibaum, auch andere Bäume haben kostbare Säfte. Hier ein paar Beispiele:

Birke:

Kurz bevor die Birke im März oder April austreibt, enthält sie einen süßen Saft, den man abzapfen kann, indem man den Stamm zwei, drei Zentimeter tief anbohrt und den Saft heraustropfen lässt. Lässt man ihn gären, erhält man ein leicht alkoholisches Getränk. Ich habe es schon ein paarmal erfolglos versucht, diesen sagenhaften Saft zu gewinnen, war aber offenbar immer entweder zu spät dran oder zu früh. Ähnlich wie die Birke kann man auch den Ahorn im zeitigen Frühjahr anbohren.

Kirsche:
Kirschbäume, auch Pflaumenbäume produzieren an Wunden ein besonderes Harz, das Kirschgummi. Es ist wasserlöslich. Man kann es als Verdickungsmittel zum Beispiel, wie schon beschrieben, zum Anrühren von Tinten verwenden. Kirschgummi wurde früher als Ersatz für das teure Gummiarabicum verwendet, das seinerseits ebenfalls ein Harz ist, im Sudan gewonnen wird und übrigens einen wesentlichen Bestandteil von Coca-Cola darstellt.

Gummibaum *Ficus benjamina, Ficus elastica*:
Diese in europäischen Wohnzimmern überaus häufige Zierpflanze liefert Latex, wie zu sehen, wenn man ein Zweiglein abknickt. *Ficus elastica* wurde tatsächlich zur Kautschukgewinnung genutzt. Er ist aber nicht so ergiebig wie der brasilianische Gummibaum, die *Hevea brasiliensis*.

Kiefer:
Viele Kiefersorten schwitzen ein recht dünnflüssiges Harz aus, wenn sie verletzt werden. Es wird heute noch in manchen Gegenden Südeuropas gezielt erzeugt, indem man die Baumrinde abschabt und den herauslaufenden Saft in einem Gefäß auffängt. Der honigdicke, aromatisch duftende Saft nennt sich Terpentin. Durch Destillation wird daraus ein Öl gewonnen, das (giftige!) Terpentinöl, das zum Beispiel als Lösungsmittel Verwendung findet oder als Ausgangsstoff bei der Kampfersynthese. Der Rückstand der Destillation nennt sich Kolophonium. Dieses wird als Haftmittel bei verschiedenen Sportarten verwendet, aber auch als Geigenharz.

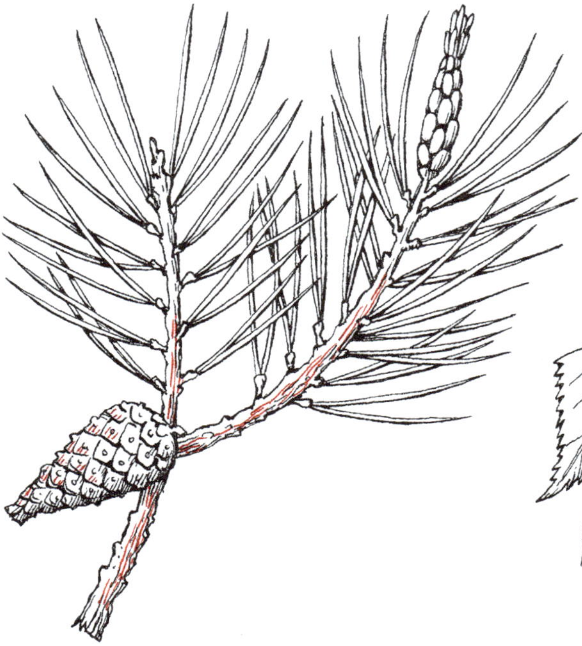

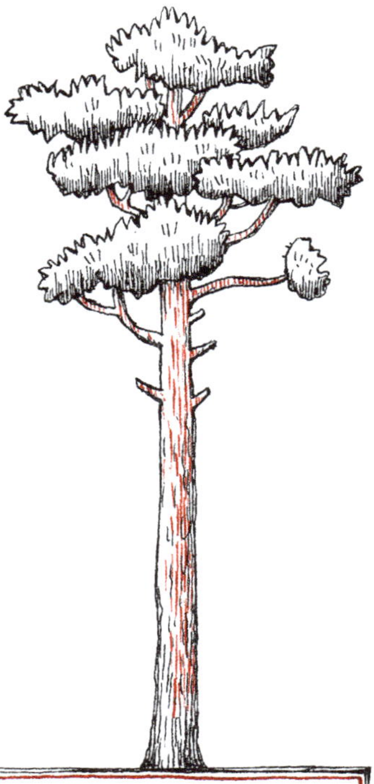

Waldkiefer
(Pinus sylvestris)

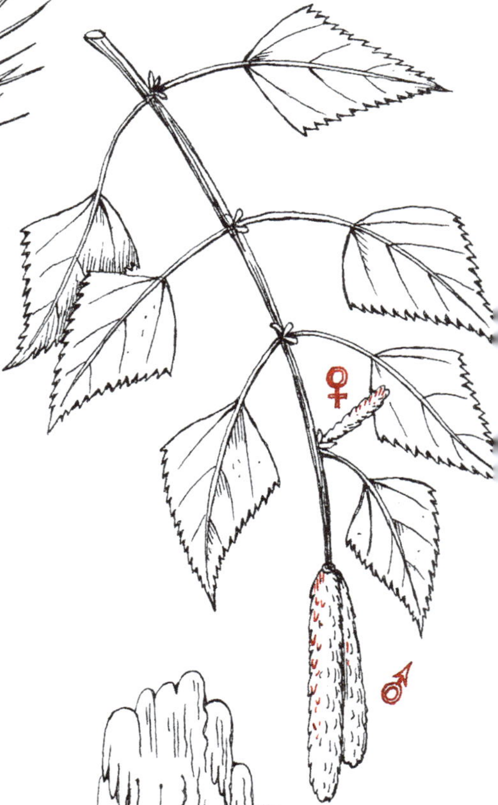

Birke
(Betula pendula)

Bäume, deren Säfte verwendbar sind

Gummibaum
(Ficus elastica)

Sauerkirsche
(Prunus cerasus)

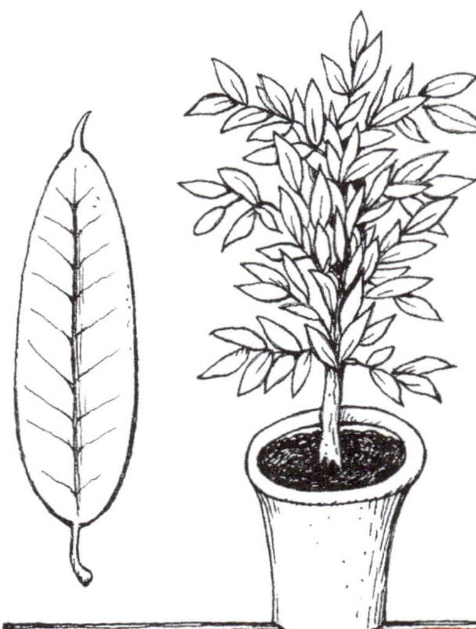

Birkenfeige
(Ficus benjamina)

22 Fett zerteilen

Stoffe und Dinge: Rotkohlsaft (oder Saft von Roter Bete; auch mit Tinte angefärbtes Wasser funktioniert), Sonnenblumenöl (oder anderes Öl), Geschirrspülmittel, etwas Eigelb, Knoblauchsaft, flacher, weißer Porzellanteller
Zeit: 15 Minuten

(1) Man gibt zum Wasser eine fettig glänzende und klebrige Substanz – die Seife – hinzu: Man würde erwarten, dass alles noch viel fettiger und schmutziger wird. Das Gegenteil geschieht, alles wird sauber. Das fettige und klebrige Zeug namens Seife löst das andere fettige und klebrige Zeug namens Schmutz. Wie funktioniert das?

(2) Gib einen Esslöffel von dem Rotkohlsaft auf den flachen Porzellanteller, so viel, dass der Boden ganz knapp bedeckt ist – nicht zu viel! –, und füge dann ein paar Tropfen von dem Öl hinzu. Große Öltropfen bilden sich, die sich mit dem Rotkohlsaft offenbar nicht mischen. Auch wenn du den Teller hin- und herschaukelst, zerteilen die Öltropfen sich nur vorübergehend, um dann gleich wieder zusammenzulaufen.

(3) Gib nun einen Tropfen Spülmittel hinzu und schaukele den Teller weiter hin und her. Die Tropfen zerteilen sich immer mehr, bis sie ganz winzig werden. Nun ändert sich auch der Charakter der Flüssigkeit: Sie wird langsam dick wie eine Soße. Diesen Effekt kannst du auch mit etwas (flüssigem) Eigelb oder auch mit Knoblauchsaft bewirken.

(4) Offenbar zerteilt das Spülmittel die Ölkügelchen und sorgt dafür, dass sie klein und kugelig im Wasser verteilt bleiben. Und sie werden immer kleiner und kugeliger und können so auch leichter weggeschwemmt werden als die großen Ölaugen, die am Teller haften. Diese Wirkung üben sowohl das Spülmittel als auch, wie gerade gesehen, das Eigelb und der Knoblauchsaft aus. Man könnte also auch Knoblauchsaft oder Eigelb als Spülmittel verwenden. Es würde funktionieren, wäre aber eine ziemlich stinkige Angelegenheit. Umgekehrt könnte man auch mit Spülmitteln sehr stabile Mayonnaisen und Soßen anrühren. Auch das geht, schmeckt nur leider nicht.

(5) Hautcremes und Bodylotions sind nichts anderes als ziemlich dicke Mayonnaisen, in denen Öl mit Wasser gemischt ist. Jedenfalls dann, wenn sie weiß sind. Meist werden dafür als Mischmittel irgendwelche Seifen oder seifenähnliche Stoffe verwendet. Das kannst du schmecken, wenn du die Cremes probierst (nur ein Tröpfchen nehmen!). Viele Hautcremes schmecken seifig, und das ist auch der Grund, weshalb *diese* Cremes für Leute mit empfindlicher Haut weniger geeignet sind. Denn Seifen brennen auf verletzter Haut. Nur Cremes, die tranig schmecken, enthalten keine Seifen, und die sind dann meist auch für empfindliche Haut gut geeignet.

(6) Auch im Körper wird eine Art Seife produziert, jeden Tag ungefähr 0,7 Liter. Das ist die Gallenflüssigkeit, kurz Galle genannt. Für die Verdauung ist sie unerlässlich, denn sie macht das, was das Spülmittel im Spülbecken tut: Sie zerteilt die Fette, die mit der Nahrung aufgenommen werden, damit sie leichter verdaut werden. Gallenflüssigkeit – aus geschlachteten Rindern – wird auch als Reinigungsmittel und Emulgator verwandt.

23 Seife, die auf Bäumen wächst

Stoffe und Dinge: Rosskastanien, Wasser, Nussknacker, Marmeladenglas, Wäschenetz
Zeit: im Herbst. Dauer: etwa 15 Minuten

(1) In der Natur existieren zahlreiche schäumende Substanzen, und viele wurden oder werden als Seifenersatz genutzt. So enthalten die Rosskastanien reichlich sogenannte Saponine, Seifenstoffe. Vor 100 Jahren, während des Ersten Weltkriegs, wurden Rosskastanien im damaligen

Deutschen Reich als Seifenersatz verwendet, weil das Fett, das man für die Herstellung »richtiger« Seife benötigt, knapp war. Schon zuvor hatten Handwerker geriebene Kastanien als Handreinigungsmittel verwendet. Dass sie wirklich reinigen, kannst du leicht feststellen.

(2) Sammle Kastanien und brich sie mit dem Nussknacker auf. Unter der Schale kommt das weiße Innere, mehr oder weniger ramponiert, zum Vorschein. Nimm davon ein paar Brocken und Krümel. Gib sie in ein sauberes Marmeladenglas, kipp etwas Wasser darüber, verschließe den Deckel und schüttele. Es bildet sich eine ordentliche Schaumkrone.

(3) Einmal haben wir grob gehackte Rosskastanien anstelle von Waschmittel verwendet. Dazu nahmen wir zehn geschälte und grob zerkleinerte Kastanien, gaben sie in ein Wäschenetz (ein dünner, oben zugeknoteter Strumpf funktioniert sicher auch) und legten es zu der Schmutzwäsche in die Maschine. Über das Ergebnis waren wir unterschiedlicher Ansicht. Während ich angenehm überrascht war, meinte meine Frau, dass die Kastanie allenfalls »ein bisschen sauber« wäscht. »Vielleicht so viel wie die indische Waschnuss damals.« Wir hatten vor Jahren einmal die angeblich ökologische indische Waschnuss, die erstaunlich teuer war, gekauft und erprobt. Die Waschnuss erwies sich aber als recht oberflächliche und ungründliche Wäscherin.

24 Seife, die am Wege wächst

Stoffe und Dinge: Seifenkraut *(Saponaria officinalis)*, Messer, Brett, Pürierstab, Pürierbecher (hohes Gefäß, ersatzweise auch ein Messbecher). Vorsicht: Wenn du dich mit dem Pürierstab nicht auskennst, lass dir helfen oder lass dir zeigen, wie es geht.
Zeit: fünf Minuten

(1) Als Waschkraut nutzte man früher das Seifenkraut, das zwar nicht selten ist, das man ohne botanische Kenntnisse oder ohne einen

Seifenkraut

(Saponaria officinalis)

Tipp von pflanzenkundigen Menschen (z.B. Biologielehrer) aber kaum findet. Es wächst meist an Wegen oder Schutthalden, man findet es am leichtesten im Juli oder August, wenn es blüht [*siehe Abbildung*]. Getrocknetes Seifenkraut erhält man auch im Internet, und manche Gärtnereien führen Seifenkrautarten in ihrem Sortiment.

(2) Rupfe eine ganze Pflanze mit Wurzel aus, nimm eventuell eine Schaufel zu Hilfe. Reinige die Wurzel in der Küche und schneide sie ab. Hacke einige Blätter klein, befeuchte sie und rubbele sie zwischen den Handflächen wie Seife. Das Seifenkraut macht seinem Namen Ehre! Zum Reinigen empfehlen sich die Blätter trotzdem nicht, denn die Hände sind hinterher grün. Mit der Wurzel funktioniert es besser, sie gibt einen weißen Schaum – aber nur, wenn du sie reinigst, dann zerkleinerst und mit etwas Wasser im Mixer pürierst. Früher wurde Seifenkrautwurzel vor allem zum Reinigen empfindlicher Stoffe verwandt. Das tut heute wohl niemand mehr. Eine andere Anwendung hat sich aber erhalten:

(3) Weil Seifenkraut schäumt, wird es in manchen Gegenden auch in der Küche verwandt. Man nutzt es in der Türkei als Mischmittel (Emulgator), um Öl und Wasser, die sich normalerweise nicht mischen, dennoch zusammenzubringen. Die türkische Süßwarenspezialität Halva wird angeblich heute noch mit Seifenkraut hergestellt. In unseren Küchen wird als Mischmittel eher Eigelb oder Sojalecithin verwandt.

(4) Welchen Nutzen hat die Pflanze von den Seifenstoffen (Saponinen), die in ihr enthalten sind und die den Schaum bewirken? Das weiß man nicht – jedenfalls wollte die Pflanze nicht zur Reinlichkeit der Menschen beitragen. Vermutlich nutzt sie die Saponine als Gifte – für viele Tierarten sind sie giftig, für den Menschen jedoch kaum.

25 Asche und Aschenlauge

Stoffe und Dinge: Holzkohle, Grill, Sieb, Topf, große verschließbare Flasche (z. B. Fruchtsaftflasche), wasserfester Stift, Kaffeefilter mit passendem Filterpapier, Schutzbrille
Zeit: zwei Stunden

(1) Die Holzasche war in früheren Zeiten ein wichtiger Stoff, der zum Waschen von Textilien, aber auch für die Glasherstellung und viele weitere Dinge gebraucht wurde.

(2) Die erkaltete Asche eines Holzkohlegrillfeuers (Steinkohle enthält oft giftige Schwermetalle) siebst du in einen Topf und gießt warmes Wasser darauf. Lass den Ansatz länger stehen. Dann filterst du die schwarze Brühe durch den Kaffeefilter in die Flasche. Schreibe mit einem Eddingstift darauf, was sich darin befindet: Aschenlauge.

(3) Wenn du die Lauge über die Hand laufen lässt, fühlt sie sich seifig an – und sie schmeckt auch laugig. Wenn du das testen willst: Gieß einen Esslöffel von der Lauge in ein mit Wasser gefülltes Glas, tauche den Finger ein und tupfe etwas von der Flüssigkeit auf die Zunge. So verdünnt ist die Lauge gefahrlos. Konzentrierte Aschenlauge darf man aber keinesfalls verschlucken!

(4) Wenn du Holzasche oder die daraus hergestellten Laugen in die Augen bekommst, sofort die (geöffneten!) Augen unter dem laufenden Wasserhahn mit viel warmem Wasser ausspülen!

(5) Buchenholzasche enthält zu etwa einem bis zu zwei Dritteln Kaliumkarbonat, das man auch als Pottasche bezeichnet. Der Rest besteht aus Kaliumsulfat und Kaliumchlorid sowie Soda (Natriumkarbonat). Früher wurde die Asche aufwendig gereinigt, indem man sie kristallisieren ließ und dann im Ofen bis zur Rotglut erhitzte. Das Aschenbrennen war ein in waldreichen Gegenden verbreitetes Gewerbe.

(6) Krautige Pflanzen bilden beim Verbrennen oft mehr Asche als Holz, früher verwandte man vor allem den Beifuß als Aschepflanze. Man pflanzte ihn eigens an, um ihn später zu verbrennen. Viele Pflanzen, die am Meer wachsen, und auch getrocknete Seetange bilden dagegen, wenn man sie verbrennt, eine deutlich andere Asche, die Soda genannt wird. Sie besteht zu großen Teilen aus Natriumkarbonat.

(7) Wenn du etwas von der Aschenlauge in ein verschließbares Marmeladenglas füllst, einen Tropfen Olivenöl dazugibst und gut schüttelst, bildet sich eine milchige Emulsion: Durch die Lauge verbindet sich das Öl besser mit dem Wasser. Unter anderem darauf beruht die Reinigungswirkung der Asche, die das »Persil« früherer Zeiten war. Zum Vergleich kannst du auch normales Wasser mit einem Tropfen Öl schütteln – es setzt sich gleich wieder ab. Aschenlauge wirkt auch gegen Ungeziefer, das sich vorzugsweise in Textilien verborgen hält, etwa gegen Motten und Läuse.

(8) Holzasche wurde auch gern als Düngemittel verwendet. Das ist unbedenklich, solange unbehandeltes Holz verbrannt wird. Asche von unbehandeltem Holz ist ungiftig. Früher hat man aber auch bunt lackiertes Holz verbrannt. Lacke und Holzschutzmittel enthielten in früheren Zeiten stets und heute manchmal giftige Schwermetalle, zum Beispiel Blei. Diese Giftstoffe gelangten dann mit der Holzasche auf die Beete, wo man sie oft heute noch nachweisen kann. Auch die Steinkohlenasche enthält Schwermetalle und gehört deshalb in den Restmüll.

(9) Unter einer Lauge versteht man ursprünglich jede zum Waschen taugliche, meist scharfe, ätzende Flüssigkeit, etwa Seifenlauge oder auch Wasser, dem gereinigte Holzasche zugefügt ist. In der Chemie bezeichnet man als Lauge alle Flüssigkeiten, die Rotkohllösung grünlich färben, Lackmuslösung bläulich und die mit Säuren zu Salzen reagieren.

26 Branntkalk und Kalkwasser

Stoffe und Dinge: größere leere Muschel- oder Schneckenhäuser vom Strandurlaub oder aus dem Garten (leere Gehäuse von Schnirkel- oder Weinbergschnecken) oder aus dem Aquariengeschäft, haselnussgroße Marmorsteine oder Kalksteine; Wasser, Holzkohle, Grill, große, weithalsige Glasflasche (Fruchtsaftflasche), Schutzbrille (!), Latex-Einweghandschuhe
Zeit: ein bis zwei Stunden

(1) Wenn du dich mit dem Grill nicht auskennst, lass dich einweisen oder lass dir helfen. So oder so: Am heißen Grill ist Vorsicht geboten.

(2) Wenn die Würstchen an einem schönen Sommertag gegrillt sind, entfernst du mit einer Zange den Grillrost. Lege nun auf die noch glühenden Kohlen die Muscheln und Steine. Bedecke sie per Grillzange mit noch glühenden Kohlestücken. Schütte darauf wieder eine dicke Schicht frischer Kohle. Vorsicht vor den fliegenden Funken! Jetzt öffnest

du alle Öffnungen an dem Grill, fächelst Luft zu und lässt das Ganze kräftig durchglühen – so lange, bis die Kohle vollständig zu Asche geworden ist.

(3) Aus der vollständig erkalteten Asche holst du die Gegenstände wieder hervor; ziehe dazu Latexhandschuhe über. Die Schalen und die Kalkbrocken sind bröckelig und weiß geworden. Schutzbrille aufsetzen! Lege sie in einen emaillierten Topf oder in eine Porzellanschale und beträufele sie mit etwas (!) Wasser. Die Steine und die Schalen erwachen zum Leben: Sie zischen und dampfen und spalten sich auf wie Vulkane. Früher sagten die Maurer: »Der Kalk gedeiht.« Der Kalk hat sich durch das Feuer verändert, er ist zu einer recht lebhaften Substanz geworden. Der gebrannte Kalk ätzt zwar auf der Haut nicht besonders, es ist aber sehr gefährlich, ihn in die Augen zu bekommen, zum Beispiel, indem du dir mit verschmutzten Fingern die Augen reibst. Dies musst du unbedingt vermeiden! Nochmals: Wenn du dennoch Branntkalk oder auch Holzasche oder die daraus hergestellten Laugen in die Augen bekommst, sofort die Augen unter dem laufenden Wasserhahn mit viel warmem Wasser ausspülen! Wenn das Brennen dadurch nicht nachlässt, musst du schleunigst zum Arzt!

(4) Woher kommt die Aggressivität des gebrannten Kalks? Früher dachte man, er habe das Feuer in sich aufgenommen. Heute wissen wir, dass durch das Brennen aus dem Calciumkarbonat das Calciumoxid wird. Und dieses wiederum wandelt sich in Wasser in gelöschten Kalk um.

(5) Der mit Wasser begossene Kalk ist ziemlich bröselig. Wenn du ihn mit Sand mischst und noch etwas Wasser dazugibst, bekommst du Mörtel (ein Teil Kalk und drei Teile Sand). Das ist eine formbare Masse, die mit der Zeit fest wird. Denn der gebrannte und gelöschte Kalk wandelt sich mit der Zeit wieder in normalen Kalk um, also in einen festen Stein. Mit Mörtel kann man Ziegelsteine aneinanderkleben und Mauern verputzen. Den weißlichen Branntkalk selbst verwendete man auch als Farbe. Man mischte ihn dazu mit Quark und strich ihn dann auf die Wand.

(6) Bugsiere einen Brocken Branntkalk mit einem Löffel nach und nach in eine zu drei Viertel mit Wasser gefüllte, weithalsige Flasche. Es entsteht eine trübe Mischung, die mit der Zeit klar wird, während sich der nichtgelöste Kalk unten sammelt. Verschraube das Gefäß und beschrifte es mit einem Permanentstift.

(7) Gieße etwas von dem Kalkwasser in ein Glas und puste mit dem Strohhalm vorsichtig Atemluft hindurch. Die zuvor klare Lösung wird trübe. Aus der Kohlensäure deines Atems und dem im Wasser gelösten gelöschten Kalk entsteht wieder normaler Kalk.

(8) Das Kalkwasser haben die alten Kelten und Germanen, wie schon erzählt, verwendet, um ihre Haare zu blondieren. Mit regelmäßiger Kalkwasseranwendung wurden ihre blonden Haare noch viel blonder, auch strohig und struppig »wie die Mähne eines Pferdes«, wie ein Römer halb fasziniert, halb angeekelt schrieb. Man konnte die Haare zu Punkfrisuren aufstellen, und das taten die alten Germanen gern, vor allem, wenn sie auf dem Kriegspfad waren. Auch in südlichen Gegenden schätzte man den gebrannten Kalk. Wird schwarzes Haar mit Kalkwasser traktiert, dann wird es rötlich. In Neuguinea wurde diese Haarbehandlung jahrhundertelang praktiziert, bis die Missionare sie verboten. Eine törichte Maßnahme, denn Kalkwasser hat neben der ästhetischen auch eine hygienische Wirkung: Es tötet nämlich Parasiten wie zum Beispiel Läuse, die sich gern im Haar aufhalten.

27 Seife nach Art der alten Kelten und Germanen

Stoffe und Dinge: Aschenlauge und Kalkwasser (siehe oben), Olivenöl, destilliertes Wasser, Marmeladenglas, das sich verschließen lässt. Schutzbrille!
Zeit: fünf Minuten

(1) Schutzbrille aufsetzen! Fülle das Marmeladenglas zur Hälfte mit Aschenlauge und gib etwa halb so viel Kalkwasser hinzu. Es bildet sich ein weißer Niederschlag. Gib acht, dass dir nichts von der Flüssigkeit in die Augen kommt! Wenn trotz Vorsichtsmaßnahmen doch etwas ins Auge gelangt, sofort mit reichlich fließendem Wasser unter dem Wasserhahn ausspülen und, wenn die Schmerzen anhalten, den Arzt rufen. Auch von der Haut musst du Spritzer sofort entfernen.

(2) Gib nun einen oder zwei Tropfen Olivenöl hinzu, verschließe das Glas und schüttele. Es bildet sich etwas Schaum. Nicht besonders sensationell, aber immerhin zeigt der Schaum, dass Seife entstanden ist. Deutlich mehr würde entstehen, wenn du das Ganze erhitzt und mit größeren Mengen arbeitest. Das richtige Seifensieden ist aber nicht Thema dieses Buches. Hier geht es erst einmal nur um das Phänomen.

(3) Der Seifenschaum bildet sich interessanterweise nicht, wenn du das Olivenöl zu reiner Aschenlauge oder zu reinem Kalkwasser tropfst. Nur die Mischung beider macht das Öl geneigt, sich zumindest teilweise in Seife zu verwandeln. Denn beim Mischen von Kalkwasser mit Aschenlauge wird die Aschenlauge »kaustifiziert«, wie man früher sagte, sie wird brennend gemacht. Es bildet sich nämlich Kalk – der weiße Niederschlag – und Kalilauge (KOH), eine sehr starke Lauge.

(4) Nach dieser Methode hat man früher in der Tat Seife hergestellt. Man mischte Asche mit gebranntem Kalk und ließ dann Wasser durch die Mischung rinnen. Die erhaltene Lauge, die so konzentriert sein musste, dass ein Ei darin schwimmt, verwendete man dann zum Seifensieden. Es entsteht dabei Kaliseife, eine Schmierseife. Um zu normaler Seife zu gelangen, wurde Kochsalz hinzugefügt. »Aussalzen« nannte man das. Dadurch entstand eine feste Seife, die oben auf der Brühe schwamm und abgeschöpft wurde. Dies ist der sogenannte Seifenkern – daher das alte Wort Kernseife.

(5) Seife, ein in vielen Variationen (*savon, soap, sabão* usw.) weltweit verbreitetes Wort, ist, wovon ich schon sprach, ursprünglich germanischen Ursprungs. Dies ist ein Indiz, dass die Seife von den alten Germanen erfunden wurde, was man denen gar nicht zugetraut hätte. Die Germanen stellten vor allem Schmierseife her, also eine Flüssigseife, weil sie oft in Wäldern oder waldnahen Gegenden wohnten und daher meist mit Kaliumkarbonat (Holzasche) arbeiteten. »Siff« nennen wir umgangssprachlich tropfenden Dreck, also so ziemlich das Gegenteil von Seife. Aber beides ähnelt einander, weil Siff und die Seife der Germanen zäh, klebrig und tropfend sind. Tatsächlich sind beide Worte verwandt, wie an der Wortgestalt leicht zu erkennen. Die Kelten dagegen, die häufig an den Küsten lebten, stellten auch feste Seife her, weil sie oft die Asche von getrocknetem Seetang oder Küstenpflanzen verwendeten. Diese Asche enthält Natriumkarbonat, Soda.

28 Mayonnaise rühren

STOFFE UND DINGE: 150 bis 200 Milliliter Öl (etwa ein Glas voll), ein rohes Ei, eine Prise Salz, ein Teelöffel Senf, Rührstab, hohes Gefäß
ZEIT: fünf Minuten. Die günstigste Zeit für dieses Experiment ist, wenn es Pommes frites gibt. Dann kannst du die Mayonnaise gleich probieren.

(1) Im Eigelb befindet sich eine Substanz namens Lecithin, die ähnlich wie Seife Öl und Wasser verbinden kann. Lecithin hat den Vorzug, dass es anders als Seife keinen üblen Geschmack hat. Deshalb verwendet man Eigelb in der Küche gern zum Mischen. Auch das Eiweiß ist aufgrund der darin enthaltenen Proteine ein gutes Mischmittel.

(2) Gib in einen hohen Becher das Öl, schlage dann das Ei hinein (du musst das Eigelb nicht trennen, du kannst das ganze Ei verwenden), gib die Prise Salz hinzu und den Teelöffel Senf.

(3) Jetzt stellst du den Rührstab in das Gefäß, schaltest ihn ein und ziehst ihn langsam hoch. Fertig! Wenn du keine Erfahrung im Umgang mit dem Rührstab hast, lass dir dabei helfen. Niemals den sich drehenden Rührstab unten mit dem Finger berühren, du könntest dich schwer verletzen!

(4) Die Mayonnaise schmeckt ausgezeichnet zu Pommes frites. Sie muss frisch gegessen werden und sollte im Kühlschrank nicht längere Zeit aufbewahrt werden, weil sie rasch verdirbt. Du kannst sie mit Kräutern oder Knoblauch verfeinern.

29 Fett macht sauber

Stoffe und Dinge: Hautcreme (z.B. Nivea)

(1) Normalerweise betrachten wir Hautcreme als Pflegemittel. Sie kann auch als Reinigungsmittel dienen.

(2) Wenn du von der Fahrradreparatur schwarzölige Finger hast, versuchst du wahrscheinlich, sie mit Wasser und Seife zu reinigen. Das geht schwer. Probier es mal mit Hautcreme oder mit Körperlotion! Einfach etwas Nivea oder eine andere Creme auf die verschmutzten Hände geben, einreiben und mit einem Taschentuch oder mit Küchenpapier abwischen.

(3) Das in der Creme enthaltene Fett löst das schmutzige Öl. Wasser dagegen löst Öl nicht oder nur dann, wenn die Seife als Vermittler wirkt, und auch das funktioniert nur bei kleinen Ölmengen. Statt Hautcreme kannst du Butter oder Olivenöl nehmen. Zur Reinigung von Textilien eignet sich dieses Verfahren weniger, weil Fette und Öle zwar den Dreck entfernen, dafür aber – Fettflecken hinterlassen.

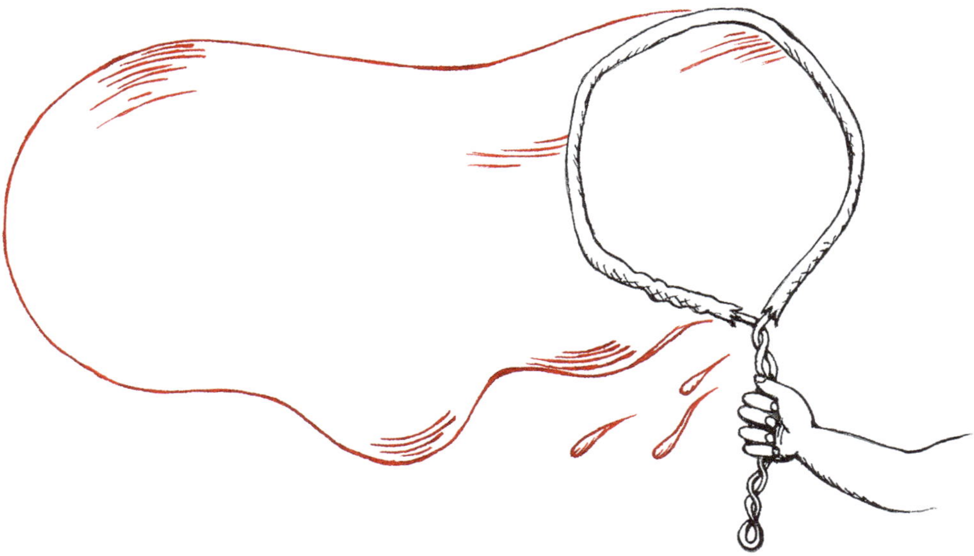

30 Riesenseifenblasen

Stoffe und Dinge: vier Liter destilliertes Wasser, 300 Gramm Zucker, Geschirrspülmittel (450 Milliliter), sechs Esslöffel Salz, vier Esslöffel Glyzerin (aus der Apotheke), Blumendraht oder Drahtkleiderbügel (wie man ihn in Reinigungen erhält), Kneifzange, lange, weiße Schnürsenkel (150 Zentimeter) aus Baumwolle
Zeit: 40 Minuten

(1) Es gibt viele Rezepte für Riesenseifenblasen; dies ist das einfachste und billigste, das ich kenne. Es stammt vom Mathematikdidaktiker Martin Kramer.

(2) Löse zunächst den Zucker und das Salz in dem Wasser auf, füge dann das Geschirrspülmittel und zuletzt das Glyzerin hinzu. Ich gebe zu: Glyzerin ist eine Chemikalie, doch eine ganz ungefährliche, und sie ist viel billiger und leichter erhältlich als andere oft empfohlene Zutaten für Seifenblasen wie etwa Maissirup oder Tapetenkleister.

(3) Lass den Ansatz einige Stunden stehen und rühre ihn gelegentlich vorsichtig um. Fabriziere nun die Ringe, mit denen die Seifenblasen gemacht werden. Ein runder Draht reicht dazu nicht, weil sich an dem glatten Draht die Seifenflüssigkeit nicht richtig festhalten kann. Schneide von den weißen Schnürsenkeln die beiden Spitzen ab – es stellt sich heraus, dass die Schnürsenkel gewobene Röhren sind. In die Röhre schiebst du nun den Draht. Den kneifst du mit der Zange passend ab und biegst dann einen Ring.

(4) Große Seifenblasen werden nicht geblasen, sondern gezogen. Die Flüssigkeit kommt in eine saubere, möglichst große Schüssel oder einen Eimer, dann wird der Ring hineingetaucht. Hebe ihn heraus und ziehe den Ring durch die Luft – es bilden sich ausgezeichnete, große Blasen, die ziemlich lange halten. Sei vorsichtig mit der Flüssigkeit, nicht darin herumplantschen! Eine schaumige Seifenblasenflüssigkeit erzeugt keine guten Blasen! Auch Schmutz ist, wie man sich denken kann, wenig hilfreich.

Tipp: Dieser Versuch ist für Geburtstage und Kinderfeste gut geeignet. Aber vorher ausprobieren!

31 Essigsäure herstellen

Stoffe und Dinge: unfiltrierter Essig (aus dem Bioladen oder Reformhaus), Sherry (oder ein anderes alkoholisches Getränk, z. B. Wein oder Apfelwein, aber nichts Hochprozentiges, kein Likör und kein Schnaps), Marmeladenglas, Nylonstrumpf, Gummiring
Zeit: Zum Ansetzen wenige Minuten; der Essig braucht dann viele Wochen, um zu reifen.

(1) Essig ist die einzige Säure, die man schon in der Antike kannte. Die starken Mineralsäuren, mit denen die moderne Chemie arbeitet, wie Schwefelsäure, Salzsäure und Salpetersäure, sind dagegen erst von den Alchemisten entdeckt worden, sie waren den alten Griechen und Römern unbekannt. Essig wurde früher wie auch heute vielfältig gebraucht. Man wusste, dass Essig Kalk auflöst und auch manche Metalle angreift. Entsprechend nutzte man ihn als Reinigungsmittel. Vor allem aber gebrauchte man ihn als Getränk. Trinkwasser war in früheren Zeiten oft durch Keime belastet. Essig tötet viele Keime. Römische Soldaten führten daher, auch wenn sie von Bakterien noch nichts wussten, meist nicht reines Wasser, sondern Essigwasser mit sich.

(2) Essig entsteht von selbst aus alkoholhaltigen Flüssigkeiten, die an der Luft stehen. Keineswegs aber funktioniert es, einfach ein Glas Wein hinzustellen und abzuwarten, dass Essig daraus wird. Obwohl dieser »Versuch« in sehr vielen modernen »Experimentierbüchern« angepriesen wird, funktioniert er nicht. Der Alkohol im Wein ist nämlich in der Regel zu konzentriert. Zudem werden die meisten Weine so behandelt, dass diejenigen Bakterien, die den Essig »machen«, nicht mehr darin enthalten sind. Nur aus unfiltrierten und unbehandelten Weinen kann durch Stehenlassen in der Tat Essig erzeugt werden.

(3) Auch viele käufliche Essigsorten sind biologisch tot, weil sie so behandelt wurden, dass garantiert keine Bakterien mehr darin wachsen können, auch keine Essigsäurebakterien. Versuche es daher mit biologischen, unbehandelten und unfiltrierten Essigsorten.

(4) Nimm eine solche biologische Essigsorte, fülle damit ein Marmeladenglas zu einem Drittel und gib darauf einen Esslöffel Sherry. Decke das Ganze mit einem Nylonstrumpf ab, befestige ihn mit einem Gummiring. Du kannst auch ein Stück Mullbinde verwenden. An sich könntest du den mit Sherry gemischten Essig auch offen stehen lassen, doch wird er dann unweigerlich Essigfliegen anlocken, die früher oder später tot in der Flüssigkeit treiben. Deshalb der Nylonstrumpf bzw. die Mullbinde. Den Ansatz stellst du an einen warmen Ort.

(5) Nach einer Woche solltest du Schlieren in deinem Gefäß sehen, und nach zwei Wochen bilden diese eine geschlossene, glibberig aussehende Schicht, die oben in dem Gefäß schwimmt. Das ist die Essigmutter. Sie ist eigentlich eine große, durch ein Gelee verbundene Kolonie von Essigsäurebakterien. Gib nun alle paar Tage einen Schluck Sherry hinzu und von Zeit zu Zeit auch etwas Mineralwasser (ohne Kohlensäure). Die Essigmutter verdaut den Alkohol umgehend und produziert Essig. Du kannst die Essigmutter auch verwenden, um aus einem anderen alkoholischen Getränk Essig herzustellen. Sie muss aber immer in essigsaurer Flüssigkeit starten! Und immer nur wenig Alkohol auf einmal – sonst sterben die Bakterien!

(6) Den selbst hergestellten Essig kannst du nach zwei Monaten vorsichtig durch ein Sieb abgießen und in eine Flasche füllen. Du kannst ihn geschmacklich verbessern, indem du zum Beispiel einen Zweig Thymian oder Rosmarin hineingibst.

(7) Essig braucht Luft, um sich zu bilden. Wenn das Glas verschlossen wird, bildet sich kein Essig mehr! Diese Regel gilt auch bei anderen Prozessen. Auch Milch, die man offen stehen lässt, wird sauer. Jedenfalls dann, wenn sie unbehandelt ist. Verschließt man sie hingegen, wird sie nur schlecht. Ähnlich macht die Luft auch den Schwefel sauer, denn bei seiner Verbrennung entsteht ein sehr saures Gas. Auch aus Kohle entsteht beim Verbrennen ein saures Gas, die Kohlensäure.

(8) Aus diesen Tatsachen schloss der französische Chemiker Lavoisier, von dem ich schon erzählt habe, dass derjenige Teil der Luft, der bei der Verbrennung dazukommt, auch der Stoff ist, der Säuren sauer macht. Er nannte ihn deshalb Sauerstoff. Die Forschung zeigte, dass in der Tat viele Säuren Sauerstoff enthalten, und je mehr Sauerstoff, desto stärker sind sie. Dennoch war Lavoisiers Sauerstofftheorie zu allgemein. Es gibt sehr viele Sauerstoffverbindungen, die nicht sauer schmecken und auch sonst keine Eigenschaften von Säuren zeigen – das Wasser ist das beste Beispiel. Es enthält über 80 Gewichtsprozent Sauerstoff und ist dennoch überhaupt nicht sauer. Andererseits gibt es viele starke Säuren, die gar keinen Sauerstoff enthalten. Das bekannteste Beispiel ist die Salzsäure (HCl). Der Name Sauerstoff ist deshalb streng genommen eine veraltete

Theorie. Der Sauerstoff ist nicht der Sauerstoff. Man behielt den Namen trotzdem bei, weil er sich nun mal eingebürgert hatte.

32 Ameisensäure

Stoffe und Dinge: Ameisenhaufen (von Waldameisen), Sonnenbrille, Tuch
Zeit: im Sommer
Ort: im Wald

(1) Wenn du das nächste Mal an einem Haufen von Waldameisen vorbeikommst, lege eine Sonnenbrille darauf. Die Ameisen halten sie für einen Feind und bespritzen sie; die Spritzer erkennst du, wenn du die Brille genauer betrachtest.

(2) Die Brille riecht intensiv und säuerlich: Die Ameisenspritzer bestehen zum größeren Teil aus Ameisensäure. Wische sie mit dem Finger ab und probiere sie vorsichtig – sie schmeckt wirklich sehr sauer. Die Brille anschließend gleich mit einem Tuch reinigen.

(3) Ameisensäure wurde gewonnen, indem man Ameisen sammelte und, der Tierschutzgedanke war damals noch kaum entwickelt, in einer Retorte bei mildem Feuer destillierte. Mit etwas Öl versetzt, wendete man den Stoff äußerlich und innerlich an. Der französische Naturforscher Réaumur, der als Erster Ameisen in Puderdosen hielt und ihr Treiben wissenschaftlich beobachtete, schreibt, sein Hufschmied habe, um ein krankes Pferd zu kurieren, ein paar Schippen von einem Ameisenhaufen mitsamt allen Ameisen in einen Eimer Wasser geworfen, umgerührt und dem Pferd davon zu trinken gegeben. Das Pferd sei gesund geworden. Die Ameisensäure hielt man, wie auch die meisten anderen Säuren und sauren Stoffe, ursprünglich für eine Variante der Essigsäure. Dass es sich um eine durchaus individuelle Substanz handelt, wurde erst im 19. Jahrhundert erkannt.

(4) Ameisensäure wird auch heute medizinisch bei Rheuma eingesetzt, zudem auch in der Textil- und Lederindustrie in großen Mengen verbraucht. Die BASF erzeugt jährlich 255 000 Tonnen und ist damit derzeit Weltmarktführer. Nach altem Verfahren gewann man aus einem Kilogramm Ameisen ungefähr 500 Gramm Ameisensäure. Die BASF müsste also jährlich ungefähr ein Prozent aller weltweit lebenden Ameisen verarbeiten, um diese Massen zu erzeugen, denn das Gesamtgewicht aller Ameisen wird auf 50 Millionen Tonnen geschätzt. Das wäre schon ein ziemliches Gekrabbel in Ludwigshafen!

(5) Zum Glück für die Ameisen werden diese aber heute nicht mehr nach dem alten Verfahren aus lebenden Tieren, sondern aus Kohlenmonoxid hergestellt, nach einem Verfahren, das der französische Chemiker Marcellin Berthelot erfand und das in weiterentwickelter Form heute noch in Gebrauch ist. Das Kohlenmonoxid gewinnt man aus Koks, also aus einem fossilen Rohstoff. Wieder ein Beispiel dafür, dass Chemieprodukte umwelt- und tierfreundlicher sein können als natürliche Produkte!

33 Ein Indikator

Stoffe und Dinge: ein Kopf Rotkohl, zudem Zitronen, Seife, Küchenmesser, Kaffeefilter
Zeit: fünf Minuten

(1) Die Entdeckung, dass alle Stoffe, die auf der Zunge sauer schmecken, auch bestimmte Pflanzenfarbstoffe rot färben, ist alt. Der Chemiker Torbern Olof Bergmann (1735–1784) hat als einer der Ersten systematisch Veilchen und andere farbige Pflanzen zum Nachweis von Säuren benutzt. Sie färben sich in Säuren rot. Violette Veilchen sind vielleicht manchmal schwierig zu bekommen. Daher benutzen wir einen Rotkohl.

(2) Von dem nimmst du ein paar Blätter und schneidest sie so klein wie möglich. Du kannst auch einen Pürierstab verwenden, falls vorhanden bzw. falls du dich damit auskennst. Mische den Brei mit einem halben Glas Wasser und lass den Ansatz eine halbe Stunde ziehen. Den Aufguss gibst du durch einen Kaffeepapierfilter. Du erhältst einen violetten Saft.

(3) Wenn du dazu eine Säure (z.B. Zitrone) gibst, wird er rot, gibst du eine Lauge (z.B. Seife) hinzu, wird er grün.

34 Darstellung des Bologneser Leuchtsteines ★

Stoffe und Dinge: Baryt (Schwerspat, vom Mineralienhändler oder aus dem Internet, ein etwa bohnengroßes Stück genügt) oder ersatzweise Bariumsulfat (fünf Gramm aus der Apotheke), Holzkohle, Grillstarter (Grillkamin, gibt es in der Grillsaison für wenige Euro), flache Steine (auf die man den Grillstarter stabil stellen kann, oder auch eine größere Fliese), kleiner Blumentopf aus unglasiertem Ton (groß genug, um den Baryt oder das Bariumsulfat und ein paar Stücke Grillkohle einfüllen zu können), UV-LED (blaue LED). Vorsicht! Nicht in UV-Licht hineinschauen!
Zeit: in der Grillsaison. Lass dir helfen, wenn du dich nicht mit dem Grill auskennst!
Ort: Versuch unbedingt draußen durchführen; zum Betrachten des Resultats benötigt man dann einen dunklen Raum (etwa einen Keller).

(1) Einer der berühmtesten alchemistischen Phosphore ist der Bologneser Leuchtstein. Er wurde erstmals von einem italienischen Alchemisten aus dem in der Nähe von Bologna vorkommenden Schwerspat hergestellt. Kaufe ihn im Internet, bei Mineralienhändlern oder auf einer Mineralienmesse.

(2) Nimm den Schwerspat und lege ihn zusammen mit einigen zerkleinerten Grillkohlen in den Blumentopf. (Alternative: Mische das Bariumsulfat mit etwa gleich viel Kohle und bugsiere das Gemisch in den

Blumentopf.) Füll nun eine Lage Kohlen in den Grillstarter, stell den gefüllten Blumentopf halbschräg darauf und gib wieder Kohlen dazu, bis der Blumentopf ganz bedeckt ist.

(3) Stell den Grillstarter draußen so auf die Steine, dass er stabil steht, und zünde ihn an. Lass die Kohle komplett abbrennen, dann nimmst du, wenn alles erkaltet ist, den Blumentopf heraus. Der Schwerspat ist zu einem Pulver zerfallen, das faulig riecht. Fass das Pulver nicht an, schütte es in ein Marmeladenglas, das du beschriftest: Bologneser Leuchtstein (Bariumsulfid). Das entstehende Gas ist Schwefelwasserstoff, der giftig ist. In den sehr kleinen Mengen, die hier entstehen, ist das Gas aber ungefährlich. Den Blumentopf, in dem der Schwerspat geglüht wurde, wirfst du in den Restmüll.

(4) Aber jetzt das Eigentliche: Wenn du das Pulver ins helle Sonnenlicht stellst und dann in einem dunklen Keller betrachtest, siehst du, dass es orangerot nachleuchtet. Einfacher ist es, es im Keller gleich mit UV-Licht zu bestrahlen. Für einen Alchemisten ist der zuvor schöne, kristalline Stein durch das Feuer getötet worden, zerstückelt, er ist gestorben, riecht sogar nach Fäulnis. Aber zugleich hat ihn das Feuer zu einem höheren Leben erweckt, was daran zu sehen ist, dass er auf eine unirdische Weise leuchtet. Er wurde durch den Alchemisten zu einer höheren Stufe des Daseins geführt, die der Sonne näher ist, denn er nimmt nun das Sonnenlicht auf. Dieser Leuchtstein war im 16. Jahrhundert eine Sensation. Es war üblich, das Pulver mit einem Bindemittel zu mischen. Daraus fertigte man einen Teig, aus dem Teig kleine Figuren, die man verkaufte.

(5) Der Dichter Johann Wolfgang von Goethe machte auf seiner italienischen Reise einen Abstecher in die Berge in der Nähe von Bologna. Dort suchte er für seine Sammlung mehrere Kilogramm Schwerspat zusammen und nahm sie mit! Auch in der hessischen Wetterau kommt Schwerspat in Sandgruben vor. Er bildet schöne Sandrosen.

(6) Der geglühte Schwerspat ist schwach giftig; er soll nicht in die Umwelt und auch nicht in den Ausguss gelangen. Du kannst ihn jedoch, falls du ihn nicht weiter aufbewahren willst, mitsamt dem Glas in die Restmülltonne werfen.

(7) Neben dem Bologneser Leuchtstein gibt es noch andere Phosphore, etwa den Balduinischen Phosphor, der mit Kreide und Salpetersäure bereitet wird. Bei der Untersuchung dieses Leuchtsteins entdeckte der Naturphilosoph Johann Heinrich Schulze 1719 zufällig die Lichtempfindlichkeit des Silbernitrats und fertigte erste Lichtbilder an. Ich komme darauf zurück.

(8) Phosphor ist ein griechisches Wort und heißt »Lichtbringer«. Substanzen, die nachts leuchten oder nachleuchten, hielt man für Lichtmagneten und Lichtspeicher. Weil das Licht von der Sonne kommt und man die Sonne dem Gold zuordnete, glaubte man, die Phosphore seien wichtige Schritte auf dem Weg zum Stein der Weisen, der unedle Metalle in Gold verwandelt.

35 Leuchtendes Holz

Stoffe und Dinge: kleine Gartenschaufel, Taschenmesser, Pilzbestimmungsbuch
Zeit und Ort: im Herbstwald

(1) Leuchtendes Holz ist nicht so selten, wie es scheint, man muss nur wissen, wo es zu finden ist. Am einfachsten ist das im Herbst, wenn ein bestimmter Pilz, der Hallimasch, wächst. Den findest du an vielen Baumstämmen, er ist leicht zu erkennen. Er entwickelt sich aus einem schwarzen Pilzgeflecht, dem sogenannten Myzel.

(2) Hast du einen Baumstumpf mit Hallimasch gefunden, dann hast du auch leuchtendes Holz entdeckt. Denn faulendes Holz, auf dem der Hallimasch wächst, leuchtet. Grabe dazu die Erde um den Baumstumpf etwas auf, bis du auf die Wurzeln stößt. Die Wurzeln leuchten

Hallimasch
Armillaria mellea

meist besser. Sie sollten noch nicht völlig zerfallen sein, sondern eher fest. Schnitze mit dem Messer ein paar dickere oder dünnere Späne von dem Wurzelholz ab und nimm sie mit nach Hause. Lieber an verschiedenen Stellen schnitzen und immer nur das helle, scheinbar unbefallene Holz nehmen, das bräunliche oder graue sieht zwar schön vermodert aus, leuchtet aber nicht!

(3) Das Leuchten der Holzspäne siehst du nur nachts, wenn es ganz dunkel ist, nachdem deine Augen sich an die Dunkelheit gewöhnt haben. Es ist ein schwaches, grünliches Licht, das von Pilzen hervorgerufen wird. Viel stärker leuchten die Glühwürmchen. Früher hat man sie gefangen und bereitete aus ihnen eine nachtleuchtende Tinte.

36 Salpeter aus Komposterde ★

Stoffe und Dinge: Komposterde, zwei Eimer, Sieb, Kaffeefilter, Topf, Teller, Grill, Nitratteststäbchen (im Aquariengeschäft erhältlich), gereinigtes Marmeladenglas, Blatt Papier
Zeit: zwei Jahre (zur Bildung der Komposterde), eine Stunde (für die Auslaugung der Erde und die Darstellung des Salpetersudes – das ist der eigentliche Arbeitsschritt), acht Wochen (für das Auskristallisieren des Salpeters)

(1) Die Salpeterer hatten die Aufgabe, für ihren jeweiligen Landesherren Salpeter herzustellen. Dazu kratzten sie den an den Stallwänden ausblühenden Salpeter ab. Die andere Möglichkeit war, aus salpeterhaltiger Erde den begehrten Stoff auszukochen.

(2) Falls du irgendwo an Keller- oder Stallwänden oder auch in Höhlen einen weißen, wolligen Belag siehst, sammele ihn ein, indem du ein Kehrblech oder einen Bogen Pappe oder ein Blatt Papier darunterhältst und mit einem weiteren Blatt oder einem Pinsel oder einer Bürste – zur Not auch mit den Fingern – den Salpeter herunterkratzt. Bewahre den Stoff in einem beschrifteten Glas auf. Er ist nicht brennbar, aber er ist brandfördernd, und zwar in hohem Maße. Wenn das nächste Mal gegrillt wird, kannst du erproben, ob es wirklich Salpeter ist. Wirf einen halben Teelöffel voll auf die glühenden Kohlen. Wenn sie funkeln und aufglühen, handelt es sich um Salpeter. Es ist Calciumnitrat, der sogenannte Mauersalpeter. Die Salpeterer testeten den Stoff, indem sie sich Kristalle auf die Zunge legten. Echten Salpeter erkennt man daran, dass er intensiv kühlt. Tatsächlich enthalten Kühlpackungen, die zum Beispiel in der Sportmedizin verwendet werden, heute noch Salpeter.

(3) Salpeter lässt sich aus Komposterde kochen. Für diesen Versuch brauchst du gute, reife Komposterde, möglichst aus einer Kompostbox, in der der Kompost vor Regen geschützt ist. Auch Erde aus einem Tierstall (alter Hühnerstall oder alter Schweinestall – wohlgemerkt Erde, kein

Mist!) lässt sich gut verwenden. Falls dir das nicht zur Verfügung steht, kannst du es auch mit Erde aus einem offenen Kompost versuchen.

(4) Grabe an einem sonnigen Tag etwa einen Eimer (zwölf Liter) dicker, schwarzer Komposterde aus und breite sie zwei oder drei Stunden lang auf der Wiese oder einem Beet aus. Das hat den Zweck, den im Kompost lebenden Lebewesen, zum Beispiel Regenwürmern, zu gestatten, rechtzeitig die Flucht zu ergreifen.

(5) Schaufele dann die Erde in den Eimer und übergieße sie mit heißem Wasser. Lass das Ganze ein Stündchen ziehen.

(6) Dann gießt du das Wasser durch ein Sieb in einen zweiten Eimer. Lass diesen ein paar Tage stehen, bis sich der gröbste Dreck unten abgesetzt hat. Die Brühe schüttest du dann durch einen Kaffeefilter in einen Topf, und zwar so, dass möglichst wenig Schmutz mitkommt. Eventuell musst du zweimal filtrieren.

(7) Nun kochst du die Brühe auf niedriger Flamme so lange, bis nur noch ein Viertel der ursprünglichen Wassermenge im Topf ist. Dann gießt du sie in eine Glasschale oder auf einen flachen Teller.

(8) Die Brühe wird bräunlich aussehen, auch nachdem sie filtriert wurde. Ein zünftiger Salpeterer hätte sich mit dieser Farbe nicht abgefunden, sein Ziel war der reinweiße Stoff. Daher hätte er, wie man es immer noch mit trüber Fleischbrühe macht, etwas Eiweiß oder Blut in die Lösung gerührt, um sie zu klären. Das Eiweiß bzw. Blut gerinnt und nimmt einen Teil der Unreinheiten mit. So entsteht klare Rinderbrühe oder auch klare Salpetersuppe. Wir aber nehmen es nicht so genau, wir wollen schnell Ergebnisse sehen. Daher lassen wir alles so, wie es ist. Wir kümmern uns auch nicht um die anderen Stoffe, die in der Suppe enthalten sind. Ein echter Salpeterer würde die Suppe so lange einkochen, bis zumindest die Kochsalzkristalle herausfallen, weil es in der immer dickeren Brühe für sie zu eng wird. Die würde er dann abschöpfen. Wir machen es uns einfach, zudem ist es für unsere Zwecke interessanter, alles zusammen kristallisieren zu lassen.

(9) Schütte einen Teil der Salpetersuppe auf einen flachen Teller. Der Teller kommt in einen ruhigen Raum, zum Beispiel in den Keller, und zwar an einen unzugänglichen Ort, damit niemand auf die Idee kommt, irrtümlich von diesem braunen Zeug zu probieren. Wir möchten, dass sich Salpeterkristalle bilden. Nach vier bis acht Wochen sollte es so weit sein. Salpeterkristalle sind strahlig und überziehen den darunterliegenden Bodensatz aus Dreck wie ein Netz. Neben den Salpeterkristallen findest du meist würfelförmige Kochsalzkristalle.

(10) Dass es sich bei den langen Spießchen wirklich um Salpeter handelt, kannst du wieder am Grill testen; warte, bis die Kohlen gut durchglüht sind. Nun kratzt du ein paar Kristalle ab und lässt sie auf die Kohlen rieseln. Es zischt, an den Stellen, auf die die Kristalle gefallen sind, glühen die Kohlen deutlich auf.

(11) Auch dein Salpeter ist *Calciumnitrat,* Mauersalpeter. Calciumnitrat kann für Schießpulver verwendet werden. Doch eignet es sich nur mäßig, weil es Wasser zieht und das Schießpulver feucht macht. Das stellst du fest, wenn du die Kristalle an einem feuchten Ort stehen lässt – sie zerfließen sogleich. Viel begehrter war *Kaliumnitrat,* das auch heute noch im Schwarzpulver steckt. Kaliumnitrat ist der eigentliche Schießpulversalpeter. Es wird nicht feucht.

(12) Um vom Mauersalpeter (Calciumnitrat) zum Schießpulversalpeter (Kaliumnitrat) zu kommen, gaben die alten Salpeterer Holzaschenlösung zu ihrer Brühe hinzu. Asche ist chemisch gesehen vor allem Kaliumkarbonat. Mit dem Calciumnitrat reagiert sie zu Kaliumnitrat und Kalk, der sich als Trübung bemerkbar macht und den man herausfiltern kann. Wenn du ein wenig Holzasche (oder alternativ auch Soda, Natriumkarbonat) zur Hand hast, kannst du es leicht ausprobieren.

(13) Salpeter ist ein lateinisches Wort: *Sal petrae*, Salz des Steines oder Felsens, Felsensalz. Die Salpetersäure, eine starke Säure, die man erhält, wenn man Salpeter in einer Retorte scharf erhitzt, nach Möglichkeit unter Zugabe von Alaun, ist das berühmte Scheidewasser der Alchemisten. Es löst Silber, aber kein Gold, scheidet also diese beiden Edelmetalle.

37 Salpeter aus Flüssigdünger

Stoffe und Dinge: Flüssigdünger (erhältlich im Gartenbedarf), tiefer Teller, Pinzette, Grill
Zeit: eine Woche

(1) Flüssigdünger enthält immer auch Salpeter, meist in Gestalt von Ammoniumnitrat. Gieße einige Esslöffel Dünger in eine flache Schale oder auf einen flachen Teller und stell ihn an einen ruhigen Ort, der für kleine Kinder oder Tiere unzugänglich ist. Flüssigdünger ist für Pflanzen gut, aber nicht für Menschen.

(2) Nach einiger Zeit bilden sich in der Lösung Kristalle. Während die Lösung ganz einheitlich ist, bemerkst du ziemlich unterschiedliche Kristalle. Substanzen gleicher Sorte sammeln sich nämlich, wenn man ihnen Zeit gibt. Ein Teil dieser Kristalle ist länglich – das sind die Nitrate. Fische sie mit der Pinzette heraus, ehe die Lösung eingetrocknet ist, und lass sie auf einem Stück Papier durchtrocknen.

(3) Beim nächsten Grillabend wirfst du, nachdem alles Grillgut zubereitet und verzehrt ist, ein paar dieser Kristalle auf die glühenden Kohlen. Vorsicht vor Funken! Nimm nicht mehr als einen halben Teelöffel voll. Wenn du nicht mit dem Grill vertraut bist, lass dir helfen. Die Kristalle schmelzen, und die Kohlen glühen prasselnd auf.

(4) In Lösungen wie dem Flüssigdünger sind ganz verschiedene Stoffe vereint. Sie heißen Salze, weil sie alle kristallisieren und oft salzig schmecken, was du aber in diesem Falle bitte nicht erprobst, weil man nie genau weiß, was sich in diesem oder jenem Flüssigdünger so alles verbirgt. Indem man die Flüssigkeit trocknen lässt, gibt man den Salzen Zeit, sich zu sammeln und einheitliche Kristalle zu bilden. Auf diese Weise lassen sich die Stoffe trennen. Ein Verfahren, das in der Chemie oft angewendet wird.

38 Salpeter aus »Ladykrachern«

Stoffe und Dinge: fünf bis zehn sogenannte Ladykracher, destilliertes Wasser, flache Schüssel oder Teller, besser noch: Petrischale
Zeit: um Silvester

(1) In sogenannten Ladykrachern, die du nur an den Tagen vor Silvester kaufen kannst, ist Schwarzpulver enthalten. Wie übrigens in allen Silvesterkrachern. Ladykracher sind die kleinsten und damit die ungefährlichsten. Wenn du vier oder fünf solcher Kracher mitsamt Zündschnur in eine Untertasse legst (möglichst eine dunkelfarbene) und mit wenig (!) destilliertem Wasser einweichst, so dass sie gerade bedeckt sind, und diesen Ansatz ein paar Wochen stehen lässt, löst das Wasser den Salpeter durch die Pappwände hindurch aus dem Schwarzpulver heraus. Anschließend verdunstet das Wasser.

(2) Zurück bleiben längliche, durchsichtige Kristalle: Salpeter. Die Kracher kannst du in den Restmüll geben.

39 Gedankenspiel: Schwarzpulver: Fluch oder Segen?

Die alten Griechen und Römer kannten den Stoff vermutlich nicht; Schwarzpulver ist von den Chinesen erfunden worden, nach Europa kam es im frühen Mittelalter, vermutlich durch die Kriegszüge der Mongolen.

Das Schwarzpulver und die damit verbundenen Fernwaffen – Musketen, Pistolen, Gewehre und Kanonen – haben die Zeit der Ritter beendet. Gegen eine Musketenkugel half eine Stahlrüstung so wenig wie eine Ritterburg gegen eine Kanonenkugel. Später haben Schießpulver und Feuerwaffen entscheidend zur Eroberung der Neuen Welt beigetragen. Deshalb ist es nachvollziehbar, wenn nahezu alle Militärschriftsteller sich begeistert über diesen Stoff äußern, obwohl ihnen bewusst ist, dass es sich um eine recht unheilige Sache handelt.

Bei allem Schrecken euphorisch klingt auch das Lob des Italieners Vannoccio Biringuccio (ca. 1430–1537) aus Siena in der Toskana, der es für eine »gewaltige, unvergleichliche Erfindung« hält, »mag sie nun durch teuflische Einflüsse oder durch Zufall erfunden worden sein«. Dass ein guter Gott den Menschen das Schießpulver gegeben haben könnte, hielt Biringuccio für ausgeschlossen. Beim Gebrauch des unscheinbaren Pulvers, so fährt er fort, zeigen sich nämlich »so schreckliche und fürchterliche Erscheinungen, wie wenn darin gewaltige Blitze oder schreckliche Erdbeben steckten«. Man könne damit riesige Gebäude »mit leichter Mühe umwerfen«. Ganze Berge ließen sich damit öffnen »und in ihren Eingeweiden umwühlen«. Die Kraft des Schwarzpulvers, schließt der italienische Gelehrte nicht ohne Bewunderung, können alles ausnahmslos vernichten oder zumindest stark beschädigen. Nur ganz selten gibt es Gelehrte, die das Schwarzpulver verdammen, so etwa Martin Luther, der es für eine Angelegenheit für Feiglinge hält, weil man mit Feuerwaffen nicht mehr Auge in Auge mit dem Feind kämpft, stattdessen aus der Ferne schießt, ohne den Feind auch nur zu sehen.

40 Nitrozellulose

Stoffe und Dinge: Tischtennisball aus Zelluloid (Material wird auf den Verpackungen oft angegeben), Feuerzeug, flacher Stein oder Kachel (als Unterlage), Schutzbrille!
Zeit: fünf Minuten, abends oder nachts
Ort: draußen

(1) Zelluloid wird in Europa über kurz oder lang verschwinden, weil es als Risikostoff ersetzt werden soll. Es kann sich nämlich spontan entzünden. Nur Tischtennisfreunde halten noch Zelluloidgegenstände in der Hand: ihre Bälle. Auch die sollen durch solche aus anderen Kunststoffen ersetzt werden, bislang aber kannst du noch ohne Weiteres Zelluloidbälle kaufen.

(2) Entferne alle brennbaren Gegenstände, achte darauf, dass du Baumwollkleidung trägst, die weniger leicht brennt als Synthetik, und binde deine Haare, wenn sie lang sind, nach hinten zusammen. Schutzbrille aufsetzen! Lege den Tischtennisball aus Zelluloid draußen auf einen Stein und entzünde ihn mit einem Feuerzeug. Zurücktreten!

(3) Der Ball brennt mit sehr hoher und hell leuchtender Flamme, die aber nicht raucht. Er verbrennt mehr oder weniger restlos. Der Geruch ist recht angenehm, aufgrund des im Zelluloid enthaltenen Kampfers. Wenn es nicht so riecht, hast du kein Zelluloid-, sondern einen Ersatzstoffball.

(4) Zelluloid besteht etwa zu 70 Prozent aus Nitrozellulose, der Rest ist Kampfer. Nitrozellulose ist in den meisten modernen Waffensystemen das Treibmittel. In Granaten sprengt es mit großer Kraft. Nitrozellulose wurde von dem deutschen Chemiker Christian Friedrich Schönbein 1846 entdeckt.

41 Salpeter in Brennnesseln

Stoffe und Dinge: Brennnesseln, Brennnesseltee (aus dem Reformhaus oder der Apotheke), Handschuhe (fürs Pflücken der Brennnesseln), Pürierstab und Püriergefäß (oder ein scharfes Küchenmesser), Nitrat-/Nitritteststäbchen (aus dem Aquariengeschäft)
Zeit: im Sommer, wenn die Brennnesseln schön groß sind. Der Versuch dauert einige Tage, weil die angesetzte Brühe ziehen muss, doch die eigentliche Arbeit ist in wenigen Minuten getan.

(1) Nitratteststäbchen messen, ob gelöster Salpeter vorhanden ist. Nitrum ist der lateinische Name für Salpeter. Nitrit kann man ein verändertes Nitrat nennen.

(2) Pflücke eine oder zwei Brennnesseln (Handschuhe anziehen!) und püriere sie mit etwas Wasser, so dass eine grüne Suppe entsteht (alternativ mit Küchenmesser klein schneiden). Mit dem Nitrat-/Nitritteststäbchen kannst du nachweisen, dass in der Pflanze viel Nitrat, also gelöster Salpeter, enthalten ist. Den Salpeter hat die Pflanze aus dem Boden aufgenommen. Deshalb enthält die Brennnessel nicht nur viel Stickstoff, sondern ist zugleich ein Anzeiger für salpeterreichen Boden. (Übrigens: Auch Brennnesseltee enthält viel Nitrat: über 50 Milligramm pro Liter. Brennnesseltee enthält damit mehr Nitrat, als der Gesetzgeber für Trinkwasser erlaubt. Schädlich ist der Tee trotzdem nicht, da er ja nur in kleinen Mengen getrunken wird.)

(3) Lass die entstandene Brennnessellauge in der Sonne oder in der Wärme ein bis zwei Tage stehen und miss nochmals mit dem Nitrat-/Nitritteststäbchen. Jetzt ist viel Nitrit entstanden. Nitrit ist, anders als Nitrat, sehr giftig. Für Menschen wie für viele Tiere und sogar Insekten. Es bildet sich durch die Tätigkeit von Bakterien, die das Nitrat im Pflanzensaft in Nitrit umwandeln bzw. reduzieren. Weil die Brennnesselsuppe sehr nitratreich war, ist sie jetzt sehr nitritreich. Deshalb eignet sie sich gut, um Ungeziefer, zum Beispiel Blattläuse, zu dezimieren.

42 Salpeter in Sonnenblumen

Stoffe und Dinge: Sonnenblumenblätter, Grill
Zeit: wenige Minuten

(1) Pflücke ein paar Sonnenblumenblätter, möglichst morgens, und trockne sie, zum Beispiel im Backofen bei 80 Grad. Das dauert zehn bis

20 Minuten. Du kannst die Blätter auch an einen warmen Ort legen und dort trocknen lassen.

(2) Die getrockneten Blätter gibst du nun auf die glühenden Kohlen eines Grills. Dabei entsteht erst einmal ziemlich viel Qualm. Dann aber wirst du (hoffentlich) sehen, wie sich eine zischende Glutfront unnatürlich schnell durch das Blatt frisst. Es sieht ein wenig wie beim Abbrennen einer Zündschnur aus. Der Stoff, der dahintersteckt, ist auch derselbe: Sonnenblumen enthalten viel Nitrat, vor allem morgens. Im Laufe eines sonnigen Tages verbraucht die Pflanze ihr Nitrat, sie benötigt es unter anderem, um ihr Blattgrün herzustellen.

43 Nitrat und Nitrit im Spinat

Stoffe und Dinge: Spinatblätter, frisch oder tiefgekühlt (kein Rahmspinat!), Pürierstab und Püriergefäß (oder Küchenmesser), Nitrat-/Nitritteststäbchen (aus dem Aquariengeschäft: Dort kannst du Wassertests kaufen, die auch Nitrat und Nitrit messen.)
Zeit: zwei Tage

(1) Püriere den Spinat (ein wenig Wasser hinzugeben) oder hacke ihn klein. Miss mit dem Teststäbchen: Es ist viel Nitrat darin.

(2) Lass ihn nun zwei Tage im Warmen stehen – oder in der Sonne – und miss erneut. Jetzt hat sich auch hier viel Nitrit gebildet. Produziert wurde das Nitrit, der veränderte Salpeter, von Bakterien, die im Spinat aktiv sind. Deshalb soll man einmal zubereiteten Spinat am nächsten Tag nicht erneut auf den Tisch bringen. Wenn der Spinat längere Zeit im Warmen gestanden hat, ehe er wieder auf dem Herd erhitzt wird, kann es sein, dass in der Zwischenzeit die Bakterien ihr Werk verrichtet und aus dem reichlich vorhandenen Nitrat giftiges Nitrit produziert haben. Der Spinat wird dadurch, besonders für Kleinkinder, giftig. Stellt man den Spinat jedoch sofort in den Kühlschrank, bildet sich kein Nitrit, weil es den Bakterien dort zu kalt ist. Das kannst du nachmessen! Nicht das Wiedererhitzen an sich macht also den Spinat giftig, sondern das lange Stehen im Warmen.

44 Nitrat im Dieselabgas

Stoffe und Dinge: Nitrat-/Nitritteststäbchen (aus dem Aquariengeschäft)
Zeit: wenige Minuten

(1) Halte ein angefeuchtetes Nitrat-/Nitritteststäbchen kurz an den Auspuff eines parkenden, laufenden Dieselfahrzeugs. Die Gase dabei nicht einatmen! Der Streifen zeigt Nitrat an, oft auch Nitrit. Ursache sind nitrose Gase (Stickstoffoxide) im Auspuffgas. Sie bilden, wenn sie sich in dem Wasser auf dem Teststäbchen lösen, Salpetersäure (die den Nitrattest färbt) und salpetrige Säure (die den Nitrittest färbt). Die Gase sind giftig, ihr typischer Geruch ist allen Radfahrern bekannt. Gerade im Winter riecht man die nitrosen Gase besonders deutlich, weil sie länger in der kalten Luft stehen bleiben.

(2) Die von den Autos produzierten Stickstoffoxide sind nicht nur für die Gesundheit schädlich, sie wirken sich zudem schädlich auf Ökosysteme aus. Daher versucht man mit verschiedenen Maßnahmen, die Stickstoffoxide zu reduzieren, z.B. durch Tempolimits in Städten oder auch durch mehr und bessere Radwege.

45 Salpeter in Bächen oder Flüssen

Stoffe und Dinge: Nitrat-/Nitritteststäbchen (aus dem Aquariengeschäft)
Zeit: bei Wanderungen

Quellwasser von Bergbächen enthält kein Nitrat, auch im Leitungswasser wird man keines messen können. Wenn aber Flüsse oder Bäche durch Gegenden fließen, die landwirtschaftlich genutzt werden, dann sickert in ihren Lauf auch Wasser, das mit Nitrat angereichert wurde. Das kann man messen – und es hat beträchtliche ökologische Auswirkungen. Denn es nährt die Algen, die ihrerseits zunächst Sauerstoff produzieren, den aber, wenn sie sterben und verfaulen, auch wieder aufzehren. Viele Algen, mit Nitrat genährt, machen ein Gewässer rasch für andere Lebewesen unbewohnbar. Darin liegt eines der ökologischen Probleme von Kunstdünger: Nur ein kleiner Teil davon (30 Prozent) wird von den Pflanzen auch tatsächlich aufgenommen und verbraucht – der Rest sickert ins Grundwasser und gelangt in Bäche, Flüsse und Seen, schließlich ins Meer. In den Gewässern aber düngt der Dünger weiter – das nutzt einigen wenigen und schadet vielen anderen Lebewesen.

46 Blitze in der Mikrowelle ★

Stoffe und Dinge: dünne Graphitmine (für Bleistifte, erhältlich im Schreibwarenladen. Du kannst sie nur in größeren Verpackungen kaufen), Sand (aus dem Sandkasten oder auch Vogelsand), größerer Pflanzentopfuntersetzer (aus Ton), großes, sauberes Gurkenglas, kleiner Porzellanteller, Nitrat-/Nitritteststäbchen, Lederhandschuhe, Mikrowelle

Zeit: zehn Minuten

Vorsicht! Bei diesem Versuch entstehen sehr hohe Temperaturen, es bilden sich in der Mikrowelle ein stark leuchtender, blendender Lichtbogen und ein Plasma (nicht direkt hineinsehen), und es entsteht ein giftiges, ätzendes Gas (nur zufächeln und daran schnuppern, nicht einatmen!). Gegebenenfalls musst du fragen, ob du die Mikrowelle nutzen darfst. Lass dir bei diesem Versuch helfen.

(1) Bei Gewittern sieht man ungeheuer hell leuchtende Lichterscheinungen. Menschen, die den Einschlag eines Blitzes in ihrer unmittelbaren Nähe überlebt haben, berichteten manchmal von einem eigenartigen, scharfen Geruch, den der Blitz hinterließ. Durch die hohe Temperatur des Blitzes verbindet sich der Sauerstoff der Luft mit dem Stickstoff – es entstehen nitrose Gase (das geschieht auch im Automotor). Aus chemischer Sicht wird dabei die Luft verbrannt, und die »Asche«, also das Resultat dieser Verbrennung, sind die nitrosen Gase. Wenn die Asche in Wasser gelöst wird, zum Beispiel in Regentropfen, bildet sich Salpetersäure. Die ist aber so verdünnt, dass wir keine Sorge haben müssen, uns bei einem Gewitterregen Verätzungen zuzuziehen.

(2) Mache dich mit der Mikrowelle vertraut. Du kannst verschiedene Stufen und verschiedene Zeiten einstellen. Bei einfachen Geräten wird die Mikrowelle gestartet, indem du die Zeitschaltuhr drehst. Dann läuft das Gerät für die eingestellte Zeit. Du kannst aber auch jederzeit abbrechen, indem du die Uhr zurück auf null drehst. Dann ertönt ein Klingelton, und das Betriebsgeräusch hört schlagartig auf. Andere Geräte haben einen separaten An-/Ausschalter. Empfehlenswert ist, die Mikrowelle mit einem Verlängerungskabel zu verbinden, das einen eigenen An/Ausschalter hat. Dann kannst du sie aus der Entfernung ein- und ausschalten. Übe ein paarmal, die Mikrowelle an- und sogleich wieder auszuschalten, wenn du damit noch nicht vertraut bist.

(3) Jetzt zum Versuch. Zunächst einmal nimmst du den Drehteller, der sich in den meisten Mikrowellen befindet, heraus. Er stört. Fülle jetzt trockenen Sand in den Tonuntersetzer, etwa zwei oder drei Zentimeter hoch. Zerbrich eine Graphitmine in der Mitte und stecke die beiden Teile so in den Sand, dass sie sich überkreuzen und berühren. An der Überkreuzungsstelle wird sich der Lichtbogen bilden. Stülpe über die gekreuzten Graphitstäbe das Gurkenglas und stell das Ganze auf dem flachen Teller in die Mikrowelle. Der flache Teller ist eine reine Sicherheitsmaßnahme, für den Fall, dass etwas bricht, landet der Sand auf dem Teller und lässt sich einfacher entfernen.

(4) Schließe die Mikrowelle und stell sie auf ihre höchste Stufe (entweder 700 oder 900 Watt). Nun schaltest du sie ein. Sieh dir an, was innen passiert. Wenn du an der Berührungsstelle der beiden Graphitstäbe einen Blitz und eine Flamme siehst, hat der Versuch funktioniert. Dann bitte sofort wieder ausschalten. Wenn du die Flamme länger als drei oder vier Sekunden brennen lässt, zerbricht möglicherweise das Glas, weil es zu heiß wird. Der plötzliche, grell leuchtende Lichtbogen in der Mikrowelle kann einen ziemlich erschrecken. Der Versuch ist daher nichts für schwache Nerven! Aber selbst wenn das Glas zerbricht, bist du durch die Metalllochmaske der Mikrowelle geschützt. Wiederhole den Versuch lieber zwei-, dreimal, statt ihn zu lange laufen zu lassen.

(5) Siehst du innerhalb weniger Sekunden keine Flamme, öffne die Mikrowelle und stell den Teller in eine andere Ecke oder genau in die Mitte der Mikrowelle. Versuche es dann noch mal. Die Mikrowelle erzeugt unsichtbare elektromagnetische Wellen, die nicht überall gleich stark sind. Die haben normalerweise die Aufgabe, Wasser zu erwärmen. Bietet man den Wellen nur ein sehr kleines, dünnes Objekt an, können sie dieses extrem aufheizen. Das Objekt muss sich aber an der richtigen Stelle befinden.

(6) Meist enthalten Graphitminen Bindemittel, die verbrennen und einen brenzligen Geruch verbreiten. Erst danach siehst du die eigentliche Lichtbogenflamme. Wenn du Erfolg hattest, wartest du eine Minute, damit sich alles etwas abkühlt. Erst dann die Mikrowelle öffnen. Fass das Glas nur mit Handschuhen an! Lüpfe nun das Gurkenglas und schwenke darin einen mit Wasser angefeuchteten Nitrattest. Er verfärbt sich deutlich. Es ist Nitrat entstanden, und zwar in Gestalt von Salpetersäure. Die kannst du auch, wenn du dir vorsichtig etwas zufächelst, deutlich am Geruch erkennen. Mit Lichtbögen hat man früher Salpetersäure hergestellt, man nennt dies das Birkeland-Eyde-Verfahren. Es ist aber nur dort, wo Strom sehr billig ist, wirtschaftlich.

(7) Nach einigen Minuten kannst du die erkalteten Graphitminen anfassen. Wenn du sie aus dem Sand heraushebst, siehst du oft an einer oder an beiden Seiten wurzelartige Sandgebilde. Hier ist durch die hohe Temperatur der Graphitmine der Sand geschmolzen und hat sogenannte Fulgurite geschaffen, die innen hohl sind. Man findet Fulgurite auch in Dünen oder in Wüsten; sie können dann viel größer sein. Sie entstehen bei Blitzschlag.

(8) Was passiert, wenn du die Mikrowelle statt weniger Sekunden viele Sekunden lang eingeschaltet lässt? Dann brennt sich der Lichtbogen durch den Sand bis zu dem Tonuntersetzer durch, dabei entstehen lange Fulgurite. Außerdem zerplatzt der Tonuntersetzer, und die Mikrowelle ist voller Sand. Zudem entsteht viel Stickoxid, das giftig ist. Deshalb nur kurz experimentieren und hinterher gut lüften!

47 Goldwaschen

Stoffe und Dinge: Gummistiefel, Schaufel, Goldwaschpfanne (du kannst es auch mit einem großen Plastikblumenuntersetzer versuchen – empfehlenswert ist aber eine professionelle Pfanne, wie sie im Internet verkauft wird. Entsprechende Angebote findest du, wenn du in eine Suchmaschine die Suchwörter »Goldwaschpfanne« und »Euro« eingibst), kleine, verschließbare, mit Wasser gefüllte Gläser, ein feiner Pinsel
Zeit: Zum Goldwaschen benötigst du einige Stunden.
Ort: an einem goldführenden Fluss oder Bach, möglichst im Sommer, jedenfalls bei Niedrigwasser. Gold führen zum Beispiel der Rhein hinter Basel, die Isar, der Inn, die Donau, die Eder und andere.

(1) Viele Flüsse und Bäche Europas führen Gold in ihrem Kies, am berühmtesten ist das Gold des Oberrheins hinter Basel. Dort haben schon die Kelten und später die Römer Rheingold gewaschen – und dort sind viele Hobbygoldsucher auch heute wieder aktiv. Ein Waschversuch lohnt sich überall da, wo man im Fluss größere Kiesel sieht. Aussichtsreich sind zum Beispiel die der Strömungsrichtung zugewandten Spitzen von Kiesbänken im Fluss. Die Innenseiten von Flussbiegungen können sich ebenfalls lohnen. Feine Sande hingegen sind weniger goldverdächtig, auch wenn sie schöner aussehen.

(2) Ausgangsmaterial ist eine Schaufel nasser Kies aus dem Bach- oder Flussbett. Aufgabe ist, das Gold von den Steinen, dem Schlick und dem Sand zu trennen. Hierfür musst du die Probe mit Wasser schütteln und spülen, dann setzt sich das Gold unten ab; denn es hat ein größeres spezifisches Gewicht als alle anderen Sand- und Kiesbestandteile. (Ein Liter Wasser wiegt ein Kilogramm; ein Liter Gold – ein Goldwürfel mit einer Kantenlänge von zehn Zentimeter – wiegt fast 20 Kilo!) Du kannst also, indem du richtig schüttelst, die ganze Probe so sortieren, dass das Gold ganz unten verbleibt. Hierzu gehe so vor:

(3) Fülle deine Goldwaschpfanne zu drei Viertel mit Kies aus dem Fluss oder Bach. Suche dir dann einen Platz mit fließendem Wasser von mindestens 20 Zentimeter Tiefe. Hier tauchst du die Pfanne in das Wasser und bringst den Kies durch kräftiges seitliches und kreisförmiges Schütteln in Bewegung. Die Pfanne muss beim Schütteln unter Wasser bleiben. Feinere Tonbestandteile schwimmen nun mit dem strömenden Wasser davon. Die dickeren Kiesel wandern nach oben! Das ist der sogenannte Paranusseffekt, benannt nach der Tatsache, dass sich im »Studentenfutter« die größten Nüsse, die Paranüsse, nach einiger Zeit oben anreichern. Du kannst durch Schütteln nicht nur mischen, sondern auch entmischen. Und unter Wasser geht das besonders schnell, weil das Wasser die Reibung herabsetzt.

(4) Nachdem du durch das horizontale Schütteln das Kies-Sand-Schlick-Gold-Gemisch etwas entmischt hast, geht es darum, die goldlosen Schichten loszuwerden. Das sind die Kieselsteine und der grobe Sand, die sich oben angesammelt haben. Neige, nachdem du horizontal geschüttelt hast, die Pfanne nach vorn (wenn du eine professionelle Goldwaschpfanne benutzt, dann neige in Richtung der Riffeln. Sie sind unterschnitten und dienen dazu, das Gold zurückzuhalten), schüttele vorsichtig, damit sich das Gold unten absetzt, und entferne die an der Oberfläche liegenden Kiesel. Das kann mit der Hand geschehen oder durch vorsichtiges Herausschippen im Wasser. Nicht zu viel auf einmal hinausbefördern! Aber auch nicht zu sachte vorgehen. Wechsele zwischen waagerechtem Schütteln und Hinausbefördern ab, bis nur noch wenig Sand in der Pfanne übrig ist. Immer sollte etwas Wasser über der Probe bleiben!

(5) Schließlich bleiben nur noch etwa zwei Esslöffel Sand in der Pfanne zurück. Ein paar Steinchen können auch noch dabei sein. Ein Anteil dieses Sands sind Schwermineralien, zum Beispiel Eisenverbindungen (Magnetit) oder auch Titanerze, die eine dunkle Farbe besitzen.

(6) Nun der letzte Schritt: Richte dich mit der Pfanne, die außer mit dem Sand noch zu einem Viertel mit Wasser gefüllt ist, auf. Das Konzentrat wird in der geneigten Pfanne in einer Ecke versammelt und nochmals seitlich gerüttelt. Das Gold sammelt sich am tiefsten Punkt. Jetzt kommt es nur noch darauf an, es unter dem auf ihm liegenden feinen Sand hervorzuholen. Die Pfanne im Uhrzeigersinn drehen, dabei ziehst du den feinen Sand gewissermaßen auseinander. Das Gold sollte dabei zum Vorschein kommen; du kannst durch leichtes Wackeln auch über die Sandspur kleine Wasserwellen schicken, die den feinen Sand mitnehmen und das Gold – in Form feiner Schuppen von einem oder zwei Millimetern Länge – freispülen. Du erkennst das Gold an seiner goldgelben Farbe. (Pyrit zum Beispiel ist von einem schmutzigeren, grünlich-schwärzlichen Gelb.)

(7) Das Gold sollte in kleine, durchsichtige, wassergefüllte Behälter überführt werden. Ich empfehle Behälter mit Schraubverschluss, da jeder Druckverschluss das Risiko birgt, unverhofft aufzugehen. Du nimmst das Flitterchen mit dem Pinsel auf und tauchst ihn dann in das mit Wasser gefüllte Gefäß ein. Das Gold sinkt herab.

(8) Wenn du trotz sorgfältigen Rüttelns und Schüttelns und Waschens am Ende *kein* Gold in der Pfanne entdecken kannst – dann sieh dir den Rückstand genauer an: Der ist nicht wertlos, vielmehr handelt es sich bei den schwärzlichen und rötlichen Bestandteilen meist um Eisenerze, die oft auch magnetisch sind! Auch andere Metallerze sind dabei.

48 Gedankenspiel: Goldmachen

Was wäre passiert, wenn die alten Alchemisten Erfolg gehabt hätten? Was wäre geschehen, wenn einer wirklich, sagen wir um das Jahr 1500, den Stein der Weisen gefunden und Blei zu Gold hätte machen können?

Ich stelle mir folgendes Szenario vor: Dieser Alchemist wäre sehr bald in die Gewalt eines Fürsten, eines Königs oder Kaisers geraten, der ihn gezwungen hätte, sein Geheimnis der Sanierung der Staatsfinanzen und insbesondere der Kriegskasse zugutekommen zu lassen. Man hätte ihn in ein »Goldhaus« eingesperrt, ihm ein Labor und Öfen eingerichtet, ihm billiges Blei gegeben und ihn mit Versprechungen oder brutaler Gewalt gezwungen, daraus Goldbarren herzustellen.

Das, was zuvor selten war, wäre nunmehr in beliebigen Mengen vorhanden gewesen. Jener Fürst, König oder Kaiser hätte für eine kurze Zeit enorme Macht gewonnen. Er hätte mit gut bezahlten Soldaten Kriege geführt und zugleich prächtige Schlösser bauen lassen, deren Dächer wie im Märchen aus lauter Gold gefertigt worden wären. Bald hätten auch arme Leute in seinem Reich selbst ihre Abflussrohre nicht mehr aus Blei, sondern aus purem Gold gegossen, weil *dieses* nun das billigste Material gewesen wäre.

Dann aber hätten andere Herrscher nichts unversucht gelassen, ebenfalls in den Besitz des Geheimnisses zu gelangen. Gehilfen jenes Alchemisten oder auch dieser selbst hätten früher oder später das Geheimnis an andere Mächte verraten, und auch diese hätten dann billiges Blei in Gold umwandeln können. Plötzlich ist überall Gold im Überfluss vorhanden. Es wird billig wie unser Eisen. Man beachtet es kaum mehr.

Das aber hat Folgen. Große Handelshäuser geraten in Schwierigkeiten und brechen in kürzester Zeit zusammen, denn ihr Reichtum, aufbewahrt in Gold, ist plötzlich nichts mehr wert. Über Generationen hinweg ersparte Schätze sind nur noch billiger Plunder. Ganze Berufszweige verschwinden. Die spanischen Könige hätten die Eroberung Amerikas erst verschoben, dann ganz aufgegeben, das Aztekenreich wäre nicht vernichtet worden, weil das zentrale Motiv, die Suche nach dem Gold, sinnlos gewesen wäre.

Schließlich bricht die gesamte Geldwirtschaft zusammen, da der zentrale Wertmaßstab abhandengekommen ist. Chaos ist die Folge. Wer früher arm war, wird reich, und ehemals Reiche werden arm. Bürgerkriege brechen aus, denn die früher Besitzenden beharren auf ihren Privilegien. Schließlich etabliert sich, nach blutigen Wirren, ein neues ökonomisches und politisches System, in dem Gold keine Rolle mehr spielt.

Das Gold hat seinen Mythos bis heute bewahrt. Es ist kein Verfahren gefunden worden, es kostengünstig herzustellen. Andere kostbare Wertstoffe wurden in der Tat durch neuartige chemische Prozesse zu Allerweltsstoffen. Indigo, die Farbe der Jeans, Ultramarin, Purpur, Salpeter, Gummi, Zucker – diese einst seltenen und teuren Stoffe lassen sich längst billig herstellen. Sie werden nicht mehr aus fernen Ländern eingeführt. Die daraus resultierenden politischen und ökonomischen, oft auch ökologischen Umwälzungen ähneln denen, die ich eben für das Gold skizziert habe.

49 Metalle hören

Stoffe und Dinge: ein Stück Schaumgummi (am besten ist Noppenschaum, den du im Internet bestellen kannst), ein Holzlöffel zum Anschlagen (oder auch den Holzschläger eines Xylofons, bitte keine Metallgegenstände zum Anschlagen verwenden), Edelstahl, Aluminium, Plastik und Silberbesteck. Du kannst auch irgendwelche andere massive Gegenstände aus verschiedenen Metallen nehmen.
Zeit: fünf Minuten

(1) Lege eine Stahl-, eine Silber- und eine Aluminiumgabel nebeneinander auf den Schaumgummi, und zwar so, dass sie sich nicht berühren. Wenn du sie mit einem Holzlöffel anschlägst, tönen sie in ganz unterschiedlicher Weise. Den feinsten Ton ergibt die Silbergabel. Silber ist ein für Musikinstrumente heute noch viel verwendetes Material. Eine Querflöte aus Silber hat zum Beispiel einen viel feineren Klang als eine aus einem Ersatzmetall.

(2) Wenn du viele verschiedene Gegenstände hast, kannst du sie zu einem Musikinstrument zusammenstellen: Große oder kleine Löffel oder Gabeln ergeben tiefere bzw. höhere Tone, so dass du ganze Melodien spielen kannst. Immer aber hörst du auch das Material durch. Metalle kann man sehr gut am Klang erkennen.

(3) Du kannst anstelle der Metallgegenstände auch Hölzer verwenden, die ebenfalls ganz verschiedene Klänge ergeben. Probiere unterschiedliche Materialien oder auch Steine aus! Sie alle haben ihren typischen Klang.

(4) Schaumgummi ist eigentlich geschäumter Gummi (Kautschuk). Heute wird er oft auch aus anderen Materialien hergestellt. Wo tatsächlich Gummi aus den Wäldern verwendet wird, da wird dies auf dem Produkt eigens vermerkt und erhöht den Preis: Eine »Latexmatratze« ist viel teurer als eine »normale«.

50 Indianische Alchemie

Stoffe und Dinge: zwei Hand voll Sauerklee aus dem Wald, alternativ Sauerampfer, destilliertes Wasser, eine alte Kupfermünze, die nicht mehr glänzt, Latex-Einweghandschuhe, Brettchen, Messer zum Kleinhacken
Zeit: zehn Minuten

(1) Im Wald wächst oft eine Pflanze, die aussieht wie Klee, aber keiner ist: Es handelt sich um Sauerklee, der mit dem Klee der Wiesen weder verwandt noch verschwägert ist. Er bildet oft ganze Teppiche und ist daran zu erkennen, dass seine Blätter sauer schmecken. Du kannst von einem Blatt etwas abbeißen.

(2) Dieser Sauerklee enthält Oxalsäure, ähnlich wie auch der Sauerampfer der Wiesen. Die Oxalsäure ist in größeren Mengen giftig – doch

Sauerklee
(Oxalis acetosella)

der Genuss eines Blättchens schadet nicht. Sammle eine Hand voll Sauerklee (oder Sauerampfer), hacke ihn ganz klein (oder püriere ihn mit dem Pürierstab), bis du einen grünen Brei hast. Ein, zwei Esslöffel davon legst du für den nächsten Versuch (5) beiseite.

(3) Reinige nun die alte Kupfermünze mit dem Brei, indem du sie darin wälzt und mit den Fingern abreibst. Hierzu die Latexhandschuhe anziehen! Sie verliert ihren Belag und wird schnell sauber. Oxalsäure ist eine kraftvolle Chemikalie, die Kupferoxid und Kupferkarbonat sofort löst. Auch etwas Kupfer wird mitgelöst.

(4) Der spanische Entdecker und Eroberer Oviedo, der kurz nach Kolumbus auf die karibischen Inseln kam, beschreibt in seiner großartigen *Historia general des las Indias* ein geheimnisvolles Kraut, seiner

Ansicht nach einer der größten Schätze der indianischen Goldschmiede. Dieses Kraut habe nämlich die Eigenschaft, Kupfer in Gold zu verwandeln. Die Indianer rieben damit die Oberfläche kupferner Gegenstände ein – und die würden zu Gold. Wir wissen nicht genau, welches Kraut Oviedo meinte. Jene indianischen Goldschmiede wurden noch zu Lebzeiten unseres wackeren Eroberers durch die hochchristlichen Behandlungsmethoden der Spanier ausgerottet. Vermutet wird, dass es sich um eine Art von Sauerklee handelte. Er verwandelt zwar nicht Kupfer in Gold, kann aber aus goldhaltigem Kupfer so viel Kupfer herauslösen, dass die Oberfläche golden wirkt.

(5) Mit dem grünen Mus kannst du eine Münze reinigen, aber keine Textilien, weil das Mus zwar die Flecken herauslöst, selbst aber einen grünen Fleck hinterlässt. Du musst also den Wirkstoff von dem grünen Saft trennen. Wie das geht? Nimm das grüne Mus, das du eben beiseitegelöffelt hast, und schwemme es mit etwas destilliertem Wasser auf. Mit einem Kaffeefilter kannst du den Saft von den gröberen Bestandteilen trennen. Wenn du den Saft in einer Untertasse an einem ruhigen Ort stehen lässt, dann bilden sich Kristalle: Oxalsäure. Du kannst sie waschen, erneut auflösen und erneut kristallisieren lassen – so werden sie reiner. Die Kristalle sind jetzt als Fleckensalz tauglich. Sie sind wirksam – und recht ungesund, sogar giftig! Bewahre sie nach dem Versuch entweder in einem gut beschrifteten, verschließbaren Glas auf oder gib sie in den Restmüll.

(6) Früher hat man das Oxalsäure-Fleckensalz auf ähnliche Weise hergestellt. Kinder sammelten im Schwarzwald Sauerklee, den sie an lokale Chemiefabrikanten verkauften. Die pürierten den Klee mit wenig Wasser, filtrierten den Saft und ließen die Oxalsäure auskristallisieren. Die gereinigten Kristalle wurden dann verkauft. Auch heute noch ist Oxalsäure in Fleckensalz enthalten, das aber nicht mehr aus Sauerklee hergestellt wird.

51 Eisen im Sand und im Müsli

Stoffe und Dinge: mit trockenem Sand gefüllte Sprudelflasche; eventuell auch Müsli oder Cornflakes mit Eisenzusatz, möglichst starker Magnet
Zeit: zehn Minuten

(1) Magnete ziehen Eisen an: Diese Fernwirkung hat immer wieder Staunen hervorgerufen. In der Alchemie glaubte man, es gebe nicht nur Magnete für Eisen, sondern auch solche, die Licht anziehen. Manche meinten auch, es gebe Magnete, die Krankheiten aus dem Körper herausziehen können, und sogar solche, die den Weltgeist aufsaugen. Für die Alchemisten war der Magnetismus Zeichen einer inneren Verwandtschaft aller Dinge.

(2) Mit einem starken Magnet kannst du Eisen oder Magnetit, eine magnetische Verbindung von Eisen und Sauerstoff, aus beliebigem Sand herausfischen. Fülle dazu trockenen Sand in eine geleerte, trockene Sprudelflasche: Das geht an einem Sandstrand am einfachsten. Wenn du Sand von einer Baustelle verwendest, fülle ihn mit einem Trichter in die Flasche. Fülle etwas mehr als die Hälfte ein, das ist absolut ausreichend. Schraube den Deckel auf, drücke den Magneten mit einer Hand an einer Stelle fest auf die Flasche und bewege sie hin und her. Dadurch kommt immer neuer Sand in die Nähe des Magneten. Nach kurzer Zeit stellst du fest, dass der Magnet Eisen aus dem Sand gezogen hat. Nahezu jeder Sand enthält ein wenig Eisen. Auch Müsli, das als »eisenhaltig« verkauft wird, enthält tatsächlich Eisen, wie du mit dem Magnet feststellen kannst.

52 Ein improvisierter Kompass

Stoffe und Dinge: Magnet, Nadel oder aufgebogene Heftklammer oder Büroklammer, kleines Stück Kork, Holz oder Styropor, mit Wasser gefüllter Suppenteller
Zeit: fünf Minuten

(1) Eine wichtige Anwendung magnetischen Eisens ist der Kompass. Er besteht aus einer Nadel, die sich in Nord-Süd-Richtung ausrichtet. Wenn du ein kleines Stück Draht, etwa eine aufgebogene Heftklammer, mit der man Blätter zusammenheftet, oder eine Büroklammer oder auch eine Nadel hast und zudem einen Magneten, kannst du einen Kompass improvisieren.

(2) Magnetisiere die Nadel oder die aufgebogene Klammer, indem du sie über den Magneten ziehst. Dann stichst du sie durch das Stückchen Kork oder Styropor oder Pappe und legst sie vorsichtig waagerecht in den mit Wasser gefüllten Teller. Heftklammern schwimmen, wenn sie aufgebogen wurden, meist von selbst. Die Nadel richtet sich sofort in Nord-Süd-Richtung aus. Im Wald verwendest du eine Pfütze. Wo Norden und wo Süden ist, sagt die Nadel zwar nicht, aber man kann es meist an zusätzlichen Indizien erraten. So befindet sich die Sonne, wenn man auf der Nordhalbkugel lebt, stets mehr oder weniger im Süden.

(3) Man kann die Nadel auch durch Reiben an Stoff, insbesondere an Seide, magnetisieren. Diese Magnetisierung ist aber sehr mühsam und nur schwach.

53 Die allerersten Lichtbilder

Stoffe und Dinge: fünf Gramm Silbernitrat (aus der Apotheke) – Vorsicht: Silbernitrat ist giftig! –, Deckweiß oder Titanweiß

(Anstrichfarbe) oder Acrylweiß, destilliertes Wasser, zwei Petrischalen aus Glas oder ein gut schließendes Marmeladenglas, Gegenstände, die flach sind und einen hübschen Umriss haben: zum Beispiel Thujazweige (Lebensbaum), kleine Herzaufkleber, kleine Münzen, eine Feder. Gegebenenfalls etwas Tesafilm zum Befestigen, Kittel, Latex-Einweghandschuhe

Zeit: zehn Minuten an einem sonnigen Tag

(1) Der deutsche Gelehrte Johann Heinrich Schulze wollte 1719 ursprünglich nach einem Rezept des Adolf Balduin, von dem wir bereits erzählt haben (im Kapitel über die Phosphore), einen Phosphor, also eine nachtleuchtende Substanz, herstellen. Dazu übergoss er Kreide mit Salpetersäure. Doch in dieser Salpetersäure, die er früher schon einmal verwandt hatte, war etwas Silber aufgelöst, also Silbernitrat enthalten. Schulze beobachtete, dass sich sein weißer Brei, den er aufs Fensterbrett gestellt hatte, im Sonnenlicht schwärzte. Er ging der Sache nach, füllte den Brei in ein Glas und klebte dünne Fäden und auch ausgeschnittene Sätze und Buchstaben darauf. Er stellte fest: Wo das Licht hinkommt, da erhielt er eine ganz präzise Schwärzung, die anderen Stellen blieben weiß. Seine Untersuchung veröffentlichte er in einem Jahrbuch der Universitäten Halle und Magdeburg, er gab ihr den Titel *Scotophorus pro Phosphoro inventus* – »Die Entdeckung eines Dunkelheitsträgers anstelle eines Lichtträgers«. Die schöne Untersuchung beginnt mit dem allgemein wahren Satz: »Oft lernen wir durch den Zufall, was wir durch gezielte Überlegung und Untersuchungen kaum fänden.« Man muss allerdings ergänzen: »Oft lernen wir durch Schludrigkeit, was wir durch sauberes Arbeiten nie erfahren hätten« – denn mit ganz reinen Chemikalien hätte Schulze seinen Fund nie getätigt. Seine Entdeckung des Dunkelheitsträgers fiel übrigens in die Zeit, als Schulze heiratete und sich sein privates Leben erhellte.

(2) Silbernitrat nennt sich auch Höllenstein. Der Name kommt daher, dass sich, wenn man Lösungen dieses Stoffes an die Finger bekommt, nach einigen Stunden zunächst braune, dann schwärzliche Flecken an den Händen und Fingernägeln bilden, die wie eintätowiert sind und auch mit noch so viel Seife nicht mehr verschwinden. Daher wird der Stoff von der Kriminalpolizei auch für sogenannte »Diebesfallen« verwendet. Wenn ein Dieb Gegenstände, die mit diesem Pulver bestreut wurden, entwendet, Geldscheine zum Beispiel – dann hat er am nächsten Tag richtig schwarze Flecken an den Fingern und kann daran identifiziert werden. Sei vorsichtig und zieh unbedingt einen Kittel oder sonst alte Klamotten an und verwende Latexhandschuhe!

(3) Verdünne einen Esslöffel oder zwei von der weißen Farbe in deinem Marmeladenglas mit etwa ebenso viel destilliertem Wasser, so dass ein nicht allzu dünnflüssiger Brei entsteht. Gib dann maximal einen halben Teelöffel Silbernitrat, eher weniger, hinzu. Den Teelöffel sogleich mit Wasser reinigen! Schüttele um und lass die Lösung im Dunkeln stehen, schüttele dann erneut. Dieses Glas stellst du nun in die Sonne, wobei du Objekte – Pflanzenteile oder ausgeschnittene Figuren – auf die Außenseite des Glases klebst. Der weiße Brei im Glas schwärzt sich, doch nur an den Stellen, wo Sonne hingelangt. Durch kräftiges Schütteln kannst du den lichtempfindlichen Apparat wieder erneuern. Bewahre das Glas im Dunkeln auf, wenn du es öfter verwenden willst. Schulze nahm übrigens nicht Titanweiß, sondern gepulverte Kreide und Bleiweiß, ein heute verbotenes weißes Pigment.

(4) Alternativ kannst du auch einen Teelöffel von dem lichtempfindlichen Brei in den Deckel einer Petrischale schütten. Stell die dazupassende Schale so herein, dass die Masse sich zwischen den zwei Gläsern ausdehnt. Drehe etwas hin und her, um den Brei gut zu verteilen. Lege jetzt die von dir ausgesuchten Objekte in die Petrischale.

(5) Geh mit der Schale ins Freie und stell sie in die Sonne. In wenigen Momenten wird die zuvor weiße Farbe grau, dann fast schwarz. Es bildet sich elementares Silber, das, weil es in kleinsten Pünktchen verteilt ist, schwarz aussieht und nicht silbern. Wenn du die auf das Glas gelegten Gegenstände hochhebst, siehst du, dass sie ganz genau abgebildet sind – dort, wo sie lagen, ist die Farbe weiß geblieben.

(6) Wenn du die Schale, nachdem du die Gegenstände entfernt hast, noch länger in die Sonne stellst, dann werden auch diese weißen Stellen nach und nach schwarz – das Bild erblindet wieder. Die mit Silbernitrat erzeugten Bilder sind also nicht lichtecht. Das trieb die frühen Fotografen um: Wenn sie das Silbernitrat auf Papier pinselten, hatten sie es mit genau dieser Schwierigkeit zu tun. Man behilft sich mit Fixierer – mit einer Substanz, die das Silbernitrat gründlich weglöst. Das war ursprünglich Ammoniak; heute verwenden wir wegen des stechenden Geruchs und der Giftigkeit von Ammoniak lieber Natriumthiosulfatlösung.

(7) Du kannst den Versuch wiederholen, indem du die obere Schale zwei-, dreimal drehst – dann mischt sich die oberste Schicht mit den tieferen, die noch reinweiß sind. Jetzt kannst du das Ganze wiederholen. Wenn du von dem Experiment genug hast, wäschst du die Farbe ab, dabei unbedingt Handschuhe und Kittel anziehen und darauf achten, dass du dich nicht mit dem weißen Zeug, das auf erstaunliche Weise schwarz färbt, bekleckerst. Es sind nur sehr kleine Mengen Silbernitrat, daher dürfen sie in den Restmüll bzw. in die Kanalisation.

(8) Fotografieren bedeutet wörtlich: mit Licht malen oder zeichnen. Wenn wir unter einer Fotografie einfach ein Bild verstehen, das gezielt mithilfe von Licht hergestellt worden ist, wäre wohl Johann Heinrich Schulze der Erfinder der Fotografie. Er produzierte erstmals Lichtbilder. Allerdings waren sie sehr vergänglich und zeigten nur Umrisse. Unter einem Foto stellen wir uns ein dauerhaftes Bild vor, ein Abbild von irgendetwas »da draußen«.

(9) Der Erste, der 1826/27 solch ein Foto angefertigt hat, war, wie ich schon erzählt habe, Nicéphore Niépce. Er arbeitete nur mit Asphaltlösung und Lavendelöl, und ich habe, unterstützt durch Angaben des französischen Forschers Jean-Louis Marignier, sein Verfahren nachgearbeitet. Es funktioniert. Beide Materialien kommen aus der Natur: Lavendelöl wird aus Lavendelblüten gewonnen, Asphaltlösung erhält man, indem man Ölschiefer in Lavendelöl einlegt. Asphalt (oder Bitumen) ist eigentlich getrocknetes Erdöl, er kommt im Ölschiefer vor. Heute ist er als Straßenbelag allgegenwärtig. Mit diesen Materialien hätte man eigentlich spätestens im Mittelalter, vielleicht schon in der Antike Fotos herstellen können. Allerdings hat die Asphaltfotografie viele Nachteile, die Belichtungszeit beträgt mehrere Stunden. Lavendelöl ist sehr teuer und auch giftig. Der Prozess ist kompliziert. Man griff wieder auf Silbersalze zurück.

54 Einen Silberspiegel mit Honig herstellen ★

Stoffe und Dinge: Ammoniaklösung, neun- bis zehnprozentig (gibt es im Drogeriemarkt), Honig, Silbernitrat (fünf bis zehn Gramm, aus der Apotheke), destilliertes Wasser (erhältlich im Supermarkt oder Baumarkt), ein kleines flaches Glasgefäß (ideal ist eine Petrischale). Du kannst auch den Plastikdeckel einer Pralinendose verwenden. Die Verpackungen von Produkten der Firma Ferrero (Mon Chéri, Rocher usw.) sind meist gut geeignet, weil sie derzeit aus klarem Plastik bestehen. Auch eine kleine Plastik- oder Glasflasche aus ungefärbtem Kunststoff bzw. Glas ist geeignet. Ferner ein größeres, mit heißem Wasser gefülltes Gefäß (z.B. ein Putzeimer), Einwegpipette, Einwegbecher aus Plastik. Schutzbrille! Latex-Einweghandschuhe! Ammoniak ist giftig und riecht stechend und unangenehm, Silbernitrat ist ebenfalls giftig.
Zeit: 30 Minuten

(1) Löse in einem Einwegplastikbecher etwa einen viertel Teelöffel Silbernitrat in einem halben Glas destillierten Wassers auf. Im Halbschatten arbeiten; Silbernitrat ist lichtempfindlich! Löse zugleich in einem anderen Einwegplastikbecher zwei Teelöffel Honig in destilliertem Wasser auf. Stell einen Eimer mit heißem Wasser bereit. Das Wasser darf aber nicht kochend heiß sein, weil sonst womöglich dein Gefäß springt.

(2) Gib nun mit der Einwegpipette tropfenweise Ammoniaklösung zu der Silbernitratlösung hinzu. Möglichst wenig einatmen! Es bildet sich ein bräunlicher Niederschlag. Immer wieder die Flüssigkeit etwas umrühren, schließlich löst sich der Niederschlag auf. Dann keinen weiteren Ammoniak mehr zugeben.

(3) Gieße jetzt die Silbernitrat-Ammoniak-Flüssigkeit in die Schale, die du versilbern willst. Gib den aufgelösten Honig hinzu und setze das Ganze in den Eimer mit heißem Wasser. Wenn du ein flaches, nicht zu schweres Gefäß versilberst, wird es in dem Wasser schwimmen. Achte darauf, dass kein Wasser in dein Gefäß hineinläuft.

(4) Lass den Ansatz so lange stehen, bis das heiße Wasser abgekühlt ist. Dann kannst du das Gefäß herausnehmen. Es ist verspiegelt. Gieße die über dem Spiegel befindliche Lösung in den Ausguss. Lass den Spiegel trocknen. Er ist einigermaßen haltbar. Wenn dir der Spiegel nicht zusagt, scheuerst du die dünne Silberschicht mit etwas Scheuermittel wieder heraus.

(5) Diese Methode der Verspiegelung wurde von dem Chemiker Justus von Liebig zwar nicht erfunden, aber so weiterentwickelt, dass sie industriell anwendbar wurde. Zuvor wurden Spiegel mit Quecksilber hergestellt, was für die Arbeiter mit enormen Gesundheitsbelastungen einherging. Sie starben häufig durch Quecksilbervergiftungen oder erlitten unheilbare Nervenschädigungen.

55 Ein neuer Versuch, alt gedacht

Stoffe und Dinge: ein Esslöffel Kochsalz, heißes Wasser, ein Stück Aluminiumfolie, eine Schüssel, schwarz angelaufenes Silberbesteck (oder eine Silbermünze)
Zeit: fünf Minuten

(1) Die Grundidee der Phlogistontheorie ist, dass es einen feinen Stoff namens Phlogiston gibt, der insbesondere in Metallen, aber auch in der Kohle und in Fetten sowie im Schwefel enthalten ist. Dieser Stoff sorgt insbesondere für den Glanz der Metalle, aber auch der Kohle und für das Glitzern der Fette. Phlogiston kann von einem Stoff auf den anderen übertragen werden. Dabei verliert der Stoff, der das Phlogiston verliert, meist seinen Glanz, und der andere gewinnt ihn. Typische Prozesse, mit denen die Phlogistiker ihre Idee illustrierten, ist etwa die Gewinnung von rotem, glänzendem Kupfer aus schwarzer Kupferasche. Ähnlich kann man auch den Stoff, der beim Verbrennen von Schwefel entsteht – Schwefelsäure nämlich –, mit Kohle erhitzen und erhält wieder Schwefel.

(2) Die meisten Versuche, mit denen die Phlogistiker selbst ihre Theorie bewiesen haben, benötigen hohe Temperaturen und haben es mit giftigen Dingen zu tun. Die Denkweisen früherer Chemiker lassen sich aber nicht nur mit den Experimenten verdeutlichen, die sie selbst durchführten. So, wie man bekannte Dinge neu erklären kann, kann man auch neue Dinge alt erklären. In diesem Sinn ist das Folgende gedacht. Es ist ein Versuch, der auch praktisch sehr nützlich ist und den man leicht als typische Phlogiston-Austauschreaktion beschreiben kann, obwohl er den Phlogistikern nicht bekannt war.

(3) Schneide ein kleines Stück Aluminiumfolie ab – etwa zehn mal zehn Zentimeter –, lege es in eine Schüssel, gib einen Esslöffel Kochsalz hinzu. Darauf legst du einen möglichst tiefschwarz angelaufenen Silberlöffel oder eine ebensolche Silbermünze. Wenn du jetzt kochend heißes Wasser so darübergießt, dass der silberne Gegenstand gerade bedeckt ist, passiert etwas Merkwürdiges. Der schwarze Belag bleicht aus, und das Silber kommt, etwas gelblich allerdings, wieder zum Vorschein! Zugleich nimmst du einen unangenehmen Geruch wie nach faulen Eiern wahr. Wenn das Wasser abgekühlt ist, kannst du die Aluminiumfolie herausziehen – sie scheint den hässlichen Belag oder Ausschlag des Silbers übernommen zu haben, denn nun ist sie an manchen Stellen grau angelaufen, sie ist auch dünner geworden und hat Löcher bekommen. Es sieht fast so aus, als habe sie sich geopfert, um das Silber wieder heil zu machen!

(4) Den Versuch können wir uns mit der Phlogistontheorie leicht zurechtlegen. Das Aluminium hat sein Phlogiston abgegeben und ist dabei unansehnlich und bröselig geworden; das Silber hat Phlogiston bekommen und erstrahlt in neuem Glanz. Und was ist das für ein merkwürdiger Geruch? Vielleicht phlogistongesättigte Luft!

(5) Heute beschreiben wir das, was da passiert, tatsächlich als eine Austauschreaktion – nicht von Phlogiston, sondern von Elektronen. Grob gesagt, gibt das Aluminium seine Elektronen an das Silber ab, dieses wird dadurch wieder zu glänzendem Silber.

(6) Mit der Aluminiummethode kannst du das Silberbesteck bequem säubern. Ganz aufs Polieren kannst du allerdings nicht verzichten, weil immer ein gelblicher Schleier auf dem Besteck bleibt, den du nur durch Putzen wegbekommst.

56 Marats Feuerstoff

Stoffe und Dinge: eine Kerze (z.B. ein Teelicht), eine starke LED-Taschenlampe (z.B. LED-Lenser), möglichst mit nur einer LED, eine weiße Wand, auf die, aus einiger Entfernung, der Schein der Lampe gerichtet werden kann
Zeit: nur nachts, bei möglichst vollständiger Dunkelheit. Der Versuch dauert wenige Minuten.

(1) Richte den Schein der Taschenlampe aus einigen Metern Entfernung auf die Wand. Nun entzündest du die Kerze und näherst dich mit ihr der Wand. Beachte den Schatten! Bei einer bestimmten Entfernung, recht nahe an der Wand, siehst du ein Schlierenbild der brennenden Kerze: über dem Docht eine lang gezogene Wirbelstraße, die sich in der Höhe verliert. Dies war nach Marats Meinung der Feuerstoff, tatsächlich aber handelt es sich um erwärmte Luft, die hier sichtbar gemacht wird.

(2) Marat hat seine Methode so optimiert, dass er die heiße Luft, die von der erlauchten Glatze Benjamin Franklins aufstieg, sichtbar machen konnte. Franklin, ein erfolgreicher Erfinder, Naturforscher und Politiker, hatte Marat in Paris besucht.

(3) Marats Methode ist übrigens in der Wissenschaft weiterhin in Gebrauch. Das Verfahren wurde verfeinert und mit der Fotografie kombiniert. So ließen sich auch die Schlieren von sehr schnellen Objekten, fliegenden Gewehrkugeln zum Beispiel, sichtbar machen. Bei der Untersuchung von Flugeigenschaften spielt die Methode immer noch eine bedeutende Rolle.

57 Wasser altern lassen

Stoffe und Dinge: Wasser, Topf, zwei Gläser
Zeit: zwei Stunden (weil das erhitzte Wasser abkühlen muss)

(1) Fülle zwei Gläser mit Leitungswasser. Das eine Glas stellst du beiseite, das andere kippst du in einen sauberen Topf und erhitzt es auf höchster Stufe.

(2) In dem erhitzten Wasser bilden sich, lange bevor es kocht, feine Bläschen, die nach oben steigen. Dies ist teils Luft, vor allem aber Kohlendioxid, das im Wasser gelöst war. Wenn das Wasser kocht, stellst du es beiseite. Lass es abkühlen, bis es nur noch warm ist, und gieße es dann wieder in das Glas. Oft wirkt das Wasser, nachdem es gekocht wurde, trüber, und in dem Topf findest du einen grauen Schleier. Die im Wasser gelösten Mineralien werden von der Kohlensäure in Lösung gehalten. Sie verabschieden sich und setzen sich ab, sowie das Gas entweicht.

(3) Wenn sich das Wasser völlig abgekühlt hat, probierst du einen Schluck. Es schmeckt jetzt gewissermaßen »wässriger«. Aber auch eigentümlich gealtert, nicht mehr so frisch, sondern gewissermaßen gezähmt und gelähmt. Alles das liegt daran, dass der »Geist« des Wassers entwichen ist. Das Kohlendioxid lässt das Wasser frisch schmecken, es hält die Mineralien zusammen.

(4) Den Versuch kannst du auch mit Sprudel durchführen. Der Kontrast des normalen Sprudels mit dem gekochtem Sprudelwasser ist noch eindrucksvoller.

58 Gedankenspiel: Apollo 13 und der Wassersprudler

Stoffe und Dinge: Wassersprudler (z.B. SodaStream oder Wassermaxx), ca. 30 Zentimeter langer Kunststoffschlauch (Durchmesser ca. ein Zentimeter, erhältlich im Baumarkt)

(1) Für die meisten der gleich folgenden Experimente brauchen wir eine Kohlendioxidquelle. Die steht in vielen Haushalten – sie nennt sich Wassersprudler. Das Prinzip eines solchen Geräts ist immer dasselbe: Ein Wassersprudler enthält eine Gasflasche mit Kohlendioxid, das per Hebel oder Taste unter Druck in eine zuvor mit Leitungswasser gefüllte Flasche geleitet wird. So wird aus fad schmeckendem Leitungswasser ein erfrischender Sprudel. Die Kohlensäurepatronen, die man in das Gerät einschraubt, enthalten zum Teil flüssiges, zum Teil gasförmiges CO_2, das unter hohem Druck steht. Die Kohlensäure selbst stammt in manchen Fällen sogar aus natürlichen Quellen (die Kohlensäure der Firma Wassermaxx zum Beispiel aus dem Teutoburger Wald), es kann sich aber auch um ein gereinigtes Industrieprodukt handeln. Dann kommt es möglicherweise aus einer Düngemittelfabrik oder aus einer Erdölraffinerie.

(2) Wie gefährlich ist das Kohlendioxid in der Flasche? Nicht ungefährlich. Der Kohlendioxidgehalt der Luft ist in einem geschlossenen Raum, in dem sich Menschen aufhalten, gegenüber dem Sauerstoffgehalt der dominante Faktor. Das bedeutet: Auch wenn ausreichend Sauerstoff im Raum ist, kann man ersticken, wenn der Kohlendioxidgehalt zu hoch ist. Der Grund ist, dass das Venenblut mit Kohlendioxid gesättigt ist. Es fließt durch die Lunge, um sein Kohlendioxid abzugeben und Sauerstoff aufzunehmen. Wenn aber die eingeatmete Luft schon mehr als fünf Prozent Kohlendioxid enthält, dann wird das Venenblut »sein« Kohlendioxid nicht mehr los.

(3) Eine typische Kohlensäurepatrone enthält 425 Gramm CO_2. Dies entspricht etwa 244 Liter. Nehmen wir an, wir experimentieren in einer ganz kleinen Kammer von zwei mal zwei Metern (die 2,50 Meter hoch ist). Dieser Raum enthält zehn Kubikmeter Luft, das heißt 10 000 Liter. Luft enthält normalerweise 0,038 Prozent CO_2. Das sind in dem kleinen Raum 3,8 Liter. Entleert man nun eine ganze Patrone CO_2 in dem Raum, dann verhundertfacht man die Konzentration an CO_2. Sie beträgt – mit dem ursprünglich vorhandenen CO_2 – nun 2,478 Prozent. Das ist bereits eine ungute Konzentration. Sie kann zu Schwindelgefühl, Herzrasen, hoher Erregung führen. Daher beim Experimentieren mit CO_2 immer gut lüften!

(4) Man hat experimentell untersucht, wie lange Menschen in einem luftdicht verschlossenen Raum ausharren können. Ein ruhig sitzender Mensch atmet in der Minute etwa 0,3 Liter, also ein größeres Glas reinen Kohlendioxids aus. Wir gehen wieder von einem kleinen Raum aus wie eben schon. Wenn zehn Menschen in einem zehn Kubikmeter großen Raum für 150 Minuten eingeschlossen sind, produzieren sie in dieser Zeit 450 Liter Kohlendioxid, das entspricht einem Kohlendioxidgehalt von 4,5 Prozent. Die wirken sich bereits stark aus: Ermattung setzt ein. Der Sauerstoffgehalt, der normalerweise rund 21 Prozent beträgt, liegt nach dieser Zeit bei 17 bis 18 Prozent, was normalerweise für die Atmung ausreicht. Wir brauchen nicht immer den vollen Sauerstoffgehalt. Selbst mit einem Sauerstoffgehalt von zehn bis zwölf Prozent können Menschen zurechtkommen. Das ist ungefähr das, was an Sauerstoff in Höhenländern wie Bolivien und Tibet in der Lunge ankommt. Wenn man die Kohlensäure, die bei acht bis zehn Prozent tödlich wirkt, nicht aus der Luft entfernt, nutzt auch Sauerstoffzufuhr nichts. In geschlossenen Räumen ist also der steigende Kohlendioxidpegel das eigentliche Problem.

(5) Als Faustregel gilt in geschlossenen Räumen, dass ein Kubikmeter Luft für einen Menschen gerade eine Stunde lang reicht. In einer derartigen Situation sollte man so ruhig wie möglich bleiben – und unbedingt alle Kerzen löschen. Denn eine Kerze kann zwar nicht denken, fühlen oder reden, aber sie produziert doch fast ebenso viel Kohlendioxid wie ein erwachsener Mensch (70 Prozent, um genau zu sein).

(6) Man kann die Kohlensäure aus der Luft holen, indem man sie etwa durch Natronlauge oder Kalilauge blubbern lässt. Ähnlich wurde es bei der Raumfahrtmission Apollo 13 gemacht.

59 Kohlendioxid hat einen typischen Geschmack

Stoffe und Dinge: der Wassersprudler
Zeit: fünf Minuten

(1) CO_2 gilt als geruchs- und geschmacksloses unsichtbares Gas. Das stimmt aber nicht. Um dich davon zu überzeugen, stellst du die leere Flasche des Wassersprudlers unter die Düse (nicht festschrauben!) und betätigst dann die Taste: Die Kohlensäure schnaubt direkt in die Flasche. Vorsichtig drücken, denn wenn sie zu kräftig einströmt, spritzt sie gewissermaßen gleich wieder heraus. Wenn du dir nun aus der mit Kohlendioxid gefüllten Flasche etwas Gas in den geöffneten Mund gießt, erlebst du auf der Zunge den reinen CO_2-Geschmack. Er ist säuerlich, jedoch auf eine ganz bestimmte Art und Weise. Du kannst dir die Kohlensäure auch in die Nase gießen: Es bizzelt.

(2) Übertreiben darfst du das Einatmen von Kohlendioxid nicht – es kann in hohen Dosen (ein vorsichtiges Schnuppern ist *keine* hohe Dosis, sonst wäre ja schon das Trinken von Sprudel gefährlich) zur Bewusstlosigkeit, sogar zum Tode führen.

60 Kohlendioxid ist ganz schön schwer

Stoffe und Dinge: Wassersprudler, Luftballons
Zeit: fünf Minuten

(1) Nimm einen Luftballon, streife das Schlauchende über die Düse des Wassersprudlers (du musst ihn dann mit den Fingern gut festhalten, damit er sich auch wirklich füllt) und betätige die Taste. Der Ballon füllt sich mit Kohlendioxid.

(2) Verknote den gefüllten Ballon, so dass die Kohlensäure nicht mehr entweichen kann.

(3) Jetzt blase einen zweiten Luftballon auf – diesmal mit Atemluft. Verknote auch diesen Luftballon.

(4) Nun hebe beide Ballons in die Höhe und lasse sie gleichzeitig fallen. Der Kohlendioxid-Luftballon ist sehr viel schneller unten. Kohlendioxid ist ca. 1,6-mal schwerer als Luft. Deshalb sammelt es sich auch, wenn es irgendwo ausströmt, in Bodennähe an.

(5) Lässt du die Ballons eine Weile liegen, stellst du fest, dass der Kohlendioxidballon innerhalb weniger Stunden einschrumpelt: Die Kohlensäure greift die Ballonhaut an! Das Phänomen zeigt, dass Kohlendioxid sogar Gummi angreift. In der Industrie kommt Kohlendioxid, in flüssiger Form, auch als Lösungsmittel zum Einsatz – zum Beispiel hilft es bei der Herstellung entkoffeinierten Kaffees. Sogar als Kleiderreinigungsmittel wird es verwendet.

(6) Orte, an denen Kohlendioxid in großen Mengen austritt, sind in Europa selten. Berühmt ist die sogenannte Hundsgrotte bei Neapel. Hier strömt das Kohlendioxid in Kniehöhe aus. Ein Erwachsener kann in der Grotte ohne Weiteres atmen. Ein Hund winselt und bricht zusammen. Früher war diese Form der Tierquälerei eine Touristenattraktion, die bewusstlosen Hunde übergoss man anschließend mit Wasser aus dem nahe gelegenen See. Der See ist heute trocken gelegt, die Grotte mit einem Gitter verschlossen, kein Schild weist auf sie hin. Noch begehbar ist hingegen in Bad Pyrmont die »Dunsthöhle«. Sie ist künstlich angelegt. Der Pyrmonter Brunnenarzt Johann Philip Seip hatte in einem Steinbruch eine Stelle entdeckt, an der sich oft tote Eidechsen, Schlangen und kleine Vögel fanden. Ursache war ausströmende Kohlensäure. Dort ließ er 1720 eine kleine Grotte anlegen, eben die Dunsthöhle. Sie ist heute die einzige für Besucher offene Kohlendioxidhöhle in Europa. Man besucht sie über eine Galerie, das Kohlendioxid wird mit Seifenblasen sichtbar gemacht, die auf der unsichtbaren Grenzschicht zwischen der normalen Luft und dem schwereren Kohlendioxid schweben. Je nach Wetterlage und Jahreszeit befindet sich diese Schicht mal tiefer, mal höher. In Bad Pyrmont wird Kohlendioxid auch bei Therapien eingesetzt, es gilt dort als »Heilgas«.

(7) Kohlendioxid tritt auch anderenorts aus, so im ostafrikanischen Burundi – es handelt sich dabei um Entgasungen, die auf vulkanische Aktivität zurückgehen. Dieses CO_2 heißt dort *mazuku*, was übersetzt bedeutet: Böser Wind. Es sammelt sich in Bodenkuhlen und ist eine ernste Gefahr – besonders für kleine Kinder, die in solche Senken hineinlaufen.

61 Gesprudeltes Wasser löst Kalk

Stoffe und Dinge: Wasser, etwas Kreide. Kreide ist für den Chemiker Calciumkarbonat. Du erhältst sie als Schlämmkreide zum Beispiel in der Apotheke oder im Zoogeschäft/Haustierbedarf. Auch Schulkreide besteht manchmal aus Kreide, in Deutschland meist jedoch aus Gips – und den kann man nicht verwenden. Du kannst auch einen Kalkstein oder ein Stück Marmor nehmen und mit der Feile etwas Pulver abraspeln.
Zeit: 30 Minuten

(1) Fülle ein klares Glas mit Leitungswasser, ein anderes mit gesprudeltem Wasser. In beide gibst du etwa eine Messerspitze Kreide. In dem sprudelnden Wasser löst sie sich auf; in dem normalen Leitungswasser dagegen vorerst nicht.

(2) Dieses Phänomen hat eine große Tragweite. Die erhöhte Lösungskraft des gesprudelten Wassers hat überall auf der Erdoberfläche ihre Spuren hinterlassen. Fast alle Höhlen verdanken ihre Entstehung kohlendioxidreichem Wasser, das sich wie ein Bergmann durch Kalkschichten gearbeitet hat. Tritt solches Wasser dann irgendwo wieder aus, dann entschwindet die Kohlensäure – und der Kalk fällt aus. So können zum Beispiel Tropfsteine entstehen oder auch ganze Kalkterrassen wie in Pamukkale im Südwesten der Türkei.

(3) Auch in Badewannen und erst recht in Wasserkochern können je nach Härtegrad des Wassers Kalkterrassen entstehen. Immer wenn das Kohlendioxid, das im Wasser gelöst ist, ausgetrieben wird, fallen auch die gelösten Stoffe aus – meist Kalk.

62 Kohlendioxid ist unsichtbar? Nicht ganz

STOFFE UND DINGE: Wassersprudler und dazugehörige Flasche (oder eine größere Tasse oder ein Becher)
ZEIT: zehn Minuten, an einem sonnigen Nachmittag

(1) Alles, was unsichtbar ist, gilt als unbehaglich. Besonders dann, wenn das Unsichtbare auch noch bedrohlich ist. Kohlendioxid macht sich meist nur indirekt bemerkbar. Aber unter besonderen Umständen kann man es sehen. Es wirft nämlich einen Schatten.

(2) Halte die Wassersprudlerflasche unter die Düse des Wassersprudlers (nicht einschrauben!) und lass ganz kurz Kohlendioxid einströmen.

(3) Stell dich an einem Spätnachmittag, wenn die Sonne schräg ins Zimmer scheint, so vor eine besonnte Wand, dass du deinen eigenen Schatten sehen kannst.

(4) Jetzt die Kohlendioxidflasche auskippen: Du siehst an der Wand die Schattenschlieren des ausfließenden Gases. Eventuell musst du nahe an die Wand herangehen, um den Effekt zu sehen.

63 Festes Kohlendioxid sieht aus wie Schnee, ist aber viel kälter

Stoffe und Dinge: Wassersprudler, 30-bis-50-Zentimeter-Schlauch, der über die Düse passt (meist ist ein Innendurchmesser von 0,6 Zentimeter passend; das musst du ausprobieren), dunkles Tuch, Tasse mit warmem Wasser
Zeit: fünf Minuten

(1) Streife den Schlauch über die Düse, so dass er fest sitzt. Lege ein Kleidungsstück oder ein Tuch aus dunklem Stoff auf den Boden, zum Beispiel ein schwarzes T-Shirt oder auch ein Handtuch.

(2) Nimm den Sprudler mit dem Schlauch in die Hand und drehe ihn kopfüber. Mit dem Schlauch zielst du auf das am Boden liegende Tuch.

(3) Jetzt mit einem Finger auf die Taste drücken. Dabei achtgeben – bei manchen Modellen sind die Tasten so seltsam konstruiert, dass man sich leicht den Finger einklemmt. Die Taste etwa 20 Sekunden drücken! Zischend und gurgelnd entweicht das Kohlendioxid – aber auf dem Boden kommt es nicht gasförmig an, sondern als weißer Schnee, der rasch verdampft!

(4) Knautsche mit dem Stoff diese weißen Kristalle zu einem Minischneeball zusammen – es ist Trockeneis, das eine Temperatur von minus 79 Grad Celsius hat! Also immer nur ganz kurz anfassen (auf gar keinen Fall in den Mund nehmen!).

(5) Wirf diesen Trockeneis-Minischneeball in eine Tasse mit warmem Wasser. Es entsteht ein richtig schöner Hexenkesseldampf. Künstlicher Nebel in Film und Fernsehen wurde früher so erzeugt.

(6) Verantwortlich für die Erzeugung von Trockeneis ist der sogenannte Joule-Thomson-Effekt, der auch bei der Luftverflüssigung und übrigens auch im Kühlschrank eingesetzt wird. In unserem Experiment lassen wir flüssiges Kohlendioxid aus der Gasflasche entweichen. Es ist nicht von sich aus kalt, aber es erkältet sich, indem es ins Freie kommt. Ein sehr merkwürdiger Effekt! Das CO_2 steht in der Gasflasche unter hohem Druck und kann nur durch eine kleine Öffnung an der Spitze der Düse ins Freie flitzen. Dafür braucht es viel Energie, die es der Umgebung entnimmt. Das flüssige CO_2 wird dadurch so kalt, dass es gefriert. Auch der Schlauch kühlt sich deutlich ab und wird, wenn du länger drückst, sogar ganz steif vor Kälte!

(7) Wer sich nun fragt, ob der Schlauch wirklich für die Erzeugung von Trockeneis notwendig ist, der kann es ja einmal ohne probieren: Es klappt nicht – die Kohlensäure verduftet spurlos in der Luft. Nur wenn die Kohlensäure durch den Schlauch geschickt wird, kühlt sie sich ordentlich ab. Was eine simple Röhre doch bewirken kann!

(8) Übrigens kann auch in der Natur Trockeneis entstehen – wenn ein unterirdischer Kohlensäurestrom mit solchem Druck an die Erdoberfläche tritt, dass sich beim Herauszischen in der Nähe der Austrittstelle Schnee bildet.

64 Kohlendioxid ist ein guter Feuerlöscher

STOFFE UND DINGE: Wassersprudler, Flasche des Wassersprudlers, Teelichter
ZEIT: fünf Minuten

(1) Der Wassersprudler taugt auch – in Maßen – als Feuerlöscher. Viele »richtige« Feuerlöscher arbeiten tatsächlich auf Kohlendioxidbasis.

(2) Fülle die Flasche des Wassersprudlers (oder eine andere geleerte Flasche oder auch ein Glas), indem du eine Weile lang Kohlendioxid hineinströmen lässt. Dazu die Flasche unter die Düse halten (nicht einschrauben!) und die Taste einige Sekunden lang pressen. Mit dem unsichtbaren Inhalt kannst du kleinere Kerzenflammen – zum Beispiel von Teelichtern – löschen.

(3) Stell zwei, drei brennende Teelichter dazu auf eine Fläche und gieße dann das unsichtbare Kohlendioxid vorsichtig darüber: Die Flammen gehen plötzlich aus. In der erwähnten Dunsthöhle in Bad Pyrmont wird das nicht sichtbare Kohlendioxid mit einer langen Suppenkelle geschöpft und dann zum Löschen von Kerzen verwandt – sehr eindrucksvoll!

65 Pflanzen mit Kohlendioxid füttern

Stoffe und Dinge: Leitungswasser, Kohlendioxid (aus einem Wassersprudler), Minzzweige, zwei möglichst große Gurkengläser, zwei kleine Schnapsgläser, die man in die Gurkengläser hineinstellen kann
Zeit: im Frühjahr oder Sommer, Dauer: etwa drei Wochen

(1) Schneide von der Minze zwei gleich große Zweige ab, stell diese in zwei mit Wasser gefüllte Schnapsgläser und bugsiere das Ganze vorsichtig in die leeren, gespülten Gurkengläser. Die Minze in den Gläsern sollte möglichst frei stehen, also nicht mit ihren Blättern die Wand berühren. Und sie sollte natürlich nach oben Platz zum Wachsen haben.

(2) Eines der Gurkengläser wird jetzt verschlossen, schreibe ›Luft‹ darauf. Auf das andere schreibst du »CO_2«; fülle in dieses Glas mit dem Wassersprudler etwas Kohlendioxid. Dazu das offene Glas unter die Düse halten und kurz, zehn Sekunden, die Taste drücken.

(3) Verschließe nun auch dieses Glas und stell beide dann an einen hellen Ort, doch nicht direkt in die Sonne.

(4) Nach etwa drei Wochen sollte sich zeigen, dass das Pflänzchen im CO_2-Gewächshaus sich viel besser entwickelt hat als dasjenige im normalen Luftgewächshaus. Da die Bedingungen für die beiden Pflanzen ansonsten gleich waren, ist dies auf das Kohlendioxid zurückzuführen. Während die eine Pflanze reichlich davon zur Verfügung hat und

deshalb munter wachsen kann, kümmert die andere vor sich hin, weil das in ihrem Glas vorhandene Kohlendioxid rasch verbraucht ist.

(5) In der Luft ist Kohlendioxid nur in Spuren vorhanden, derzeit 0,038 Prozent, Tendenz steigend. Auf diese Spuren kommt es aber an, weil sich die Pflanzen hauptsächlich von Kohlendioxid ernähren. Rosen, Äpfel und Bäume werden vor allem aus Kohlendioxid und Wasser aufgebaut! Man kann daher Pflanzen mit Kohlendioxid düngen. In den Niederlanden geschieht dies auch. Dort werden mit dem sehr reinen Kohlendioxid aus Erdölraffinerien die Tomaten in den Gewächshäusern begast.

66 Kohlendioxid wird von Pflanzen in Sauerstoff umgewandelt

Stoffe und Dinge: grüne Wasserpflanzen aus einem Bach oder einem See – oder sonst aus einem Zoogeschäft oder Haustierbedarfsgeschäft, ein ausgespültes Gurkenglas
Zeit: wenige Sonnenstunden

(1) Die Pflanzen verzehren das Kohlendioxid, das die Tiere ausatmen, das die Vulkane und Brände aushauchen, und wandeln es mithilfe des Sonnenlichts in Sauerstoff um.

(2) Ein klassisches Experiment macht die Sauerstoffproduktion von Pflanzen sichtbar. Verwenden kannst du jede Pflanze, die in Seen, Flüssen oder Bächen unter Wasser wächst. Wasche die Pflanze an Ort und Stelle gut aus, damit die Krebse und anderen Kleintiere, die oft in solchen Wasserpflanzen wohnen, Gelegenheit zur Flucht haben.

(3) Gib einen abgeschnittenen Zweig der Wasserpflanze kopfüber in ein wassergefülltes Glas (damit er kopfüber bleibt, empfiehlt es sich, ihn mit einer hineingestellten Gabel zu fixieren), und stell das Ganze in die Sonne. Bald entströmt an der Schnittstelle ein reizender Perlenstrom

kleiner Bläschen. Das ist der bei der CO_2-Assimilation frei werdende Sauerstoff. Stellst du die Pflanze in den Schatten, wird die Perlenschnur bald dünner. Nimmst du statt normalem Leitungswasser gekochtes Wasser – also eines, aus dem die Kohlensäure entfernt wurde und das entsprechend matt schmeckt –, dann siehst du keine Perlenschnur. Gibst du aber einen kleinen Schuss Sprudel hinzu, verstärkt sie sich. Der Sauerstoff lässt sich auffangen. Das ist allerdings eine langwierige Angelegenheit und klappt nicht immer.

(4) In Pfützen, die länger als eine Woche bestehen, siehst du oft, wenn die Sonne stark scheint, Luftblasen am Grund. Dies ist ebenfalls Sauerstoff, der von mikroskopisch kleinen Algen, die am Pfützengrund leben, erzeugt wird.

67 In Cola ist ziemlich viel CO_2

Stoffe und Dinge: eine Literflasche Coca-Cola light, vier Mentos-Bonbons
Zeit: fünf Minuten
Ort: auf einer Wiese

(1) Am besten funktioniert dieses Experiment mit Coca-Cola light, da in normaler Cola nicht so viel Kohlensäure gelöst ist. In normaler Cola ist das Wasser nämlich durch den vielen Zucker mehr oder weniger gesättigt und kann kaum noch etwas aufnehmen. Den Versuch musst du unbedingt auf einer Wiese durchführen, da es sonst eine riesige Sauerei gibt.

(2) Einfach die vier Mentos-Bonbons in die eben geöffnete Cola-light-Flasche werfen und zurücktreten. Du musst alle vier auf einmal reinwerfen, also zwischen zwei Finger schichten und rein damit! Das plötzlich austretende Kohlendioxid nimmt fast die gesamte Flüssigkeit mit, und es entsteht eine ansehnliche Fontäne.

(3) In Sprudel und überhaupt in allen Softdrinks ist ziemlich viel Kohlensäure enthalten: Pro Liter Getränk werden über vier Liter Kohlendioxid hineingepumpt. Da es bei normalem Gebrauch nur langsam und nicht auf einmal herausperlt, nehmen wir das kaum wahr.

68 Gedankenspiel: Ist Wasser H_2O?

Die Erkenntnis, dass Wasser, der neben der Luft für Menschen wichtigste Stoff, kein Element, sondern eine Verbindung aus Wasserstoff und Sauerstoff ist, dürfte eines der berühmtesten Ergebnisse der Chemie sein. Wasser galt jahrhundertelang als Element, und das ist auch plausibel, wir sehen schließlich, dass es überall vorkommt, in den Pflanzen, in den Tieren, in der Erde und sogar in der Luft. Man konnte es nicht erschaffen und auch nicht vernichten. Das änderte sich erst, als ein neues Instrument, die elektrische Batterie, erfunden wurde und damit das Wasser zerlegt werden konnte. Und als man aus den Zerlegungsprodukten, Wasserstoff und Sauerstoff, auch wieder Wasser zusammensetzen konnte.

Entsprechend formulierte man die erste Wasserformel: HO. H für Hydrogenium, Wasserstoff, und O für Oxygenium, Sauerstoff. Heute heißt die Formel H_2O, weil es eine Reihe Phänomene gibt, die zeigen, dass Wassermoleküle aus zwei Wasserstoffatomen und einem Sauerstoffatom aufgebaut sind. Die Formel H_2O ist zweifellos die bekannteste chemische Formel. Viele glauben, dass sie das Wesen von Wasser beschreibt und die wichtigste Erkenntnis über Wasser darstellt.

Die Formel ist gewissermaßen eine Ortsangabe. Sie lokalisiert das Wasser im großen Netzwerk stofflicher Umwandlungen.

Trotzdem gibt es sehr viele Fragen zum Wasser, die mit dieser Formel gar nichts oder nur sehr wenig zu tun haben. Warum das Wasser zum Beispiel Wellen bildet – bei der Frage hilft die Formel überhaupt nicht. Derartige Fragen blendet der Chemiker aus. Dass Wasser neben der Luft die wichtigste Substanz für alle Lebewesen ist, weiß ein Chemiker, weil er nie nur Chemiker ist. Aus seiner Formel lässt sich das nicht ableiten.

Auch die sozialen Fragen, die mit Wasser zusammenhängen – wem gehört es, wer darf es nutzen –, sind für den Chemiker nicht existent.

Deshalb enthält die Formel, der Mittelpunkt des chemischen Wissens über das Wasser, also nicht die ganze Wahrheit, sondern nur einen Teil. Die Formel ist nur das, was bestimmte Spezialisten über das Wasser denken, aber nicht das Wasser selbst. Das vergessen die, die behaupten: »Wasser *ist* H_2O.«

69 Heißes Wasser

Stoffe und Dinge: Wasser, Silberfarbe aus dem Wassermalkasten oder Bronzefarbe, Pinsel, Topf, Herd
Zeit: fünf Minuten

(1) Die Formen des Wassers sind in der Regel unsichtbar. Deshalb die verbreitete Vorstellung, es sei formlos. Wenn du es aber mit ein wenig Silberfarbe mischst, erkennst du, dass Wasser mit jeder Bewegung Gestalten hervorbringt.

(2) Rühre mit einem angefeuchteten Pinsel im Silberfarbnapf umher und gib die aufgenommene Farbe in einen mit wenig Wasser befüllten Topf.

(3) Stell den Topf auf die Herdplatte und erwärme ihn leicht; es entsteht ein Muster: Das heiße Wasser steigt von unten auf, und das kalte sinkt ab. Dies geschieht jedoch nicht völlig chaotisch, sondern in einer eigenen Ordnung.

(4) Die Struktur kannst du ändern, indem du etwa mit einer Gabel eine Line hineinziehst oder auch das Ganze durch Blasen abkühlst: So entstehen neue Formen.

70 Sensibles Wasser

Stoffe und Dinge: eine hohe 1,5-Literflasche Wasser oder Apfelsaftschorle (Einweg), aus der ein Glas abgegossen wurde, Tisch
Zeit: eine Minute

(1) Stell die verschlossene Flasche auf einen soliden, stabilen Tisch. Achte auf die Wasseroberfläche. Drücke jetzt mit dem Daumen irgendwo auf die Tischplatte. Es ist nichts zu hören, nichts zu sehen. Ist überhaupt etwas passiert? Die Wasseroberfläche beginnt zu zittern. Sie hat den Druck »mitbekommen«. Und das, obwohl die Verschiebung der festen Tischplatte, die dein Daumen ausgelöst hat, sich im Bereich von Bruchteilen von Millimetern bewegt und an der Tischplatte selbst unmöglich wahrgenommen werden kann!

(2) Dieser Versuch funktioniert am besten mit preiswerten hohen Einwegflaschen, die meist auf fünf Auswölbungen stehen. Du kannst ihn aber auch mit gefüllten hohen Biergläsern (nicht mit Schorle oder Sprudel, sondern mit Leitungswasser füllen!) durchführen.

71 Chromatographie

Stoffe und Dinge: Wasser, schwarze Filzstifte, Papiertaschentücher, Glas und Teller
Zeit: zehn Minuten

(1) Nimm ein Taschentuch aus der Packung, markiere etwa einen Zentimeter über der kürzeren Seite mit einem schwarzen Filzstift einen kräftigen Punkt. Stell das Taschentuch mit der markierten Stelle nach unten in ein Glas, in das du zuvor ein wenig Wasser (der Wasserspiegel muss unterhalb des Punktes liegen) gefüllt hast.

(2) Das Wasser steigt im Papiertaschentuch hoch und nimmt den Farbklecks mit. Der wird dabei auseinandergezogen. Du kannst nun die Bestandteile erkennen. Schwarz ist, wie du siehst, aus Rot oder aus Blaugrün zusammengesetzt, das zusammen manchmal auch nur Grau ergibt. Filzstifte enthalten, je nach Marke, verschiedene Farben, obwohl das Schwarz auf den ersten Blick gleich aussieht. Versuche es auch mit Grün, mit Braun oder Violett.

(3) Falte zwei Papiertaschentücher auseinander, zeichne in die Mitte des einen mit einem schwarzen Filzstift einen Kreis (Durchmesser etwa fünf Zentimeter). Lege dieses Taschentuch auf einen flachen Teller. Nun rollst du das andere Papiertaschentuch zwischen den Handflächen zu einer runden Kugel und tränkst es ordentlich mit Wasser. Lege nun die Kugel in die Kreismitte. Das Wasser fließt langsam in das Papier und zieht den Ring auseinander. Aus dem schwarzen Ring wird eine bunte Wolke, in der du unterschiedliche Farbzonen erkennen kannst. Die Farben werden getrennt, weil es sich jeweils um verschiedene Stoffe handelt, die mit dem Wasser mitgezogen werden und auf dem Papier unterschiedlich schnell vorankommen.

72 Fraktale Weihnachtssterne

Stoffe und Dinge: dampffixierbare Seidenmalfarbe 073 schwarz von Marabu (im Deckel ist eine Pipette eingebaut), Kleister, Petrischale oder flacher Teller, Papier, Latex-Einweghandschuhe
Zeit: 30 Minuten

(1) Dieser Versuch bringt zwar keine neuartigen Erkenntnisse, er ist aber sehr hübsch und macht Kindern viel Spaß.

(2) Rühre einen Teelöffel Kleisterpulver (ich verwende Metylan Normal) in ein Glas Wasser (0,2 oder 0,3 Liter) ein. Rühre nach einer Minute und nach etwa 20 Minuten erneut. Der Kleister ist nun fertig.

(3) Gieße den fertig angerührten Kleister in den Teller, tropfe vorsichtig mit der Pipette etwas von der Farbe darauf. Sofort bilden sich verästelte Sterne, die wachsen und wie Lebewesen hin und her schwanken.

(4) Wenn du ein kleines Stück Schreibpapier oder Buntpapier auf die Sterne legst und behutsam wieder abhebst, werden die entstandenen Sterne auf Papier gebannt. Vorsichtig trocknen lassen!

(5) Leider funktioniert dieses hübsche Phänomen, auf das mich der Künstler Volkhard Stürzbecher hinwies, nur mit dieser einzigen Farbe!

73 Fraktale Strukturen

Stoffe und Dinge: Kleister (siehe vorherigen Versuch), Lebensmittelfarbe (flüssig oder pulverförmig; alternativ: ein Tropfen Tinte aus dem Füller), Petrischale (ca. 20 Zentimeter Durchmesser) mit passendem Deckel oder als Alternative zwei abmontierte CD-Deckel
Zeit: fünf Minuten

(1) Von dem Kleister des vorherigen Versuchs ist gewiss etwas übrig geblieben. Gib einen Teelöffel von dem fertig angerührten Kleister in den Deckel einer Petrischale und setze darauf die Petrischale selbst, so dass sich die Kleisterschicht zwischen Schale und Deckel als dünne Schicht ausbreitet. Ziehe nun die Schale vorsichtig hoch, als wolltest du sie aus dem Deckel heben. Zwischen den Glasoberflächen bilden sich verästelnde Finger.

(2) Die kannst du deutlicher sichtbar machen, indem du den Kleister anfärbst. Dazu streust oder tropfst du etwas Lebensmittelfarbe zwischen Kleister und Deckel. Sie löst sich rasch im Kleister. Drehe dazu den Deckel ein wenig hin und her. Du kannst auch einen Tropfen Tinte aus deinem Füller oder aus der Füllerpatrone auf den Kleister tropfen. Lege ein Blatt weißes Papier unter, dann leuchtet die Farbe stärker. Anstelle

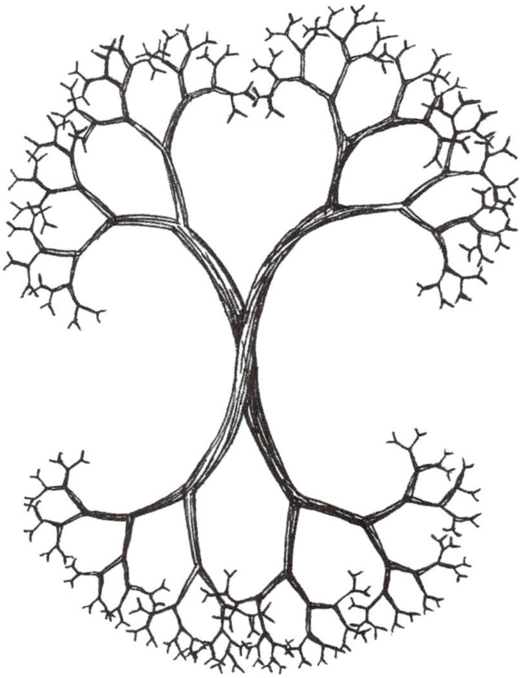

Fraktale Strukturen

der Petrischale kannst du zwei CD-Deckel verwenden, die du aufeinanderlegst. Den Kleister hinterher mit viel Wasser abwaschen.

(3) Noch schöner sieht der Versuch aus, wenn du die Kleisterbäume mit einem Overheadprojektor, den es in den meisten Schulen gibt, an die Wand projizierst.

(4) Die verästelten Strukturen, die du siehst, sind sogenannte fraktale Gebilde. Sie sind dadurch gekennzeichnet, dass sich eine Form in sich selbst wiederholt. Eine Erklärung, weshalb sie entstehen, kenne ich nicht, habe allerdings auch nicht danach gesucht. Für mich sind sie eindrucksvoll, weil sie auf sehr schöne Weise zeigen, dass selbst ganz gewöhnliche Stoffe wie eben der Kleister verblüffende Formen erzeugen können.

74 Bakterien und Schimmelpilze

Stoffe und Dinge: Zucker, Agar-Agar-Pulver (ein gelierender Stoff, der aus Algen gewonnen wird und in vielen Naturkostläden oder in Asiashops zu kaufen ist. Vegetarier verwenden Agar anstelle von Gelatine), Petrischale mit Deckel (oder weithalsige Marmeladengläschen)
Zeit: 30 Minuten (Ansatz), eine Woche (für die Kultur)

(1) Bakterien und Schimmelpilze leben meist an denselben Orten, etwa im Erdboden, und dort von denselben Dingen. Sie stehen also zueinander in Konkurrenz. Deshalb haben Schimmelpilze Stoffe entwickelt, um die Bakterien fernzuhalten. Umgekehrt ist es auch so, zusätzlich können Bakterien sich so umprogrammieren, dass sie die Attacken der Schimmelpilze erfolgreich abwehren. Dazu produzieren sie Enzyme, komplizierte Stoffe, die das Gift der Pilze zerlegen und unschädlich machen. So entwickeln sie Resistenzen. Aber auch die Pilze entwickeln sich schnell weiter und greifen zu neuen Maßnahmen.

(2) Antibiotika werden aus bestimmten Schimmelpilzen gewonnen. Das ist sehr schwierig, weil die Stoffe in den Pilzen nur in kleinsten Konzentrationen vorkommen und äußerst sensibel sind. Die erste Gewinnung des Antibiotikums Penicillin gelang britischen Chemikern im Zweiten Weltkrieg.

(3) Die Wirksamkeit des Pilzgiftes zeigt der folgende Versuch, der einige Vorbereitung benötigt. Zunächst musst du deine Materialien keimfrei machen. Dazu stell die Glasgefäße, in denen du die Pilz- und Bakterienkultur anlegen willst, in einen mit Wasser gefüllten Topf und bring das Wasser darin zum Kochen. Lass sie anschließend abtropfen, trockne sie nicht mit einem Geschirrtuch ab.

(4) Gib nun in einen kleinen Topf ein Glas Wasser, löse darin einen Teelöffel Zucker auf. Gib zwei Teelöffel Agar-Agar hinzu, bring das Ganze vorsichtig zum Kochen und lass es auf kleiner Flamme ein paar Minuten köcheln. Die Masse gießt du in die vorbereiteten Gläser. Es reicht, wenn der Boden etwa ein bis zwei Zentimeter bedeckt ist. Schließe sie mit dem Deckel (Petrischale) oder schraube sie zu (Marmeladenglas). Lass sie abkühlen.

(5) Nimm etwas trockene Erde und streue sie auf die Oberfläche, verschließe den Ansatz wieder. Nach einigen Tagen siehst du, dass sich aus den einzelnen Keimen, die in der Erde enthalten waren, ganze Kolonien gebildet haben. Die Bakterien zeigen sich als glänzende Flecken auf dem Gel. Bisweilen handelt es sich bei den Flecken um Hefen. Auch Schimmelpilze werden sich gebildet haben, die erkennst du an den meist unscharf begrenzten flaumigen Flecken.

(6) Zwischen manchen Flecken bilden sich klare Grenzstreifen, häufig zwischen Schimmelpilz- und Bakterienkolonien. Das ist das Phänomen der Antibiosis, des Kampfes der Kolonien. Die Mikroorganismen bekriegen sich wie verfeindete Städte, indem sie einander Gift zuleiten. Das Gift der Schimmelpilze ist für uns wertvoll, weil es in bestimmten Fällen auch gegen krank machende Bakterien wirkt.

(7) Du kannst den Versuch variieren, indem du andere Erdproben nimmst oder auch das Agar-Agar-Gel anders zubereitest (etwa mit gekochtem Gras oder Brühe, anschließend filtern). In Krankenhäusern wird das Agar mit Schafsblut angesetzt. So bildet sich eine optimale Wachstumsgrundlage für die Bakterien, die man mit den Körperflüssigkeiten der Kranken aufträgt. Dann wird geprobt, welche Antibiotika wirksam sind. Auch andere krank machende Mikroorganismen, etwa bestimmte Pilze (Candida) werden in der Analytik der Krankenhäuser auf diese Weise untersucht.

75 Wie man in drei Minuten Chlor aus Kochsalz herstellt

Stoffe und Dinge: Kochsalz, warmes Wasser, zwei gleich lange Bleistifte, Anspitzer, 9-Volt-Batterie, Tasse
Zeit: drei Minuten

(1) Aus der Kombination bestimmter Substanzen lässt sich Strom herstellen, wie wir gleich sehen werden. Man kann den Strom aber auch einsetzen, um Substanzen zu trennen.

(2) Nimm die beiden Bleistifte und spitze sie von beiden Seiten gut an. Gib einen Esslöffel Kochsalz in die Tasse und gieße etwa zwei Esslöffel sehr warmes Wasser darauf.

(3) Jetzt hältst du die beiden Bleistifte in der Hand und steckst die Spitzen je in den Plus- und in den Minuspol der Batterie. Dadurch werden die beiden Graphitminen in den Bleistiften unter Strom gesetzt, denn Graphit, die schwarze Substanz in den »Blei«-Stiften, leitet den Strom ganz ausgezeichnet. Du brauchst beide Hände, die eine, die die Batterie hält, die andere, um die Bleistifte in Position zu halten.

(4) Nun bringst du die vorderen Spitzen der Bleistifte in die Tasse. Du erblickst sofort eine Gasentwicklung an den Bleistiftspitzen. Wenn du die nicht siehst, ist etwas falsch. Es könnte sein, dass einer deiner Bleistifte oder beide keinen Kontakt zu der Batterie haben. Oder die Batterie ist leer, dann nimm eine andere. Vielleicht ist auch die Bleistiftmine innen gebrochen und leitet nicht richtig, eventuell einen neuen Bleistift probieren.

(5) Nach vier oder fünf Sekunden nimmst du die beiden Bleistifte wieder heraus. Fächele dir nun mit der Hand vorsichtig (!!) etwas von dem Dunst zu, der aus der Tasse steigt. Er hat einen überaus charakteristischen Geruch, den du aus dem Schwimmbad kennst: Chlor. Wenn du nichts riechst, auf keinen Fall die Nase direkt in die Tasse halten! Besser noch mal fächeln. Siehst du Gasperlen an den Spitzen, ist auf jeden Fall Chlor entstanden. Chlor ist in größeren Konzentrationen sehr giftig. Wenn du den Versuch so durchführst wie hier beschrieben, entstehen keine größeren Konzentrationen. Nur eben so viel, dass du den typischen Geruch von Chlor wahrnehmen kannst, ohne Gefahr für deine Gesundheit.

(6) An den Bleistiftspitzen bilden sich Bläschen. Das ist alles, was du sehen kannst. Was du nicht sehen kannst: Kochsalzlösung wird durch elektrischen Strom in Wasserstoff und Chlor zerlegt. Das bleibt unsichtbar, auch wenn manche Chemieschulbücher so tun, als könne man es sehen. Es könnte sein, dass sich das Gas aus den Bleistiftminen bildet. Was wirklich passiert, erkennen wir nur, wenn wir einen Versuch in einen Zusammenhang von vielen weiteren Versuchen stellen.

(7) Chlor ist ein starkes Desinfektionsmittel. Schon die Lösung, die du bei dem Versuch erhalten hast – sie besteht aus Kochsalz, Chlorwasser und Natronlauge –, könntest du, wenn du kein anderes hast, als Desinfektionsmittel nutzen. Es hat allerdings den Nachteil, nicht sonderlich hautfreundlich zu sein. Als Desinfektionsmittel wurde Chlor erstmals von dem Arzt Ignaz Semmelweis (1818–1865) eingesetzt, als er die Medizinstudenten in Wien aufforderte, sich nach ihren Leichensektionen die Hände mit Chlorkalk (Kalk, der mit Chlor versetzt wurde) zu reinigen, ehe sie schwangere oder eben niedergekommene Frauen untersuchten. Semmelweis konnte mit dieser Maßnahme das sogenannte Kindbettfieber, eine damals häufige und oft tödliche Erkrankung junger Mütter, wirksam bekämpfen. Chlor bleicht zudem sehr stark. Es wurde als billiges Bleichmittel benutzt, das die sogenannte Rasenbleiche ersetzte. Bei der Rasenbleiche legten die Frauen die feuchte weiße Wäsche in der Sonne auf eine grüne Wiese – der Sauerstoff, den die Gräser produzieren, hellt die Wäsche auf und bringt viele Flecken zum Verschwinden.

76 Die Zungenbatterie

Stoffe und Dinge: kleiner Anspitzer aus Magnesium (Metallspitzer bestehen fast immer aus Magnesium, meist steht dies auch darauf), kleiner Schraubenzieher, gereinigte und abgespülte Silbermünze. Gegebenenfalls auch andere metallische Gegenstände (Goldmünzen oder Goldschmuck; Aluminiummünzen, Stahlgegenstände usw.), Kopfhörer mit Anschlusskabel
Zeit: zehn Minuten

(1) Batterien sind kleine Büchsen, aus denen Strom kommt. Erfunden wurden sie vor rund 200 Jahren von Alessandro Volta, einem eleganten Italiener, über den sein Physikerkollege Georg Christoph Lichtenberg (1742–1799) nach einem Treffen sagte: »Ich merkte wohl, dass er sich auch auf die Elektrizität der Mädchen versteht.« Volta stapelte Stücke verschiedener Metalle aufeinander und trennte sie durch Tücher, die zunächst mit Salzlake, später mit Säure getränkt waren. Mit diesen sogenannten Volta'schen Säulen erzeugte er für längere Zeit Strom. Sein Name lebt heute in der Einheit »Volt« fort, mit der man die elektrische Spannung misst.

(2) Für unseren elektronischen Alltag sind Batterien unerlässlich. Kein mobiles Telefon, kein Auto könnte ohne sie funktionieren. Physikdidaktiker haben in den letzten Jahren Batterien aus den unterschiedlichsten Dingen gebastelt – aus Zitronen, Kartoffeln oder Rosenkohl. Streng genommen handelt es sich dabei meist um Zellen, eingebürgert hat sich aber die Bezeichnung »Batterie«. Das Prinzip ist immer, unterschiedliche Metalle aufeinander wirken zu lassen.

(3) Bei der Zungenbatterie, die ich hier vorstelle, bist du selbst Teil der Batterie und zugleich Strommessgerät.

(4) Schraube von einem Metallspitzer aus Magnesium vorsichtshalber die Klinge ab und lege sie beiseite. Reinige den Anspitzer mit etwas

Scheuermittel und spüle ihn gut ab. Zudem benötigst du noch einen silbernen Löffel oder eine Silbermünze, ebenfalls gut gereinigt.

(5) Halte nun beide Gegenstände möglichst nahe beieinander an deine Zunge. Wenn sie sich berühren, spürst du einen ziemlich heftigen elektrischen Strom. Den Versuch kannst du auch mit anderen Metallgegenständen machen, etwa mit Silber und Eisen. Der Strom ist dann deutlich schwächer. Kombinierst du hingegen den Anspitzer mit einer Goldmünze, ist er so stark wie mit Silber.

(6) Deine Zunge ist ein ziemlich gutes Messgerät für elektrischen Strom. Sie leitet ihn, weil sie feucht ist, und sie spürt ihn zugleich. Die Spannung zwischen Magnesium und Silber beträgt zwischen 1,5 und 1,6 Volt. Durch die Versuche gelangen ein paar Metallionen auf deine Zunge. Das ist ungefährlich, schließlich isst man sogar mit silbernen oder eisernen Löffeln. Bitte führe den Versuch aber nur mit den angegebenen Metallen, mit Silber, Gold, Eisen, Magnesium und Aluminium, durch. Andere Metalle wie Kupfer oder Blei sind giftig.

(7) Wenn du eine Gold- und eine Silbermünze gemeinsam an die Zunge bringst, spürst du hingegen nichts oder kaum etwas. Diese Metalle sind beide sehr edel, zwischen ihnen fließt kaum Strom. Er fließt eben nur bei der Kombination edler mit unedlen Metallen.

(8) Bisweilen hast du Ähnliches schon einmal in deinem Mund gespürt – als zum Beispiel ein Stück Aluminium von einer Verpackung in die Nähe einer Zahnfüllung kam. Zahnfüllungen bestehen oft aus dem recht edlen Metall Quecksilber, das mit Silber legiert ist, oder auch aus Gold. Gelangt ein sehr unedles Metall wie Aluminium in ihre Nähe, dann fließt Strom, was der Nerv sogleich registriert.

(9) Diejenigen, die den Strom ungern mit der eigenen Zunge messen möchten, setzen Kopfhörer auf, die nicht mit einem elektrischen Gerät verbunden sind. Berühre den herabhängenden Stecker gleichzeitig mit der Silbermünze und dem Magnesium. Es knackt hörbar.

77 Die elektrische Krone

Stoffe und Dinge: warmes Wasser, Kochsalz, Topf, zehn bis zwölf gleich große, nicht zu hohe Wassergläser, ebenso viele Wäscheklammern, ebenso viele Silberlöffel oder Silbergabeln aus dem Familienbesteck, ebenso viele Stücke Magnesiumband, das gleich lang wie die Löffel oder Gabeln sein sollte. Das Magnesiumband erhältst du im Internet. Ersatzweise kannst du auch in Streifen geschnittene Aluminiumfolie verwenden, dann benötigst du aber 15 bis 18 Wassergläser und entsprechend mehr von den übrigen Gegenständen.
Zeit: 30 Minuten

(1) Dieser Versuch arbeitet mit unauffälligen Stoffen, deren Kombination einen höchst sonderbaren Effekt ergibt. Es handelt sich um eine Variante eines historischen Versuchs des Physikers Alessandro Volta. Auf Voltas Versuch wurde ich aufmerksam durch eine Publikation des Physikdidaktikers Peter Heering.

(2) Reinige das Magnesiumband, sollte es sehr grau aussehen, mit einem Tuch und etwas Scheuermittel, bis es halbwegs glänzt. (Falls du mit Aluminiumfolie arbeitest, musst du sie nicht reinigen, denn sie ist blitzblank. Schneide sie in ca. zehn Zentimeter lange Streifen.) Schneide das Magnesiumband mit einer Schere oder einer Zange in Stücke, die so lang sind wie das Silberbesteck, das du verwenden willst. Setze aus sieben gehäuften Esslöffeln Kochsalz und zwei Litern warmen Wassers eine Salzlösung an, die du ab und zu umrührst, bis das Salz aufgelöst ist. Verbinde mittels je einer Wäscheklammer einen Silberlöffel mit einem Stück Magnesiumband (oder mit der Aluminiumfolie).

(3) Stell die Gläser in einem Kreis auf, so dass sie sich alle berühren und das erste und das letzte Glas nahe beieinanderstehen. Fülle die Gläser mit dem Salzwasser. In jedes Glas kommen ein Stück Magnesium und ein Silberlöffel oder eine Silbergabel, und zwar so, dass jeweils ein Magnesium-Silberpaar zwei benachbarte Gläser verbindet und durch

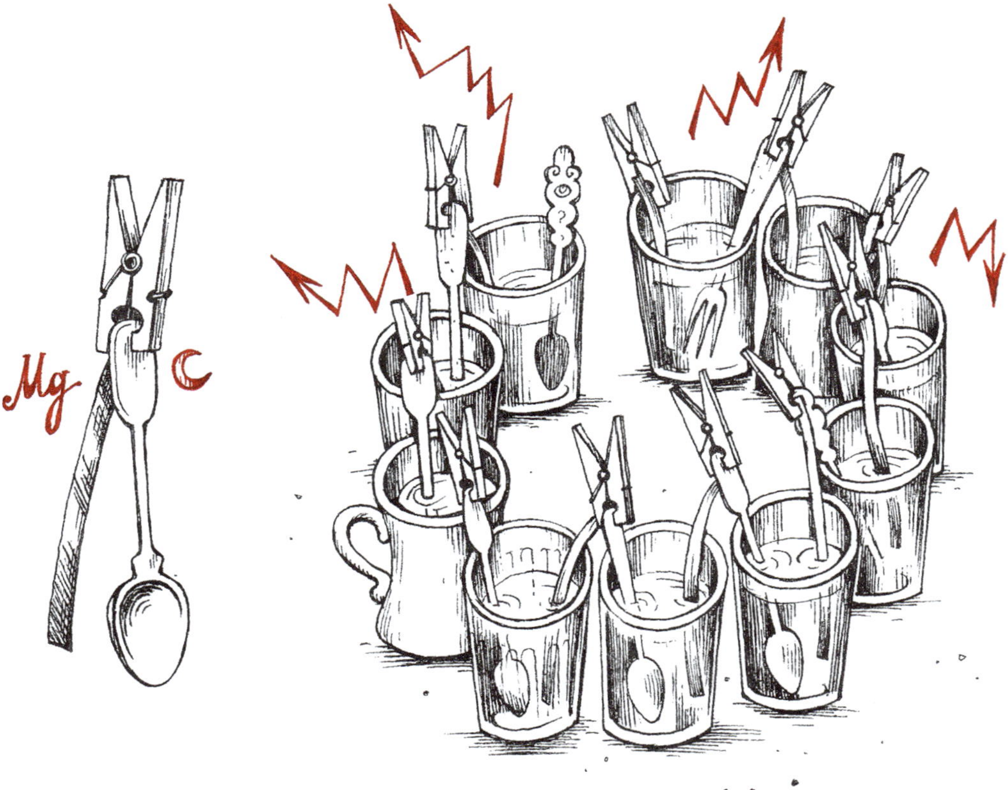

Die elektrische Krone

ein weiteres Paar mit dem nächsten Glas verbunden wird. In jedem Glas stecken am Ende sowohl ein Stück Magnesium wie auch ein Silberlöffel (oder eine Silbergabel). Damit dies auch beim ersten und beim letzten Glas so ist, musst du dort ein nichtgeklammertes Silberbesteck oder ein Magnesiumband hineintauchen (*siehe Abbildung*). Wenn du mit Alufolie arbeitest, musst du sie mit einer zusätzlichen Wäscheklammer fixieren, da sie sonst allzu leicht das Silber im Glas berührt.

(4) Was du vor dir hast, ist eine Batterie, also eine Serie von verbundenen Zellen. Zelle nennt man die einzelnen Gläser, in denen Magnesium und Silber stecken. Diese Batterie hat, wie gesagt, Alessandro Volta erfunden, er nannte sie »Tassenkrone«. Die Spannungen der einzelnen Zellen addieren sich zu solcher Größe, dass man geradezu eine »gewischt« bekommen kann. Überzeuge dich aber zunächst, dass sich Silber und Magnesium in keinem der Gefäße berühren.

(5) Stecke einen Finger in das erste Glas (behalte ihn dort) und dann einen Finger der anderen Hand in das zweite, dann in das dritte, vierte, fünfte Glas. Etwa ab dem achten Glas (wenn du mit Magnesium arbeitest; bei Aluminium benötigst du mehr Gläser, um einen deutlichen Effekt zu bemerken) spürst du einen leichten Stromschlag im Finger, der sich verstärkt, wenn du den Finger ins nächste Glas tauchst. Die Batterie erzeugt Strom, und zwar nicht zu knapp!

78 Eine Nebelkammer im Bierglas ★

Stoffe und Dinge:

- CO_2-Sprudler (der zur Bereitung von Sprudel aus Leitungswasser verwandt wird; die CO_2-Patrone muss frisch sein) oder 200 Gramm Trockeneis. Den Sprudler brauchst du zur Bereitung von Trockeneis. Das kannst du vielerorts auch kaufen oder über das Internet bestellen, dann brauchst du den Sprudler nicht. Nachteil: Trockeneis hält sich nur ein bis zwei Tage, auch wenn es in einer Styroporbox aufbewahrt wird.

- ein kleines Stück (würfelzuckergroß) Columbit, der meist aufgrund von Beimischungen radioaktiver Nuklide schwach radioaktiv ist. Du erhältst Columbit im Mineralienhandel. Columbit wird auch in Schulen gern als schwach radioaktive Probe verwandt. Die Anschaffung und Verwendung ist nach der derzeitigen Strahlenschutzverordnung nicht umgangsgenehmigungspflichtig.
- Watte
- schwarze Plastikfolie (z. B. Hundekotbeutel oder schwarzer Müllbeutel, es eignen sich auch andere Plastikfolien, sofern sie schwarz sind. Nicht geeignet sind Metallflächen oder Karton oder Papier.)

- Brennspiritus (oder hochprozentige Getränke, etwa Whisky oder Rum, oder Isopropanol, das in vielen Desinfektionsmitteln enthalten ist). Vorsicht, hochprozentiger Alkohol ist brennbar, damit darfst du keinesfalls in der Nähe offener Flammen hantieren!
- etwa tellergroße Styroporplatte (oder eine andere schlecht wärmeleitende Unterlage). Das Styropor kann von einer beliebigen Verpackung stammen. Ohne Styropor verschwindet das Trockeneis schneller.
- hohes, gut durchsichtiges Bierglas
- Geschirrtuch
- Taschenlampe (LED)
- Handschuhe

Zeit: zehn Minuten, wenn du alles beisammenhast
Ort: in einem abgedunkelten Raum

(1) Lege dir vorher alles zurecht, auch die radioaktiven Materialien, so dass alles sofort gebrauchsfertig ist. Ziehe die Latexhandschuhe an.

(2) Die Nebelkammer ist ein in der aktuellen Forschung nur noch wenig gebrauchtes, dennoch eindrucksvolles Gerät, mit dem atomare Prozesse auf ungewöhnliche Weise »sichtbar« gemacht werden können. Man erkennt sie ähnlich, wie man eine Pistolenkugel an aufspritzendem Staub »sehen« kann. Für die Entwicklung der Nebelkammer erhielt Charles Rees Wilson (1869–1959) 1927 den Nobelpreis für Physik. Wilsons Expansionsnebelkammer wurde bald die Diffusionsnebelkammer des Amerikaners Alexander Langsdorf (1912–1996) an die Seite gestellt.

(3) Die Nebelkammer funktioniert in manchen Gegenden auch ganz ohne radioaktive Materialien. Sie arbeitet dann mit der natürlich vorkommenden Radioaktivität. Diese ist mancherorts, etwa in etlichen Gegenden Süddeutschlands, beträchtlich. Man kann aber auch Pech haben und – nichts beobachten, während sich das kühlende Kohlendioxid langsam auflöst. Daher ist für diesen Versuch schwach radioaktives Material sinnvoll, wie etwa ein kleines Stück (würfelzuckergroß oder etwas kleiner) Columbit.

(4) Wenn du die Ausrüstung beisammenhast, ist der Aufbau der Nebelkammer nicht schwer. Zunächst nimmst du einen Wattebausch und drückst ihn mithilfe eines Kochlöffelstiels in das Bierglas, so dass er stecken bleibt. Dann gießt du einen Schwung Brennspiritus ins Bierglas, damit die Watte gut durchfeuchtet ist. Prüfe durch Umstürzen des Glases, dass die Watte nicht so nass ist, dass sie herunterplumpst. In diesem Fall etwas Brennspiritus abgießen und die Watte wieder festdrücken. Beiseitestellen.

(5) Nun nimmst du den Wassersprudler, hältst ihn kopfüber und drückst auf die Taste – nebeliges Gas kommt aus der Spitze heraus. Aus dem Geschirrtuch formst du einen kleinen Sack, den du mit der Hand fest um die Düse hältst, und lässt nun etwa eine halbe bis eine Minute Kohlendioxid einströmen. Es dampft und nebelt beträchtlich, und wenn das Säckchen behutsam – damit nichts herausfällt! – geöffnet wird, befindet sich darin dank des Joule-Thomson-Effekts etwas Kohlensäureschnee. Du musst mit diesem Schnee vorsichtig hantieren: Gut ist es, Lederhandschuhe anzuziehen. Es ist aber auch, trotz mancher übertriebener Warnhinweise, möglich, den Schnee mit bloßen Händen anzufassen. Du darfst ihn nur nicht länger in der Hand halten, da sonst Brandblasen bzw. Frostbeulen entstehen können. Den Schnee auf dem Geschirrtuch legst du mit dem Tuch auf die Styroporplatte. Stoße den Schnee auf dem Tuch so zurecht, dass er eine flache, möglichst ebene Fläche ergibt, die nicht zu dünn sein sollte. Darauf kommt die schwarze Plastikfolie und auf diese das umgestülpte Bierglas. Halte es fest, falls es wackelt. Raum abdunkeln! Leuchte mit der Taschenlampe parallel zur Folie in die Kammer.

(6) Schon jetzt kannst du, wenn du etwas Geduld aufbringst, hin und wieder gerade Linien sehen, die über den schwarzen Boden huschen und rasch wieder verschwinden: Meist handelt es sich um Spuren aus dem Zerfall von Radon. Radon kommt in vielen Gegenden, insbesondere in Kellerräumen, natürlich vor. Zeigt aber die Nebelkammer wenig oder nichts Richtiges, dann hilf nach. Lege dazu den Columbit auf die Folie und decke wieder das Glas darüber. Leuchte mit der Taschenlampe parallel zur Folie hinein.

(7) Nach einigen Minuten Kühlung erkennst du deutliche Nebelbahnen, die von dem Columbit ausgehen und durch die Kammer sausen. Es sind wesentlich mehr als in der unpräparierten Kammer, beinahe ein Feuerwerk. Diese Geschossbahnen sind Spuren des radioaktiven Zerfalls.

(8) Du siehst die Bahnen einzelner Elementarteilchen. Elementarteilchen sind Teilchen, die noch kleiner sind als Atome. Sie bauen die Atome auf. Durch genaue Beobachtung der Bahnen lässt sich die Art der Elementarteilchen bestimmen und etwas über ihr Verhalten lernen. Deshalb spielte die Nebelkammer für die Kernphysik und für die Elementarteilchenphysik ein wichtige Rolle. Charles Rees Wilson, der Erfinder, war übrigens Schotte, stammte also aus einer nebelreichen Gegend, interessierte sich für Nebel und Wolken und war auch durch meteorologische Beobachtungen und durch Arbeiten mit einem Nebeltröpfchenzähler zu seiner Kammer gekommen. Diese Kammer hat etwas sehr Poetisches, weil es meditativ ist, die stillen Bahnen, die gleich wieder verschwinden, zu beobachten und so am intimen Leben der Materie teilzunehmen.

(9) Die schwarze Folie und die Watte kannst du nach dem Versuch wegwerfen, das Bierglas wird gründlich gereinigt und kann wiederverwendet werden. Es ist nicht verseucht. Den Columbit bewahrst du in einem verschlossenen Glas auf. Du solltest ihn, wenn du ihn nicht mehr benötigst, nicht in den Restmüll geben. Der Chemie- oder Physiklehrer einer Schule wird froh sein, wenn du ihm das Erz überlässt.

79 Kiwi-DNA

Stoffe und Dinge: eine Kiwi (weich), Geschirrspülmittel (flüssig, z.B. Pril), Kochsalz, eine Gabel (oder Pürierstab), hohes Gefäß oder Schale, eiskalter Brennspiritus (Vorsicht, brennbar!), ein Sektglas, Topf, Kaffeefilter
Zeit: 30 Minuten

(1) Die Brennspiritusflasche für eine Stunde ins Gefrierfach legen, damit sie gut abkühlt. Nicht vergessen!

(2) Die Kiwi in kleine Stücke schneiden, in ein hohes Gefäß mit einem Esslöffel Spülmittel und einem Teelöffel Salz sowie 100 Millilitern Leitungswasser geben, vorsichtig mit dem Pürierstab pürieren, so dass möglichst wenig Schaum entsteht. Wenn du im Gebrauch des Pürierstabs nicht geübt bist, lass dir von jemandem helfen, der sich damit auskennt! Ist die Kiwi sehr weich, kannst du sie auch mit einer Gabel zermanschen. Dann musst du den Ansatz in einer Schale zubereiten.

(3) Einen Topf mit 60 Grad Celsius heißem Wasser bereiten, indem du eine gleich große Menge kochendes Wasser und kaltes Leitungswasser zusammengibst.

(4) Das Gefäß mit dem Kiwi-Spüli-Salz-Püree in den Topf stellen und dort fixieren, dass es nicht umfällt. Gelegentlich umrühren, 15 Minuten in der Wärme stehen lassen.

(5) Dann einen Kaffeefilter vorsichtig in das Sektglas stülpen und das Kiwi-Spüli-Salz-Püree einfüllen. Es dauert mindestens eine Viertelstunde, bis zumindest ein Viertel von dem Sektglas mit grünem Kiwisaft gefüllt ist.

(6) Den Filter vorsichtig herausnehmen, dann langsam bei schräg gehaltenem Sektglas kalten Brennspiritus über den grünen Saft schichten. Die Flüssigkeiten sollen sich nicht mischen!

(7) Wo sich beide Flüssigkeiten berühren, bildet sich nach kurzer Zeit eine weißliche zähe Masse, die du mit einer Gabel vorsichtig nach oben liften kannst. Dies ist Kiwi-DNA! Besonders rein ist sie zwar nicht, aber dafür mit einfachsten Mitteln hergestellt.

80 Gedankenspiel: Anders können

Chemiker und Physiker in Deutschland und in den USA arbeiteten im Zweiten Weltkrieg an der Entwicklung der Atombombe. Die US-Forscher hatten Erfolg, die Bombe wurde gezündet.

Die deutschen Physiker waren erfolglos; sie stellten sich nach Kriegsende gern als moralisch überlegen dar und behaupteten, sie hätten die Bombe gar nicht wirklich gewollt, deshalb habe es auch nicht geklappt. Tatsächlich aber zeigen neuere Studien, dass auch die deutschen Kernphysiker und Kernchemiker mit Eifer bei der Sache waren, Carl Friedrich von Weizsäcker etwa hielt sogar ein geheimes Patent für eine Plutoniumbombe, das 1941 gewährt wurde.

Bei der Diskussion wird oft gesagt, die jeweiligen Akteure hätten keine Wahl gehabt, sie hätten tun *müssen*, was sie taten. Wer keine Wahl hat, der kann nicht moralisch handeln. Im Krieg sind Wahlmöglichkeiten eingeschränkt, in totalitären Staaten sind sie minimal. Dennoch gibt es immer Alternativen.

Das zeigen die Biografien von Forschern, die anders entschieden als ihre Kollegen. Der deutsche Chemiker Fritz Straßmann (1902–1980), der mit Otto Hahn die Kernspaltung entdeckte, verbarg eine Jüdin in seiner Wohnung und weigerte sich, einer nationalsozialistischen Berufsorganisation beizutreten. An der Arbeit für die nationalsozialistische Atombombe beteiligte er sich nicht.

Dank

Manche Lebenswege beginnen mit einem Weihnachtsgeschenk; mein Interesse für die Chemie wurde mit einem Chemiebaukasten geweckt. Dann erwarb ich, mit Unterstützung meiner Eltern, eine kleine, aber feine Laborausrüstung, die ein Pharmaziestudent in Refrath bei Köln verkaufte. Ein unvergessliches Ereignis aber war, als eines Abends Ernst Schwinum, der Mann meiner Patin Hanne, bei uns vorfuhr und den Kofferraum öffnete. Er hatte von meinem winzigen Labor gehört, in dem ich nach den Anleitungen von Hermann Römpps *Chemische Experimente, die gelingen* köchelte, und war als Chemiker hellauf begeistert von diesen Aktivitäten. Über Monate hatte er, ohne groß darüber zu sprechen, Geräte und Chemikalien zusammengekauft, und nun kam er und schenkte mir eine Ausrüstung, die alle Träume übertraf. Neben etlichen Kolben, Trichtern, Mörsern und meterlangen Glasrohren waren viele Gaswaschflaschen dabei, Kühler, Brenner und über 100 Chemikalien in komfortablen Mengen. Wenn ich heute an die großen, dunkelbraunen Flaschen mit konzentrierter Salzsäure, rauchender Salpetersäure oder 90-prozentiger Schwefelsäure denke, die ich damals dank Ernst besaß, dann empfinde ich nicht den mindesten Vorwurf, dass er einem Zwölfjährigen solche Stoffe in die Hand gab, sondern Dankbarkeit ihm und auch meinen Eltern gegenüber, die mir immer zutrauten, dass ich mit solchen riskanten Dingen verantwortlich umzugehen wüsste.

Wie schön waren die Bensberger Chemiestunden! Gern denke ich auch an unsere großartigen Frankfurter Professoren Kohlmaier, Heydtmann, Trömel, Schleip, Bader und andere zurück, die uns Lehrämtler mit liebevollem Engagement förderten. In Frankfurt war es, dass ich, bei der Recherche für ein Referat über das Periodensystem, die Edmund-von-Lippmann-Bibliothek im alten Gmelin-Institut für Anorganische Chemie besuchte, die der Chemiehistoriker Carl Rumpf freundlicherweise für mich aufschloss. Er holte uralte alchemistische Werke aus dem Regal, gab sie mir in die Hand, kommentierte die Qualität des Latein, in dem sie geschrieben waren, und begeisterte mich ein für alle Mal für die Chemiegeschichte.

Schon in meiner Studienzeit in Frankfurt befasste ich mich auch mit der auf Martin Wagenschein zurückgehenden phänomenorientierten Pädagogik der Naturwissenschaften, die mir der Physikdidaktiker und Philosoph Walter Jung, ein Wagenschein-Schüler, in Gesprächen und Korrespondenz näherbrachte. Sie wirkte vor allem auf die Physik, aber auch auf die Chemiedidaktik. Der wichtige, von

Johann Weninger und Helga Pfundt konzipierte Lehrgang *Stoffe und Stoffumbildungen*, den das Kieler Institut für die Pädagogik der Naturwissenschaften herausgab, macht dies deutlich. Dieses Institut öffnete mir der kreative Chemiedidaktiker Mins Minssen, der mir auch sonst in vielem weiterhalf.

Bei meiner Promotion, die dem Stoffbegriff gewidmet war, lag der Schwerpunkt auf der Philosophie, doch blieb ich der Chemie und ihrer Geschichte immer verbunden, ja, ich versuchte, das, was ich in der Philosophie lernte, auch für die Chemie fruchtbar zu machen. Die Phänomenologie, die ich durch den Kieler Philosophen Hermann Schmitz kennenlernte, wurde mir zu einem wichtigen Ausgangspunkt meines Verständnisses der Naturwissenschaft. Bei Gernot Böhme an der Technischen Universität Darmstadt konnte ich meine Überlegungen in einem Kreis von Gleichgesinnten, die oft ebenfalls aus der Naturwissenschaft kamen, erproben. Das waren schöne, wunderbare Zeiten! Nach einer kurzen Zeit als freischaffender Journalist und einer längeren Gastdozentur in Goiânia und Porto Alegre in Brasilien war es dann der Schweizer Chemiker Armin Reller, der mich zurück nach Deutschland und wieder zu den Stoffen holte. Seinem Anstoß ist zu verdanken, dass an der Universität Augsburg der Schwerpunkt Stoffgeschichten entstehen konnte, dessen Entwicklung ich mich seit nunmehr vielen Jahren mit etlichen Forschungs- und Ausstellungsprojekten widme. Mit zahlreichen Anregungen, insbesondere zu den Seltenen Erden, hat Armin unsere Arbeit immer wieder inspiriert. Das Experimentieren konnte weitergehen! Jan Hanss, Eckhardt Hartmann, Timo Körner, Patrick Starke, Heinke Mertinat, Marianne Huber, Luitgard Marschall, Tom Gratza, Aladin Ullrich, Thomas Wilhelm, Christoph Kiener, Josef Cyrys, Robert Merkle, Marvin Klinger, Fillip Port und viele andere halfen mit konkreten Tipps, mit Stoffen und Ideen. Den Kollegen aus der Geistes- und Sozialwissenschaft verdanke ich einen klareren Blick auf die historische Entwicklung der Chemie und ihre Funktion in der modernen Gesellschaft. Der Chemiker Klaus Ruthenberg in Coburg brachte mich mit dem internationalen Kreis der Chemiephilosophen zusammen, was mir neue Aspekte eröffnete. Auch Alfred Nordmann, Astrid Schwarz und Uwe Voigt verdanke ich in dieser Hinsicht einiges. Auch methodisch habe ich in Augsburg Neues lernen können, vor allem durch die Wissenschaftssoziologie, die mir Stefan Böschen, der ebenfalls Chemiker ist, nahebrachte. Peter Roth führte mich als Spätberufenem in die Kenntnis der alten Sprachen ein, eine unerlässliche Kompetenz, wenn man sich mit der Alchemie wirklich auseinandersetzen will. Besonders wichtig aber war für mich der Gedanke, die außereuropäischen Traditionen der Stoffumbildung genauer kennenzulernen; dazu haben mich die Forschungsprojekte mit dem brasilianischen Archäologen Klaus Hilbert, einem Amazonienspezialist, mit dem ich seit vielen Jahren zusammenarbeite, angeregt. Viele Ethnologen haben mir seither geholfen, besser zu verstehen, wie außerhalb von Europa mit Stoffen umgegangen wird. Danken möchte ich besonders Hans Hahn, Mona Suhrbier, Katrin Vogel sowie Gabriele Herzog-Schröder.

Das Team am Wissenschaftszentrum Umwelt hat mit Ideen und praktischer Hilfe, vor allem bei der Literaturbeschaffung, aber auch beim Experimentieren, unschätzbare Hilfe geleistet; Julia Fendt, Stefan Fendt und Michael Hilgers danke ich herzlich. Ein ganz besonderer Dank geht an Regina Rott und Michael Schweiger! Auch das Team der Universitätsbibliothek hat die Arbeit an diesem Buch und überhaupt an den Stoffgeschichten sehr gefördert, weil wir in der Teilbibliothek einen großen Sammlungsschwerpunkt Stoffgeschichten einrichten konnten. Besonders danke ich Frau Bihler, Herrn Biehl und Herrn Zimmermann. Nicht vergessen möchte ich auch die Stadt- und Staatsbibliothek Augsburg, die über einen so reichen Fundus an alter alchemistischer Literatur und an alter Reiseliteratur verfügt. Viele alchemistische Bücher sind heute digitalisiert und leicht zugänglich, doch die digitalisierte Kopie kann die Lektüre der Originale nicht ganz ersetzen, weil die Abbildungen bei der Digitalisierung meist weggelassen werden.

Für das praktische Experimentieren, geschweige denn für das Nachdenken und Schreiben ist freilich in einem modernen Hochschulbetrieb nur wenig Zeit, das muss zu Hause stattfinden. Deshalb geht mein großer und liebevoller Dank an meine Familie, an Kerstin, Henrik und Merle, die das Werden dieses Buches miterlebt und mitgestaltet haben: Viele Versuche haben wir gemeinsam erprobt. Dabei sind etliche neue Ideen entstanden.

Für ein Chemiebuch ist es eine Auszeichnung, dass es im Peter Hammer Verlag erscheinen kann, und damit Seite an Seite mit so vielen meisterhaften Kinder- und Familienbüchern steht, die dieser Verlag veröffentlicht hat. Ich danke dem Peter Hammer Verlag für die großartige Ausstattung des Werkes und die sorgfältige und engagierte Betreuung dieses Projektes!

Literatur

Die folgende kleine Literaturauswahl beschränkt sich auf wenige Titel. Sie beabsichtigt keinerlei Vollständigkeit und hat auch keinen wissenschaftlichen Anspruch. Deshalb werden auch die Zitate im Text, die ich, um Verständlichkeit zu gewährleisten, meist etwas an den derzeit gültigen Sprachgebrauch angepasst und zudem gekürzt habe, nicht im Einzelnen belegt. Die Literaturhinweise sollen lediglich eine Hilfestellung für diejenigen sein, die neugierig sind und zu einem Thema mehr wissen wollen. In deutschen Bibliotheken gut zugängliche Werke und solche, von denen aus man sich die weitere Literatur problemlos erschließen kann, habe ich daher bevorzugt aufgenommen.

Geschichte der Chemie und Alchemie

Über das Feuer: Johan Goudsblom, *Feuer und Zivilisation.* Wiesbaden 2015. Zum für die Chemie wichtigen Riechen siehe: Hubert Tellenbach, *Geschmack und Atmosphäre. Medien menschlichen Elementarkontaktes.* Salzburg 1968. Für die Geschichte der Chemie allgemein ist meiner Meinung nach immer noch ausgezeichnet: Hermann Kopp, *Geschichte der Chemie.* 4 Bände, die im 19. Jahrhundert erschienen. Zur Geschichte bestimmter Stoffe insb.: Hermann Kopp, *Geschichte der Chemie.* Teil 3. Braunschweig 1845; sowie Hermann Kopp, *Geschichte der Chemie.* Teil 4. Braunschweig 1847. Siehe ergänzend auch die große vierbändige *History of chemistry* von James R. Partington.

Kurz, aber souverän finde ich: Hélène Metzger, *La Chimie.* Paris 1930. Eine Chemiegeschichte und Chemiephilosophie aus neuerer Sicht ist: Bernadette Bensaude-Vincent/Jonathan Simon, *Chemistry. The impure science.* London 2008. Zur Chemieethik siehe: Jeffrey Kovac, *The ethical chemist. Professionalism and ethics in science.* Upper Saddle River 2004.

Speziell zur Alchemie

Klassiker der Alchemiegeschichte sind: Edmund von Lippmann, *Entstehung und Ausbreitung der Alchemie.* 3 Bände. Berlin 1919–1931, Weinheim 1954; Mircea Eliade, *Schmiede und Alchemisten.* Stuttgart 1956. Neuere Studien stammen von: Jörg Völlnagel, *Alchemie. Die königliche Kunst.* München 2012; Manuel Bachmann/Thomas Hofmeier, *Geheimnisse der Alchemie.* Basel 1999. Eine kurze Übersicht bietet der Chemiedidaktiker Helmut Gebelein: *Alchemie*. Kreuzlingen 2004. Sehr lesenswert auch: Sabine Döring-Manteuffel, *Das Okkulte. Eine Erfolgsgeschichte im Schatten der Aufklärung; von Gutenberg bis zum World Wide Web*. München 2008; und natürlich Hans-Werner Schütt, *Auf der Suche nach dem Stein der Weisen. Die Geschichte der Alchemie*. München 2000.

Einige Experimentierbücher

Der brasilianische Chemiker Alfredo Luis Mateus hat einige bezaubernde Chemiebücher verfasst, die teilweise übersetzt wurden: *Spaß mit Chemie. Einfache Versuche für Schule und Freizeit*. Köln 2007.
Heinz Schmidkunz/Werner Rentzsch, *Chemische Freihandversuche. Kleine Versuche mit großer Wirkung*. Hallbergmoos 2011, ist eine sehr gute Sammlung einfacher Versuche, die allerdings fast alle für eine professionelle Laborausrüstung berechnet sind. Schöne Chemiewebseiten sind: www.chemieunterricht.de (Professor Blumes Chemie-Bildungsserver) und www.versuchschemie.de. Viele alte Prozesse findet man in Krünitz' Enzyklopädie, die an der Universität Trier digitalisiert wurde, dazu *Krünitz online* in eine Suchmaschine eingeben.

Ocker

Lesenswert ist die Dissertation von Reinhard Lohmiller, *Ocker – Monografie einer Farbe*. Frankfurt/M. 1999, online verfügbar. Das bislang schönste Buch über Ocker, mit vielen farbigen Abbildungen, hat Jean-Marie Triat verfasst: *Les ocres*. Paris 2010. Siehe auch: Renate Schumacher/Astrid Raimann, *Vom Ockersteinbruch zum fertigen Kunstwerk*. In: *Der Aufschluss* 50 (1999), S. 398–404 (Sonderheft zur Ausstellung »Mineral und Farbe« des Mineralogischen Museums Bonn). Zu Malpigmenten allgemein siehe den Klassiker von Kurt Wehlte, *Werkstoffe und Techniken der Malerei*. Wiesbaden 2009. Alte Farbpigmente, auch viele Ockertöne, erhält man bei der Firma Kremer Pigmente; auf der Homepage des bayerischen Unternehmens finden sich zudem viele nützliche Informationen über Pigmente.

Papier und Bast

Wilhelm Sandermanns und Klaus Hoffmanns kurzes und schön illustriertes Buch: *Papier. Eine Kulturgeschichte*. Berlin 1997, bietet eine gute Übersicht, die auch Papyrus und altamerikanische Papiere einbezieht. Für die chinesische und europäische Geschichte sehr instruktiv ist: Günter Bayerl/Karl Pichol, *Papier. Pro-*

dukt aus Lumpen, Holz und Wasser. Reinbek 1986. Für die neuere Papiergeschichte siehe: Lothar Müller, *Weiße Magie. Die Epoche des Papiers.* München 2012. Der außerordentlich schöne Wespentext von Réaumur, in dem er über das Papiermachen der Wespen spricht, wurde neben weiteren entomologischen Essays Réaumurs von Friedrich Koch übersetzt und von Michael Schweiger und mir herausgegeben. Der Text kann auf dem OPUS-Server der Universität Augsburg kostenlos heruntergeladen werden: http://opus.bibliothek.uni-augsburg.de/opus4/frontdoor/index/index/docId/2732. Die Bücher der Künstlerin Lilian A. Bell über das Papiermachen in aller Welt zeigen, aus wie vielfältigen Ausgangsstoffen man Papier herstellen kann: *Papyrus, Tapa, Amata & Rice Paper: Papermaking in Africa, the Pacific, Latin America & Southeast Asia.* 3., rev. ed. McMinnville, Or. 1988; *Plant fibers for papermaking.* McMinnville, Or. 1982. Zu Pflanzenfasern siehe: Ludwig Diels, *Ersatzstoffe aus dem Pflanzenreich.* Stuttgart 1918, in dem sich ein sehr gutes Kapitel über Fasern findet.

Zum Papiermachen findet man unter diesem Stichwort im Internet schöne Filme. Zu Filmen über die Herstellung von Papyrus kommt, wer *Making papyrus* in eine Suchmaschine eingibt. Wer wissen will, was sich aus Pflanzenfasern noch alles machen lässt, gibt die Stichworte *Flachs* und *Handspindel* ein.

Curare und Blausäure

Das vielleicht wichtigste Buch über die Anthropologie der Chemie ist: Timothy Johns, *The origins of human diet and medicine. Chemical ecology.* Tucson, Arizona 1996. Angewandt auf Brasilien, habe ich diese Ideen gemeinsam mit dem brasilianischen Archäologen Klaus Hilbert in: *Präkolumbianische Chemie.* In: *Chemie in unserer Zeit* 46 (2012), S. 322–334; Wiederabdruck einer gekürzten Fassung in: Tópicos 52 (2013), Heft 3. Ein Klassiker ist: Karl Weule, *Chemische Technologie der Naturvölker. Anfänge der Naturbeherrschung.* Teil 2. Stuttgart 1922. Ebenfalls lesenswert: Adam Maurizio, *Die Geschichte unserer Pflanzennahrung von den Urzeiten bis zur Gegenwart.* Berlin 1927.

Über das weltweite Fermentieren schreibt Sandor E. Katz, *The art of fermentation. An in-depth exploration of essential concepts and processes from around the world.* White River Junction, Vt. 2012. Auf Deutsch liegt von ihm vor: *So einfach ist fermentieren.* Rottenburg 2014.

Alkohol

Stadens Reisebericht wurde mehrfach nachgedruckt, u. a.: Karl Klüpfel (Hrsg.), *N. Federmanns und H. Stades (sic) Reisen in Südamerica*. Stuttgart 1859. Adam Maurizios *Geschichte der gegorenen Getränke*. Vaduz 1993 (erste Auflage 1933), ist immer noch die beste Übersicht über die Geschichte von Wein, Bier & Co. Die Praxis der Alkoholproduktion wird sehr kompetent dargestellt von Bettina Malle/Helge Schmickl, *Schnapsbrennen als Hobby*. Göttingen 2013. Wer sich für das Schnapsbrennen im Gefängnis interessiert, mag in eine Suchmaschine die Worte *Destille* und *Knast* eingeben.

Lebensbaum *(Thuja occidentalis)* und Vitamin C

Linus Pauling, *Vitamin C und der Schnupfen*. Weinheim 1972; Wendy Geniusz, *Our knowledge is not primitive: decolonizing botanical Anishinaabe teachings*. Syracuse, N. Y. 2009; Kenneth J. Carpenter, *The history of scurvy and vitamin C*. Neuaufl. Cambridge 2003; neuer ist: Don J. Durzan, *Arginine, scurvy and Cartier's ›tree of life‹*. In: *Journal of Ethnobiology and Ethnomedicine* 5 (2009), S. 1–16. Skorbut ist nicht nur eine Krankheit der Seefahrenden, sondern auch die typische Krankheit der Lager und Gefängnisse. Warlam Schalamow, der über 20 Jahre in Stalins Straflagern in Sibirien verbrachte, hat eine Geschichte darüber geschrieben: *Der Handschuh*. In: Schalamow, *Die Auferweckung der Lärche. Erzählungen aus Kolyma*. Bd. 4. Berlin 2011.

Froschmedizin

Die Geschichte von dem Frosch *Phyllomedusa bicolor* ist bislang vor allem in brasilianischen Büchern erzählt worden und einmal auch auf Englisch: Manuela Carneiro da Cunha, *»Culture« and culture: traditional knowledge and intellectual rights*. Chicago 2009. Zum Weltbild amazonischer Indianer siehe: Wolfgang Müller, *Die Indianer Amazoniens*. München 1995. Gute Informationen über Rauschmittel in aller Welt und auch über die Hexensalbe liefert das zweibändige Werk *Rausch und Realität. Drogen im Kulturvergleich*, herausgegeben von Gisela Völger und 1981 in Köln erschienen.

Gummi und Buna-NS

Als Übersicht gut geeignet: Ulrich Giersch/Ulrich Kubisch, *Gummi. Die elastische Faszination*. 2. Aufl. Ratingen 2001. Zur indigenen Geschichte des Gummis: Jens

Soentgen, *Die Rolle indigenen Wissens in der Geschichte des Kautschuks.* In: *Technikgeschichte* 80 (2013), S. 295–324. An anderer Stelle erzähle ich die Geschichte des deutschen Synthesegummis: *Ein deutscher Stoff.* In: Hans Peter Hahn/Philipp Stockhammer (Hrsg.), *Lost in things – Fragen an die Welt des Materiellen, ihre Funktionen und Bedeutungen.* Münster 2015. Primo Levi berichtet über das Buna-Lager in: *Ist das ein Mensch?* München 2009. Informationen über die IG Auschwitz bietet das vom Fritz Bauer Institut und der Universität Frankfurt eingerichtete Wollheim-Memorial: www.wollheim-memorial.de.

Seife

Über die alte Geschichte der Seife informiert meiner Meinung nach, trotz etlicher Neuerscheinungen, immer noch am gründlichsten: Johann Beckmann, *Seife.* In: Beckmann, *Beyträge zur Geschichte der Erfindungen.* Bd. 4, S. 1–40. Hildesheim 1965 (zuerst 1795–1799). Beckmanns *Beyträge* behandeln alle möglichen und unmöglichen Erfindungen, er schrieb auch über Taschenspieler und Nachtwächter. Über Seifenersatzmittel informiert: Ludwig Diels, *Ersatzstoffe aus dem Pflanzenreich. Erkennen und Verwerten der heimischen Pflanzen für Zwecke der Ernährung und Industrie.* Stuttgart 1918. Wer durch die hier vorgestellten qualitativen Versuche Lust bekommen hat, sich mit der Herstellung von Seife zu befassen, hat mit Claudia Kasper eine kompetente Seifensieder-»meisterin« an der Seite: Claudia Kasper, *Naturseife. Die Herstellung feiner Pflanzenseifen in der eigenen Küche.* Linz 2006. Anzumerken wäre nur, dass Seife, jedenfalls so, wie Claudia Kasper sie versteht, nie ein Naturstoff ist, vielmehr immer ein Kunststoff. Das ist auch der Ausgangspunkt des schönsten literarischen Textes über die Seife, nämlich Francis Ponge, *Die Seife.* Frankfurt/M. 1993. Filme zur Seifenherstellung findet man im Internet unter *Seife herstellen* oder *Soapmaking.*

Salpeter und Luftsalpeter

Eine ausgezeichnete Quelle zum Salpeter ist wiederum Johann Beckmann mit einem ausführlichen Artikel über Salpeter, Schießpulver, Scheidewasser im 5. Band seiner *Beyträge zur Geschichte der Erfindungen,* 1805, S. 511–592. Siehe zu Stickstoff und Salpeter die Beiträge in dem Band *N – Stickstoff. Ein Element schreibt Weltgeschichte,* herausgegeben von Gerhard Ertl und Jens Soentgen (München 2015, Reihe Stoffgeschichten). Zu Johann Rudolph Glauber siehe: Gugel, Kurt F., *Johann Rudolph Glauber. Leben und Werk 1604–1670.* Würzburg 1955. Zur weiteren Geschichte des Stickstoffs siehe meinen Aufsatz: *100 Jahre industrielle Ammoniaksyn-*

these: Vom »Weizenproblem« zur »neuen Stickstofffrage«. In: *Chemie in unserer Zeit* 48 (2014), S. 72–75. Ausführlicher: Hugh S. Gorman, *The Story of N. A social history of the nitrogen cycle and the challenge of sustainability.* New Brunswick, N. J. 2013; und Vaclav Smil, *Enriching the earth. Fritz Haber, Carl Bosch, and the transformation of world food production.* Cambridge, Mass. 2001. Zu Fritz Haber siehe die zwei großen, nahezu zeitgleich erschienenen Biografien von Margit Szöllösi-Janze, *Fritz Haber 1868–1934. Eine Biografie.* München 1998 sowie Dietrich Stoltzenberg, *Fritz Haber. Chemiker, Nobelpreisträger, Deutscher, Jude.* Weinheim 1998. Auch Fritz Habers eigene Darstellungen in seinem Buch *Aus Leben und Beruf. Aufsätze, Reden, Vorträge.* Berlin 1927, bleiben lesenswert. Zeitgenössische heftige Kritik an den Giftgasangriffen übte die Schweizer Chemikerin Gertrud Woker in ihrer Schrift: *Der kommende Gift- und Brandkrieg.* Leipzig 1932. – Über den Alchemisten Franz Tausend hat zuletzt Franz Wegener geschrieben: *Der Alchemist Franz Tausend. Alchemie und Nationalsozialismus.* Gladbeck 2006.

Kampfer

Zum Kampfer findet man leider nur sehr schwer neuere Literatur. Einstweilen kann ich nur verweisen auf: R. A. Donkin, *Dragon's brain perfume. An historical geography of camphor.* Leiden 1999; auf die Dissertationen von Hans Mieske, *Die Kampferversorgung der Welt.* Berlin 1929; und Josef von Ertel, *Die volkswirtschaftliche Bedeutung der technischen Entwicklung der Zelluloidindustrie.* Leipzig 1909. Fachlich chemische Informationen über den Kampfer findet man (Stichwort Campher) in: Paul Karrer, *Lehrbuch der Organischen Chemie.* 12., verb. Aufl. Stuttgart 1954; neuere Lehrbücher der Organischen Chemie behandeln den Stoff kaum.
Von der älteren Literatur ist besonders umfassend: August Ferdinand Ludwig Dörffurt/Johann Gottfried Leonhardi, *Abhandlung über den Kampher, worinn dessen Naturgeschichte, Reinigung, Verhalten gegen andere Körper, Zerlegung und Anwendung beschrieben wird,* Wittenberg, Zerbst 1793. Über Berthelot siehe: Jean Jacques, *Berthelot 1827–1907. Autopsie d'un mythe.* Paris 1987.

Zinnober und Arsen (Chinesische Alchemie)

Zur Alchemie der Taoisten siehe das entsprechende Kapitel bei: Isabelle Robinet, *Geschichte des Taoismus.* München 1995; sowie: Li Ch'iao-p'ing, *The chemical arts of old China.* New York 1979. Lesenswert sind natürlich auch die berühmten, allerdings sehr umfassenden Werke von Joseph Needham (vor allem: *Science and civilization in China*). Über das Arsenikessen in der Steiermark vergleiche das entsprechende Kapitel bei: Ernst von Bibra, *Die narkotischen Genußmittel und der Mensch.* Repr. Leipzig 1996. Zur Behandlung von Krankheiten mit Quecksilber siehe Erna Leskys Studie über das Quecksilber in der *Ciba-Zeitschrift* 96 (1959).

Arcana (Paracelsus)

Gründlich und auf neuem Stand, leider sehr trocken ist die Paracelsus-Biografie von Udo Benzenhöfer: *Paracelsus.* 3. Aufl. Reinbek 2003. Gunhild Pörksen hat zwei kürzere Paracelsus-Texte, die sehr gut in sein Denken einführen, ins moderne Deutsch übersetzt und herausgegeben, zudem mit lesenswerten einleitenden Essays ergänzt: *Paracelsus. Philosophie der Grossen und der Kleinen Welt. Aus der »Astronomia magna«.* Basel 2008; *Paracelsus: Septem Defensiones. Die Selbstverteidigung eines Aussenseiters.* Basel 2003.
Unter den diversen Auswahltexten aus dem Werk des Paracelsus scheint mir das Buch von Thaddä Anselm Rixner/Thaddä Siber, *Theophrastus Paracelsus.* 2., verb. Aufl. Sulzbach 1829, immer noch empfehlenswert zu sein, auch weil es im Internet kostenlos verfügbar ist.

Phosphore

Die wichtigsten Originaluntersuchungen zur frühen Geschichte des Phosphors bleiben die Arbeiten von Hermann Peters, etwa: *Geschichte des Phosphors nach Leibniz und dessen Briefwechsel.* In: *Chemiker-Zeitung* 26 (1902), S. 1190–1198. Darauf baut die Geschichte des Phosphors in Gmelins *Handbuch der Anorganischen Chemie* auf (in der 8., völlig neu bearb. Aufl. Weinheim 1965), Abschnitt: *Phosphor. Teil A. Geschichtliches. Vorkommen. System Nummer 16.* Über alle möglichen phosphoreszierenden Körper hat der bayerische Geistliche Placidus Heinrich ein mehrbändiges Werk verfasst: *Die Phosphorescenz der Körper usw. Dritte Abhandlung vom Leuchten vegetabilischer und thierischer Substanzen, wenn sie sich der Verwesung nähern mit Rücksicht auf das Leuchten lebender Geschöpfe.* Nürnberg 1815; *Erste Abhandlung von der durch Licht bewirkten Phosphorescenz der Körper.* Nürnberg 1811. (Insgesamt fünf Abhandlungen 1811–1820.) Zur modernen Geschichte des Phosphors siehe: John Emsley, *Phosphor – Ein Element auf Leben und Tod.* Weinheim 2001. Leuchtende Organismen beschreibt Hans Molisch: *Das Leuchten der Pflanzen.* Wien 1907 (im Internet verfügbar). Zu den Leuchtkäfern auf den Antillen siehe: G. A. Perkins, *The Cucuyo or: West Indian beetle.* In: *The American Naturalist* 1868, S. 422–433, online verfügbar. Zu den klassischen Phosphoren siehe Ludwig

Vanino, Die *Leuchtfarben. Ihre Herstellung, Eigenschaften und Verwendung.* Stuttgart 1935. (Mit einem informativen geschichtlichen Teil.)

Gas und Blas und Kohlendioxid

Eine immer noch ausgezeichnete Zusammenfassung der Lehren van Helmonts ist das Buch von Thaddä Anselm Rixner/Thaddä Siber, *Leben und Lehrmeinungen berühmter Physiker am Ende des XVI. und am Anfange des XVII. Jahrhunderts: als Beyträge zur Geschichte der Physiologie in engerer und weiterer Bedeutung.* Heft 7: *Joh. Bapt. v. Helmont mit dessen Portrait.* Sulzbach 1826. Zur Vorgeschichte des Kohlendioxids siehe meinen Aufsatz *On the history and prehistory of CO_2.* In: *Foundations of chemistry* 2010, S. 137–148. Eine umfassende Geschichte bietet der Band *CO_2 – Lebenselixier und Klimakiller.* Herausgegeben von Jens Soentgen/Armin Reller. München 2009 (Buchreihe Stoffgeschichten). Über die vormoderne Interpretation von CO_2 und über unsere moderne Vorstellung von der Natürlichkeit eines Glases Sprudel informiert meine Studie: *Der Geist im Brunnen.* In: Erika Fischer-Lichte/Daniela Hahn (Hrsg.), Ökologie und die Künste. Paderborn 2014.
Die Zahlen über die Gefahren der Kohlendioxidanreicherung finden sich bei: Karl Quasebart, *Versuche in Schutzräumen für den Luftschutz.* In: *Gasschutz und Luftschutz.* Bd. 3. Berlin 1933, S. 13–20. Einen Bericht über Gasquellen und deren Deutung durch Einheimische liefert: Franz Junghuhn, *Java. Seine Gestalt, Pflanzendecke und innere Bauart.* Nach der 2., verb. Aufl. ins Deutsche übertragen von J. K. Hasskarl. 2. Abt. Leipzig 1854 (über Gasquellen S. 854–858).

Gold, Porzellan und Edelmetalle ...

Klaus Hoffmann, *Johann Friedrich Böttger – vom Alchemistengold zum weißen Porzellan.* 3. Aufl. Berlin 1990. Diese auf Quellen beruhende schöne Biografie lobt wohl Johann Friedrich Böttger, den Mann aus dem Volke, allzu sehr. Daneben sollte man unbedingt die sehr Böttger-kritischen Arbeiten von Hermann Peters lesen, etwa: Hermann Peters, *Die Erfindung des europäischen Porzellans.* In: *Archiv für die Geschichte der Naturwissenschaften und der Technik* 2 (1910), S. 399–424. Einige Argumente für die Idee der Alchemisten, man könne unedle Metalle in Gold verwandeln, stellt Karl Christoph Schmieder im Vorwort seines Buches *Geschichte der Alchemie.* Repr. d. Ausg. Halle 1832. München 1927, zusammen.
Filme über das Goldwaschen findet man durch Eingabe des Begriffs *Goldwaschkurs* in eine Internet-Suchmaschine (oder auch *gold panning* oder *orpaillage* – wenn

man Kurse in englischsprachigen Ländern bzw. in Frankreich sucht oder sich Filme ansehen möchte).

Sauerstoff und Phlogiston

Die beste historische Studie über die Phlogistontheorie, voller Geist und Witz, hat der Wissenschaftsphilosoph Martin Carrier verfasst: *Atome und Kräfte. Die Entwicklung des Atomismus und der Affinitätstheorie im 18. Jahrhundert und die Methodologie Imre Lakatos'*. Dissertation. Münster 1984. Siehe auch: Hasok Chang, *Is water H_2O? Evidence, pluralism and realism.* New York 2012; sowie eine neuere Darstellung unseres Wissens über Sauerstoff: Nick Lane, *Oxygen. The molecule that made the world.* New York 2009. Über Lavoisier: Jean-Pierre Poirier, *Lavoisier, chemist, biologist, economist.* Philadelphia 1998. Sehr gut sind auch ältere Studien, z.B.: *Gmelins Handbuch der anorganischen Chemie. System-Nummer 3: Sauerstoff. 1: Geschichtliches.* 8. Aufl. Berlin 1943; und Eduard Färber, *Wärmestoff und Sauerstoff.* In: Julius Ruska (Hrsg.), *Studien zur Geschichte der Chemie. Festgabe für Edmund O. v. Lippmann zum 70. Geburtstag.* Berlin 1927, S. 122–131. Mit den didaktischen Schwierigkeiten der Lavoisier'schen Sauerstofftheorie habe ich mich befasst: *Die Schwierigkeit der Oxidationstheorie.* In: *Chimica didactica* 21 (1995), S. 42–56.
Marats Untersuchung trägt in der Übersetzung den schönen Titel *Physische Untersuchungen über das Feuer, von Herrn Marat, der Arzneigelahrtheit Doctor und Arzt der Leibwache des Grafen von Artois.* Aus dem Französischen übersetzt mit Anmerkungen von Christ. Ehrenfr. Weigel, der Weltweißheit und Arzneigelahrtheit Doctor usw., usw. Leipzig 1782. Der Übersetzer scheint darin mit etlichen Fußnoten den Text zu bekämpfen. Zu Marat: Jean Bernard/Jean-Francois Lemaire/Jean-Pierre Poirier, *Marat, homme de science?* Paris 1993. Zu neueren Anwendungen der Marat'schen Technik: G. S. Selttles, *Schlieren and shadowgraph techniques.* Berlin 2001.

Lachgas, Chlor und Elektrizität

Eine ausgezeichnete neue Untersuchung über Davy ist: Mike Jay, *The atmosphere of heaven. The unnatural experiments of Dr. Beddoes and his sons of genius.* New Haven 2009. Des Weiteren die Biografie von June Z. Fullmer: *Young Humphry Davy. The making of an experimental chemist.* Philadelphia 2000, die leider nur Davys Jugend umfasst, da die Biografin vor Vollendung ihres Werks verstarb. Über das Chlor: Hasok Chang/Catherine Jackson (Hrsg.), *An element of controversy. The life of chlorine in science, medicine, technology and war.* London 2007. Scheeles Leben stellt Otto

Zekert dar: *Carl Wilhelm Scheele.* Stuttgart 1963. Zur Elektrizität siehe: Dieter Habben/Uwe Mehrle, *Vom Bernstein zur Voltasäule: Geschichte der Elektrizität im Unterricht.* Marburg 1994.

Brom

Zu Balard existiert meines Wissens nur französischsprachige Literatur, z. B.: Colette Charlot/Jean Flahaut, *Antoine-Jérôme Balard. L'homme.* In: *Revue d'histoire de la pharmacie* 91 (2003), S. 251–264, online verfügbar. Dieselbe Zeitschrift hat Balard die Nr. 232 (1977) gewidmet, ebenfalls online verfügbar. Balards Originalabhandlung ist übersetzt in *Kastners Archiv für die gesammte Naturlehre* 9 (1826), S. 231–256, nachzulesen (online verfügbar), mit einem kurzen Kommentar Liebigs, der dort allerdings seinem Ärger nicht Luft macht. Darüber schreibt er viel später, und zwar in einer Abhandlung über Laurents Theorie der organischen Verbindungen in den *Annalen der Pharmacie* 25 (1838).

Wasser

Zwei ausgezeichnete Bücher mögen hier ausreichen, zunächst: Andreas Wilkens, *Wasser bewegt. Phänomene und Experimente.* Bern 2009, ein unkonventionelles Experimentierbuch. Zur chemischen Theorie des Wassers: Hasok Chang, *Is water H_2O? Evidence, pluralism and realism.* New York 2012. Siehe aber auch die Untersuchung von Jamie Linton, *What is water?* Vancouver 2010.

Silber und Pech

Die immer noch beste Geschichte der Frühzeit der Fotografie verfasste Josef Maria Eder: *Geschichte der Photographie.* 4., erw. Aufl., 1. Hälfte. Halle 1932. Den Text von Schulze über sein Silbernitratexperiment findet man unter https://opus.bibliothek.uni-augsburg.de/opus4/frontdoor/index/index/docId/3001.
Auch Eder gibt zu Schulze sachkundige Hinweise, zudem sind in seinem Buch die wichtigsten Schriften von Niépce übersetzt, so dass das Verfahren nachgearbeitet werden kann. Ein sehr dickes Buch über Niépce, mit genauen Schilderungen vom Nacharbeiten des Verfahrens, ist: Jean-Louis Marignier, *Nicéphore Niépce 1765–1833. L'invention de la photographie.* Paris 1999. Die Quellen sind dargestellt bei: Isidore Niépce/Victor Fouque, *Nicéphore Niépce. Sa vie, ses essais, ses travaux.* Paris 1987 (Neuauflage von Schriften aus den Jahren 1841 und 1867).

Heroin und Aspirin

Immer noch hervorragend ist Michael de Ridders Dissertation: *Heroin. Vom Arzneimittel zur Droge.* Frankfurt/M. 2000. Mit der Geschichte beider Substanzen habe ich mich selbst wiederholt befasst, z.B. in meinem Aufsatz: *Aspirin und Heroin.* In: *Scheidewege* 2011/2012, S. 166–185; oder in: *Heroin. Taming the drug and losing control.* In: Bernadette Bensaude-Vincent u. a. (Hrsg.), *Attractive objects: The furniture of the technoscientific world.* London 2015. Zu verschiedenen Drogenpolitiken und deren Vor- und Nachteilen siehe: Robert J. MacCoun/Peter Reuter, *Drug war heresies. Learning from other vices, times, and places.* Cambridge 2001.

Seltene Erden

Der Schweizer Chemiker Armin Reller forscht seit vielen Jahren zu Seltenen Erden, zunächst als Feststoffchemiker, dann unter ressourcenstrategischer Perspektive. Viele Informationen erhielt ich durch ihn. An seinem Lehrstuhl entstand die Publikation von Volker Zepf (und anderen), *Materials critical to the energy industry. An introduction.* Augsburg 2014. Sehr informativ ist ferner die umfangreiche, im Internet verfügbare Studie der United States Environmental Protection Agency (EPA), *Rare earth elements: A review of production, processing, recycling, and associated environmental issues.* Cincinnati 2012. Insbesondere habe ich von etlichen Gesprächen mit meiner Kollegin Luitgard Marschall und von einem noch unveröffentlichten Manuskript profitiert, das sie gemeinsam mit Katharina Stroh, Joshena Dießenbacher und Volker Zepf für das Bayerische Landesamt für Umwelt geschrieben hat und das dort bald veröffentlicht werden soll: *Gewürzmetalle und Umwelt. Seltene Erden und kritische Metalle in modernen Technologien.* Volker Zepf danke ich zudem, weil er mir wie auch vielen Studenten durch Aufschrauben zeigte, welche Metalle in Mobiltelefonen verbaut sind. Zu Carl Auer von Welsbach gibt es inzwischen eine neue, von Roland Adunka verfasste Biografie (*Carl Auer von Welsbach. Entdecker, Erfinder, Firmengründer.* 2., erw. Aufl. Klagenfurt 2015). Daneben immer noch unentbehrlich der ausgezeichnet recherchierte »Auer-von-Welsbach-Roman« von Rudolf Elmayer von Vestenbrugg: *Mehr Licht.* 2. Aufl. Klagenfurt 1979.

Radium

Zur Geschichte des Radiums empfehle ich: Jean-Marc Cosset/Renaud Huynh, *La fantastique histoire du Radium. Quand un élément radioactif devient potion ma-*

gique. Rennes 2011; Hubert Mania, *Kettenreaktion*. Reinbek 2010. Zum Leben der Marie Curie siehe: Françoise Balibar, *Marie Curie. Femme savante ou sainte vierge de la science?* Paris 2006. Über die Wolke von Tschernobyl schreibt fundiert Walter Zumach: *Strahlenbiologische Bewertung des Tschernobyl-Unfalls*. In: *Berichte der Fachhochschule Augsburg* 3 (1988). Der Chemiker Hermann Staudinger, der im Ersten Weltkrieg den Mut zu pazifistischen Schriften aufbrachte und sich im Zweiten Weltkrieg der Verleumdung seitens des damals NS-begeisterten Philosophen Martin Heidegger erwehren musste, hat in einem wenig bekannten, aber umso wichtigeren Werk auf die enorme politische und militärstrategische Bedeutung der Energie hingewiesen, wobei er auch die Kernenergie schon einbezog: *Vom Aufstand der technischen Sklaven*. Essen 1947. Eine Variante des Nebelkammerversuchs habe ich mit Literaturhinweisen in einer physikdidaktischen Zeitschrift publiziert: *Eine Hands-on-Nebelkammer in 5 Minuten*. In: *Praxis der Naturwissenschaften – Physik in der Schule* 2013, Heft 2, S. 46–48. Für Unterstützung dabei danke ich dem Physikdidaktiker Thomas Wilhelm.

Chromatographie

Die Frühgeschichte der Chromatographie haben Gerhard Hesse/Herbert Weil/Michail Cvet in ihrem Heft *Michael Tswett's erste chromatographische Schrift*. Eschwege 1954, festgehalten. Über Erika Cremer informiert der ausgezeichnete Film von Michael Stöger: *Ein Leben für die Wissenschaft*, Aquamarin. Für die unkomplizierte Bereitstellung des leider heute schwer auffindbaren Films danke ich Michael Stöger. Siehe auch den Nachruf von Cremers Schüler Ortwin Bobleter auf die Chemikerin: *In memoriam em. Univ.-Prof. Dr. phil. Dr. rer. nat. h. c. Erika Cremer 1900–1996*. In: *Berichte des naturwissenschaftlich-medizinischen Vereins Innsbruck* 84 (1997), S. 397–406, im Internet verfügbar. Zu den Umweltkonflikten wegen DDT, FCKW und Dioxin, alles Verbindungen, die besonders mit Gaschromatographie nachgewiesen werden können, siehe: Stefan Böschen, *Risikogenese. Prozesse gesellschaftlicher Gefahrenwahrnehmung: FCKW, DDT, Dioxin und Ökologische Chemie*. Opladen 2000.

Goldmachender Schimmel

Eduard Spranger, *Das Gesetz der ungewollten Nebenwirkung in der Erziehung*. Heidelberg 1962. Zur Geschichte des Gesetzes und zu seiner Diskussion siehe meine Untersuchung *Konfliktstoffe*. München 2015. Zur Geschichte der Antibiotika siehe: Robert Bud, *Penicillin. Triumph and tragedy*. 2. ed. Oxford 2013. Über Aureomycin informiert Thomas Jukes' eigene Darstellung: *Some historical notes on chlortetracycline.* In: *Reviews of Infectious Diseases* 7 (1985), S. 702–707. Näheres über Thomas Jukes in den nach seinem Tod erschienenen Nachrufen, z.B. dem von John Maddoc in *Nature* 402 (1999) und dem von Kenneth J. Carpenter in *Journal of Nutrition* 130 (2000), S. 1521–1523. Zur Geschichte des Antibiotikaeinsatzes in der Tierhaltung siehe: Maureen Ogle, *Riots, rage, resistance: A brief history of how antibiotics arrived on the farm.* In: *Scientific American.* Sept. 2013 (online verfügbar); Stuart B. Levy, *The challenge of antibiotic resistance.* In: *Scientific American.* März 1998; und Martin J. Blaser, *Missing microbes. How the overuse of antibiotics is fueling our modern plagues.* New York 2014.

Chemie und Biosphäre

Zum Periodensystem ist trotz neuerer Veröffentlichungen immer noch grundlegend die Dissertation von Johannes Willem van Spronsen: *The periodic system of chemical elements; A history of he first hundred years.* Amsterdam 1969. Dies ist übrigens die einzige mir bekannte Dissertation, die nicht der Familie, den Eltern, Freunden oder Lehrern, sondern dem allmächtigen Gott gewidmet ist. Sie ist außergewöhnlich gut. Über die Schöpfer des periodischen Systems siehe Klaus Danzer, *Dmitri I. Mendelejew und Lothar Meyer. Die Schöpfer des Periodensystems der chemischen Elemente.* Leipzig 1971. Über Mendelejews Heidelberger Zeit informiert die Dissertation von Annette Nolte: *D. I. Mendeleev in Heidelberg.* Heidelberg 1992. Mendelejews Werk *Grundlagen der Chemie,* auf Deutsch in sorgfältiger Übersetzung im Jahre 1892 in Sankt Petersburg erschienen, ist das erste Chemielehrbuch, das in dem Sinne modern ist, dass es das Periodensystem als Leitfaden der Darstellung wählt. Mit 1 926 Seiten ist es sehr umfangreich, was vor allem an den üppigen Fußnoten liegt, die den Haupttext umrahmen wie Mendelejews üppiger Bart sein Gesicht. Schon der erste Satz »Die Chemie beschäftigt sich mit der Erforschung homogener Stoffe, aus denen alle Körper der Welt zusammengesetzt sind, sie untersucht die Umwandlungen dieser Körper in einander und die Erscheinungen, welche hierbei beobachtet werden ...« wird von vier Fußnoten begleitet, die drei Seiten einnehmen. Das Buch ist auf der Webseite der Universitätsbibliothek Augsburg online verfügbar.

Wernadskis Arbeiten sind im Zusammenhang dargestellt in: Jean-Paul Deléage, *Une histoire de l'écologie.* Paris 1991. Eine anspruchsvolle Interpretation unternimmt Georg S. Levit, *Biogeochemistry – biosphere – noosphere: the growth of the theoretical system of Vladimir Ivanovich Vernadsky.* Berlin 2001. Zu seinem Leben siehe: Peter Krüger, *Wladimir Iwanowitsch Wernadskij.* Leipzig 1981.

Eine ausgezeichnete Untersuchung der planetaren Chemie ist: Lawrence J. Henderson, *Die Umwelt des Lebens. Eine physikalisch-chemische Untersuchung über die Eignung des Anorganischen für die Bedürfnisse des Organischen.* Nach dem vom Verfasser verb. und erw. engl. Original übersetzt von R. Bernstein. Wiesbaden 1914. Ein ausgezeichnetes Werk, in dem das Leben aus chemischer Sicht interpretiert wird.

Mutterkorn

Einen wenn auch etwas veralteten Überblick gibt Hans Guggisberg: *Mutterkorn. Vom Gift zum Heilstoff.* Basel 1954. Wichtige Bücher von Albert Hofmann sind: *LSD, mein Sorgenkind.* 3. Aufl. München 1994; *Tun und Lassen.* Solothurn 2011; *Lob des Schauens.* Solothurn 2002. Über Hofmann: Lucius Werthmüller/Dieter Hagenbach, *Albert Hofmann und sein LSD.* Aarau 2011.

DNA

Über die Geschichte der DNA siehe die kurze, aber recht gute Darstellung im Kapitel 22 von Hans Blumenbergs Buch *Die Lesbarkeit der Welt.* Frankfurt/M. 1986. Unübertroffen ist Horace Judsons dickes Werk *Der 8. Tag der Schöpfung.* Wien 1980. Kary Banks Mullis lernt man am besten aus seiner Autobiografie kennen: *Dancing naked in the mind field.* New York 1998. Sehr witzig ist auch das Mullis-Porträt von Emily Yoffe: *Is Kary Mullis God?* In: *Esquire* 144 (July 1994), S. 68–74. Über die Reaktion selbst informieren Lehrbücher der Biochemie oder Molekularbiologie. Vom Anagramm als Unsinnspoesie erzählt Alfred Liede in seinem Klassiker *Dichtung als Spiel. Studien zur Unsinnspoesie an den Grenzen der Sprache.* 2., erw. Auflage. New York 1992.

Der Autor
Jens Soentgen, 1967 in Bensberg geboren, studierte Chemie und Philosophie und lehrte an Universitäten in Deutschland und Brasilien. Seit 2002 ist er Leiter des Wissenschaftszentrums Umwelt der Uni Augsburg. Im Peter Hammer Verlag erschienen u.a. sein erfolgreiches Philosophiebuch *Selbstdenken* (Illustrationen von Nadia Budde) und *Von den Sternen bis zum Tau* (Illustrationen Vitali Konstantinov), die beide für den Deutschen Jugendliteraturpreis nominiert wurden.

Der Illustrator
Vitali Konstantinov, 1963 in Bessarabien geboren, studierte Kunst und Architektur in Russland, Grafik, Malerei und Byzantinische Kunstgeschichte in Deutschland. Er unterrichtet Buchillustration u.a. an der Hochschule für Angewandte Wissenschaften in Hamburg. Seine Bücher erhielten viele Preise, zuletzt wurde *Seltsame Seiten* (Bloomsbury) von der Stiftung Buchkunst zum »Schönsten deutschen Buch« gewählt.

Genehmigte Lizenzausgabe für Impian GmbH, Leverkusen, 2023

Lektorat: Gudrun Honke
Gestaltung und Satz: Magdalene Krumbeck

Umschlaggestaltung: Nele Schütz Design,
unter Verwendung von Illustrationen von Vitali Konstantinov
Druck: UAB BALTO print
Printed in Lithuania

ISBN 978-3-96269-166-0

www.impian.de